# 现代茶业全书

◎梁月荣 主编

中国农业出版社

彩图2-1　栽培茶树（左）和野生茶树（右）

彩图2-2　茶树冻害（左：冬季雪害；右：“倒春寒”冻害）

彩图2-3　黄金芽芽叶特征

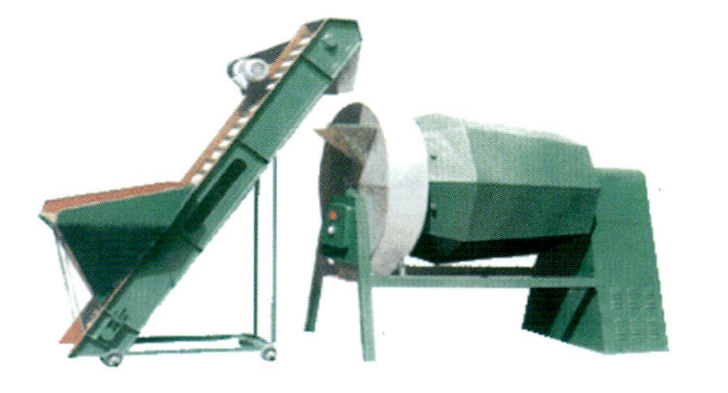

彩图8-1　车色机

彩图8-2　精制筛分设备（左：圆筛机；中：抖筛机；右：风选机）

彩图8-3　各种类型的切茶机

彩图8-4　茎梗拣剔设备（左：阶梯式拣梗机；右：电脑色选机）

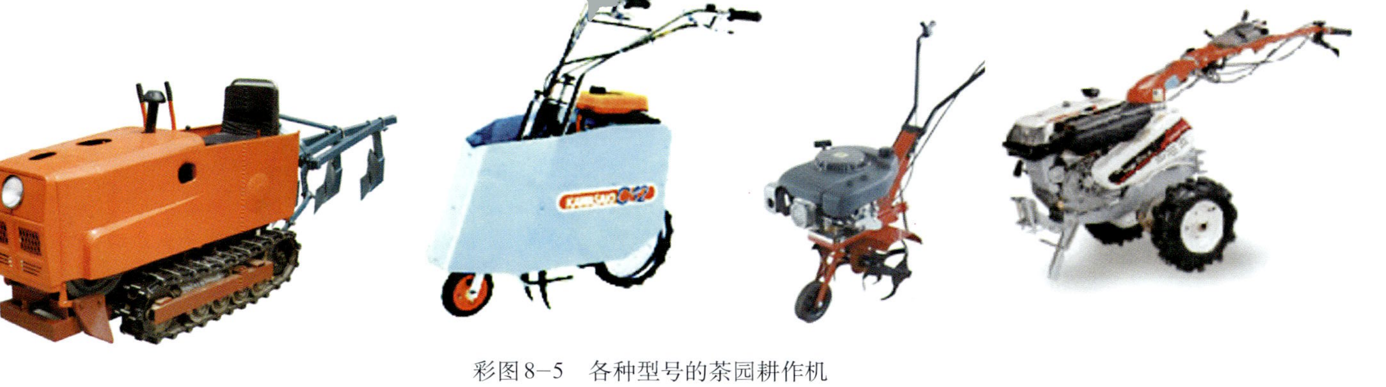

彩图8-5　各种型号的茶园耕作机

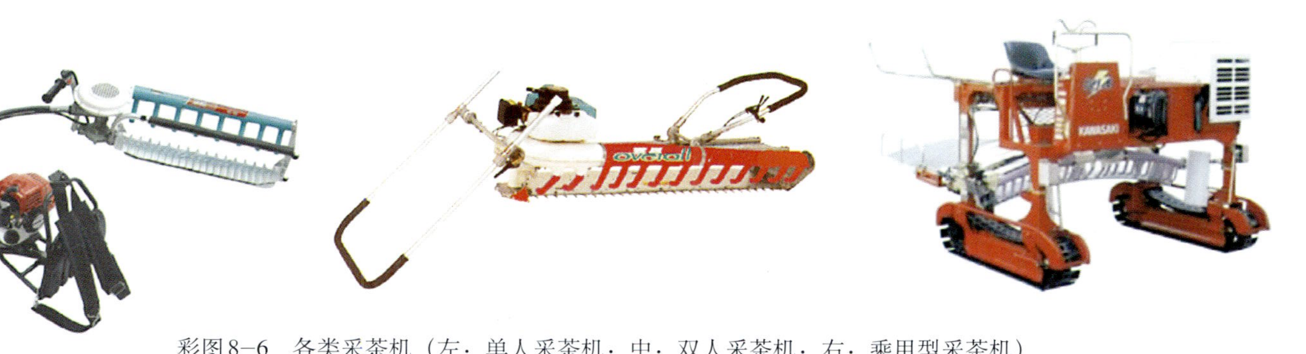


彩图8-6　各类采茶机（左：单人采茶机；中：双人采茶机；右：乘用型采茶机）

彩图8-7　双人采茶机田间操作

彩图8-8　喷雾器（左：手动喷雾器；中：汽油动力喷雾器；右：静电喷雾器）

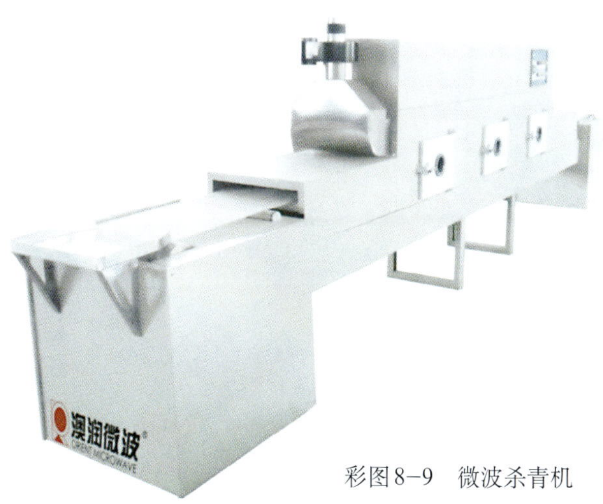


彩图8-9　微波杀青机

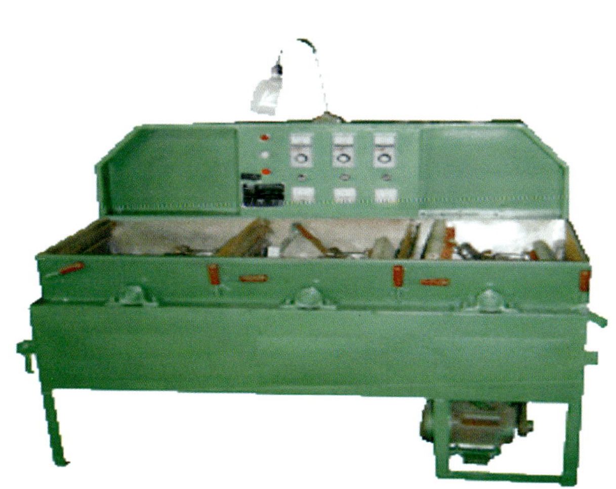

彩图8-10　扁茶成形机

彩图8-11　名茶提香机

彩图8-12　名茶多用机

XIANDAI CHAYE QUANSHU

# 现代茶业全书

**图书在版编目（CIP）数据**

现代茶业全书/梁月荣主编．—北京：中国农业出版社，2011.8

ISBN 978-7-109-15963-1

Ⅰ.①现… Ⅱ.①梁… Ⅲ.①茶叶–栽培技术②茶叶–加工 Ⅳ.①S571.1②TS272

中国版本图书馆 CIP 数据核字（2011）第 161694 号

中国农业出版社出版

（北京市朝阳区农展馆北路 2 号）

（邮政编码 100125）

责任编辑 杨天桥

---

中国农业出版社印刷厂印刷 新华书店北京发行所发行

2011 年 9 月第 1 版 2011 年 9 月北京第 1 次印刷

---

开本：880mm×1230mm 1/32 印张：16 插页：4

字数：430 千字

定价：35.00 元

# 编 写 者

主　编：梁月荣

副主编：李幸哲　陆建良　郑新强　汤　一

编写者：叶俭慧　许婧逸　范方圆　董战波

　　　　章　莹

# 出版说明

本书在《茶业大全》基础上修订而成。

1995年6月，中国农业出版社出版《茶业大全》，主编潘根生，副主编梁月荣、沈生荣，编著者方辉遂、沈生荣、贺鑫、梁月荣、夏桂荣、潘根生，主审庄晚芳。

2009年10月，中国农业出版社计划出版修订本，征得主编潘根生同意并授权，委托副主编梁月荣负责主持修订；2010年10月交付的修订稿针对我国茶产业的发展，对原书作了较大修改、删节，并增加了相关内容（详见编写说明）。

征得原书和修订本主编同意，采用《现代茶业全书》书名。

# 编写说明

为了适应我国茶叶产业发展和满足茶叶生产者与技术推广者对茶叶种植、加工和营销技术的需求，本书在《茶业大全》基础上修订而成。由于茶文化出版的专著越来越多，本书删除了《茶业大全》中第十一章“饮茶礼俗及茶艺”，并增加了茶叶实用技术尤其是新技术的内容介绍。第一章补充了国内外茶区分布及其茶类生产特点、茶叶消费特点及其发展趋势等内容，便于读者了解国内外茶叶生产和消费的发展变化概况，为生产者和经营者进行决策提供参考；第二章增加了无公害茶、绿色食品茶和有机茶的生产技术要求和规范；第三章补充了新审（鉴）定的茶树品种信息以及分子标记在茶树种质资源鉴定中的应用等内容；第四章增加了轻发酵乌龙茶、蒸青茶、脱咖啡因速溶茶和茶饮料等茶叶及深加工新产品的有关技术介绍；第五章增加了茶叶品质评价的色差鉴定技术、品质预测模型以及无公害茶、绿色食品茶和有机茶检验的相关内容；第六章增加了茶叶贮藏过程的品质劣变机理和绿色包装技术等；第七章增加了茶叶主要化学成分分析的 HPLC 和 GC

检测技术，并按照新国家标准GB/T8313—2008的要求修订了茶多酚的检测方法；第八章增加了厂房规划的QS要求和眉茶精加工的设备等内容；第九章增加了茶叶食品加工、茶叶抗氧化剂的绿色制备技术以及茶氨酸的制备技术等；第十章和附录部分更新了最新的统计资料。通过内容的调整和修订，使本书更加注重技术性和实用性，同时也体现了时代性。

主　编

2010年10月于杭州

# 目　录

# 第一章　茶的概述

茶具有独特的营养与保健功能，饮茶也是补充人体水分的重要途径，被称为健康饮料，因而成为世界三大饮料之一，茶产业也被称为健康产业。茶树是常绿植物，种植茶树可以提高绿色植被覆盖率，有利于改善生态环境，因此茶叶生产也被称为生态产业。茶树具有显著的耐酸、铝特性，能够在强酸性土壤中正常生长，最适合在南方酸性土壤的山区种植，并可以获得高产、优质，具有良好的经济效益，对于增加山区农民收入有重要贡献，因而被称为民生产业。茶的发现和利用，是中国对世界物质文明和精神文明的重大贡献。

## 一、茶的始用与传播

中国是最早发现和利用茶树的国家，被称为茶的祖国。据文字记载，茶树在中国被发现和利用约有五千余年的历史，人工栽培茶树的历史约三千余年。古今世界各国栽培和利用的茶树都是直接或间接从中国传播出去的。

### （一）茶的功能发现与早期利用

茶的发现与利用，与茶的功能有关。《神农本草经》载："茶之为饮，发乎神农"；并有"神农尝百草，日遇七十二毒，得茶解之"。说明茶的功能早在神农时代已经被我们的祖先发现。随后，世界各国都证明茶具有保健功能。日本荣西禅师在《吃茶养生记》中记载："茶是养生之仙药，延年之妙术"，"频饮茶则力气强盛"；德国医生路易·莱墨里在《食品论》中写道："茶为补身饮料，因其产生良好效果多……于神经纷扰时饮茶一杯，可恢复元气……”；美国学者马歇尔 1903 年在美国《药》杂志发表论文称“茶有恢复元气之效果”。说明茶的功效不但为中国人知道，也被世界所了解。

有关茶的功能发现和研究，可分为三个阶段：

第一阶段：起源与初步探索阶段（神农时期至唐初）。该时期的主要特征有三：①发现了茶的药用价值，并积累了一些以茶治病的感性经验。典型的文献除了《神农本草经》关于茶可解毒的记载以外，还有《神农食经》关于“茶茗久服令人有力悦志”以及和唐苏敬等著的《新修本草》“茗，苦荼，味甘、苦，微寒，无毒，主瘘疮，利小便，去淡渴，令人少睡…”等记载。②从吃茶治病发展到以治病、防病及保健为目的的日常饮茶。随着陆羽《茶经》等著作的传播，茶的知识不断普及，人们越来越多地了解茶的功效，饮茶也从上流社会向平民百姓普及，成为“不可一日无之”的“国饮”。③饮茶方式从鲜食发展到加工为成品，茶的饮用方式也由“生吃鲜叶”演变为“生煮羹饮”，进一步发展到“加工成干茶后泡饮”。茶树鲜叶经过加工成干茶后，有利于贮藏和传播，并有利于商品化。

第二阶段：中医对茶的研究与利用阶段（唐代至 20 世纪中叶）。该时期的特征：研究方法主要是中医的方法和临床经验；配方由“单方”向“复方”发展，使功效进一步扩展和提高；使用方法由煮饮向外敷、熏炙、药枕等多种方式发展。本阶段的主要贡献是发现了许多茶的新功效，累计有 20 余种；同时积累了大量的药茶配方，发现了许多应用方法，加速了茶向世界其他国家的传播。

第三阶段：现代技术在茶功能研究上的应用（20 世纪中叶以后）。传统有关茶的功效的应用，主要是凭经验，知道茶有某种功效，但不明确主要功能成分及其作用机理。现代技术的应用，包括功能成分的分离技术以及细胞学、分子学、药理学和毒理学技术对茶功能研究中的应用，使茶的功能成分及其作用机理得到进一步的明确。本阶段的主要贡献：①从茶叶中分离鉴定了大量的功能成分，至今已经明确的茶叶成分有 600 余种，其中含量较高的有多酚类（儿茶素类）、氨基酸类、生物碱、茶多糖、茶黄素、茶红素、茶皂素等。②验证了已发现的功能，发现了新的功能，包括抗氧化、抗衰老、抗辐射损伤、抗肿瘤、降血脂、降血压等。③揭示了一些重要的机理，如儿茶素类清除自由基和抗氧化的作用与抗衰老、抗辐射、抗肿瘤等功能密切相关；茶氨酸具有非肽类抗原的作用，起到增强记忆、缓解精神紧张、增强免疫力的效果。④开发了系列茶成分的功能食品和药物，使非饮茶者通过食用这些功能食品和药物也能享受到茶的健康效果。

早期茶的健康功能的发现，促进了茶的需求。野生茶不能满足不断增强的消费需求，促进了茶的早期栽培。据考证，东晋（317—420 年）常璩于公元 347 年所写的《华阳国志·巴志》中记载，周武王于公元前 1066 年联合当时居于四川、云南等地的“方国部落”共同伐纣之后，巴蜀所产之茶列为贡品，据《华阳国志》载：“土植五谷……丹漆茶密……皆纳贡之”，“园有芳若蒻，香茗”。从“园有香茗”推断此茶为人工栽培，故人工栽培茶树已有三千多年的历史。人工栽培茶树，最早的文字记载始于西汉的蒙山茶。据《四川通志》记载：“名山县治之西十五里有蒙山……汉时甘露祖师姓吴名理真者，手植至今不长不灭共八小株……”“汉时甘露”是指汉宣帝“甘露”年号，说明蒙山种茶始于汉甘露年代，即公元前 53—前 50 年，至今已有二千多年历史。蒙山茶最早种茶旧址是在蒙山之顶的上清峰，《四川通志》载：“其中顶最高口上清峰至顶上略开一坪一丈二尺，横二丈余即仙茶之处”。

### （二）茶的名称

茶的名称因各地语音、方言不同，称呼各异，或因茶树不同、团制成茶叶后茶名不同，便产生了各种不同的同音汉字，主要有木茶、檟（jia）、蔎（she）、茗、荈（chuan）、诧（cha）、游冬、皋芦、荼等十多种。据《茶考》，许多不同的茶字，除茗字外（茗可能指成品茶），在语音上都有一定联系。古汉语只有“荼”字，没有“茶”字，荼为中原地区一年生植物，味苦。到公元 8 世纪，才了解荼与茶的区别，遂改名为茶。

依现代称茶的语音，总括起来有两个系统，一为荼（tu），一为槚（jia）和茶。荼，音 tu，大都是少数民族称茶的音符之一，如贵州彝族称茶为“馎饦”（botuo），又如福建莆仙人称吃茶为“食荼”，可证荼字有多解，有的是指茶而言。侗族称蔎，苗族称槚，布依族称荈。荈、诧、游均与茶的古音有关。世界各国“茶”的语音出现都源于我国广东语系（陆路）和福建语系（海路）。如日本语、比利时语、伊朗语和朝鲜语的“cha”、蒙古语和波兰语的“chai”、阿拉伯语和土耳其语“chay”、希腊语“ts·ai”、阿尔巴尼亚语“cai”、葡萄牙语“cha”等均属广东语系；而马来西亚语和法语的“the”、斯里兰卡语“chey”、南印度语“tey”、荷兰语“thee”，英语“tea”、德语和芬兰语的“tee”，意大利语、瑞典语和丹麦语的“te”等均属于福建语系。

## （三）茶的传播

### 1. 茶的国内传播

茶的传播，从数量看是从少到多；从地域看是先在国内，后传国外，至今世界五大洲均种茶。在中国，西南地区较早发现和利用茶，然后由四川沿交通线河流向江南传播，同时也向淮河流域传播。《史记·周本记》描述，周武王伐纣前（公元前 1122—前 1116 年），巴蜀等南方部落已将茶叶作为贡品。汉宣帝五凤年间（公元前 57 年），王褒《僮约》载：四川茶叶已初具规模，茶叶由药用、丧用、祭用、食用而成为上层社会的奢侈品。在秦统一中国后，促进了四川和其他各地的货物和经济交流，茶也开始向当时的经济、政治、文化中心陕西、河南等地传播，使陕西、河南成为我国最古老的北方茶区之一。其后沿长江逐渐向长江中下游推进，再传至南方各省。据史料，汉王至江苏宜兴茗岭“课童艺茶”和“阳羡买茶”，汉朝名士葛玄在浙江天台设“杭茶之圃”，说明四川的茶树在汉代已传至江、浙一带。

江南饮茶始于三国，到晋以后，茶叶的商品化已相当发达；南北朝初期，上等茶就已经作为贡品。汉代佛教自西域传入我国，到了南北朝时饮茶更为盛行。佛教提倡坐禅，饮茶可镇定精神，夜间饮茶可以驱睡，盛行以茶代酒。因此，一些名山大川僧道寺院所在的山地和封建庄园都开始种茶。我国许多名茶都是佛教和道教徒最初种植的，都产于名山大川的寺院附近。佛教和道教对茶的传播和推广起到积极的作用。

南北朝之后，所谓士大夫之流，逃避现实，终日清谈，品茶赋诗，茶叶消费量大增；而且在江南，“客来敬茶”已成为日常礼节。

唐朝一统天下，修文习武，重视农作，也促进了茶叶的发展。陆羽《茶经》的问世，介绍茶的功效和种茶、制茶技术和饮茶习俗，茶的影响进一步扩大，成为“治百病”之药，为人民所喜爱，饮茶之风更加普及民间，自江南进一步向北方和西藏、新疆、内蒙古、青海等地的游牧民族传播，并在当地成为人们日常生活的必需品。封建皇朝视茶为重要财源，茶马交易，也促进了茶的发展和传播。据《茶经》记载：唐时，全国已形成八大茶区产茶。到北宋时有 35 州产茶，南宋扩大到 66 州，到了清末江南各省已普遍栽茶。新中国成立后扩大到 18 个省、自治区千余县（市）产茶，目前全国已经有包括台湾在内 20 个省、直辖市、自治区产茶。

**2. 茶的国外传播**

我国茶叶最早向海外传播是在南北朝齐武帝永明年间（公元 483—493 年），中国与土耳其商人在边疆贸易时，茶叶是首先输出的商品之一。向国外最早传播种茶是日本，约在 1 200 年前（日本平安朝初期），佛教大师（最澄）和弘法大师（空海）到浙江学佛，回国时带去茶籽进行种植。印度尼西亚于 1731 年从我国运入茶籽，分别种于苏门答腊、爪哇等地。印度第一次栽茶始于公元 1780 年，由东印度公司船主从广州带回茶籽种植于不丹和加尔各答植物园。斯里兰卡的华尔夫于公元 1867 年从我国游历回国，带回若干株茶树栽于普塞拉华的咖啡园中。前苏联于 1833 年从我国引入茶种未获成功，1848 年又在黑海沿岸的外高加索种茶，1883 年又从湖北羊楼洞运去大量种苗，种植于格鲁吉亚。

## (四) 茶树及茶的分类

### 1. 茶树分类

茶树的学名最早由 Linnaeus（1753）命名为 *Thea sinensis* L.，经过多次修改，目前公认的茶树学名为 *Camellia sinensis*（L.）O. Kuntze，是茶组 Sect. *Thea*、茶系 Ser. *sinensis* 植物中的一个种。

在植物学分类系统中，茶树属于被子植物门 Division Angiospermae，双子叶植物纲 Class Dicotyledoneae，山茶目 Order Theales，山茶科 Family Theaceae，山茶属 Genus *Camellia* L.，茶组 Sect. *Thea*（L.）Dyer。在茶组内所有的种和变种统称为茶组植物。

### 2. 茶的分类

根据张宏达的分类系统，茶组植物已报道 4 系 42 种。

五室茶系 Ser. *Quinquelocularis* Chang 有 8 种：五室茶 *Camellia quinquelocularis* Chang，广西茶 *Camellia kwangsiensis* Chang，四球茶 *Camellia tetracocca* Chang，大苞茶 *Camellia grandibracteata* Chang et Yu，广南茶 *Camellia kwangnanica* Chang et Chen，大厂茶 *Camellia tachangensis* F. C. Zhang，疏齿茶 *Camellia remotiserrata* Chang et Wang，五苞茶 *Camellia quinquebracteata* Chang et Ye。

五柱茶系 Ser. *Pentastylae* 包括 12 种 1 变种：五柱茶 *Camellia pentastyla* Chang，皱叶茶 *Camellia crispula* Chang，厚轴茶 *Camellia Crassicolumna* Chang，滇缅茶 *Camellia irrawadiensis* Barua，老黑茶 *Camellia atrothea* Chang et Wang，圆基茶 *Camellia rotundata* Chang et Yu，马关茶 *Camellia makuanica* Chang et Tang，哈尼茶 *Camellia haaniensis* Chang et Yu，多瓣茶 *Camellia multiplex* Chang et Tang，昌宁茶 *Camellia changningensis* F. C. Zhang，龙陵茶 *Camellia longlingensis* F. C. Zhang，大理茶 *Camema taliensis*（W. W. Smith）Melchior，邦崴茶 *Camellia te-*

liensis var. *bangweicha* F. C. Zhang。

秃房茶系 Ser. *Gymnogynae* Chang 包括 8 种：秃房茶 *Camellia gymnogyna* Chang，膜叶茶 *Camellia leptophylla* S. Y. Liang，榕江茶 *Camellia yungkiangensis* Chang，突肋茶 *Camellia costata* Hu et Liang，德宏茶 *Camellia dehungensis* Chang et Chen，拟细萼茶 *Camellia parvisepaloides* Chang et Wang，勐腊茶 *Camellia manglaensis* Chang et Tang，假秃房茶 *Camellia gymnogynoides* Chang et Yu。

茶系 Ser. *Sinensis* Chang 包括 14 种 3 变种：茶 *Camellia sinensis*（L.）O. Kuntze，长叶茶 *Camellia sinensis* var. *Wadlensae*（S. Y. Hu）Chang，白毛茶 *Camellia sinensis* var. *Pubilimba* Chang，苦茶 *Camellia sinesis* var. *Kucha* Chang et Wang，狭叶茶 *Camellia angustifolia* Chang，细萼茶 *Camellia pavisepala* Chang，毛叶茶 *Camellia ptilophylla* Chang，毛肋茶 *Camellia pubicosta* Merr.，防城茶 *Camellia fangchengensis* Liang et Zhong，紫果茶 *Camellia purpurea* Chang et Chen，阿萨姆茶 Camellia assamica（Masters）Chang，多脉茶 *Camellia polyneura Chang et Tang*，多萼茶 *Camellia multisepapa* Chang et Wang，元江茶 *Camellia yankiangcha* Chang et Yu，高树茶 *Camellia arborescens* Chang et Ye，汝城毛叶茶 *Camellia pubescens* Chang et Ye，底圩茶 *Camellia dishiensis* F. C. Zhang。

茶［*Camellia sinensis*（L.）O. Kuntze］种以下的变种分类也长期存在争论。Linnaeus（1762）将茶树分为 2 个种：花瓣数为 6 的为红茶（*Thea bohea*），花瓣数为 9 的为绿茶（*Thea virids*）。Watt（1908）将茶树分为 4 个变种：尖叶变种（*Camellia sinensis* var. *viridis*），武夷变种（*Camellia sinensis* var. *bohea*），直叶变种（*Camellia sinensis* var. *stricta*），毛萼变种（*Camellia sinensis* var. *lasiocalyx*）。Stuart（1919）在 Watt 分类的基础上进行了归并，提出 4 个变种，即：武夷变种（*Camellia sinensis* var. *bohea*），中国大叶变种（*Camellia sinensis* var. *macrophylla*），掸形变种

(*Camellia sinensis* var. *shah form*) 和阿萨姆变种 (*Camellia sinensis* var. *assamica*)。Eden (1958) 分为 3 个变种：中国变种 (*Camellia sinensis* var. *sinensis*)，印度变种 (*Camellia sinensis* var. *assamica*) 和柬埔寨变种 (*Camellia sinensis* var. *cambodia*)。Sealy (1958) 分为 3 个种，即：中国种 (*Camellia sinensis*)，包括中国变种 (*Camellia sinensis* var. *sinensis*) 和阿萨姆变种 (*Camellia sinensis* var. *assamica*)；大理种 (*Camellia taliensis*) 和伊洛瓦底种 (*C. irrawadiensis*)。

中国茶学家庄晚芳等 (1981) 根据茶树亲缘关系、利用价值以及地理分布等因素，将茶树 [*Camellia sinensis* (L.) O. Kuntze] 分为 2 个亚种 7 个变种，即：云南亚种 (*Camellia* ssp. *yunnan*) 和武夷亚种 (*Camellia* ssp. *bohea*)。云南亚种 (*Camellia* ssp. *yunnan*) 包括云南变种 (var. *yunnansis*)、川黔变种 (var. *chuan-qiansis*)、皋芦变种 (var. *macrophylla or* var. *kulusis*) 和阿萨姆变种 (var. *assamica*)；武夷亚种 (ssp. *bohea*) 包括武夷变种 (var. *bohea*)、江南变种 (var. *jiangnansis*) 和不孕变种 (var. *sterilities*)。该变种分类的云南亚种 (ssp. *yunnan*) 与 Watt 分类的尖叶变种 (var. *viridis*) 是一致的，武夷亚种 (ssp. *bohea*) 与 Stuart 分类中的武夷变种 (var. *bohea*) 一致。

### （五）茶树原产地

茶树原产地是指茶树演化、形成、生长的原始地区。

**1. 茶树原产地的分歧**

中国是世界上最早发现和利用茶树的国家，古今世界各国的茶树都是直接或间接由我国传播的，茶树原产于中国历来是世界各国普遍公认的，但到 1824 年，驻印英军勃鲁士 (R. Bruce) 宣称，在印度阿萨姆省皮珊的新福区发现了野生茶树，并于 1838 年印发小册子，宣称印度是茶的原产地。因此造成了对茶树原产地意见的分歧。其分歧观点主要有以下 4 种：

（1）一元论　主张茶树原产于中国。其一，中国是利用和栽培茶树最早的国家。中国最早发现野生大茶树，现中国西南地区等仍存有众多的野生大茶树。其二，世界各国关于“茶”及“茶叶”的文字及发音都源于中国汉语；另外，大部分茶树亲缘植物均产于中国，中国种与阿萨姆种的染色体数相同（2n=30），茶树酯酶的同功酶没有根本差异。但勃鲁士等人认为只有印度发现了野生大茶树，而从未有人提出过在中国境内发现野生茶树的学术申请，所以印度是茶树的原产地；并认为阿萨姆种茶树长势很“野”，是茶树的原种，据此武断地认为中国没有野生大茶树的发现和报告。这既不科学，也不符合事实。

（2）二元论 科恩·司徒（Cohen Stuart，1919）认为，茶树在形态上存在区别，可以分为两种不同茶树的原产地：一为大叶种茶树，原产于中国西藏高原的西部一带（包括四川、云南），以及越南、缅甸、泰国、印度阿萨姆等地；二是小叶种茶树，原产于中国东部和东南部。

（3）多元论 美国人威廉·乌克斯（Willian Ukers，1935）在其出版的《茶叶全书》(All About Tea) 中主张，凡是自然条件适合而又有野生茶树的地方都是茶树的原产地，包括泰国北部、缅甸东部、越南、中国云南、印度阿萨姆等。

（4）折衷论 艾登（T. Eden，1958）在其专著《Tea》中宣称，茶树原产依洛瓦底江发源处的中心地带，更可能在这个中心带以北的无名地。意即原产缅甸的江心坡或者更在它以北的中国云南、西藏境内。

**2. 茶树原产于中国**

一百多年来，国际学术界展开了一场关于茶树原产地的争论，经过深入研究后，从各个方面获得大量资料和科学证据，证明中国是茶树的原产地。但茶树原产我国何地，众说不一，归纳起来主要有云南南部说、川滇黔毗邻山区说和川东鄂西说。

（1）云南南部说 主要立论根据为云南茶种占世界茶种的80%，在茶树形态结构上有着从原始到进化的各种过渡类型，并呈现连续变异，滇东南有世界47.5%的种，有2/3的种为原始型，这是原产地植物的显著特点。云南早在新生代第三纪初期（距今六七千万年）原为热带低地，属温暖湿润的热带气候，它首先具备了茶树起源的条件；云南乔木型茶树具有很强的合成L-表儿茶素及其没食子酸酯，近缘于山茶属的特征，具有某些生化代谢的原始特性；从被子植物的起源、植物区系、分类系统演化进程和地理分布等追寻山茶目（山茶科茶树）的起源，山茶科的茶树发源于云南热带、亚热带地区，以后才向南北各地发展。

（2）川滇黔毗邻山区说　认为茶树起源中心是在云贵高原的大娄山附近以及邻近的湘、桂、鄂巴山少数民族居住较多的地方，即横断山脉至大娄山脉的山区是茶树原产地主要区域，其他则为演化地区。其根据是从野生茶树的分布及变异分析，在云贵川毗邻山区不断发现野生大茶树，茶树变异也最多，从古地理气候分析，云贵高原许多地区由于没有受第四纪大地环境很大变化的影响，没有受到冰川的侵袭，因而保存了很多第三纪古老的动植物，山茶科的茶树也得以保存。从“茶”字的起源和茶的始用分析，云、贵、川毗邻山区称茶的语音均与茶的古音有关，茶的烤法、饮法和饮具都很古老，是茶叶始用法的活化石，从社会历史发展分析，茶为古代巴蜀国主要的农产品，随着经济文化的交流，茶叶遂向四周及西南边缘山区发展。从细胞水平和分子水平研究茶树物种的亲缘关系及其系统发育的结果，茶树原始型的分布区在我国西南、华南地区的滇、川、黔、桂等省（区）。

（3）川东鄂西说　从史料、自然条件和社会经济条件加以论证，提出茶树原产地在鄂西或川东鄂西。理由是神农氏族或部落最初的活动范围在湖北西部，其后一部分西移川东构成巴族或巴地的民族之一，才把茶的知识带到巴山蜀地。川东鄂西是我国野生茶树的起源地。唐代陆羽《茶经》载：“茶者，南方之嘉木也。一尺、二尺乃至数十尺，其巴山、峡川，有两人合抱者”。巴山即川鄂之间的大巴山，峡川即当时峡州（今宜昌市）及其长江沿岸和三峡等地。在气候学上，川东鄂西地区属中亚热带，中小叶种茶树对气候生态环境相对要求较低，可向四周扩散、推移，而地处北热带的大茶树向北迁移，过低温关难度大。从古代社会经济条件分析，川东鄂西是茶树向四周推移的基地，川东鄂西地区紧靠关中平原的西安。西安是古代政治、经济、交通、文化的中心，川东鄂西地处长江中游，水陆交通方便，茶树从这里向附近四周推移有优越的条件。

目前学术界以支持茶树原产于川滇黔毗邻山区的居多。

## 二、中国茶叶生产与消费

### （一）中国茶区分布及其茶类生产特点

茶区划分是按照茶区的自然、经济条件、所种植的茶树品种以及所采用的栽培、加工技术相似，而且在茶叶生产中承担相似的生产任务，按一定的行政隶属关系划分的茶叶生产区域。茶区划分的目的是为了更好地开发利用自然资源，合理调整生产布局，因地制宜规划和指导农业生产提供科学依据，是顺利、合理发展茶叶生产，实现茶叶生产现代化的一项重要的基础工作。

我国历来非常重视茶区划分。早在唐代陆羽所著的《茶经》中，就将中国当时 43 个州郡划分为 8 个茶叶产区。在近代，当代茶圣吴觉农根据茶区的自然条件、茶农的经济情况、茶区的分布面积大小及茶叶产品的不同种类，于 1935 年将全国茶区划分为外销茶和内销茶两大类共 13 个茶区：外销红茶 5 个茶区（祁门红茶区、宁州红茶区、湖南红茶区、温州红茶区、宜昌红茶区）、外销绿茶 2 个茶区（屯溪绿茶区、平水绿茶区）、外销乌龙茶 1 个茶区（福建乌龙茶区）和内销茶 5 个茶区（六安绿茶区、龙井茶区、四川茶区、云南普洱茶区和其他茶区）。这一划分是根据各种条件综合提出的，所以对近代茶叶生产具有一定的指导意义。陈椽于 1948 年《茶树栽培学》中将中国茶区划分为浙皖赣茶区、闽台广茶区、两湖茶区、云川康茶区。庄晚芳于 1956 年在《茶作学》中，根据我国茶区气候类型不同，将全国茶区划分为华中北茶区（皖北、豫、陕南）、华中南茶区（苏、皖南、浙、赣、鄂、湘北）、四川盆地及云贵高原茶区（川、滇、贵）以及华南茶区（闽、粤、桂、湘南）。

王泽农于1958年依茶区土壤和气候条件不同划分为三大茶区，即华中茶区、华南茶区和华西茶区。中国茶叶编辑委员会于1960年将我国茶区划分为北部茶区、中部茶区、南部茶区和西南部茶区。浙江农业大学于1964年在《茶树育种学》提出，将中国茶区分为华中北茶区、华中南茶区、华南茶区以及西南茶区。

1979年出版庄晚芳主编的全国统一教材《茶树栽培学》将我国茶区分为四大茶区，即江北茶区、江南茶区、华南茶区和西南茶区。

江北茶区南起长江，北至秦岭、淮河，西起大巴山，东至山东半岛，包括甘南、陕南、鄂北、豫南、皖北、苏北、鲁东南等地。该茶区地形较复杂，茶区多为黄棕土，这类土壤常出现黏盘层，部分茶区为棕壤。与其他茶区相比，江北茶区气温低，积温少，年平均气温15～16℃，极端最低温－10～－15℃，茶树容易受到冻害。降水量偏少，一般年降水量在1 000mm以下。茶树品种多为灌木型中叶种和小叶种。生产茶类以绿茶为主。

江南茶区位于长江中下游以南，包括浙、皖南、苏南、赣、鄂南、湘等地。该茶区大多处于低丘低山地区，也有海拔1 000m的高山。江南茶区基本上为酸性红壤，部分为黄壤；属于中亚热带季风气候，气候温和，四季分明，年平均气温15～18℃，极端最低温度一般不低于－8℃，无霜期230～280d，年降水量比较充足，一般1 000～1 400mm。晚霜和北方寒流会对该茶区的北部带来危害，部分茶区夏日高温，会发生伏旱或秋旱。该茶区产茶历史悠久，资源丰富，历史名茶甚多，如西湖龙井、君山银针、洞庭碧螺春、黄山毛峰等。种植的茶树大多为灌木型中叶种和小叶种，以及少部分小乔木型中叶种和大叶种。该茶区是发展绿茶、乌龙茶、花茶、名特茶的适宜区域。

华南茶区包括粤、桂、闽、台等地。该茶区水热资源丰富，土壤大多为赤红壤，部分为黄壤，年平均气温19～22℃，无霜期300d以上，年降水量1 200mm以上。华南茶区茶树资源极其丰富，荟集了中国的许多大叶种（乔木型或小乔木型）茶树，适宜加工红茶、普洱茶、六堡茶、大叶青、乌龙茶等。

西南茶区包括黔、川、滇和藏东南地区。该茶区地形复杂，大部分地区为盆地、高原，土壤类型亦多。西南茶区水热条件较好，但各地气候变化大，年平均温度 15～18℃，年降水大多在 1 000mm以上。西南茶区茶树资源较多，栽培茶树的种类也多，有灌木型和小乔木型茶树，部分地区还有乔木型茶树。该区适制绿茶、普洱茶、红茶、边销茶和名茶、花茶等。

### （二）中国茶叶产销特点

近十年来，我国茶叶生产的主要特点是：①面积和产量快速增长。2001 年我国茶园面积 114 万 $hm^2$，2009 年达到 180 万 $hm^2$，增长 80%；茶叶产量从 2001 年的 70.2 万 t 发展的 2009 年 132.0 万 t，增长 88%（表 1-1）。②绿茶是主要生产茶类。2009 年绿茶产量约 100.0 万 t，红茶 7.5 万 t，乌龙茶 16.0 万 t，普洱茶 7.0 万 t。③名优茶生产是茶产业的主要效益来源。名优茶的产量约占总产量的 35%，但其产值占总产值的 80%左右，说明大部分茶叶产品都是低值产品，提质增效的潜力很大。④茶叶深加工产品在茶产业中的作用不断上升。2009 年利用茶叶为原料开发的深加工产品，如茶饮料、速溶茶、茶多酚等的产值约 400 亿元，几乎与茶叶的农业产值相当，因此茶叶深加工越来越受到重视。

在中国 18 个主要产茶省（市）中，云南省茶园面积最大，其次是福建省、湖北省、四川省和浙江省；福建省产量最大，其次是云南省和浙江省。海南省的茶园面积和产量在 18 个主要产茶省（市）中最小（图 1-1）。

国内茶叶市场和消费的特点是：①消费茶类向多样化发展。绿茶是我国各地消费者饮用的主要茶类，尤其是名优绿茶是消费的主流；普洱茶和乌龙茶呈快速增长的趋势，2001—2009 年普洱茶增加 10.7 倍；乌龙茶呈现稳定发展，2001—2009 年增长 128.6%；红茶由于近年来新品的开发，重新吸引消费者的爱好，呈现恢复增长的趋势；黑茶和其他边销茶消费也初显强劲增长苗头。②市场对茶叶质量安全的要求越来越高，已经超出原先的农产品初加工的范围，列入食品质量安全（QS）检测体系，没有通过 QS 认证的企业，其产品不能在市场直接销售。③海峡两岸茶叶贸易交流活跃。2007 年台湾向内地输出茶叶数量比 2002 年增长 8 倍，台湾茶叶企业在内地建立了国内最大的茶叶连锁销售网，创办茶学高等教育。④品牌消费倾向日益突出。品牌产品在质量控制和售后服务等方面有良好的保证，使消费者对茶叶的消费越来越看重品牌，无牌无名的茶叶产品市场份额正在逐步缩小。⑤茶文化宣传对茶叶消费的作用不断增强。通过茶文化活动，赢得了广大媒体的积极宣传，促进了茶叶营销，在最短的时间内对茶叶品牌形成强大的影响力，使企业减少宣传营销成本，为茶界所推崇。⑥新品叠出，不断对市场注入活力。在以绿茶为主流的国内市场中，普洱茶的崛起，形成了茶叶消费热点；白茶和黑茶紧跟其后，形成接力；红茶新品出现，有重振雄风之势；新梢白化新品种的推广，又成为绿茶中的新贵。⑦茶叶价格整体趋向平稳。国内茶叶产量不断增加，市场需求也稳定增加，中国茶叶内外销 7∶3 的比例悄然改变，内销比例逐年上升，名优茶价格趋于稳定，并逐步与大众消费接轨。

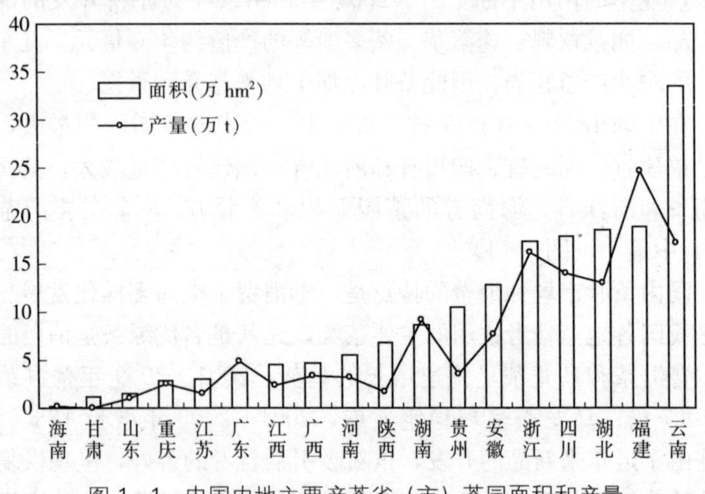


图 1-1　中国内地主要产茶省（市）茶园面积和产量

表 1-1 2001—2009 年中国茶园面积和茶叶产量

| 年份 | 2001 | 2002 | 2003 | 2004 | 2005 | 2006 | 2007 | 2008 | 2009 |
|---|---|---|---|---|---|---|---|---|---|
| 产量（万 t） | 70.2 | 74.5 | 76.8 | 83.5 | 93.5 | 102.8 | 116.6 | 125.8 | 132.0 |
| 面积（万 $hm^2$） | 141.1 | 113.4 | 120.7 | 126.2 | 135.2 | 143.1 | 153.0 | 171.9 | 180.0 |

## 三、国外茶叶生产与消费

### （一）世界茶区分布及生产概况

世界上约有 60 个国家和地区产茶，其中年生产茶叶在万吨以上的主产国有 21 个。2008 年世界茶叶种植面积约 307 万 $hm^2$，产量约 380 万 t。世界茶叶产量中，84%产于亚洲，14%产于非洲。在诸多产茶国家和地区中，中国茶叶产量仍居世界第一，占世界茶叶总产量的 33%，印度居第二位，占 26%，紧随其后的为肯尼亚、斯里兰卡、越南、土耳其、印度尼西亚、日本、阿根廷和乌干达。

世界茶叶产量中，数量最多的是红茶，占总产量的 70%以上。红茶的主要生产国家是印度、斯里兰卡和肯尼亚等。虽然绿茶在总产量中的比例低于红茶，但增加速度很快。2008 年世界绿茶产量 116 万 t，比 1999 年约 70 万 t 增加 66%。中国仍为最大的绿茶生产国，占世界绿茶总产量的 80%，其后依次为日本、越南、印度尼西亚、中国台湾、印度、斯里兰卡，其他国家和地区也有少量生产。

### （二）世界茶叶消费特点

**1. 世界茶叶出口贸易**

世界茶叶贸易受到产销国家政治、经济和自然条件的影响。20 世纪上半叶，中国茶叶在国际市场上的份额不断缩小，其他主要产茶国茶叶出口都呈现增长趋势，印度和斯里兰卡几乎垄断茶叶出口贸易市场。20 世纪中叶后，中国茶叶开始恢复和发展，70～80 年代快速发展，同期印度、斯里兰卡的贸易份额逐步下降；以东非产茶国肯尼亚和乌干达为代表的非洲茶叶生产兴起后，茶叶出口贸易也随之发展起来，随后南美洲的阿根廷、大洋洲的巴布亚新几内亚、东欧的一些国家也相继开始发展茶叶出口贸易。进入 20 世纪 90 年代，斯里兰卡茶园经营实施私有化，促进了茶业发展，成为亚洲最大的茶叶出口国，取代了印度的茶叶出口地位。21 世纪初，中国在国内消费的带动下，茶叶产量快速增长，促进了国内贸易和出口贸易，成为世界产茶和出口的第一大国。2008 年世界茶叶出口量 163.8 万 t，在茶叶国际贸易中，主要出口国家有肯尼亚 38.3 万 t，斯里兰卡 29.8 万 t，中国 29.7 万 t，越南 10.4 万 t，印度尼西亚 9.6 万 t，阿根廷 7.7 万 t。印度的茶叶出口量波动较大，2006 年 21.6 万 t，2007 年下降到 15.7 万 t。

**2. 世界茶叶进口贸易**

英国是历史上世界最大的茶叶进口国，其中伦敦茶叶拍卖市场的茶叶价格指数曾经是世界茶叶生产和销售的风向标。但 20 世纪 60 年代后，英国的茶叶消费受到咖啡和其他饮料的冲击，茶叶进口量持续下降，直至 1990 年其世界茶叶进口国的霸主地位被前苏联所取代。与此同时，日本、伊朗、巴基斯坦、埃及、波兰和摩洛哥茶叶进口量及比重逐渐上升，使得历史上茶叶进口量曾经占世界 80%以上份额的欧洲和美洲的茶叶进口量趋于下降。而且，茶叶的健康功能逐步为世人所认识，使得不仅进口国的茶叶消费增加，而且茶叶生产国如中国、印度、日本等的国内茶叶消费也不断上升。世界茶叶贸易的流向已经从过去集中由亚洲向欧洲出口的局面向多元化发展。目前世界茶叶进口量大于 10 万 t 的国家分别是俄罗斯、英国、巴基斯坦和美国。2008 年主要茶叶进口国家及其进口量分别为：俄联邦进口 18.2 万 t，茶叶进口主要来自斯里兰卡、印度、中国、印度尼西亚、肯尼亚和越南；英国进口 15.7 万 t，主要进口自印度和肯尼亚；其后依次为印度尼西亚、中国和坦桑尼亚。美国进口 11.7 万 t，主要进口自阿根廷、中国、印度、印度尼西亚和越南。埃及进口 10.4 万 t，同比大幅增长 50.7%，其中 87%的茶叶来自肯尼亚，其次为印度、印度尼西亚、斯里兰卡，少量来自中国、马拉维，坦桑尼亚等国家。巴基斯坦进口 9.9 万 t，红茶约占 99%，主要来自肯尼亚，其他产茶国中依次为中国、印度、印度尼西亚、孟加拉国、卢旺达、马拉维、越南、坦桑尼亚和乌干达。迪拜进口 9.0 万 t，主要来源国为斯里兰卡、印度、肯尼亚、印度尼西亚、越南，2008 年通过迪拜转口的茶叶共计 3 万 t。其他茶叶进口国 2007 年的进口数量分别为摩洛哥 5.5 万 t，德国 4.8 万 t，阿联酋 4.8 万 t，日本 4.7 万 t，荷兰 3.1 万 t，沙特阿拉伯 2.9 万 t，荷兰 2.8 万 t，阿富汗 2.8 万 t，哈萨克斯坦 2.6 万 t，叙利亚 2.5 万 t，苏丹 2.3 万 t，伊朗 2.1 万 t，南非 2.1 万 t，乌兹别克斯坦 2.0 万 t，智利 2.0 万 t。

按照世界茶叶平均价格计算，世界茶叶价格在茶叶国际贸易历史上出现过几次较的波动。20 世纪 60 年代至 70 年代中期，世界茶叶出口价格呈现下降趋势，1977 年因南美咖啡遭受冻害而减产，导致国际市场的茶价出现大幅上升；20 世纪 80 年代初期，伦敦茶叶库存量减少，同时印度国内茶叶消费增加而限制茶叶出口，使世界茶叶贸易价格上升至历史新高；20 世纪 90 年代中期，世界贸易疲软，伦敦茶叶拍卖市场关闭，茶叶国际贸易价格出现低谷；随后因中国和印度国内消费增长，同时印度、斯里兰卡等产茶国茶叶拍卖的健全，国际茶叶贸易恢复活跃，茶叶价格也随之缓慢回升，尤其是 21 世纪中叶以后上升速度较快。联合国粮农组织（FAO）综合价格显示，2006 年世界茶叶价格上升了 11.6%，2007 年上升了 6.5%，2008 年比 2007 年进一步上升 4%。茶叶价格上升的原因有两方面，一是部分产茶国家受到干旱或冻害等自然灾害而减产，另一方面是茶的健康作用促使茶叶消费的增长。

**3. 世界茶叶消费**

由于人们对茶的健康功能的认识越来越深入，作为健康饮料，世界茶叶消费将持续增长。据国际茶叶委员会的中期预测，未来茶叶消费的年增长率为红茶 1.7%，绿茶 3.8%。然而，目前世界人均茶叶消费量仍处于低水平，约为 530 克。据 2007 年统计资料，茶叶消费量在 5 万 t 以上的国家有 12 个，依次为印度、中国、俄罗斯、日本、土耳其、英国、巴基斯坦、美国、埃及、印度尼西亚、伊朗、摩洛哥，其中印度77.1万t，占总消费量的20.3%，中国76.2万t，占总消费量的20.1%。按照人均消费量计算，国家之间消费极不平衡。在主要进口国中，俄罗斯人均年消费1 260g，英国2 200g，而部分国家的消费水平却很低；在主要产茶国中，茶叶消费水平也不高，印度650g，中国600g，肯尼亚400g。因此，国际茶叶市场和产茶国茶叶消费市场的发展空间仍然很大。

## 参考文献

丁俊之.2010.世界茶叶产销轨迹和发展趋势——做强做大中国茶产业的新思路.上海茶叶（1）：4-10.

梅峰.2009.世界茶市现状与中国茶产业发展.中国茶叶加工（1）：3-6.

牛晓倩，顾国达，张纯.2007.世界茶叶生产与贸易格局的演变及现状分析.世界农业，338：29-32.

朱仲海.2009.2009年我国茶叶产销形势分析.广东茶业（6）：16-19.

# 第二章 茶树栽培

茶是我国最重要的经济作物之一，是山区农民脱贫致富奔小康的重要载体。茶叶产销不仅满足了人们对健康饮料的物质需求，也促进了我国精神文明建设。近年来，随着科技发展，茶有效成分提取技术、新功能拓展以及新产品开发等相关研究成果丰硕，加速了茶资源的利用，同时人们对食品质量安全要求也越来越高，这些都对茶树栽培提出了更高要求。

## 一、茶树生物学特性

对茶树基本特性的了解以及对其生长发育规律的掌握，有利于茶树的科学栽培，有利于实现茶叶生产的优质、高效。

茶树为山茶科（Theaceae）茶属（*Camellia* 或 *Thea*）多年生常绿灌木、小乔木或乔木，学名 *Camellia sinensis*（L.）O. Kuntze。根据对茶树迁移和进化规律的研究，目前一般认为，茶树原产我国西南川、滇、黔，经过长期的引种，现在世界上50多个国家有茶树种植。栽培茶树高度约1m，而野生条件下，一些乔木型大茶树可长至20～30m，胸径超过1m。栽培型茶树主根深为50～100cm，侧根和细根多分布在土壤表层5～40cm，深的在50cm以下，吸收其他植物所不能吸收的营养物质。茶树再生能力非常强，分枝旺盛，幼苗时单轴分枝，成长后为合轴分枝，全年能多次发芽。

### （一）茶树一生

茶树寿命很长，如管理得好，短的几十年，长的百余年，自然生长的茶树寿命可达数百年，甚至千年。彩图2-1是云南普洱镇千家寨发现的已经有2 500年树龄的古老野生大茶树。

无论是通过有性繁殖还是无性繁殖的茶树，一生从幼到老、从小到大，一般要经历幼苗期、青壮年期、衰老期等主要发育阶段。

**1. 幼苗期**

从开始开花受精、种胚形成以至果实成熟、种子萌发到小植株形成，为幼苗期。由幼苗期到幼年期只有2～3年时间，但这阶段的生长状况对以后各时期的生育影响极大，所以在幼苗期、幼年期的培育应特别注意，要注重选种、土壤耕作和施肥以及生态条件的改善等。

**2. 青壮年期**

茶树度过幼年期，进入性成熟，开始开花结果，直至开始衰老，该时期称为青壮年期。在这个阶段，茶树新陈代谢快，生长势强，生活力最为旺盛，要注意加强培育管理，如施肥、修剪、采摘等，不仅能提供量多质优的制茶原料，而且可以延长该阶段的持续时间。

**3. 衰老期**

茶树经过了青壮年期后就逐渐衰老，直至死亡的这段时间，为衰老期。在栽培条件下，由于生态条件的变化，栽培技术的影响，衰老的持续时间相差很大。条件不好，技术措施不当，茶树不能正常生育，便趋向衰老。在衰老时，茶树能依靠根系和根颈生育“自我更新”或“返老还童”，从根颈处抽出新枝条。根据这一原理，人们采用台刈更新技术，可使茶树复壮返青，提高生活力。

### （二）茶树生育特性

整株茶树由根、茎、叶、花、果等器官组成。根系称为地下部；茎、枝叶、花果等称为地上部，组成树冠。地下部和地上部二者关系极为密切，“根深叶茂，本固枝荣”，形象地说明了二者的相互关系，因为地上部所需营养和水分要靠根系从土中吸收来供应，所以只要根系扎得深，才有利于地上部同化产物向下转运。

**1. 地下部**

在种子萌发过程中，由胚根形成的主根不断向地下伸长，并形成侧根，侧根又分生出许多细根，细根上着生无数白色根毛。根的吸收作用主要靠细根和根毛来实现。随茶树年龄的增长，如果土壤条件良好，根系可长达 2～3m，一般约 1m，吸收根大部分分布在空气较流通的土壤表层，以地表下 20～30cm 处细根和根毛分布最多。用茶树枝条扦插繁殖的根系，主根不明显，从枝条基部发生一、二级侧根，往往向土壤深处伸展，代替主根的作用。扦插苗的根系分布以表土层居多。

根系的年活动规律随品种、地区和栽培管理技术的差异而有所不同，同时也随气候、土壤条件的变化而变化。根系生长与地上部生长互相消长，互相交替进行。地上部生长旺盛时，根系生长较缓慢，地上部生长趋向休止时，根系生长较旺盛。当春季土壤温度上升达 10℃左右时，根系便开始生长，一般在 3 月份左右根系生长出现高峰，之后随新梢萌动、伸长，根系生长便转入低潮；当 5、6 月份新梢生长缓慢时，根系又转入生长高峰。这种生长交替关系体现了植物生长的内在平衡控制以及“库”、“源”转换关系。根系生长活跃时期吸收能力最强，故在生长活跃期到来之前进行土壤耕作和施肥，能取得较好的效果。

**2. 地上部**

茶树地上部生长状况因遗传背景和栽培条件的差异而有所不同。乔木型茶树具有明显的主干，植株高大；小乔木茶树主干也较明显，但分枝部位离地面较近，植株中等；灌木型茶树无明显主干，分枝大部分由根颈处分出。我国栽培最多的是灌木和小乔木型的茶树。

茶树树冠形状可根据分枝角度大小的不同分直立、披张、半披张 3 种，分枝角度小、直立性强的茶树较适于密植。修剪可促进茶树分枝，形成宽大的树冠面，有利于高产。因此，合理的定型修剪可形成良好的树冠。

叶形态因茶树遗传差异而不同，大小差异很大，小的叶片叶长约 3cm，而大的则超过 25cm；叶脉网状，由主脉分生侧脉 5～15 对，伸展到近叶缘时向上弯曲与上一对侧脉联合。叶互生，叶龄一年左右。

新梢由成熟叶叶腋处的营养芽发育而成。当气温和水分条件适宜时，芽开始分化，体积逐渐增大，先是鳞片展开，继而鱼叶展开、真叶展开，最后形成一枝带有三四片新生嫩叶和一个顶芽的新梢。从新梢上采下细嫩的“芽叶”，便是制茶的原料。有的待顶芽形成驻芽时才进行采摘。如不采剪，经过短期休止又可继续生长，一般每年可生长 2～3 个轮次。但如经采摘，留下小桩上的腋芽又可继续萌发形成新梢。在人为修剪和合理采摘下，每年新梢形成可达 4～5 轮，热带地区如水分充足，每年可长 7～8 轮。茶树新梢的多轮次生长特点是茶叶高产的重要生物学基础。茶树在越冬期间经过较长时间的休止，积累了较多的养分，入春气温适宜，腋芽和顶芽便萌发生长，形成新梢较整齐快速，故春茶时间历时较短，只有 1 个月左右。夏、秋季因体内营养积累和转化以及水分条件的限制，新梢形成参差不齐，采摘季节较长。采摘茶树，每轮新梢生长期因品种和外界条件不同而异，短的 20～30d，长的 70～80d，一般在 40d 左右。

茶树生殖生长比较活跃，从播种后 2～3 年开始一直可持续到衰老期，每年每株开花可达数千朵，但结实率很低，一般为 2%～4%。茶树花芽着生于枝条上营养芽的两侧。6～7 月份花芽开始分化，形成花蕾，继而开花、授粉、结实，从花芽分化到开花需 100～110d。茶花为虫媒花，授粉、受精后子房便开始发育，如遇低温便进入休止期，到第二年再继续生长发育，到秋季果实才成熟。从花芽形成到果实成熟，约需一年半时间。一方面是当年花芽分化，开花授粉；另一方面又是上年果实生育成熟过程，这种花果相会是茶树生物学特点之一。

### （三）茶树立地条件

茶树原产于我国云、贵、川等低纬度地区，形成了喜温耐阴、喜酸耐铝、喜肥耐瘦的特性。

**1. 喜温畏寒**

茶树要求生活在年均温度 12.5℃以上的地区。当气温持续低于 10℃、土温低于 5℃时，茶树地上部、地下部开始进入“休眠”；当春季气温超过 10℃时，茶树便开始生长；15～20℃条件下，新梢生长较缓慢，但持嫩性好，品质优；在 20～30℃之间，生长旺，品质尚优；当气温在 30～35℃时茶树生长速度达到最快，但持嫩性差、滋味苦涩；茶树能忍耐的极端最高温度，老叶为 45℃，嫩叶在 35℃以上即受害。茶树生存的最低温度因品种而异，大叶种为－6℃，中小叶种为－14～－16℃，但在雪覆盖下，－30℃仍能生存。近年来，极端灾害天气较频繁，茶树冻害和旱害时有发生，应加强预测预报，强化栽培管理，比如采用人工烟雾可以预防冻害，布设喷灌系统可以防止旱害发生。此外，根据以往冻害发生规律，春季的晚霜和“倒春寒”往往比冬季的极端低温更容易使芽叶遭冻害或冷害，因为那时芽叶已经萌动，对低温更加敏感。通过茶园小气候温度的调节，还可以加速芽叶萌发。我国 20 世纪 90 年代出现的大棚设施栽培，提早春茶开采期，正是基于温度对茶树生长的调控原理，通过人工创造较高的冬季气温和土温，打破茶树的自然休眠，促进其提早萌发。

**2. 喜湿恶水**

茶树生长要求年降水量在 1 000mm 以上，在生长季月降雨量要求在 100mm 以上，生长季节月降水量低于 50mm 就受损而减产，芽叶因老化而降低品质，因此一要有足够的降雨量，二要降雨均匀。人气湿度要高，以 80%～90%为宜，土壤田间持水量在 70%～90%，地下水位在 80cm 以下，要求自然走水，所以茶树一般多种在坡地上。对于坡谷低洼地带、两山夹一沟场所，在种植茶树前，必须充分勘察，因为这些地方容易积聚地下水，造成茶树涝害。如果已经种植，则必须开挖较深的排水沟，以利走水。

**3. 喜酸、铝不耐钙**

茶树只能生长在酸性土壤上，适宜酸碱度为 pH4.0～6.5，但据近年研究，pH4.0 以下仍能获得较高产量。映山红、铁芒箕（狼箕）、杉木、油茶、马尾松等是酸性土壤的标志性植物，所以凡是上述植物生长良好的土壤大多是酸性土壤，是适宜种茶的土壤特征。茶树在碱性土或石灰性土壤中不能生长或生长不良。石灰性紫色土和石灰性冲击土含钙量高，一般都为碱性，不宜种茶。土壤活性铝含量高，茶树生长良好。在铝饱和度（活性铝含量）低的酸性土壤中，茶苗成活率低，生长缓慢，当土壤铝含量低于 8μg/g 时，茶树不能正常生长发育，甚至死亡。土壤活性铝含量与土壤酸碱度有密切的关系，当土壤 pH＜5.5 时，活性铝（$Al^{3+}$）可占盐基代换量的 90％以上，pH＞6.5，$Al^{3+}$ 很低或者不存在；随 pH 进一步升高，可代换铝下降的同时，可代换性钙含量迅速提高。研究显示，植茶土壤中的氧化钙值不应超过 0.5％，以 0.05％以下为合适。因此，建园前应以 pH 试纸或酸度计对土壤 pH 进行分析，以确定是否适合植茶。

**4. 喜肥耐瘦**

茶树要求生活在土层深厚肥沃的土壤上，土层深度在 1m 以上，有机质丰富（1.5％以上），质地松软，以沙质壤土为优，但种在瘠薄土壤上也有一定的忍耐性，唯产量低，品质略差。

**5. 喜高山也宜丘陵平地**

高山气压低，云雾多，湿度大，土质好，生态条件优越，有利茶叶有效成分的形成。丘陵平地热量丰富，产量高，品质较次。在高山种茶要注意水土保持和防冻，在丘陵平地种茶要注意改善生态条件。

**6. 喜漫射光耐阴**

茶树为中性偏阴植物，具有较强的耐阴性，尤其是种苗期或南方大叶种，耐阴性更强，更应重视遮阴防旱。漫射光可以促进茶树叶片形成较多的叶绿素 b，其能有效地利用蓝紫光，有利于茶树光合作用，形成更多的氨基酸等含氮物质，提高茶叶品质。在初夏利用遮阳网、茶林间作等遮阴措施，增加茶树新梢持嫩性，可以提高茶叶鲜醇味。

## (四) 茶叶生化成分

茶叶含有多种生理活性物质，具有良好的药理作用和营养价值。饮茶能提神益思，帮助消化，消炎治病。茶叶含有咖啡因等生物碱、儿茶素类等酚类物质、茶氨酸等多种氨基酸以及有益元素氟、硒等。科学研究分析显示，一芽二、三叶鲜叶含水量为70%～80%，干物质为 20%～30%，制成干茶后水浸出物含量为 35%～56%，干物质中有半数以上是不溶于水的纤维素、淀粉、脂肪、果胶和蛋白质等成分。易溶于水的物质约有 30 多种酚类物质、20 多种氨基酸、12 种糖类、6 种有机酸，另外还有含量低但种类在 100 种以上的芳香物质。茶叶含灰分 5%～6%，能溶于水的约有 4%，主要为磷、钾、钙、镁、氯等，还有少量的铝、锰、铁、氟、硼、锌、铜、镍和硫等，此外还有微量的钡、锶、铬、锡和硒等。

水分是茶鲜叶的主要成分。水分含量因气候条件、采摘时间和芽叶大小等因素而有很大的差异，低的只有 60%左右，高的超过 80%。即使芽叶大小相同，因每天采摘时间不同，含水量也有很大变化，清晨和黄昏采摘的含水量高。一般来说，含水量越高，鲜度越好。

儿茶素类等酚类物质是茶叶的重要有效成分，其含量因品种差异而不同。如大叶种含酚类物质可达 35%以上，而中小叶种一般为 25%～30%。酚类物质中包括黄烷醇类、黄酮醇类、酚酸和类黄酮物质，其中黄烷醇类含量最丰富。儿茶素类中的表儿茶素、表没食子儿茶素、表儿茶素没食子酸酯、表没食子儿茶素没食子酸酯及其差向异构体是黄烷醇类丰度最高的物质，一般占干茶的12%～30%。这些物质本身无色，但在溶液状态下非常容易氧化成棕色。此外，茶叶中还有 20 多种其他多酚类物质——黄酮醇，属于黄色的化合物。

咖啡碱、可可碱和茶碱是茶叶中的主要生物碱，其中咖啡因含量最高。咖啡碱无色、稍带苦涩味，具有兴奋神经作用，一般细嫩芽叶含量较多，约为 4%～5%，而粗老叶和茎含量较少；大叶种含咖啡因较高，可达4.5%～5.0%，而中小叶种只有3.5%左右。

茶鲜叶中蛋白含量较高，但是经过加工后这些蛋白质发生变性并与其他成分共同固定于叶底中，只有少数能溶于水，这些可溶性蛋白对茶汤的滋味和厚度有重要贡献。酶是存在于茶鲜叶中的特殊蛋白质，起催化剂的作用，可促进化学变化。与茶叶制造有关的酶是多酚氧化酶、葡萄糖苷酶、樱草糖苷酶、果胶酶等，与茶树栽培有关的 RuBP 羧化酶、硝酸还原酶、超氧化物歧化酶、过氧化物酶、过氧化氢酶等。多酚氧化酶对茶叶加工作用巨大，在红茶加工中，该酶与酚类底物接触，加速酚类氧化形成红色物质，同时通过耦联作用产生众多香气物质，能增进滋味、汤色和香气；在绿茶加工中，通过高温杀青过程，迅速钝化该酶，使茶叶保持清汤绿叶。葡萄糖苷酶和樱草糖苷酶可以促进鲜叶中香气前躯体水解成香气，对成品茶的香气有重要贡献。果胶酶能水解细胞壁中的碳水化合物，使其转变为可溶性物质，在鲜叶摊放过程中，该酶活力提高，可促进水解产物形成，促进茶汤滋味的厚度。而 RuBP 羧化酶、硝酸还原酶与茶树光合作用和氮素利用关系密切，对茶叶产量有重要影响；超氧化物歧化酶等保护酶类则与茶树的抗逆性有显著的相关性。

茶叶中还含有叶绿素、胡萝卜素、叶黄素和花青素等。色素多少与品质也有一定相关性，叶绿素可对叶底和绿茶汤色产生影响，而胡萝卜素等物质还能在加工过程中转化为香气物质。

茶叶中含有较多维生素 C（抗坏血酸），但在加工中易受热破坏而减少。维生素 C 含量以芽叶的第三、第四叶较多。此外，还含有与人体微血管活动有关的维生素 P、维生素 $B_1$、维生素 $B_2$ 和维生素 PP、维生素 K 等。

此外，茶叶中含有丰富的氟，具有显著的抗龋齿作用，但是在一些原料粗老的砖茶中，氟含量容易超标，大量饮用易导致氟中毒。

## 二、茶树种植

茶树经济寿命很长，而且改植换种困难，因此新茶园建设是关系到未来几十年甚至上百年收益的重要工作。新茶园垦殖除了应合理规划土地、选用高产优质的茶树良种、科学种植外，还应根据无公害茶、绿色食品茶和有机茶等不同级别的生产要求进行园地选址和组织管理。

## （一）园地选择和规划

茶树是多年生作物，对园地的选择应周密，除了其自然条件能满足茶树生长发育外，还应根据无公害栽培等不同产地环境条件要求进行必要的筛选，如此可以最大限度地减少建园以后栽培管理的麻烦。

**1. 普通茶园**

对于普通茶园，园地的空气质量、灌溉用水质量以及土壤质量应满足农业行业推荐标准《茶叶产地环境条件》（NY/T 853—2004）要求，即在空气、灌溉用水和土壤等 17 项指标不能超限值（表 2-1），以及尽量保持土壤高肥力条件（表 2-2）。其中空气指标包括悬浮颗粒物、二氧化硫、氮氧化物、氟化物，灌溉用水指标包括 pH、总汞、总镉、总砷、总铅、铬（六价）、氟化物指标，土壤指标包括汞、镉、铅、砷、铬（六价）、氟、有机质、全氮、全磷、全钾、有效氮、有效磷、有效钾以及阳离子交换量等。从污染物的来源分析，悬浮颗粒物、二氧化硫、氮氧化物和氟化物等主要来自交通干线、砖瓦窑、金属冶炼、水泥厂、火力发电等企业，水和土壤重金属和有毒元素主要来自印染、电镀等企业。因此，园地选择应远离主要交通干道、大型厂矿企业以及大型动物养殖场。

除此之外，园地选择时，应尽量能集中成片、不零散，如此可以使以后的管理能够适应机械化、规模化的要求；同时，园地坡度应在 25°以下，尤其以 10°～20°坡地最为理想，既能适于机械作业的需要，又具有良好的排水性。土壤结构以沙性壤土为好，土质为红黄壤，土层深厚，可耕层最好在 70cm 以上，pH4.0～6.5，园地周围有灌溉用水源，周边植物群落丰富，森林覆盖率高。

园地茶园布局规划应考虑茶区山地的生态平衡，不能因种茶而排除其他林、牧业的发展，尤其是坡度在 25°以上的宜作为林地。既要考虑当地的自然条件，又要服从国家和地方农业整体规划。根据山坡地具体情况，如坡度大小、坡面和地形等，合理安排各种林木种植，宜林则林，宜茶则茶。各种规划和布局必须以有利水土保持、有利生态平衡为前提，做到山、林、水、路合理布局，综合治理。要尽量减少非生产用地的面积，提高土地利用率。规划布局包括园地地块大小、道路设置、排灌系统、防护林带、遮阴树和牧草带等。

**表 2-1　茶叶产地环境技术条件**

| 项　目 | | 限值（日均值） | |
|---|---|---|---|
| 大气指标 | | | |
| 总悬浮颗粒物（标准状态）$mg/m^3$ | ≤ | 0.30 | |
| 二氧化硫（标准状态）$mg/m^3$ | ≤ | 0.15 | |
| 氮氧化物（标准状态）$mg/m^3$ | ≤ | 0.10 | |
| 氟化物（标准状态） | ≤ | $7\mu g/m^3$（动力法）<br>$5.0\mu g/(dm^2 \cdot d)$（挂片法） | |
| 灌溉用水 | | | |
| pH | | 5.5～7.5 | |
| 总汞　mg/L | ≤ | 0.001 | |
| 总镉　mg/L | ≤ | 0.005 | |
| 总铅　mg/L | ≤ | 0.10 | |
| 总砷　mg/L | ≤ | 0.10 | |
| 六价铬 mg/L | ≤ | 0.10 | |
| 氟化物 mg/L | ≤ | 2.0 | |
| 土壤 | | pH≤6.5 | pH>6.5 |
| 镉　mg/kg | ≤ | 0.30 | 0.40 |
| 铅　mg/kg | ≤ | 250 | 300 |
| 汞　mg/kg | ≤ | 0.30 | 0.50 |
| 砷　mg/kg | ≤ | 40 | 30 |
| 铬　mg/kg | ≤ | 150 | 200 |
| 氟　mg/kg | ≤ | 1 200 | 1 500 |

表 2-2 土壤肥力评价标准

| 项目 | | 指标 | | |
|---|---|---|---|---|
| | | Ⅰ | Ⅱ | Ⅲ |
| 有机质 | g/kg | ＞15 | 10～15 | ＜10 |
| 全氮 | g/kg | ＞1.0 | 0.8～1.0 | ＜0.8 |
| 全磷 | g/kg | ＞0.6 | 0.4～0.6 | ＜0.4 |
| 全钾 | g/kg | ＞10 | 5～10 | ＜5 |
| 有效氮 | mg/kg | ＞100 | 50～100 | ＜50 |
| 有效磷 | mg/kg | ＞10 | 5～10 | ＜5 |
| 有效钾 | mg/kg | ＞120 | 80～120 | ＜80 |
| 阳离子交换量 | cmol/kg | ＞20 | 15～20 | ＜15 |

一个山地可规划为一个综合管理单位，在一个单位上再分为若干适于种茶的场地，每一场地划分为若干区，区下分为若干片和地块，以便经营管理。一个片或一个地块一般以 10～15 亩[*]为宜，茶行布置不宜过长，以 30～40m 为恰当。

道路设置可酌情开设，可分干道、支道和步道三种。干道以直接与茶场或公路相连，可供汽车或拖拉机通行，主要用于生产物资和鲜叶的运输，宽 8～10m；支道主要是联系各地块的交通要道，宽 5～6m，以能行驶拖拉机和胶轮车为度；步道为园内人行道，宽 2m 左右。在山坡上设道路尽量与排水系统相结合或沿等高线而设置，以免引起水土流失。

排灌系统是根据茶树怕旱涝特点而设置的，在多雨季节能将多余雨水及时排除，干旱季节能借沟道引水灌溉。它由渠道、隔离沟和贮水池等组成。渠道主要引水入园，作为灌溉之用。在园内因地势设置主沟和支沟，与渠道相联系，一般等高茶园每隔 10～15 行设一支沟，与主沟相连接，在交界处设沉泥坑。隔离沟设在茶园与

* 亩为非法定使用计量单位，15 亩＝1 公顷。

林地交界处，防止林地水流冲入茶园，截断径流，防止冲刷。在13 000～20 000m$^2$ 茶园面积内，应在山坞或山垄的上方设置1个蓄水池，以便茶园自流灌溉，在山坡的洼地可建水塘或水池，以供茶园管理作业用水，如农药施用、抗旱保苗等。

为了改善小气候，减少寒害、风害和旱害，要在道路两旁、沟渠两侧或一定部位植树造林，建立防护林带。林带宽度5～6m，道边或沿沟每隔4～5m植树一株，树种以适合当地生长又与茶树没有共同病虫害为宜。在堤坎边、行间可种植牧草，起保持水土、遮阴以及提高茶园有机质的作用。园内若要套种果树或遮阴树，必须充分规划，以不妨碍机械化田间作业为限。

**2. 无公害级茶园**

无公害茶园的园址选择，应根据农业部行业标准《无公害食品茶叶产地环境条件》（NY 5020—2001）规定的要求进行。与前面介绍的推荐标准《茶叶产地环境条件》（NY/T 853—2004）不同，该标准是一个强制标准，也就是说，要开展无公害茶叶生产，产地必须符合该标准规定的限值。在该标准中涉及的检测项目较NY/T 853推荐标准多，而且限值也更严格。

在NY 5020—2001茶园环境空气质量中规定的项目有总悬浮颗粒物、二氧化硫、二氧化氮、氟化物4项，其中总悬浮颗粒物的限值要求为不高于0.03mg/m$^3$，较推荐标准NY/T 853—2004（不高于0.3mg/m$^3$）严格10倍，挂片法测定的氟化物的限值要求不高于1.8μg/dm$^2$·d，较NY/T 853—2004（不高于5.0μg/dm$^2$·d）低1.8倍。此外，在该强制标准中，除了日平均指标外，还增加了任何1h平均浓度指标。在该标准中茶园土壤检测指标有7项，较NY/T 853—2004多了铜和pH的项目，少了氟的项目，显示出对重金属的重视；在具体限值上两者基本一致。而在茶园灌溉用水检测指标中有10项，较NY/T 853—2004增加了氰化物、氯化物和石油类3个项目。

除了NY5020外，农业部还制订了《无公害食品茶叶生产技术规程》（NY/T 5018—2001）。在该规程中，规定无公害茶园除了满足 NY 5020 的 17 项强制性要求外，还推荐了无公害茶园的规划和建设要求。认为无公害茶叶基地规划与建设应有利于保护和改善茶区生态环境、维护茶园生态平衡，发挥茶树良种的优良种性；便于茶园灌溉和机械作业；在道路和水利系统建设时，应根据基地规模、地形和地貌等条件，设置包括不同功能的园区道路系统。大中型茶场以总部为中心，与各区、片、块之间应有机动车道相通；规模较小的茶场也应设置必要的支道、步道和地头道。同时提倡建立节水灌溉系统。此外，通过防护林、行道树以及牧草的种植保持水土，涵养水源，改善生态环境，减少自然灾害。

**3. 绿色食品级茶园**

不管是 AA 级还是 A 级绿色食品茶园的园址选择，应满足农业部行业推荐标准《绿色食品产地环境技术条件》（NY/T 391—2000）和《绿色食品产地环境调查、监测与评价导则》（NY/T 1054—2006）规定的要求。绿色食品生产基地应选择在无污染和生态条件良好的地区，重点强调了生产基地的可持续生产能力。在 NY/T 391标准中，茶园大气环境质量的项目和限值要求基本与无公害级相似；在灌溉用水项目中，绿色食品基地用水 pH 较无公害级基地有所放宽，为 pH6.5～8.5，同时减少了氰化物、氯化物和石油类 3 项，增加了大肠杆菌 1 项，而且其总砷项目的限值更加严格（≤0.05）；茶园土壤环境指标项目数与无公害要求一致，但在具体限值中，除镉外，汞（≤0.25）、砷（≤25）、铅（≤50）、铬（≤120）、铜（≤50）等均较无公害更严格；在土壤肥力指标上也应达到Ⅱ类以上。根据 NY/T1054 规定，大气条件中二氧化硫、氮氧化物、氟化物 3 项为严格控制指标，总悬浮颗粒物为一般控制指标；土壤条件中镉、汞、砷、铬 4 项为严控指标，铅、铜、pH 为一般指标；灌溉用水条件中，铅、镉、汞、砷、六价铬为严控指标，pH、氟化物、大肠杆菌为一般指标。若严控指标不符合要求，即不宜发展绿色食品；若 1 项或 1 项以上一般指标不符合要求，则不宜发展 AA 级绿色食品，但可根据超标情况和综合污染指标评价结果，可适当发展 A 级绿色食品。

**4. 有机级茶园**

在NY5199中，大气质量指标项目类别与绿色食品和无公害食品一样，除了氟化物外，总悬浮颗粒物（≤0.12mg/m³）、二氧化硫（≤0.05mg/m³）和二氧化氮（≤0.08mg/m³）的限值明显较绿色食品更加严格；土壤质量指标项目中，镉（≤0.2mg/kg）、汞（≤0.15mg/kg）、铬（≤90mg/kg）限值降低，而砷（≤40mg/kg）限值增加，铅和铜与绿色食品无差异；在灌溉用水指标中，有机茶园检测项目类别与无公害茶园一致，但较绿色食品多了氰化物和氯化物指标项，在具体指标上，除了总砷（≤0.05mg/L）和石油类（≤5mg/L）较无公害级严格外，其余指标与无公害级一致。而且，有机茶产地空气、土壤和灌溉水各项指标评价均采用单项污染指数法，即只要有一项不合格，则判定该地不符合产地环境要求。可见，整体而言，有机茶园产地环境条件检测项目限值较无公害和绿色食品茶园更严格。

此外，在标准《有机茶产地环境条件》（NY 5199—2002）中明确规定，有机茶园应具有较强的可持续生产能力，并远离污染源，与交通干线的距离应在1 000m以上；而且有机茶园与常规农业生产区域之间应有明显的边界和隔离带，以保证有机茶园不受污染。隔离带以山和自然植被等天然屏障为宜，也可以是人工营造的树林和农作物，但农作物也应按有机农业生产方式栽培。因此，有机茶园的选址和规划除了满足茶叶产地环境条件的一般要求外，还应特别注意NY 5199规定所有检测项目。若一时难以达到有机茶园要求的，可先按无公害茶园或有机转换茶园进行规划，待条件成熟后，再转为有机茶园。

## （二）开垦和施工

所有茶园在开垦初期可按规划先进行路、沟、渠的建设，之后要清除园地内原有的植被和乱石等杂物。在坡地上新垦茶园，要特别重视开垦初期的水土保持，开地时期以秋冬季降雨量少时进行为妥，且秋冬季开地，对促进土壤风化、消灭病虫害和减少水土流失都较有利。开垦时应注意：第一，充分了解坡地上在降雨时水流的方向，合理设置排水系统，先在山顶和茶园四周开好隔离沟，以利施工；第二，山坡地外围原有树木按规划尽量保留下来，作为防护林或行道树；第三，开垦施工以茶园耕作机或人工进行，按区、片、块顺序展开，并保证有足够的深度，一般要达50cm以上，不能漏耕，开垦后如不立即种茶，应种绿肥，促进土壤熟化，提高肥力。

开垦方法按坡度大小而定。在5°～20°的坡地进行等高开垦、等高种植或者修建梯级茶园，以利保持水土。坡度在20°～25°之间，应建水平梯级茶园。修筑梯级的方法，按等高线由下而上逐层修筑，以充分利用表土。梯壁材料以草皮、石块、土坷均可，等高梯壁高度以不超过1m为好，梯面保持水平或稍向内侧倾斜，梯面宽度控制在1.5～1.6m（单行）或2.5～3.0m（双行），茶行长度以不超过50m为好。

平时加强对梯级茶园的保护，暴雨后注意检查，随时修整。在泥坎或草皮坎边应种植多年生牧草或绿肥，以固梯壁。

### （三）合理种植

合理种植应做到种前选良种、种时定标准、种后勤管理，如此可以使新建茶园快速投产，实现茶园的良种化、标准化、可持续化。

**1. 选用良种**

良种推广和普及是提高茶叶生产经济效益的重要途径，是可持续发展的重要基础。茶树良种是经过品种审（鉴）定委员会审（认）定，并且在产量、品质和抗性等方面表现优异的品种，因此茶树良种在抗逆性、品质、单产或者适应机械化作业等方面具有突出优势。我国有丰富的茶树品种资源，1984年、1987年、1994年和2001年全国茶树良种审定委员会审（认）定了95个国家级良种，其中无性系良种78个，在这些无性系品种中适制绿茶21个、红茶16个、乌龙茶13个，以及红绿兼制品种28个。2010年全国茶树良种审定委员会又审定通过了26个茶树新良种，其中15个适制绿茶、11个适制乌龙茶（具体名录目前尚未正式公布）。此外，我国还有省级良种以及一些优秀的地方品种约100余个。在新建茶园过程中，应根据基地所在地区的茶类生产要求选择相应适制特性的品种，并以不同适应性、不同物候期、不同茸毛特性、不同抗性的茶树品种进行搭配，以期达到茶叶生产高产、优质、低耗和可持续发展的要求。

虽然我国绿茶大类中的花色品类最多，包括扁形、针形和卷曲形名优茶、绿茶以及常规的炒青、烘青、蒸青和珠茶等，各品类对原料的要求千差万别，比如有的需要芽叶无茸毛，而有的则正好相反，有的需要芽头粗壮，而有的则需要芽头纤细，但是总的来说，适制绿茶的品种一般具有较小的酚氨比，芽叶颜色较绿等特点。在现有品种中适制绿茶的良种有中茶102、中茶108、浙农117、龙井长叶、浙农113、福鼎大白茶、迎霜、安徽7号等（表2－3）。

**表2－3　适制不同绿茶的茶树良种**

| 绿茶品类 | 良种名称 |
| --- | --- |
| 扁形绿茶 | 中茶102、中茶108、龙井长叶、浙农113、乌牛早、香山早1号、龙井43、霞浦元宵绿、霞浦春波绿、桂绿1号、早逢春、平阳特早、凫早2号、南江1号、舒茶早、鄂茶3号、杨树林783和安徽7号等 |
| 针形绿茶 | 浙农117、福鼎大毫茶、鄂茶8号、福云595、浙农139、浙农121、浙农21、福云20号、皖农111号、槠叶齐12号、鄂茶1号和蜀永808等 |
| 卷曲形绿茶 | 浙农113、福鼎大白茶、迎霜、浙农139、福云6号、蒙山11号、宜红早、名山早、鄂茶2号、天府茶11号、白毫早、赣茶2号、寒绿、碧香早、蒙山16号、早白尖5号、福毫、锡茶5号、皖农95、菊花春、安徽3号、劲峰、槠叶齐、安徽1号和翠峰等 |

适制红茶品种一般具有高酚氨比、芽叶粗壮、多茸毛等特点，如云抗10号、云抗14号、英红1号、英红10号、五岭红、安茗

早、秀红、福安大白茶、尖波黄13号、桃源大叶、云大淡绿、黔湄809、浙农21、黔湄419、蜀永808、浙农121、鄂茶1号、鄂茶2号、安徽3号、劲峰、槠叶齐、安徽1号等。

适制乌龙茶一般具有芽叶较肥硕厚壮、叶片被蜡质富光泽、酚氨比适中等特点。目前，适宜的早生品种有黄观音、茗科1号（金观音）、岭头单枞、八仙茶、黄棪、黄玫瑰、丹桂、春兰、黄奇等，中生品种有悦茗香、九龙袍、毛蟹、梅占、紫玫瑰、黄枝香、紫牡丹、瑞香、本山、台茶12号（金萱）、台茶13号（翠玉）等，晚生品种有铁观音、肉桂和武夷水仙等。

此外，近年来一些白化突变体茶树品种由于氨基酸含量较高，也深得茶农喜爱，如白叶茶1号（原名安吉白茶）、黄金芽、小雪芽等。

**2. 种植规格**

目前茶树种植规格主要分两类，一类是普通种植规格，即一到二条的条栽种植，行株距为1.5m×0.3m，每亩种1 500～3 000丛，每丛2～3株，每亩植茶3 000～8 000株（图2-1）；另一类为矮化密植规格，即大行距1.5～1.8m，每行种3～4条，丛距

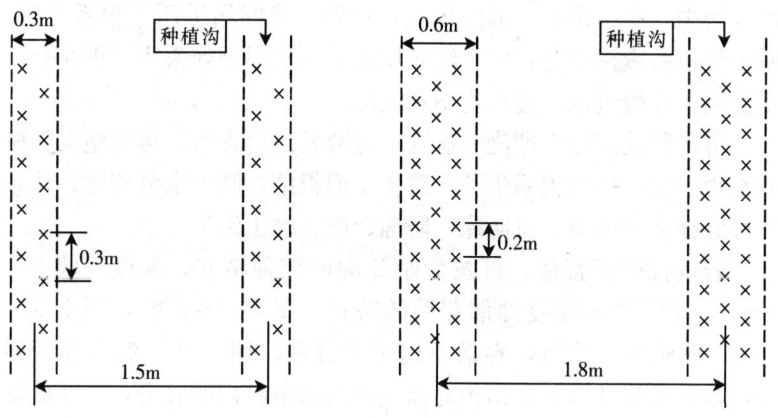


图2-1　茶树种植规格
左：常规种植；右：密植

20cm，每丛栽苗2～3株，每亩植茶1万～2万株。矮化密植虽然可以达到早成园、早投产的建园目的，但是其建园时茶苗成本高，而且茶树个体发育较普通茶园稍差，在当前追求品质胜于产量、可持续发展胜于短期效益的前提下，茶园的密度不宜过高，可掌握在每亩4 000～8 000株为宜。

**3. 茶苗移栽**

移栽起苗时，如苗过大，先把苗木离地15～20cm处剪去上部，以减少水分蒸发，并便于起苗移栽。挖苗时应多带土，少伤根，如不能带土，根系应蘸黄泥浆，以保成活。移栽时，在平整后的园地上拉线并按规定的行株距开种植沟或挖种植穴，种植沟深度一般30～40cm，在沟中施入腐熟有机肥和磷肥，施肥量至少每亩施农家肥1 500～2 500kg、磷肥50～100kg、油饼肥200～300kg，覆土5～10cm，即可栽苗。如此可防止烂根，影响成活率。

移植时期一般以晚秋或初春时期为好。移植天气要选阴天或选阴雨天较多的时期。

移植时要使根系自由伸展，一手将苗扶正，另一手随时将表土填入沟中，立稳苗木，继续填土，填到一半时用手压紧根系土壤，使土与根系紧密结合，后再继续填土，填之根颈处为止，再充分压紧土壤。种得过深、过浅均不利成活。

苗木移栽后应立即浇一次水，过数天苗返青后，再薄施人粪尿或水肥一次，促进根系生长。防止土面板结，减少水分蒸发，移栽后最好在苗旁铺草，可防寒、防冻、防止水土流失。

若进行种子直播，可按行距开沟或挖种植穴，深度一般5～10cm，随后播入经浸种催芽后的茶籽，每穴3～5粒，覆土3～4cm。秋播春播均可，春播不迟于3月底，因4月气温已逐渐回升，茶籽呼吸旺盛，在出土之前过多消耗茶籽内的养分，会降低发芽率和生长力。由于茶树系异花授粉植物，利用茶籽建茶园，茶树个体差异大，不利于后期管理，目前除了山东等较寒冷的茶区外，生产上已很少应用。

## （四）栽后管理

移植后的管理，是关系建园效果的最重要环节之一，可谓“三分种，七分管”。移栽后管理工作主要包括防旱、防冻，土壤管理以及补缺等。

为了防止干旱和冻害，茶苗移栽后应根据天气及时浇水，并采用铺草或植物秸秆的方式，减少土表水分蒸发，也可以在行间种绿肥，减少水土流失，提高土壤肥力。如当地冬季温度较低或有寒害的地区，可在种茶后当年秋季及时施用有机肥，可提高土壤温度，或在幼苗两侧培土、铺草。

幼龄茶园由于开垦彻底，园地土壤较疏松，杂草发生较少，每年视杂草发生情况进行一二次中耕除草，深度 7～10cm 为宜。

施肥是土壤管理的一项主要措施，每年秋季施用基肥一次（饼肥 50kg/亩或施堆、厩肥1 000～1 500kg/亩），生长季节施追肥2～3 次。施用标准，每亩以纯氮计，1～2 年生时用氮量为 3～5kg，以后逐年增加，氮∶磷∶钾为 1∶2∶2 或4∶3∶2。

生产上往往因土壤管理不好、种植技术欠妥或因气候条件的突然影响等原因造成死苗缺株，应及时补缺。补缺材料以同龄、同品种幼苗为好。发现品种不同、生长不良或患有病虫害的应予拔除，留优去劣，以提高茶树整体素质。

# 三、茶树培养

茶树培养主要有两方面的内容，一为树冠培养，一为茶地管理。

## （一）树冠培养

树冠培养包括修剪、采摘、病虫防治和防旱、防冻等，它主要通过合理修剪、采摘，调节养料和水分的输送和分配，促进新梢生长，增强光合作用，增加生物产量，同时预防自然灾害，并及时控制病虫，保持茶树生理机能正常和旺盛树势，从而达到可持续发展的目的。

理想树冠的主要特点是，茶树个体发育良好，主干和骨干枝粗壮，分枝层次分明、比例合适，一般主干直径粗在 2cm 以上，一、二、三级分枝比例为 1∶3∶9；树冠以矮壮而宽的为好，高 60～80cm，树幅宽 120cm 以上，覆盖度在 80%以上，高幅比控制在 1∶2左右；树冠面的形式以稍带弧形为好，冠面上保持 20cm 左右的叶层厚度。

培养理想树冠要从幼龄茶树开始，合理的种植密度、肥水管理、剪采技术以及病虫防治等技术措施均对树冠培养有重要影响，其中修剪对树冠形成作用最为明显。

**1. 茶树修剪**

依作用和执行时间不同，茶树修剪可分为幼年期的定型修剪，青壮年期的轻修剪，衰老期的重修剪和台刈等。

（1）幼年期定型修剪　定型修剪的主要目的是培养骨架、奠定茶树树冠结构和塑造树型，是幼龄茶园管理中最为重要的环节。修剪方法有平剪法、弯纸法、分段修剪法等。

平剪法：当二年生茶树主干茎粗 0.4～0.5cm 并形成自然的一二分枝时，在离地面 12～15cm 处平剪去除上部枝条。次年进行第二次修剪，从离地 30～40cm 处平剪。以后两年每年完成一次定型修剪，每次在上一次剪口以上 10～15cm 处平剪。如果管理条件好，定型平剪三次即可开始投产。如气候条件优越，肥培管理好，茶树生长势强，可每年进行两次定型修剪，经两次定剪后，便可少量打顶采摘，边生产边养蓬，以采代剪也能促进理想树冠的形成。以采代剪的茶园在冬季封园前应进行一次轻修剪，以使蓬面平整。

第一次定型修剪用整枝剪逐株进行，先按高度要求选好剪位，保留好分枝上的外侧芽，使形成枝条后能向外扩展，同时剪去过于细弱的纤细枝；同时注意剪后留在株上的小桩不能过长，剪口要平整。第二和第三次定剪可按时按规定高度用篱剪剪平，每次剪前应施用基肥，剪后及时施用追肥。

弯枝法：茶苗长到一定高度时，把它向行间两侧用竹钩加以固定成平卧状，主干的侧枝就能加快生长，加速树冠形成。由主干分生的侧枝长粗后，用篱剪剪去上部枝梢，促进侧枝萌发，增加枝条密度，加快良好树冠形成。弯枝角度一般为90°～110°，每丛两侧各弯两枝以上。

分段修剪法：根据茶树新梢生长有快慢、迟早、强弱的特点，在一年中分期、分批、分段进行定型修剪。优点是能不断调整顶端生长势，按新枝强弱合理修剪。分段剪视枝条粗度而定，一般以枝粗达0.3～0.4cm、新枝有5～7片叶时，按剪强养弱的原则，每次每株约剪去1/3枝条，每年分段剪5～7次。此法适于气温较温暖的茶区，以及生长量大而快的小乔木或乔木型大叶品种树冠培养。

(2) 茶树轻剪和深剪　茶树定型修剪后，即进入投产采摘期，此时为了调整树冠生长势，整理采摘面的生产枝，除去细弱枝，促进生长枝侧芽萌发，同时控制树冠幅度，使发芽整齐，便于采摘，每年或隔一二年对树冠面上的不整齐小枝用采茶机、修剪机或篱剪剪去1～3cm上层枝条，以不损伤生育健壮的侧芽为原则。修剪时期以春芽后及秋季生长休止期为宜，如在早春剪，要注意芽的生长势，严防伤害芽或剪后晚霜侵袭。一般茶区宜早剪、浅剪，轻修剪程度掌握春梢红梗留一节，秋梢嫩叶一扫光为适度。

树冠经过多年采摘，面上的小枝密度过高，长势过细，多节结，俗称“鸡爪枝”，其育芽能力弱，产量潜力下降，需要在冠面下10～15cm处进行深剪，以剪尽鸡爪枝为原则，达到更新树冠冠面生产枝的目的。

(3) 茶树重剪和台刈　对树冠枝条衰老而又多结节、茶芽难以萌发或对夹叶比例高、产量低、品质差的衰老茶树，宜采用重剪或台刈，复壮树冠。

重剪一般用于骨干枝生长势尚良好，树龄不十分衰老，只是因管理不善或采摘不合理所引起的衰老茶树或未老先衰茶树。一般在离地面 30～40cm 处用修剪机剪去上部枝条，剪后新梢长到 10cm 左右时，适当打顶采摘，并配合轻剪，调整树冠，加强水肥管理，剪后第二年便可正式投入采摘。

台刈是比重剪更重的修剪方式。一般树龄大，产量低，主干枯老，分枝稀疏，病虫危害严重，用通常栽培措施难以恢复树势的，在离地面 5～10cm 处或齐地用修剪机或台刈镂剪剪去地上部所有枝条。台刈后新发的枝条进行类似幼龄茶园的定型修剪，重新培养强壮树冠。

修剪时期宜在茶树生长休止期，生产上以春茶后重剪和台刈居多，剪时应配合施重肥，才能取得好成效。

**2. 茶树病虫控制**

茶树病虫对茶叶产量、品质都有严重威胁，有的甚至导致茶园过早衰败，所以各科研部门都在努力寻求使害虫失去适当食料供应的方法和防治病原菌侵染的途径。其主要途径有三：一是选育抗病虫新品种，二是用物理的、生物的、农业的方法控制病虫群体，三是用农药对病虫进行防治。在这三种主要方法中，第一种方法可达到一劳永逸的效果，但是非常可惜，到目前为止尚未有对病虫免疫的品种面世；第三种是非常有效的病虫处置手段，但是容易引起产品安全性下降、生态环境污染以及病虫的抗药性和再猖獗；第二种方法虽然对病虫的杀灭效果不彻底，但不会引起产品和环境污染以及病虫抗药性。因此，第二种方法是最值得提倡的病虫控制技术。

目前我国各茶区的主要虫害包括假眼小绿叶蝉、茶黄蓟马、黑刺粉虱、茶蚜、长白蚧、角蜡蚧、椰圆蚧、茶橙瘿螨、茶叶瘿螨、茶短须螨、尺蠖、茶毛虫、茶黑毒蛾、茶小卷叶蛾、茶细蛾等，病害主要有茶饼病、茶云纹叶枯病、茶轮斑病、茶炭疽病、茶赤叶斑病、茶煤病等（表 2-4）。

表 2-4 我国各茶区主要虫害和病害种类

| | 华南 | 西南 | 江南 | 江北 |
| --- | --- | --- | --- | --- |
| 虫害 | 假眼小绿叶蝉、茶黄蓟马、角蜡蚧、茶橙瘿螨、茶叶瘿螨、咖啡小爪螨、茶毛虫、尺蠖、茶细蛾、茶梢蛾、茶蚕等 | 假眼小绿叶蝉、茶黄蓟马、茶牡蛎蚧、角蜡蚧、茶橙瘿螨、咖啡小爪螨、茶跗线螨、茶毛虫、尺蠖、茶细蛾、茶梢蛾等 | 假眼小绿叶蝉、茶黄蓟马、黑刺粉虱、茶蚜、长白蚧、角蜡蚧、椰圆蚧、茶橙瘿螨、茶叶瘿螨、茶短须螨、尺蠖、茶毛虫、茶黑毒蛾、茶小卷叶蛾、茶细蛾等 | 假眼小绿叶蝉、茶蚜、角蜡蚧、龟蜡蚧、长白蚧、茶橙瘿螨、茶叶瘿螨、茶蓑蛾、小蓑蛾、扁刺蛾、茶小卷叶蛾、茶细蛾等 |
| 病害 | 茶饼病、茶云纹叶枯病、茶轮斑病、茶炭疽病、茶赤叶斑病、茶煤病、茶芽枯病 | 茶饼病、茶云纹叶枯病、茶轮斑病、茶炭疽病、茶赤叶斑病、茶煤病 | 茶饼病、茶云纹叶枯病、茶轮斑病、茶炭疽病、茶赤叶斑病、茶煤病、茶芽枯病、茶白星病 | 茶饼病、茶云纹叶枯病、茶轮斑病、茶炭疽病、茶赤叶斑病、茶煤病、茶白星病 |

茶树病虫控制技术是划分普通、无公害、绿色食品和有机不同级别茶园的重要依据。不同的病虫控制技术将直接影响产品的安全问题以及环境的可持续发展问题。

（1）普通茶园的病虫防治　对于普通茶园尤其是新建的幼龄茶园，除了做好茶苗检疫外，应及时做好病虫测报和防治，以利茶树苗壮成长。普通茶园病虫防治时，应采取物理、生物、农业以及农药等综合技术。用农药防治病虫时，禁止使用剧毒、高毒、高残留和“三致”农药（表 2-5），同时农药使用时应遵循 GB4285 和 GB/T8321（所有部分）的规定，对允许使用的农药如天王星、杀螟丹（巴丹）、三氟氯氰菊酯、吡虫啉、氯氰菊酯（安绿宝）、灭多威、啶虫脒（莫比郎）、克螨特、除虫脲、甲氰菊酯、粉锈灵、百菌清、苏云金杆菌、波尔多液、石硫合剂等，应严格控制使用剂量、次数，生产季节尽量不使用农药，茶叶采收等应安排在农药安全间隔期以外。对于外销茶叶，其产品安全指标应符合进口国的农药最高残留限量要求，其中欧盟国家对茶叶进口的农药残留监测种类最多、限量最严格（表2－6）；对于普通内销产品应符合GB2762《食品中污染物限量》和GB2763《食品中农药最大残留限量》要求（表2－7）。

**表2－5　茶叶生产中禁止使用的农药**

| 种　类 | 名　　称 |
|---|---|
| 杀虫剂 | 砷酸钙、砷酸铅、滴滴涕、六六六、林丹、硫丹、艾氏剂、狄氏剂、甲拌磷、乙拌磷、久效磷、对硫磷、甲基对硫磷、甲胺磷、甲基异柳磷、治螟磷、甲基硫环磷、乐果、氧乐果、磷胺、地虫磷、灭去磷、水胺硫磷、氯唑磷、硫线磷、伏杀磷、特丁硫磷、克线丹、苯线丹、二溴乙烷、三溴氯丙烷、环氧乙烷、溴甲烷、克百威、涕灭威、灭多威、丁硫克百威、丙硫克百威、氰戊菊酯、辛硫磷、阿维菌素、杀虫双、溴氟菊酯、喹硫磷、三唑磷、异丙威、灭幼脲、杀虫丹、氟虫腈（锐劲特）、敌敌畏、杀螟硫磷、百得利、百步死、全力（匹克）、茶虫绝杀、卫士、茶果百吉、威力特、一杀死、克虫星、茶叶毒镖、扑蛾丹（蛾杀灵）、蚜虫净、克蛾宝、虫克尔、立贝克、易强特、一扫除、力乐泰、利尔杀、虫克、扫净、赛敌、叶蝉散（灭扑散） |
| 杀螨剂 | 杀虫脒、三氯杀螨醇、克百螨、快克螨、杀螨净 |
| 杀菌剂 | 甲基胂酸锌、甲基胂酸铁铵、甲基胂酸、钙胂、福美甲胂、福美胂、三苯基醋酸锡、三苯基氧化锡、三苯基羟基锡、氯化乙基汞、醋酸苯汞、五氯硝基苯、五氯苯甲醇、氟化钙、氟化钠、氟乙酸钠、氟乙酰胺、氟铝酸钠、氟硅酸钠、多菌灵、甲基托布津、硫菌灵、益农保 |
| 除草剂 | 除草醚、草枯醚、杀草强、百草枯 |

＊资料来自《出口商品技术指南——茶叶》2007；中华人民共和国农业部公告199号。

表 2－6　欧盟农药残留限量（MRL）*

| 农　药 | MRL | 农　药 | MRL | 农　药 | MRL | 农　药 | MRL | 农　药 | MRL | 农　药 | MRL | 农　药 | MRL | 农　药 | MRL |
|---|---|---|---|---|---|---|---|---|---|---|---|---|---|---|---|
| 乙滴涕 | 0.1 | 溴螨酯 | 0.1 | 环丙酰草胺 | 0.1 | 苯硫磷 | 0.01 (G) | 呋草酮 | 0.05 | 代森锰 | 0.1 | 二甲戊灵 | 0.1 | 达螨酮 | 0.01 (G) |
| 1，2－二溴乙烷 | 0.1 | 溴苯腈 | 0.1 | 氟氯氰菊酯 | 0.1 | 高氰戊菊酯 | 0.05 | 甲酰氨基嘧磺隆 | 0.05 | 灭芽磷 | 0.1 | Pentachloranisole | 0.01 (G) | 洞叶枯 | 0.1 |
| 二氯乙烷 | 0.02 | 噻唑酮 | 0.2 (G) | 氰氟草酯 | 0.05 | 乙烯利 | 0.1 | 安果 | 0.05 | 2甲4氯丙酸 | 0.1 | 氯菊酯 | 0.1 | 喹硫磷 | 0.1 |
| 3，4，5-涕 | 0.05 | 毒杀芬 | 0.1 | 三环锡 | 0.1 | 乙硫磷 | 2 | 福死螨磷 | 0.05 | 灭派林 | 0.02 | 芬硫磷 | 0.01 (G) | 喹氧灵 | 0.05 |
| 2，4-滴 | 0.1 | 敌菌丹 | 0.1 | 氯氰菊酯 | 0.5 | 乙氧酰铵苯甲酯 | 0.1 | 呋线威 | 0.1 | 汞化合物 | 0.02 | 甲拌磷 | 0.1 | 五氯硝基苯 | 0.05 |
| 2，4-滴丁酸 | 0.1 | 多菌灵 | 0.1 | 落灭津 | 0.05 | 乙氧磺隆 | 0.1 | 草甘膦 | 0.1 | 硝草酮 | 0.1 | 伏杀硫磷 | 0.01 (G) | 苄呋菊酯 | 0.2 |
| 阿维菌素 | 0.02 | 克百威 | 0.2 | 比久 | 0.1 | 环氧乙烷 | 0.2 | 六六六 | 0.02 | 甲霜灵 | 0.1 | 亚胺硫磷 | 0.1 | 八氯二丙醚 | 0.01 (G) |
| 乙酰甲胺磷 | 0.1 | 丁呋丹 | 0.1 | 滴滴涕 | 0.2 | 噁唑菌酮 | 0.05 | 苄螨醚 | 0.01 (G) | 虫螨畏 | 0.1 | 辛硫磷 | 0.1 | 硅噻菌胺 | 0.1 |
| 阿拉酸式苯-S-甲基 | 0.05 | 唑草酮 | 0.02 | 溴氰菊酯 | 5 | 咪唑菌酮 | 0.05 | 七氯 | 0.02 | 甲胺磷 | 0.1 | 氟吡酰草胺 | 0.1 | 螺环菌胺 | 0.1 |
| 涕灭威 | 0.05 | 杀螟丹 | 0.1 | 燕麦敌 | 0.1 | 苯线磷 | 0.05 | 六氯苯 | 0.02 | 扑杀磷 | 0.1 | 啶氧菌酯 | 0.1 | 磺酰磺隆 | 0.05 |
| 艾氏剂 | 0.02 | 氯杀螨 | 0.1 | 二嗪磷 | 0.05 | 氯苯嘧啶醇 | 0.05 | 己唑醇 | 0.05 | 灭多威 | 0.1 | 甲基嘧啶磷 | 0.05 | 氟胺氰菊酯 | 0.05 (G) |
| 双加脒 | 0.1 | 氯草灵 | 0.1 |  |  | 苯丁锡 | 0.1 | 烯菌灵 | 0.1 | 甲氧滴滴涕 | 0.1 | 丙氯灵 | 0.1 | 四氯硝基苯 | 0.1 |

（续）

| 农药 | MRL | 农药 | MRL | 农药 | MRL | 农药 | MRL | 农药 | MRL | 农药 | MRL | 农药 | MRL | 农药 | MRL |
|---|---|---|---|---|---|---|---|---|---|---|---|---|---|---|---|
| 杀草强 | 0.02 | 氯丹 | 0.02 | 敌敌畏 | 0.1 | 皮蝇硫磷 | 0.1 | 甲氧咪草烟 | 0.1 | 溴甲烷 | 0.05 | 腐霉利 | 0.1 | 特普 | 0.02 |
| 杀螨特 | 0.1 | 虫螨腈 | 0.1 | 三氯杀螨醇 | 20 | 菌剂啶 | 0.1 | 甲基碘磺隆钠盐 | 0.05 | 甲磺隆 | 0.1 | 溴丙磷 | 0.1 | 三氯杀螨砜 | 0.05 (G) |
| 莠去津 | 0.1 | 杀螨酯 | 0.1 | 除虫脲 | 0.5 (G) | 杀螟硫磷 | 0.5 | 碘苯腈 | 0.1 | 草灭达 | 0.1 | 调环酸钙 | 0.1 | 噻菌灵 | 0.1 |
| 四唑嘧磺隆 | 0.1 | 矮壮素 | 0.1 | 狄氏剂 | 0.02 | 甲氰菊酯 | 0.05 (G) | 异稻瘟净 | 0.01 (G) | 久效磷 | 0.1 | 炔螨特 | 5 | 噻磺隆 | 0.1 |
| 益棉磷 | 0.1 | 乙酯杀螨醇 | 0.1 | 二甲吩草胺 | 0.02 | 芬普福 | 0.1 | 异菌脲 | 0.1 | 绿谷隆 | 0.05 | 苯胺灵 | 0.1 | 三唑酮 | 0.2 |
| 嘧菌胺 | 0.1 | 百菌清 | 0.1 | 乐果 | 0.05 | 三苯基乙酸锡 | 0.1 | 缬霉威 | 0.1 | 灭克落 | 0.05 | 丙环唑 | 0.1 | 醚苯磺隆 | 0.1 |
| 燕麦灵 | 0.1 | 枯草隆 | 0.1 | 地乐酚 | 0.1 | 三苯基锡化合物 | 0.1 | 水胺硫磷 | 0.05 (G) | 除草醚 | 0.02 | 苯丙碘隆 | 0.05 | 三唑磷 | 0.05 |
| 苯霜灵 | 0.1 | 氯苯胺灵 | 0.1 | 特乐酚 | 0.1 | 氰戊菊酯 | 0.05 | 异丙隆 | 0.1 | 氧化乐果 | 0.1 | 残杀威 | 0.1 | 十三吗啉 | 20 |
| 内硫克百威 | 0.1 | 毒死蜱 | 0.1 | 二噁硫磷 | 0.1 | 嘧啶磺隆 | 0.02 | 异噁唑草酮 | 0.1 | 稻思达 | 0.05 | 炔敌稗 | 0.05 | 三氟敏 | 0.05 |
| 苯菌灵 | 0.1 | 甲基毒死蜱 | 0.1 | 对二苯胺 | 0.05 | 双氟磺草胺 | 0.1 | 亚胺菌 | 0.1 | 环氧嘧磺隆 | 0.1 | 三氯丙磺隆 | 0.1 | 嗪胺灵 | 0.1 |
| 苯达松 | 0.1 | 氯硫磷 | 0.1 (G) | 敌草快 | 0.1 |  |  | 氯氟氰菊酯 | 1 | 灭多松 | 0.05 | 丙硫磷 | 1 (G) | 三甲基磺酸 | 0.05 |
| 联苯菊酯 | 5 | 乙菌利 | 0.1 | 乙拌磷 | 0.05 | 氟噻草胺 | 0.05 | 林丹 | 0.05 | 百草枯 | 0.1 | 吡蚜酮 | 0.1 | 代菌唑灵 | 0.1 |
| 乐杀螨 | 0.1 | 吲哚酮草酯 | 0.1 | 二硝甲酚 | 0.1 | 丙炔氟草胺 | 0.1 | 利谷隆 | 0.1 | 对硫磷 | 0.1 | 吡唑醚菌酯 | 0.05 | 苯酰菌胺 | 0.05 |
| 双苯三唑醇 | 0.1 | 四螨嗪 | 0.05 | 硫丹 | 30 | 氟嘧啶磺隆 | 0.05 | 马拉硫磷 | 0.5 | 甲基对硫磷 | 0.05 | 吡草醚 | 0.05 |  |  |
| 乙基溴硫磷 | 0.1 | 氰霜唑 | 0.02 | 异狄氏剂 | 0.01 | 氟草烟 | 0.1 | 抑芽丹 | 1 | 戊菌唑 | 0.1 | 吡嘧磷 | 0.1 |  |  |

* 单位为 mg/kg；G：无欧盟限量，为德国限量标准。

表 2-7 我国 GB2762 和 GB2763 规定的茶叶污染物种类和限量

| 食　物 | 每日允许摄入量（mg/kg 体重） | 最大残留限量（mg/kg） |
| --- | --- | --- |
| 六六六 | 0.002 | 0.2 |
| 滴滴涕 | 0.01 | 0.2 |
| 乙酰甲胺磷 | 0.03 | 0.1 |
| 杀螟硫磷 | 0.005 | 0.5 |
| 氯氰菊酯 | 0.05 | 20 |
| 溴氰菊酯 | 0.01 | 10 |
| 顺式氰戊菊酯 | 0.02 | 2 |
| 氟氰戊菊酯 | 0.02 | 20 |
| 氯菊酯 | 0.05 | 20 |
| 铅 | — | 5 |
| 稀土 | — | 2.0 |

（2）无公害茶园和绿色食品 A 级茶园病虫控制技术　绿色食品茶 A 级茶园和无公害茶园对病虫的控制技术基本一致，除了使用农业、机械和生物技术恶化病虫生存环境、控制病虫种群外，推荐优先使用一些动物源、微生物源、植物源和矿物源农药，在病虫集中发生时，可根据《无公害食品茶叶生产技术规程》（NY/T5018）和《绿色食品农药使用准则》（NY/T393）规定允许有限度使用低毒低残留化学合成农药（表 2-8）。在化学农药使用时，应做到：第一，根据不同的防治对象，正确合理选择农药品种，如防治假眼小绿叶蝉应选用具有触杀、胃毒和一定内吸性农药如吡虫啉，防治螨类应选择广谱性农药如哒螨酮等，防治鳞翅目害虫应选择具有强烈触杀性的拟除虫菊酯类农药等；第二，为了保证茶叶中农药残留量符合食品卫生要求，尽量不在采收季节喷药，并严格执行安全间隔期；第三，根据病虫发生情况，预测并提出病虫的防治适期，如假眼小绿叶蝉应掌握在若虫盛期，茶毛虫、茶尺蠖、茶黑毒蛾宜在三龄幼虫期前，蚧类、黑刺粉虱宜在孵化高峰期用药，病害应掌握在发病初期用药；第四，实行农药轮用、混用，保证每种

农药一个茶季最多只使用一次，如此不仅能起兼治或增效的作用，而且能延缓病虫抗药性的产生，若能与生物农药混用则效果更佳，如防治茶黑刺粉虱用吡虫啉与韦伯虫座孢菌粉混用，防治茶丽纹象甲用天王星与白僵菌871菌粉混用；第五，尽量采用超低剂量迷雾或者静电喷雾作业，正确掌握用药量和药液浓度，提高喷雾效果。对于无公害茶（NY 5017和NY 5244）、绿色食品A级茶（NY/T288）应符合相应的产品标准。

**表2-8　无公害和A级绿色食品茶园允许有限度使用的部分农药品种和特点**

| 农药名称 | 作用对象 | 安全间隔期（d） |
|---|---|---|
| 吡虫啉 | 叶蝉、粉虱 | 7 |
| 莫比朗 | 叶蝉、粉虱 | 7 |
| 赛丹 | 叶蝉 | 7 |
| 溴氰菊酯 | 鳞翅目幼虫有特效，兼治蚧类 | 5 |
| 联苯菊酯 | 鳞翅目、小绿叶蝉、粉虱、茶短须螨、茶丽纹象甲等 | 5 |
| 氯氰菊酯 | 鳞翅目幼虫有特效，兼治叶蝉、蚜虫 | 7 |
| 三氟氯氰菊酯 | 茶尺蠖、卷叶蛾类、茶细蛾、假眼小绿叶蝉 | 5 |
| 速灭威 | 叶蝉、蚜虫和蓟马 | 10 |
| 马拉硫磷 | 蚧类、茶毒蛾等 | 10 |
| 亚胺硫磷 | 蚧类、小绿叶蝉 | 7 |
| 敌百虫 | 鳞翅目等 | 5～7 |
| 杀螟丹 | 茶尺蠖、茶细蛾、小绿叶蝉、螨类、茶丽纹象甲等 | 7 |
| 除虫脲 | 茶毛虫、黑毒蛾、茶尺蠖 | 10 |
| 抑太保 | 鳞翅目 | 10 |
| 噻嗪酮 | 刺吸式口器害虫，如叶蝉、粉虱、蚧类，兼治螨类 | 10 |
| 速螨酮 | 螨类 | 7 |
| 百菌清 | 茶炭疽病、茶饼病、茶红锈藻病 | 10 |
| 三唑酮 | 茶饼病等 | 10～14 |
| 萎锈灵 | 茶饼病 | 10～14 |
| 恶霉灵 | 茶苗猝倒病 | 只用作土壤施用，不可叶面喷施 |

(3) 绿色食品AA级和有机茶园病虫调控技术 根据《绿色食品茶叶农药使用准则》(NY/T393)和《有机茶生产技术规程》(NY/T 5197),绿色食品AA级茶园和有机茶园禁止使用一切化学合成农药,允许使用植物源杀虫剂、杀菌剂、拒避剂和增效剂,如除虫菊素、鱼藤根、烟草水、大蒜素、苦楝、川楝、印楝、芝麻素等,以及硫制剂和铜制剂等矿物源农药;提倡通过释放捕食螨、蜘蛛及昆虫病原线虫等寄生性捕食性天敌动物,以及昆虫信息素和植物源引诱剂等控制虫害;允许有限度使用真菌制剂、细菌制剂、病毒制剂、放线菌、拮抗菌剂、昆虫病原线虫、原虫等活体微生物农药,以及春雷霉素、多抗霉素(多氧霉素)、井岗霉素、农抗120、中生菌素、浏阳霉素等农用抗生素(表2-9)。虽然有机茶园和绿色食品AA级茶园允许或限量使用的农药一般毒性较低,但是它们毕竟是一些外来物质,会对茶园生态系统产生破坏作用,因此在使用时应充分了解这些农药的特性(表2-10)。对于有机和绿色食品AA级茶园的病虫控制,应立足于科学的预测预报,充分利用茶园生态系统自身的自净能力,通过品种搭配、耕锄、修剪、采摘等农艺措施,黑光灯和色板诱杀、天敌助迁、卵块和病叶摘除等物理手段(表2-11),切断病虫传播途径,恶化病虫发生环境,将病虫危害程度降至允许范围,而非彻底消灭。对于绿色食品AA级茶,其农药残留应符合相应的产品标准(NY/T288),而对于有机茶产品,其农药残留均不得检出。

**表2-9 有机茶园和AA级绿色食品茶园允许或限量使用的农药**

| 种类 | | 名称 | 使用条件 |
|---|---|---|---|
| 生物源农药 | 微生物源 | 多抗霉素、浏阳霉素、华光霉素、春雷霉素、白僵菌、绿僵菌、苏云金杆菌、核型多角体病毒、颗粒体病毒 | 限量使用 |
| | 动物源 | 性信息素、寄生性天敌动物、捕食性天敌动物 | 限量使用 |
| | 植物源 | 苦参碱、鱼藤酮、除虫菊素、印楝素、苦楝、川楝素、植物油 | 限量使用 |

（续）

| 种　类 | 名　称 | 使用条件 |
|---|---|---|
| 矿物源农药 | 石硫合剂、硫悬浮液、可湿性硫、硫酸铜、石灰半量式波尔多液、石油乳油 | 非生产季节使用 |
| 其他物质和方法 | 二氧化碳、明胶、糖醋、卵磷脂、蚁酸、软皂、热法消毒、机械诱捕、灯光诱捕、色板诱杀 | 允许使用 |
| | 漂白粉、生石灰、硅藻土 | 限量使用 |

**表 2-10　部分有机茶园允许有限度使用农药的防治对象和特点**

| 药　名 | 作用对象 | 注意事项 |
|---|---|---|
| 鱼藤酮 | 鳞翅目害虫、小绿叶蝉、粉虱、茶蚜等 | 安全间隔期 7d |
| 苦参碱 | 茶黑毒蛾、茶毛虫 | 安全间隔期 5d |
| 苏云金杆菌 | 茶毛虫等鳞翅目害虫 | 安全间隔期 3～5d |
| 白僵菌 | 茶小卷叶蛾、茶毛虫、小绿叶蝉、茶丽纹象甲 | 光照敏感，安全间隔期 3～5d |
| 多角体病毒 | 茶尺蠖、茶毛虫等 | 紫外线照射失活，安全间隔期 3d |
| 韦伯虫座孢 | 黑刺粉虱、蚧类 | 只在高湿条件下起作用，间隔期 3d |
| 石硫合剂 | 杀菌并兼有杀虫和杀螨作用 | 高温、光照不稳定，冬季封园时使用 |
| 波尔多液 | 茶饼病、茶白星病、云纹叶枯病、红锈藻斑病 | 农药为碱性 |
| 多抗霉素 | 茶饼病、茶云纹叶枯病等 | 遇碱不稳定，安全间隔期 5d |

**表 2-11　有机和 AA 级绿色食品茶园主要病虫害控制技术措施**

| 病　虫 | 控制措施 |
|---|---|
| 小绿叶蝉 | 1. 茶树品种合理搭配；2. 分批及时采摘；3. 清除茶园杂草；4. 保护捕食性天敌 |

（续）

| 病　虫 | 控制措施 |
| --- | --- |
| 黑刺粉虱 | 1. 及时修剪，疏枝，清除杂草，改善通风透光；2. 保护天敌；3. 喷施韦伯虫座孢 |
| 茶黄蓟马 | 1. 栽培抗性品种；2. 及时分批采摘；3. 保护瓢虫、捕食螨等天敌；4. 黄绿色板诱捕 |
| 害螨类 | 1. 分批及时采摘；2. 合理修剪；3. 助迁寄生蜂、捕食螨等天敌；4. 秋季采用石硫合剂封园 |
| 蚧类 | 1. 合理修剪，疏枝清园；2. 勤锄杂草；3. 多施有机肥；4. 种苗检疫；5. 保护和利用瓢虫、草蛉、捕食螨和寄生蜂等天敌 |
| 茶蚜 | 1. 及时分批采摘；2. 保护、助迁瓢虫、草蛉和食蚜蝇等天敌；3. 喷施杀蚜素 |
| 尺蠖类 | 1. 结合施肥，深耕灭蛹；2. 保护、助迁寄生蜂、蜘蛛等天敌；3. 放养鸡群啄食；4. 喷施 Bt 制剂和核型多角体病毒制剂；5. 人工捕杀幼虫；6. 黄绿色板诱捕幼虫；7. 灯光、糖醋诱捕成虫 |
| 茶毛虫 | 1. 培土灭蛹；2. 保护、助迁寄生蜂等天敌；3. 喷施 Bt 和核型多角体病毒制剂；4. 人工摘除卵块，捕杀幼虫；5. 灯光、性信息素诱捕成虫 |
| 卷叶蛾类 | 1. 分批勤采；2. 保护、助迁寄生蜂、蜘蛛等天敌；3. 喷施白僵菌制剂、颗粒病毒等；4. 人工摘除卷苞；5. 灯光、性信息素诱捕成虫 |
| 刺蛾类 | 1. 结合耕作，施肥灭蛹；2. 保护天敌，3. 喷施 Bt、核型多角体病毒制剂；4. 灯光诱捕成虫 |
| 茶丽纹象甲 | 1. 耕作灭幼虫；2. 土施白僵菌制剂；3. 利用假死性，振落人工捕杀 |
| 茶饼病 | 1. 分批及时采摘；2. 合理留养、疏枝；3. 勤锄杂草；4. 茶季喷施多抗霉素；5. 秋季石硫合剂封园；6. 摘除病叶 |
| 茶芽枯病 | 1. 分批及时采摘；2. 疏枝，通风透光；3. 选用抗病品种 |
| 云纹叶枯病、轮斑病 | 1. 结合耕作将枯枝病叶深埋入土；2. 茶季喷施多抗霉素、庆丰霉素，秋季喷施波尔多液；3. 摘除病叶 |
| 茶炭疽病 | 1. 加强田间管理，适时耕锄；2. 分批及时采摘；3. 秋季喷施波尔多液；4. 摘除病叶 |
| 茶煤病 | 1. 加强防治粉虱、蚜虫、蚧类等分泌“蜜露”的害虫；2. 秋季喷施石硫合剂 |

### 3. 茶树冻害预防

我国茶园分布南北跨度大、海拔差异悬殊，在低纬度和低海拔地区，茶园水热条件好，但是在一些高纬度和高海拔茶区，茶树在冬季和早春易受寒潮侵袭，比如2008年1月的雪灾和2010年3月的“倒春寒”，引起我国茶园大面积春茶减产和品质下降。因此，防冻也是茶树培养的重要环节。

（1）冻害类型和症状　茶树冻害主要有冰冻、雪冻、干冻和霜冻4种。冰冻是雪后连日阴冷结冰所致，叶片多呈赤枯状；雪冻是雪后一冻一化，日化夜冻所致，多为树冠表面或向阳枝叶受害；干冻是低温伴随干冷西北风所致，叶多呈青枯状；霜冻是地表辐射冷却，使近地表气温骤降0℃以下时发生，常使新芽受害，俗称“麻头”（彩图2-2）。“倒春寒”往往表现为晚霜或暗霜冻害。虽然早春温度高于冬季极端低温，但是开始萌动的茶芽对低温更敏感，更容易受冻，因此，与冬季的极端低温相比，早春的“倒春寒”对茶树的损伤更大。2010年3月的“倒春寒”几乎使江浙一带的乌牛早茶园春茶颗粒无收。

茶树叶片对低温的反应最敏感，冻害首先发生在叶片上，叶尖先变黄后变红，严重冻害时叶色不变、青脆，随后受害叶片脱落，嫩芽芽尖焦黑或灰褐色，嫩枝枯干，大的枝条表皮裂开，与木质部分离。受冻程度依时期、低温状况及持续时间长短、管理水平而有很大差别。

越冬时茶树的器官和组织进入休眠状态，细胞内自由水减少，可溶性糖类和脂肪增多，原生质呈凝胶状态。细胞生理状态的改变，提高了抗寒性，使之能适应寒冷条件并顺利越冬。但在初冬气温突然下降，伴有寒风侵袭和冬旱，或在早春茶树萌芽之后，受到寒流的突然袭击，茶树在缺乏自我保护条件下，易遭受严重冻害。

据研究，茶树含氮化合物少，糖类增加，耐寒性加强；磷酸转化酶活性强的品种，耐寒性强；超氧化物歧化酶等保护酶活力高的品种，较抗寒。相反，水分增加，蛋白质分解酶活力增强，耐寒性弱；秋末施氮易受寒害；高山受冻较重，平地较轻，东北坡向、西北坡向茶园易冻，沙质土茶园易冻；南方大叶种易冻，迟芽种、叶小而厚、栅栏组织厚度/海绵组织厚度比值大者，均不易受冻。

（2）冻害的预防和补救　突然低温致使细胞间隙自由水结冰，引起细胞内的水分外流，细胞液增浓，原生质变性而凝固；其次，细胞间隙水分结冰，体积膨大，压迫原生质，使质膜破损而渗漏，引起细胞萎缩死亡。茶树受冻直接影响冬芽生育，对翌年春茶萌发及产量品质均有不良影响，故在越冬时应加强防冻。

最有效的预防措施是在建园时选用耐寒良种，并在茶园东北、西北向建造防护林带，进行合理密植和培养低矮树冠，提高茶树自身的抗寒性。

对于已建的茶园，应通过合理的农艺措施加强预防，减轻冻害。其措施主要有：一是在秋季进行深耕，施足基肥，促进细胞内可溶性糖类积累；二是秋末冬初在茶树根颈部培土或铺草，每亩铺草 1 500～2 000kg，如此冬季地温可提高 1～2℃，降低冻土深度，保持土壤水分，增强根系活力，促进根系生长；三是冬季来临前不过量施用速效氮肥，剪去嫩枝，采去嫩叶，适当提早封园；四是搭风障、浇灌越冬水，树冠盖遮阳网、铺草或束篷等；五是及时关注天气预报，当气温降至 2℃左右时，在茶园内熏烟，防止热量辐射扩散，利用“温室效应”预防霜冻；六是安装抗冻害风扇，促进温度较高的上层空气对流到树冠层。

对于已经受冻的茶树，应及时剪除受冻枝叶，结合浅耕增施磷、钾肥，以利树势恢复，切勿深耕，因为深耕断根易引起冬季贮存在根中的养分损失；遭雪害后茶园应及时采用人工方式将冠面覆雪震落，防止冠面化雪结冰，引起雪后冻害；冻害后春季应适当增加留叶量，促进树势恢复。

**4. 茶树旱害防除**

我国长江中下游大部茶区每年 7、8 月间久晴少雨，常遇干旱，导致茶树受害，秋茶减产，一般减产 30%～50%；而且，近年来厄尔尼诺现象加剧，甚至在 2010 年春季我国西南五省即发生严重干旱，造成该地区春茶生产大幅度减产。所以，防除旱害也是茶树培养的一个重要环节。

（1）茶树旱害症状和致旱因素　茶树在高温干旱袭击下，约8～10d树冠顶部嫩叶首先开始受害，形成大量驻芽，随后嫩叶开始萎蔫，但有的萎蔫过程不甚明显，在短期内叶片主脉两侧叶肉泛红，开始形成界限分明而部位不一的焦斑，随后部分叶片和支脉枯焦，继而逐渐向外围扩展，主脉受害，整叶枯焦，在叶柄尚未全部枯死之前，离层细胞衰老，叶片自行脱落，与此同时，枝条下部成熟较早的叶片出现焦斑、焦叶，顶芽嫩梗亦相继受害，以后随着高温旱情延续，植株受害程度不断加深、扩大。受害过程为先叶肉后叶脉，先嫩叶后老叶，先叶片后顶芽嫩茎，先顶部后下部。

茶树旱害的生理因素有三方面：一是茶树体内水分和营养物质运输发生紊乱。茶树在干旱条件下叶片因失水过多而水势下降，此时根部又不能及时供应水分，导致本来向嫩芽、幼果等生长点运输的水分转而进入失水的叶片，而根部吸收的矿物质也随水流进入失水叶片而无法向生长旺盛的幼嫩部位集中，使其生长被迫停止并进入休眠，出现大量对夹叶。二是细胞经常性的水分亏缺，引起细胞功能损伤。水分的大量散失，破坏了细胞原生质的胶体性质，引起细胞质壁分离和原生质过早衰老或凝固。三是失水引起新陈代谢过程紊乱。茶树因缺水气孔开度缩小，二氧化碳不能顺利进入体内；叶绿体因高温缺水而破坏，酶的活性丧失，光合作用不能正常进行；呼吸作用大为加强，体内大分子物质趋向水解，物质的合成和积累下降，生长受阻，进而枯萎死亡。

（2）茶树旱害预防和解救　预防旱害除选用抗旱性强的茶树良种外，主要是要控制环境条件，从改进栽培技术着手。其主要措施一是覆盖，在旱季来临之前，进行行间铺草覆盖，降低热辐射，减少水分蒸发，保持湿度；二是浅耕保墒，减少杂草水分消耗和土壤水分蒸发；三是加强肥培管理，增强茶树抗旱能力；四是在有条件的茶园铺设喷灌或滴灌管道，适时引水灌溉。

对已受害茶树，在旱情消失之后，酌情剪除枯枝、枯叶，及时施用速效性氮、钾肥料，使受害茶树迅速恢复生机；秋季结合深耕，重施基肥，并适当增加秋季留叶量，提早停采封园，以利恢复树势和来年生产。

## （二）茶园土壤培养

茶地管理包括施肥、耕锄、铺草和灌溉等，重点是肥水管理。茶地管理与树冠培养两者是相互作用相互促进的，良好的茶地管理能促进茶树生长，并形成良好树冠；宽大的树冠有利于茶园蓄水保肥，防止水土流失。

**1. 茶园施肥**

茶叶干物质中以碳、氢、氧元素含量最丰富，它们主要来自空气和水，而其他元素如氮、磷、钾、钙、镁、铝、铁和微量元素等都来自土壤，其中以氮、磷、钾三要素需要最多，土壤中又较缺乏，常需施肥加以补给。

茶树施肥因茶园级别、树龄、树势、土壤、茶类等不同而有区别。幼年期茶树施肥应掌握水肥结合，少量多次，先稀后浓，多施磷、钾为原则。一般一年生幼龄茶园氮、磷、钾的比例为1∶1∶1或1∶2∶2，第二年为4∶3∶2或4∶3∶3，以后用氮量逐年加大。以每亩施纯氮计，第一年2～3kg，第二、三年4～5kg，第四、五年6～8kg。成年茶园的施肥量以每年采收的芽叶数量所消耗的养分以及茶树对元素的吸收率而确定。茶树叶片中含氮量为3%～6%，春叶含氮较高，一般在5%以上，夏秋叶含氮较低，约4%。在正常情况下，每增施1kg纯氮可增加干茶4.5～12kg。据研究，当每公顷施氮在300kg以下时，随着用氮量的增加，茶叶产量亦增加。茶树对氮素肥料的有效利用率为25%～45%。每产1 000kg茶叶要带走50～60kg纯氮，而考虑到利用效率，实际上应施氮素125～200kg。我国长江中下游广大茶区年纯氮适宜使用量为225～300kg/hm$^2$。纯氮用量超过600kg/hm$^2$时，产量不再增加。

对于普通茶园，其施肥一般应掌握下列原则：

（1）根据茶树的营养特点，有延续性和集中性的生理活动，参照当地茶树品种、新梢生育规律和肥料种类，合理制定全年的施肥计划，分季分批施用。

（2）以有机肥为主，有机肥和化肥相结合；以氮肥为主，氮、磷、钾肥相结合；以基肥为主，基、追肥相结合。

（3）根据茶树芽叶每年采收的数量计算消耗养分，根据茶树对某元素的吸收利用率计算施肥量。如以氮的吸收率为45%，磷的吸收率为25%，钾的吸收率为45%计，每亩产干茶100kg，应施纯氮10～12.5kg，并配施磷、钾肥。施量随产量提高和树龄增大逐渐增加。

（4）施肥应考虑对制茶品质的影响，氮、磷、钾三要素比例要配合适当，制红茶三要素比例约为2∶1∶1或3∶2∶1，制绿茶比例为4∶1∶1或4∶1∶2。

（5）茶园土壤为酸性，理化性质差，单一使用化肥效果差，对茶叶质量也有不良影响，应以当地有机肥为主。

（6）气候因子对施肥效果有很大影响，多雨季节施肥容易流失，应注意施法，沟施较合适。

（7）施肥应尽量与土壤耕作相结合，避免土壤多次翻动，尽量避免伤害根系。

（8）追肥次数全年可分为2～4次，视当地采茶制度和气候而异，春季追肥量占全年1/2或2/3，如采秋茶，第一次春茶追肥占1/2，其余1/2分为夏、秋季施用。

（9）根外追肥效果好，可结合治虫和人工喷灌进行。根外追肥应考虑配施微量元素，喷施浓度要适宜，一般浓度为硫酸铵1%，尿素1%，过磷酸钙1%～2%，硫酸钾0.5%～1%，硫酸锌、硫酸锰、硫酸铜的喷施浓度均为0.1%～0.5%，以一芽一叶开展时喷施效果最好。

（10）基肥多用有机肥。有机肥体积大，分解慢，应开沟深施，或者先撒行间，结合深耕翻入土中。追肥多用化肥，随后随即盖土，以提高肥效。

根据《无公害食品　茶叶生产技术规程》（NY/T5018）和《无公害食品　茶叶生产管理规范》（NY/T5337）规定，无公害茶园施肥时，除了要满足上述施肥原则外，还应根据茶树生长规律和需肥特点确定肥料种类和数量，并以有机肥和茶树专用肥为主，允许适度使用化肥，但禁止使用城市生活垃圾、工业垃圾、医用垃圾以及污染源废弃物。基肥以有机肥为主，于当年秋季开沟深施，施肥深度 20cm 以上。一般每亩可施饼肥或商品有机肥 200～400kg 或农家有机肥 1 000～2 000kg，并根据土壤条件配施磷钾肥；追肥以化肥为主，在茶叶开采前 15～30d 开沟施入，沟深 10cm 左右，施肥后及时盖土；追施氮肥每亩每次施用量（纯氮计）不超过 15kg，年最高总用量不超过 60kg。

根据《绿色食品肥料使用准则》（NY/T394）规定，A 级绿色食品茶园推荐使用包括堆肥、沤肥、厩肥、沼气肥、绿肥、作物秸秆肥、泥肥和饼肥等农家肥，允许使用有机肥、腐殖酸类肥、微生物肥、有机复合肥、无机（矿质）肥和不含化学合成生长调节剂的叶面肥等商品肥料，同时还允许使用含有有机肥和化肥的复混肥，但是复混肥中不允许添加硝态氮肥，而且化肥氮不超过总氮量的 50%，比如施优质厩肥 1 000kg 时，可配施尿素 10kg。此外，农家肥和绿肥等须高温腐熟后沟施为宜。

根据《有机茶生产技术规程》（NY/T5179）和《绿色食品肥料使用准则》（NY/T394）规定，推荐使用按有机生产方式形成的农家肥和绿肥以及腐殖质酸和经过认证允许使用的有机肥，可有限度使用未按有机生产方式形成的农家肥和一些矿物肥料，不允许使用任何化学合成肥料以及含有毒、有害物质的城市垃圾、污泥和其他物质等。在施肥量和施肥方法上，基肥应于当年秋季开沟深施，施肥深度 20cm 以上，用量一般以每亩施农家肥 1 000～2 000kg 或认证的专用有机肥 200～400kg 为宜，必要时配施一定数量的矿物源肥料和微生物肥料；追肥可在茶叶开采前 30～40d 开沟施入，沟深 10cm 左右，施后覆土，每亩每次施商品有机肥 100kg 左右。

**2. 茶园耕锄**

耕锄的目的是消灭杂草，疏松土壤，保墒利水，恶化病虫环境，促进茶树生长。

（1）浅耕　浅耕深度约10cm，每年进行3～4次，第一次在3月下旬杂草露头时进行（春草），第二次在5月上中旬梅雨季节杂草生长旺盛时进行（梅草），第三次在6月下旬至7月上旬温度高、杂草旺盛生长时进行（伏草），第四次在8月下旬至9月上旬杂草开花时进行（秋草）。对幼龄茶园除草，苗旁杂草应用手拔除，除草仅在行间进行，以免损伤幼苗。

（2）深耕　深度一般为20～25cm，除衰老茶园或土壤紧实的茶园需深耕改土外，管理水平高的新茶园，土壤疏松，根系密布行间，不必年年深耕，一般2～3年进行一次，时间在茶季结束后约9月下旬至11月上旬进行。对于密植茶园可实行免耕。

对于AA级绿色茶园和有机茶园，宜推广饲养食草动物或杂食动物，一方面可控制杂草生长，另一方面动物粪便可肥田。对于普通茶园、无公害茶园以及A级绿色茶园，可采用化学除草。

（3）化学除草　除草剂的使用分为喷雾法和毒土法。喷雾法是将药剂与一定量的水配成药液，用喷雾器直接将药液喷洒到杂草的茎叶或土壤的表面，每亩喷水量50～75kg，药液随配随用，选晴天无风天气进行，注意切忌将药液喷到茶篷上。毒土法是将药剂与一定量的细土混合配成毒土，撒施到土壤表面，每亩用药土15～20kg。除草剂的选用要根据茶园杂草种类和国家相关规程而定，使用时间多在杂草萌发期，多种除草剂混用杀伤率高、效果好。建议不使用除草醚、草枯醚、杀草强、百草枯等毒性较强的除草剂。而且在使用上应严格控制安全间隔期。

**3. 茶园铺草**

茶园行间铺草有利保水保肥，减少土壤流失，保持土壤疏松，夏季降低土温，冬季提高土温，减少杂草滋生。草腐烂后又可增加腐殖质，提高土壤肥力。据生产实践，凡进行铺草的茶地可增产15％～30％。

铺草草料可就地取材，但刺草或硬枝野草不宜采用，铺草厚度约10cm，以不见土为度，每亩铺草1 500～2 000kg。铺草时间一年四季均可，长江中下游茶区以春茶后铺草效果较显著，坡地茶园应顺着坡向横铺，自上而下排列平铺，铺平后用土稍微压盖，以免被风雨吹走。平地茶园如草源充足，可散铺于行间。

**4. 茶园灌溉**

茶树喜湿润但不耐涝渍。缺水时其体内一系列生理活动均受阻碍，新陈代谢不能正常进行，但土壤水分过多，造成根系缺少氧，不能正常呼吸，影响生育。

对茶园水分的管理主要有三个方面，一是自然降水充分保留在土壤中，二是降水过多能及时将多余水分排出园外，三是缺水季节能进行有效给水。茶园灌溉是供水管理的主要内容。

茶园灌溉常用的有浇灌、沟灌、喷灌和滴灌。灌溉既可直接为土壤补充水分，又可改善茶园小气候，尤其是喷灌效果更大。灌溉效果因干旱缺水程度不同而异，一般可增产10%～50%，并有利提高鲜叶嫩度，增进茶叶品质。

茶园是否需要灌溉，看天气、土壤水分和茶树状况而定。天气高温干旱、降雨量不多、蒸发量大、在0～40cm土层内土壤含水量下降至20%左右，或者一芽二三叶新梢榨汁液浓度在10%以上时就应灌溉（芽叶榨汁液以手持糖量计或折射仪测定）。

茶园灌溉较适宜的阶段灌水量，可用公式Eq01估算：

$$M=10\times r\times h\times (P_1-P_2)/\eta \qquad \text{Eq01}$$

式中，M为灌溉水量（mm）；r为土壤容量（$g/cm^3$）；h为灌溉计划土层深度（cm）；$P_1$为灌溉湿润层要求达到的含水量上限，以占干土重的百分数表示，相当于田间持水量的90%～100%；$P_2$为灌溉前土壤含水率下限，相当于田间持水量的70%左右，或灌前实际含水量，以占干土重的百分数表示；$\eta$为灌水的有效利用系数，一般取值0.7～0.9。

灌水周期，即前后两次灌水之间间隔天数，可用公式Eq02估算：

$$T=M/W \qquad \text{Eq02}$$

式中，T为灌水周期（d）；W为茶树阶段平均日耗水量（mm）；M为阶段灌溉水量（mm）。

一般伏天旱期每5～7d灌水一次，灌至40cm土层内土壤含水量约27%为适度，每次喷灌20～30mm的水量。

滴灌是一种先进的节水灌溉方式，由水源、泵、滴灌主管道、滴管带、堵头、三通等部件组成。滴管带通常为黑色胶管，可折叠，直径约20mm，每隔20cm有两个小孔眼，水通过此孔眼流入茶园中。滴管带从双种植行中间茶树基部穿过，滴水眼朝下，每隔3m用少量重物固定。根据旱情可在缺水最严重的季节启动设备抗旱，每亩次用水为30～35t，与喷灌相比，可节水2/3。而且滴灌可保持土壤良好的物理性状，减少地表径流，避免肥料流失，防止土壤板结。但是滴灌一次性投入较大，一般成本在每800～1 000元。

此外，对于不同级别的茶园，其灌溉用水也应符合相应的标准。

## 四、茶叶采摘

茶叶品质主要由制茶原料和加工技术决定。原料好次，首先要看茶树品种是否适合；其次要看茶树的自然条件和管理制度是否有利于其生长发育；最后还要看采茶技术是否合理。采摘技术不但影响茶叶产量和品质，而且影响茶树的生长发育，也影响制茶成本和整体的经济效益。

叶片利用光能把水和二氧化碳转变为碳水化合物，供应茶树各器官的营养。人们从茶树新梢上采下一部分"芽叶"，势必影响茶树的营养积累，有碍茶树的正常生育。所以茶叶采摘既要采叶又要留叶。

新梢受各季节自然条件影响，芽叶生育极不一致，表现为形状上有大有小，有嫩有粗，有长有短，内含成分也各有异。因此，茶树的采收对象与其他大田作物的果粒或果树的果实有明显不同，不是等到成熟才进行采摘，而是只要符合一定的标准即可。人们采收"芽叶"，因采期不同，采法不同，就有不同性质的芽叶，从而影响茶树生育，影响当时或后期的产量和品质。采的粗大，产量虽然较高，但品质大幅度下降，得不偿失。

### （一）合理采摘的标准

即使在同一地区，同一茶树品种，同一树龄，加工同一茶类，因采法不同，留叶不同，所得到的茶叶产量和品质差异很大。不合理的粗摘滥采，造成茶叶品质下降，影响内外销市场，对长期生产也极为不利。因此，茶叶采摘必须因地、因树、因茶类而有所不同。

合理采茶的原则：采下的芽叶，能适应某一茶类加工原料的基本要求；通过采摘，促进可持续发展，并且能借以调节一季、一年与比较长期的产量和品质之间的矛盾；通过采摘，能不断促进茶树新梢萌发，增加树冠上新梢的密度和强度，有利于增加采收次数，延长采期，并能借以调节茶树生长势，延长经济寿命；此外，采摘时还应适当兼顾同一茶类，不同等级或不同茶类的加工原料，能借以调节当地采制劳力的安排，提高劳动生产率。总之，合理采茶是在一定条件下，通过采摘，能够适当调节茶叶产量与品质之间的矛盾，以及茶叶生产与茶树自身生育之间的矛盾，获得持续高产优质高效。合理的采摘需要建立采留结合、量质并举、长短兼顾的制度。

**1. 按茶类要求严格按标准采**

茶叶品质标准首先取决于采摘标准，使茶叶加工原料符合品质要求。采摘标准是依生产茶类、茶树生长状况，当地气候和新梢生育特点来确定的。我国制茶种类多，同一茶类又有很多等级，采茶标准很不一致。但大体上可分为细嫩采、适中采和成熟采三种标准。

细嫩采标准是指茶芽初萌，或嫩梢开展1～2嫩叶时采摘，采下的细嫩芽叶可制成特级名茶；适中采标准是指当新梢长至一芽二三叶或细嫩对夹叶时采摘，是当前中外红绿茶最普遍的标准；成熟采标准依茶类不同而有较大差异，采制乌龙茶时须待新梢顶芽开始形成驻芽时，采摘驻芽和其下的2～3叶片，采制边销茶、砖茶的原料，一般待新梢充分成熟时，连同木质化的嫩枝一起割采。由于新梢中氟含量随着叶片成熟度增加而不断积累，采制边销茶和砖茶时，原料应控制在1芽5叶或相当于该嫩度的对夹新梢，不宜采摘过于粗老的枝叶，否则很容易引起氟含量超标。

**2. 依树龄树势重视留叶养树**

种茶是为了采收量多质优的芽叶。采茶是目的，养树是手段，留叶是为了更多的采叶。茶树采叶与留叶依树龄树势的不同而有差别。

幼年茶树处于培养时期，应以养为主，不用强采，一般在第二次定型修剪后，树高达40～50cm，新梢生长将至成熟时，可以开始采摘顶芽，促进侧芽萌发，俗称“打顶”。骨架初步形成后，春季留一二真叶，夏季留一真叶，秋季留鱼叶采。

壮年茶树以采为主，采养结合。一般春秋留鱼叶，夏留一真叶或前秋留一真叶；或全年留鱼叶，在每季末期，酌情留若干叶片在树上。

老年茶树的采摘留叶视树势强弱、衰老程度而有不同，树势好的按壮年茶树的采法进行，树势衰老的春夏季留鱼叶采，秋季集中留养不采，积蓄养分养树，或春季留鱼叶采后进行重剪或台刈，更新复壮树冠。更新茶树的采摘，初期以培养为主，一季或一年不采，采留情况视修剪时期和修剪程度而异。

**3. 及时分批采摘**

茶树具有多年、多季和多批采收的特点，每季每批的采收都要不失时机，及时按标准采下，特别在气温较高的季节更要注意。一般茶园有10％～15％新梢达到标准，就应开始采摘。茶树芽叶由于着生部位不一致，萌芽有先有后，所以按标准采就是要分批多次采。春茶一般隔2～3d采一批；夏茶每隔3～7d采一批；秋茶隔6～7d采一批。

## （二）手工采摘

虽然手工采摘功效低、劳动强度大、成本高，但其还是目前名优茶的主要采收方式。采茶手法的好坏，对贯彻合理采茶的影响很大。用手扭采、捋采、掐采，不仅影响茶叶品质，还会破坏树冠的培养。手工采摘应采用提手采手法，即采摘时掌心向上或向下，用拇指、食指配合中指，夹住新梢要采的节间部位，向上提采。如此采下的鲜叶完整，损伤少，可以避免出现“红蒂”现象。

我国名优茶品类很多，品质各异，其品质形成与茶树品种、自然环境和栽培技术有密切关系，尤其与独特的采制技术有关。一般名茶都以鲜叶细嫩、均匀著称，采摘甚为精细，而且各种名优茶的采摘在嫩度和时间上也有较大差别。

（1）采单芽的名优茶　如湖南君山银针、浙江千岛银针、四川蒙顶甘露等。君山银针采摘要求很严，于清明前后，用特制小竹篓盛茶，篓底垫纸，以防磨损茸毛，选晴天上山采摘，茶芽要求粗壮重实，每个茶芽长25～30mm，宽3～4mm。采用提手采手法，忌用指甲掐采，以防破伤。通过实践，近年总结提出“八不采”规程，即雨天不采，细瘦芽不采，紫色芽不采，风伤芽不采，虫伤芽不采，开心芽不采，空心芽不采，弯曲芽不采。据估算，每500g银针茶，约需10.5万个茶芽。

（2）采细嫩芽叶的名优茶　如杭州西湖龙井、江苏洞庭碧螺春、安徽黄山毛峰、南京雨花茶、河南信阳毛尖和湖南安化松针等。采摘均以一芽一叶或一芽二叶初展的细嫩芽叶为对象。芽叶细嫩匀整，如高级龙井采一芽一叶，叶如旗，芽尖细似枪，炒制500g“明前龙井”需3.5万～4万个茶芽，500g高级碧螺春，需6万～7万个新梢。

（3）采嫩叶的名优茶　如安徽六安瓜片等。瓜片选采新梢的单片制成。采摘分采片与攀片两个过程。采片，即在谷雨到立夏之间，在茶树上选取即将成熟的新梢，按顺序采下新叶片，梗留在树上。但一般带嫩茎一并采下，携回经攀片，使芽、茎、叶分开。攀片，即新梢采回后摊放在阴凉处，将断梢上的第一叶到第三、四叶和茶芽，用手一一攀下，第一片叶制“提片”，品质最好；第二片叶制“瓜片”，品质次于提片；第三、四片叶制“梅片”，品质较差；芽制为“银针”。攀片实际是对鲜叶进行精细的分级，将老嫩分开，便于炒制，并使品质整齐划一。

（4）采成熟嫩梢的名茶　如闽北武夷岩茶、闽南安溪铁观音等。岩茶选采优良品种的鲜叶或以单株的鲜叶为原料，采摘标准为3～4叶对夹；安溪铁观音以采三叶对夹或一芽三叶为标准。选在晴朗的北风天，正午至下午3时采摘。

### （三）机械采摘

采茶季节性强，技术要求高而费工，随着茶叶生产专业化程度以及茶园面积和单产水平的不断提高，而且劳动力成本不断上涨，机械采茶逐步代替手工采茶，已势在必行。研究显示，目前茶叶生产成本的60%消耗在采摘环节，而机械化采茶与人工采茶相比，可提高工效8～13倍，亩节约采摘费用100～140元，亩产量提高20%以上。因此，机采已成为茶叶高效低耗、可持续发展的重要措施。

**1. 茶叶机采必须具备的茶园基础**

国内外目前推广使用的采茶机均采用切割原理，要求树冠平整，发芽能力强，芽叶粗壮整齐一致。园地宜选坡度在10°以下的平地或缓坡地，地面较平整，茶树行距为1.5～1.8m，茶行长度因受采茶机集叶袋容量和茶园单位面积产量两个因素的制约，一般长度以30～40m为宜，树冠高度控制在70～90cm，冠面整齐划一，具有弧形或平形的规范化形状。茶树要求为再生力强、发芽整齐、芽叶粗壮而且耐剪耐采的无性系品种。

机采茶园需每年轻修剪，5年左右进行一次深修剪，10～15年进行一次重修剪。树龄较大的手采茶园在改为机采之前，一般需进行重修剪改树，并进行增肥改土。机采茶园全年采摘批次少，但采摘强度大，芽叶损伤多，加之采摘期集中，养分消耗大，应有充足的肥料保证树冠营养，以每采摘100kg鲜叶追施4kg纯氮的基础上，每三年至少增施一次有机肥作为基肥。

**2. 茶叶机采技术**

机采茶园采摘批次少，适期采摘是取得优质高产的关键。目前机采一般以一芽二三叶与细嫩对夹叶为原料，春茶有80%新梢符合标准时即可开采，夏秋茶有60%新梢符合标准时开采，这样能兼顾产量和品质，经济效益最佳。

依我国茶园条件和采摘修剪制度，机型选用切割幅宽1 000～1 200mm的双人采茶机，或切割幅为500～600mm的单人采茶机均可，其工效指标分别为1.0～1.5亩/台·h和0.4～0.5亩/台·h。在应用机采的茶场，还应配备相应切割幅的修剪机和台刈机，用于蓬面的修整和复壮。

应用双人采茶机，成龄茶园来回一次可完成一行茶树的采茶作业，先采剪主机手一侧的半边茶树，注意尽量减少结合部的重切，幼龄茶树一次完成一行。为使操作者行进方便，提高工效和作业质量，机器工作时与茶蓬应成一倾斜角，双人采茶机为15°～20°（图2-2）。行走时主机手后退，副机手前进，机手必须配合协调，步调一致，保持机器平稳，避免忽高忽低，忽快忽慢。单人采茶机工作时，主机手背负汽油机，手提采茶机，副机手负责拉袋，两者需配合协调，集叶袋跟随主机前进而前进，后腿而后退，以免影响采茶工效，或剪破集叶袋。

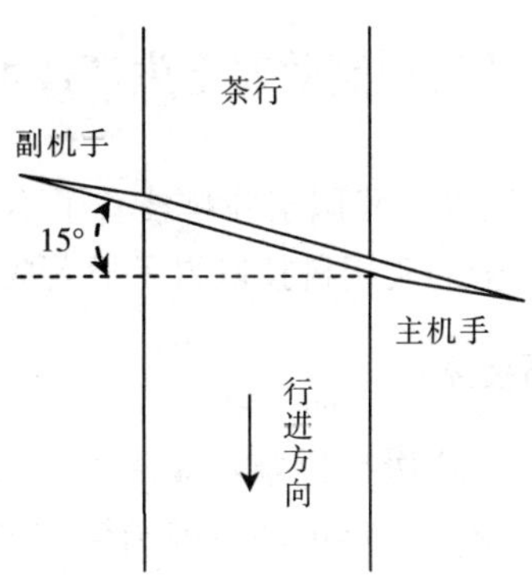


图2-2 双人采茶机操作示意图

实际操作时要注意刀机速比，采茶机械配套的小汽油机的额定转速为6 000～8 000r/min，为减少机器磨损和震动，应保持汽油机中速运行（4 000～5 000r/min），此时刀片的往复频率为1 000～1 250 次/min。行进速度应保持在 0.5m/s 左右，刀机速比为 1.33 左右。二行程单缸汽油机使用 80# 以上汽油和二行程专用机油，其配比为 20h 以内 15∶1（容积比），20h 以后 20∶1。所有用黄油润滑的润滑点使用 ZFG－2 复合钙基脂，刀片用 HQ－10 车用机油润滑，机器长时间使用后因刀片磨损，或因震动螺钉松动等，导致刀片间隙增大，需及时调整刀片间隙。方法是将刀片螺钉全部拧紧后再向松的方向旋 1/4～1/3 圈，再紧固螺帽。检查时给刀片加润滑油后，启动汽油机，中速运行 10～15min 后停车，用手检测刀片螺钉处压量片温度，若与手温相近，则表示间隙正常。在运输和存放中，双人采茶机的风管应处于正确位置，避免受压或碰撞。

目前机采在我国大宗茶生产中的推广比例较高，但是名优茶机采比例很小，其主要原因是，名优茶原料相对幼嫩，且对芽叶完整性、均匀性要求高，而目前的机采设备尚无法达到手工采摘的效果。机采在名优茶生产中大面积应用需要在以下两方面取得突破，一是具备智能识别系统的采茶机械的研制，或者是采用一种完全不同于现有采茶机械原理采茶新技术的开发。

## 五、茶树优质高效安全生产技术应用

20 世纪 80 年代以来，我国茶叶科技有了不少创新和发展，尤其是优质、高效、安全的实用科技取得了显著成果。

### （一）合理密植技术

矮化密植栽培法是将树冠控制在 60～70cm，并将常规的单条植改为多条植（2～4 行），每亩的苗数为常规茶园的 3～5 倍。经十多年的生产实践，取得了早投产、早高产、早受益的显著效果。

矮化密植茶园由于在初期就能形成较多的叶面积，因而能有效地减少漏光损失，漫射光增加，荫蔽度提高，生殖生长受到抑制，从而使养分集中于营养生长，提高茶叶产量与品质；茶树矮化后树体内运输线缩短，养分周转快，个体生育良好，能维持较长时间的群体优势；种植密度加大后茶园生态环境有较大改善，保水、保土、保肥力较强，杂草少，可以实行免耕，落叶多，肥力较高，所以能取得“三早”的显著效果。

茶树矮化密植的技术要点：一是种前土壤深翻，分层施入基肥。深翻50cm以上；亩施基肥量，厩肥2 000～2 500kg，菜饼50～100kg，磷肥25～50kg。厩肥施于下层，磷肥施于上层，饼肥居中。二是选用顶端优势较强的直立型耐密品种，如福鼎大白茶、龙井43等均可。三是提高种植密度，大行距1.5～1.8m，种2～4行，小行距0.3～0.4m，丛距0.2～0.3m，每丛2～3株，每亩茶苗达8 000～20 000株。四是加强营养与治虫防病，植后第二年施纯氮每亩10kg，第三年25kg，第四年30～35kg，以后年份按每生产7～8kg干茶，施纯氮1kg计，氮磷钾配合比例，绿茶区为4∶1∶1，红茶区为3∶2∶1，按基肥40%、追肥60%分次施用，并根据病虫发生情况及时防治。五是低位修剪，采养结合。第一次定型剪高度为离地15～20cm，第二次定剪高度在第一次定剪高度上在提高15～20cm。经二次定剪后，每年只需轻修剪即可。三四年生时，春茶留二叶采，夏茶留一叶采，秋茶留鱼叶采，以后视树势留一叶采。将茶树高度控制在70cm以内。

根据现有的经验，矮化密植时，种植的密度还应根据土壤肥力、生态水热条件进行适当调整。一般密度可控制在8 000～12 000株，不宜过密，否则密植茶园虽然能早投产，但骨干枝不粗壮，容易衰败和老化。

### （二）茶树保护地栽培技术

茶树具有喜温、好湿、耐阴的生物学特性，运用温室效应，采用保护地栽培技术，促使茶树早发芽，早采制，早上市，满足消费者抢先尝新的心理要求，是发挥时新效益、以早取胜、以质取胜的重要战略措施，是提高茶叶生产经济效益的一项有效途径。

保护地栽培是设施农业的重要代表。20 世纪 80 年代茶树设施栽培在江北茶区开始应用以来，取得了良好的效果，其主要特点是“高投入，高产出，高效益”。因此，保护地设施栽培是在人工调控环境因素的条件下进行的一项高效农业栽培措施。温室设施栽培和地膜覆盖栽培是两种重要的茶树保护地栽培模式。

**1. 温室设施栽培**

目前塑料大棚栽培是茶叶生产中温室设施栽培的主要形式。该栽培形式的特点是设施比较简单，成本相对较低，而且通过塑料大棚能明显改善茶园小气候，冬、春季增温增湿效应显著，与棚外相比，2 月上旬至 3 月中旬日平均气温可提高 10～12℃，日平均地温提高 4～5℃；水分蒸发减少，土壤湿度和大气湿度明显增加；太阳直射辐射减少，反射辐射和散射辐射增加。对于冬季比较寒冷、早春倒春寒频发的地区，该栽培模式可有效避免冻害，提早春茶开采期 20d 以上，江、浙一带有的甚至能够在元旦即可开采春茶，达到了产品反季节销售。

建立塑料大棚，应选择海拔高度较低、避风、坡度平缓、生长势较好的早生良种茶园（如乌牛早、龙井 43、福鼎大白茶等）。覆盖前施足基肥，一般于上年 10 月底前，亩施饼肥 150～200kg，或施相应的土畜肥，并将翌年的春茶催芽肥提前到 10～12 月份施下，以提高春茶对肥料的利用率，促进春茶早发高产。

大棚可采用半坡结构或者连栋拱形结构（图 2－3），东西走向，长 35～50m，跨度 8～10m。半坡结构温室可在东、西、北三面建墙，北墙高 3m 左右，东西两侧墙为南低北高形式，北端最高处约 3m 左右，南端 1.5m，形成一个向南的坡面。在东面墙上开一扇门。棚内设 4～5 排立柱，柱间距 1.5～2.0m。顶部用竹竿或钢管搭成纵横交错的支架，并覆盖聚氯乙烯无滴膜，加盖一层草帘，并用绳子加固。拱形结构大棚的取向、长度、跨度基本与半坡结构类似，但四周一般不使用墙体，而只采用塑料膜覆盖，因此这种拱形结构可以连栋架设，分布在较大面积的茶园上。

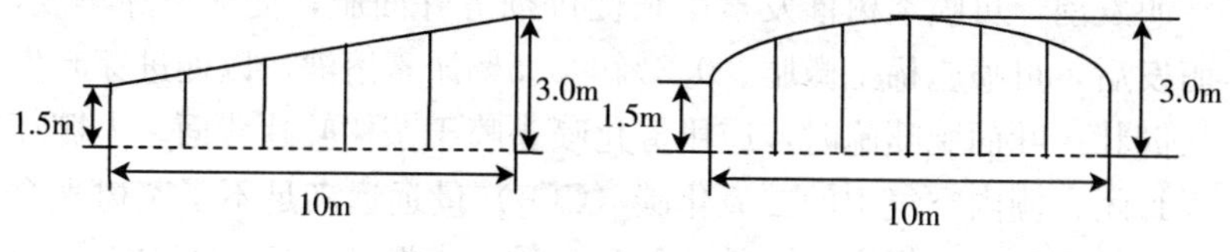


图 2-3 茶园温室剖面图

左：半坡形；右：拱形

用于架设大棚的棚架可就地取材，因陋就简，一般可采用竹木结构，也可采用钢架结构。每亩用材，一般毛竹约 2 500kg 或相应的钢架，塑料农膜 130kg，尼龙绳 1.7kg，条绳 200 余根，铅丝 20kg，加上搭棚工资，平均每亩一次性投资成本约 3 000～5 000 元，按使用三年计，每年每亩成本在 1 000～1 500 元，但经济效益可提高一倍以上。目前市场上，已经有专门的大棚钢架出售，跨度 5～12m 不等，高度约为 2.3m，茶场或茶农可根据茶园特点选择购买。

覆盖时间迟早对开采期影响较大，适当提早覆盖，可有效提早开采期。生产上江、浙一带可在 11 月底前覆盖，较北的茶区可适当推迟。

覆盖后，大棚的日常管理工作主要有：一是通风散热。棚内气温以控制在 25～30℃为宜。当外界温度骤升，棚内温度超过 30℃时，必须及时开门，通风散热，以防灼伤芽叶。大棚茶园晴天棚内温度上升快，气温较高的晴日 10 时后，棚内温度可升达 35～40℃，应及时开门通风散热，俟下午 3 时左右降温后再关闭。启开塑料棚通风口的大小，视棚内温度升高情况而确定，一般在棚的两端开启通风口，温度骤升时还可在大棚两侧开口通风散热。二是灌水、喷水。在持续晴天，棚外气温达 10℃以上时，每隔 1～2d 喷水一次，或在土表干燥稍显白色时灌水。一次灌水量不宜过多，以免棚内温湿度过高，滋生病害。三是施肥。及时施用追肥，这对基肥用量不足的茶园尤为重要，一般选用含氮量高、挥发性小的化肥，以防肥害，也可使用复合肥，一般用量每亩 30～40kg；在茶芽萌发前，可喷茶树催发素生长促进剂等叶面肥，促进茶芽早发，萌发后，可喷施稀土微肥、0.3%～0.5%尿素溶液，以促进芽叶生长健壮。叶面肥喷施时，应用雾化喷头喷于茶树叶片背面。大棚环境封闭，棚内空气中的二氧化碳（$CO_2$）量远远满足不了茶树光合作用的需要。为提高茶叶的产量和品质，大棚茶园应补充$CO_2$。通常用碳酸氢铵和硫酸混合产生$CO_2$，配比为1.1kg硫酸加3倍清水（配制时要将硫酸慢慢倒入水中并搅匀，否则容易引起爆沸），并与1.8kg碳酸氢铵混合，施用时间一般在9时至11时30分，1亩茶园释放8～10个点，每隔3～5d施一次，阴雨天不施，施气肥时不要通风。另外，有机肥分解能产生大量的$CO_2$，多施有机肥也能增加$CO_2$。四是病虫防治。大棚内温度高、湿度大，要随时加强病虫检查，一旦发现，及时采用低毒、高效、低残留的农药加以防治，并注意安全间隔期。五是采摘。一般有5%左右的新梢达到一芽一叶初展即可开始采摘，前期留鱼叶采，后期留一叶采。六是检查维修。遇到大风、雨雪等灾害性天气，须加强检查，如有倒塌、破损，及时做好加固维护和检修。

揭膜撤棚时间可视当地气温而定，一般在终霜期后，日平均气温已稳定通过10℃以上时进行，江、浙一带揭膜以清明过后为宜。撤去大棚后，茶园应加强肥水和修剪管理，养壮蓬面，以利再次覆盖。一般而言，大棚茶园应进行轮休，连续覆盖2～3年后，应更换至其他茶园，否则容易引起茶园过早衰败。

**2. 地膜覆盖栽培**

地膜覆盖栽培的主要优点和作用是投资少，技术简便；秋冬或早春能有效保持和提高低温，保护茶树安全越冬，有利春茶早发；夏秋干旱季节可减少土壤水分蒸发，保持土壤中的有效水分，增强茶树抗旱能力；杂草旺盛生长季节前进行地膜覆盖，可以抑制杂草生长，减少地力消耗，消除一些茶树害虫寄主。地膜覆盖尤其对未完全封行的茶园，效果最为明显。地膜以选质地好、白色或浅色膜为宜。地膜覆盖期间，要避免践踏，忌用尖锐易穿透地膜的物件压封地膜。进行茶园施肥、耕锄作业时，小心揭开地膜，作业完成后将地膜重新铺好，大风雨后加强检查，有被吹动的要及时铺好固封，有破损的要及时修补。

## （三）春茶增产的技术

春茶量多、质优、经济价值高，是生产名特优茶的关键季节，春茶增产是提高茶叶生产经济效益的重要基础。提高春茶产量的技术包括合理修剪和施肥制度、使用适合的生长调节剂等。

**1. 合理修剪**

早封园配合合理修剪，可以达到春茶早采增产的效果。为了加快秋梢成熟和安全越冬，夏茶后应适当提早封园，长江流域可选在9月底前封园。若封园后秋梢过嫩，可在冬季降温前将嫩梢修剪掉，以促进成熟，但修剪程度要轻。尽量避免在春茶前进行轻修剪，而将春季修剪改在春茶后进行，如此，不仅可以提高产量，还可以提早开采。若发生春季冻害，应及时进行修剪，且宜轻不宜重。

**2. 科学施肥**

研究显示，茶树地上部和地下部的生长存在明显的交替性，长江流域每年9月地上部一般进入生长不活跃期，相反，地下部生长开始进入活跃期，此时进行深耕、断根，可以使根系快速恢复，以后至12月中下旬时，地温下降，地下部生长放缓。而春季新梢生长所需要的能量和物质主要来源于秋冬季节贮存在根系中的物质。试验表明，长江流域在9月施用基肥的茶园，春茶产量较12月施用的提高50%以上。因此，基肥施用宜早不宜迟，长江流域应在9月下旬或10月初完成，长江以南茶园可以适当推迟，而长江以北茶园可适当提早施用，如此可以使根系贮存更多的物质，供应第二年春梢生长。翌年2月底地温回暖，根系早于新梢复苏，3月中下旬，春梢萌发，根系中物质被上运至新梢，自身生长缓慢，直到春茶结束，根系才开始活跃。因此，催芽肥也应该适时早施，一般可在2月中旬施用。

**3. 立体采摘模式及其配套措施**

与常规平面采摘相对应，近年来出现了一种所谓的立体采摘模式，即树冠垂直向具有一定采摘深度，水平向具有一定幅度和分枝密度，以同一级分枝为主要生产枝，以纯采春季名优茶原料为主要目标的采摘方式。它与平面采摘茶园比较，树冠形成快，投产早，见效快。

立体采摘的生产枝以下部位分枝呈梯度分布，生产枝则呈规律性直立分布，均为同级分枝，叶层厚度大，4 龄以下茶园达 50～70cm，5 龄以上茶园厚度 40～20cm。由于年年更新，一般生产枝生育年龄低，可维持在 10 龄以下，生长势强。幼龄阶段合理的叶面积指数可控制在 4.5，成龄期则可控制在 3～3.5。立体采摘茶园一般芽叶非常饱满，百芽重大，可比平面茶园高出 30%以上，春茶可增产 30%左右；而且春茶萌芽同期性好，采摘期较平面茶园短。因此，立体采摘尤其适合于单芽或以一芽一叶等幼嫩芽叶为原料的名优茶生产。

虽然在学术界对发展立体采摘技术存在争论，主要的问题是，这种模式是否能实现可持续发展，因为立体采摘茶园必须年年进行树冠更新，可能会导致骨干枝不明显，生产枝密而细，从而引起茶园早衰，但是在生产上已经有一部分茶农采用该采摘模式，为了防止可能的茶园早衰，必须加强立体采摘的栽培配套措施。

为了形成立体的采摘树冠，需要每年进行较深程度的修剪。一般二三龄茶树在春茶采摘后分别按 25cm、30cm 高度定剪，四龄以后茶树定剪高度适当提高，对于成龄茶园每年修剪的高度宜控制在离地 50cm 左右，修剪时间宜早不宜迟，可在 5 月上旬完成。修剪后，在 7 月下旬当二轮新梢长到 40～50cm 高度时，对部分生长势强的新梢进行打顶，以利培养较弱的枝梢和其后萌发的新梢。于 8 月上旬当优势枝长到 60～70cm 时，摘除顶芽以促进下级分枝和弱势枝生长，同时可人工攀除一些特别细弱的枝条，以达到各枝梢均衡生长的目的。

立体采摘茶园应加强培肥和病虫管理，于 7 月上旬结合打顶每亩施尿素 15～30kg，推迟茶树进入生殖生长，减少花蕾。10 月上旬，每亩沟施复合肥 75～100kg。翌年 2 月初视茶树长势可施尿素

10～20kg 作为催芽肥。立体采摘茶园病虫管理类似幼龄茶园，应重点防治螨类和小绿叶蝉等。

立体采摘茶园萌芽期较一致，应及时安排好采工劳力。同时，立体采摘茶园萌芽期较平面茶园早，因此要注意春季冻害预防。

**4. 利用植物激素进行调控**

植物激素是植物自身产生的特殊的微量活性物质，它受外界环境的影响而对植物发芽、生长、生根、开花、结实、休眠、衰老等起调节控制作用。植物激素包括天然激素（内源）和人工合成调节物质（外源）。在植物体内普遍存在的激素有五大类：生长素（IAA）、赤霉素（GA）、细胞分裂素（CK）、脱落酸（ABA）、乙烯（ETH）。人工模拟天然激素合成的许多化学调节物质具有天然激素相似的生理活性，它包括萘乙酸（NAA）、2，4－D、乙烯利等。内源激素和外源激素统称为植物生长调节物质。

（1）生长素　在茶树根、茎、叶、花、果实、种子及幼芽中均有分布，但大部分集中在生长的顶端，如茎尖、根尖、芽梢等部位。存在最广泛的是 3－吲哚乙酸（IAA）、吲哚乙腈（IAN）、4－氯吲哚乙酸等化合物。人工合成的类似物有 2，4－D、吲哚丁酸（IBA）、萘乙酸（NAA）等。生长素的作用主要是促进细胞的分裂与伸长、维管束分化、坐果与果实成长，维持向光性，诱导愈伤组织，阻止落叶，促进发根和促进 m－RNA 转录等。促进芽生长，IAA 的最适浓度为 $10^{-3}$～$10^{-2}$ mg/kg，促进根生长的适宜浓度为 $10^{-4}$～$10^{-5}$mg/kg。分生组织分化为芽或根，取决于 IAA 和细胞分裂素的比例，当 IAA 含量相对较多时，有利于根的形成，但浓度过高抑制生根，细胞分裂素含量相对多时有利分化出芽。植物体内的 IAA 运输，只能从顶端向基部作单向极性运输。此外，植物体内含有吲哚乙酸氧化酶，它能把 IAA 分解成不活跃的物质，使 IAA 破坏消失。该类物质应用于促进扦插苗生根。

（2）细胞分裂素（细胞激动素）　凡具有激动素类似生理活性的物质，统称为细胞分裂素。细胞分裂素主要在茎尖、根尖、未成熟种子中产生，尤以根尖合成最多，通过木质部运到地上部。这类物质主要包括：激动素（KT），又称6-糠基氨基嘌呤或6-糠基腺嘌呤，玉米素（Zt），异戊烯基腺嘌呤（2iP），异戊烯基腺苷（2iPA），6-苄基氨基嘌呤（6-BA或BAP）等，均具有腺嘌呤6位置换基的构造。细胞分裂素作用是，促进细胞分裂和扩大，诱导组织分化，防止和延缓叶片衰老，促进芽形成和侧芽生长，促进木质部分化，控制种子发芽、叶和根生长及茎伸长，维持核酸蛋白和叶绿素的含量（保绿作用），提高抗低温的能力等。

（3）赤霉素　薮田与住木（1938）首先从水稻马鹿苗病菌中结晶出赤霉素（GA）。现已分离出60多种同分异构物。分别简写为$GA_1$，$GA_2$，$GA_3$……$GA_{60}$，其中以$GA_3$的活性最强。其作用为促进伸长生长（由于细胞伸长，促进茎和叶生长），促进长日照植物开花，促进发芽，打破休眠，单性结果，阻止老化和诱导α-淀粉酶的形成等。

（4）脱落酸　在植物体内天然存在有6种，其中以脱落酸（ABA）活性最大。主要作用为形成离层，促进衰老和脱落（落果、落叶），促进休眠，抑制发芽和引起气孔关闭。ABA对GA有拮抗作用。该类物质可用于提高茶树抗逆性。

（5）乙烯　为气体，是植物代谢产物，在根、茎、叶、花、果实、种子和块茎中都能产生。其作用为偏上生长（叶柄上部的生长），阻碍茎的伸长与促进横向生长（加粗），引起茎生长的负向地性消失，促进落果落叶、果实成熟和发芽，控制雌雄性别转化，有利雌花形成等。人工合成的除乙烯利（α-氯乙基磷酸）外，还有抑制顶端生长、增加结实的青鲜素，使植株矮化和防止倒伏的矮壮素（CCC），促进发芽、刺激生长的增产灵（4-碘苯氧乙酸），抑制新梢生长、防止果实脱落的$B_9$（二甲基氨基琥珀酰胺酸）等。该类物质可应用于茶树的落花落果处理。

除以上5类激素外，还从芸薹属的油菜花中分离出油菜内脂素，随后从各种植物中发现了多种类似物质，便把这类物质称为芸薹类甾醇。其作用是促进幼小植物体长大（过量则引起畸形），助长生长素类的伸长效果，高浓度的芸薹类甾醇引起叶偏上生长，引起组织捻转，对植物组织培养也有增殖效果。

在上述生长调节物质中，在春茶增产中应用最广是赤霉素和细胞分裂素。当两者喷施浓度达到赤霉素（$GA_3$）50～100mg/L 和60～100mg/L 时，可获得显著的春茶增产效果。长江流域在 2 月底左右喷施该类物质，可提早露地茶园春茶开采期 5～7d，并可提高春茶产量比例。但是喷施这些调节物质的茶园，应加强肥水管理，以利形成壮芽；同时，应注意严防春季倒春寒。

### （四）提高夏、秋茶品质技术

夏秋季节，温度高，光照强，茶树碳代谢强，氮代谢弱，芽叶多酚类含量高，而氨基酸和蛋白含量低，糖苷类酶活力低，因此夏秋茶滋味苦涩，香气低，导致夏秋茶经济效益偏低。近年来，全国各地一方面在不断扩大茶园种植面积，另一方面有大量的夏秋茶鲜叶没有下树，造成大量的资源浪费。如何通过现有技术的集成和整合，提高夏秋茶品质是摆在广大科研工作者和生产者面前的重要问题。

提高夏秋茶品质必须弄清楚形成夏秋滋味苦涩和香气低下的因素，然后通过一些农艺和加工的措施来改善这些因素，从而达到提高夏秋茶的目的。高温、干旱、强光是形成夏秋茶品质特点的主要环境因素，因此，从农艺上，凡是有利于改善这些环境因素的遮阴、灌溉等措施，对提高夏秋茶品质均有一定作用。

**1. 遮阴提质**

研究显示，茶树生长的最适宜空气温度为 20～30℃，当叶温超过 35℃时，茶树净光合作用急剧下降。当茶树以 60％遮光度的黑色遮阳网进行覆盖时，最高叶温均低于 35℃，较对照显著下降，同时树冠层相对空气湿度增高 3％～10％，鲜叶氨基酸含量比对照增加 30％以上，茶多酚下降了 15％左右，酚氨比降低约 35％；绿叶素增加 30％～60％，咖啡碱含量、水浸出物也有少量增加；遮阴后游离香气总量增加了 80％左右，其中以顺-3-己烯醇、正己醇、芳樟醇的增幅较大。但在遮阴条件下，茶树单位发芽密度和产量均有5%～10%的降幅。

生产上为了兼顾质量和产量，通常采用50%遮光度的黑色遮阳网覆盖。可根据覆盖方式选用宽幅1.8～10m的不同规格，一般可以重复使用5～6年。若采用宽幅1.8m，每亩用量约500m。使用时，可以单幅覆盖，也可以用轻质铅丝或者塑料线将单幅结成宽幅进行覆盖。在时间上，可在采摘前11～18d，即一芽二叶少量出现时进行覆盖比较适宜。遮阴过早，影响产量；过迟则达不到效果。遮阴时，遮阳网与树冠蓬面要留适当空间，以免直接接触引起芽叶机械损伤或烫伤。

**2. 增加肥水**

夏秋高温干旱季节进行灌溉，可以显著提高茶叶产量和品质。虽然滴灌节水效果好，但对树冠层温度和空气湿度影响较小，相反，喷灌可有效提高土壤和树冠层相对湿度，减低土壤和树冠层温度。因此，从提高茶叶质量角度看，喷灌效果更好。

夏秋季节，阵雨后可趁土壤湿润的时候直接撒施尿素，用量20～30kg/亩，也可起到提高茶叶品质的效果。

**3. 选用优良品种**

有些芽叶颜色突变的品种，新梢内氨基酸含量高，而多酚类含量低，酚氨比小，滋味甘醇，即使是以夏秋季节鲜叶原料生产的茶叶，滋味和香气品质均显著优于常规品种，该类品种非常适合在夏秋季节加工优质茶。比如由浙江省林木品种审定委员会认定通过的“黄金芽”茶树新品种，为光照敏感型叶色突变品种，在高温强光条件下，新梢白化程度增加，在夏秋季节新梢均为金黄色（彩图2-3），酚氨比较普通绿茶品种低30%左右，制成的成品茶滋味醇厚，不苦涩。但是，芽叶白化突变品种的茶叶产量一般较正常品种低，而且抗逆性也较差，因此，栽培时应加强田间管理。

### （五）病虫害科学防治技术

病、虫、草害控制是影响茶叶质量安全的关键环节。针对普通、无公害、绿色和有机茶等不同安全级别的茶园，优先采取各级别茶园推荐的方法进行病、虫、草害控制，在推荐方法达不到要求时，可采取允许有限度使用的方法进行病虫草害控制。但是必须明确的是，茶叶产品的安全是第一位的，病、虫、草的控制不是要将其种群彻底消灭，而是有限度地控制，使之处于允许的经济损失程度之下。具体的病、虫、草害科学防治技术可参照本章“茶树培养”中的相关内容。

## 参考文献

常硕其，张亚莲，曾跃辉，傅海平，刘红艳，黄仲先 . 2009. 提高夏秋绿茶品质技术研究 . 湖南农业大学学报：自然科学版，35 (5)：561－564.

陈福林 . 2007. 乌牛早蓄梢立体茶园采摘管理技术 . 丽水农业科技 (2)：56.

崔晓明 . 2009. 提高春茶产量及产值的关键措施 . 农技服务，26 (12)：12.

郭敏明，余继忠，师大亮，黄海涛，周铁锋 . 2009. 夏秋季茶园覆盖遮阴比较试验 . 茶叶，35 (3)：150－151，156.

侯渝嘉，彭萍，李中林，胡翔，邓敏，敬廷桃，邬秀红 . 2008. 不同遮阴水平对夏秋季茶叶原料品质的影响 . 南方农业，2 (9)：12－14.

王开荣，陈洋珠，林伟平，方乾勇，朱逢秋，莫淑茜 . 2005. 立体采摘茶园技术要素组成 . 浙江农业科学 (1)：26－29.

王开荣，李明，梁月荣，张龙杰，沈立铭，王盛彬 . 2008. 茶树新品种黄金芽选育研究 . 中国茶叶 (4)：21－23.

张文锦，梁月荣，张方舟，陈常颂，张应根，王文建 . 2006. 夏暑乌龙茶覆盖遮阴效应及其对产量、品质的影响研究概况 . 茶叶科学技术 (4)：1－5.

中华人民共和国商务部 . 2007. 出口商品技术指南——绿茶 .

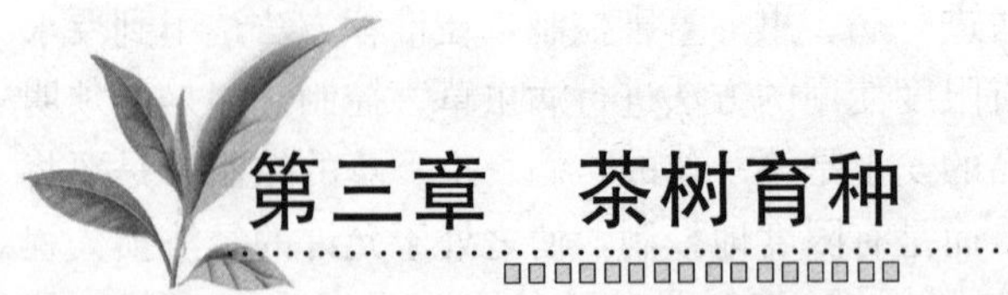

# 第三章　茶树育种

## 一、茶树品种

### （一）茶树品种的形成和育种程序

茶树品种是指在一定地区和栽培条件下，具有相对一致的形态学、生物学和经济学特性，遗传稳定，产量、品质和适应性等方面符合生产需要的茶树群体。茶树品种是影响茶叶产量和品质的关键因素。茶树品种是通过一定育种程序培育而成的。

茶树育种程序是指茶树品种选育的技术规程和试验顺序，包括育种目标的制订、原始材料的收集和评价、初筛和初繁、品种比较试验、品种区域试验以及良种申报和审定等。

**1. 育种目标的制订**

茶树育种的目的是改良现有茶树的遗传特性，培育出优质、多抗、高产、高效的新品种，以满足不断变化的消费需求和生产要求。育种时，具体确定改良茶树的哪些性状和通过哪些改良方法而达到这些目的，这就是育种目标。育种目标直接关系到能否培育出符合生产需要的良种，是茶树育种成败的关键。由于茶树育种年限长，制订育种目标必须要有远见，不仅要考虑优质、多抗、高产等基本目标，还要考虑其侧重点和优先顺序。比如在 20 世纪 80 年代以前，茶叶生产以出口红茶为主，那时生产上需要高产优质红茶品种，而限制红茶品种推广的因素主要是抗寒性，因此那时的茶树育种目标是高产、优质、抗寒和适制红茶的品种。但是，进入 20 世纪 90 年代以后，国内名优茶发展迅速，生产上需要高产优质绿茶品种，同时，由于名优茶对时令要求比较高，因此那时的茶树育种是早生、高产、优质和适制绿茶的品种。进入 21 世纪以来，市场对茶叶食品的质量和安全特性非常关注，消费多样化趋势也非常明显，茶叶生产劳动力紧张问题日益突出，而且茶叶产品在数量上已出现明显的供过于求，因此优质、多抗、能适应机械化生产要求成为茶树品种重点考查的目标。

（1）优质 优质不仅是茶树良种的基本条件，也是当前最重要的茶树育种目标。影响茶叶品质的因素虽然是多方面的，包括土壤、气象、地理位置和季节等环境因素，施肥、采摘、修剪、加工和贮藏等技术因素，以及生理生化特性、形态特征和生物学特性等品种遗传因素。品种遗传因素是最基本的。茶树遗传因素通过控制形态特征、生物学特性以及生理生化特性而影响茶叶品质；同时，茶树品种的适制性和品质风格又是极其保守的，它对茶叶品质的影响远远超过其他因素的作用。如云南大叶种，不论是在其原产地云南，或是引种到广西、广东等地，其红碎茶品质都具有浓、强、鲜的风格。从引种或杂交后代中选育出来的新品种，如浙农 12 号，在红碎茶四套样地区种植，仍然能生产达到二套样标准的红碎茶。又如，原产福建省的福鼎大白茶，全国各地茶区引种后，其绿茶品质同样具有高香多毫的特色。从龙井群体品种选育出来的龙井 43 号，其龙井茶适制性在 12 个供试品种中最佳，所制龙井茶，外形挺秀，色泽糙米色，香高持久，滋味鲜醇，叶底肥壮匀齐。同样地，很多乌龙茶商品都以其茶树品种来命名，充分体现了品种对品质特性的决定作用。

（2）高产 高产虽然不是目前最重要的茶树育种目标，但仍是茶树良种最基本的要求。根据我国目前茶叶生产实践和当前世界主要产茶国的生产水平，现代茶叶生产对茶树良种提出的要求，新育成茶树良种干茶年产量至少比供试对照品种（从国家级品种中选用）增产 10%以上，如浙农 12 号增产 41.2%，黔湄 419 和黔湄 502 分别增产 30%以上。

（3）高效 高效是茶树良种的基本要求，也是育种的重要目标。要达到高效，育成良种必须在保证优质高产前提下，具有多抗、低耗，适应机械化作业和发芽期早等特点。多抗是指抗病、抗虫、抗寒和抗旱能力强。这是茶树良种高产、稳产、优质的基本保证，而且可以减少抗自然灾害的人力物力投入，扩大良种的推广范围，充分发挥良种的作用。低耗是指光合效率高，呼吸消耗低，在同等自然和栽培条件下，生物产量和经济产量高。全程机械化作业是茶叶生产的迫切要求，如人工采茶的支出已超过茶园管理用工支出的60%。为了适应机械化作业，育成良种必须具有新梢再生能力强，发芽密度高而整齐，轮次明显，生长旺盛，持嫩性强，正常芽叶比例高等特点。生育期早，一方面可以延长全年生育期，增加产量；另一方面又能提早应市，有利于开发优质名茶，提高单位面积茶园产值。如龙井43号，最高年产值可以达到13 500元/$hm^2$以上，充分显示了良种的经济效益。

**2. 茶树种质资源的收集和初步选择**

新品种选育工作的成败在很大程度上取决于种质资源的收集、保存、研究以及利用情况。目前我国的国家级良种中80%以上是通过种质资源收集和经系统选种手段育成的。因此，世界各主要产茶国历来非常重视对茶树资源的收集和保存工作。目前除了各育种单位在各自的试验地区还保存了一定数量的种质资源外，我国在浙江杭州、云南勐海和福建福安建立了茶树种质资源圃，集中保存了3 200余份茶树种质。而茶园面积比我国小得多的日本却收集了3 600余份种质资源。因此，今后我国应进一步加强种质资源的收集和利用工作。

（1）茶树种质资源的收集　茶树种质资源是指自然界存在的茶树栽培类型、品种以及野生类型，又称茶树基因库、茶树遗传资源或茶树品种资源。由于茶树育种中所用的原始品种和类型只是众多茶树种质资源中根据育种目标选用的极小一部分，实践上常称为育种的原始材料。收集种质资源之前，首先要进行种质资源调查，把资源所在地的自然条件、栽培条件、品种组成、主要经济性状和抗逆性等调查清楚，然后由近及远取样收集，既可收集种子、幼苗，又可以收集插穗。数量上，要求种子0.5kg左右，幼苗60株或插穗100个以上。从外地收集时，要通过当地植物检疫部门进行植物检疫，防止把危险病虫害或杂草随收集材料带入。种质资源收集后，可以直接种在种质资源圃或预选圃，单株种植，株距1～2.5m，行距1.5～3m，依茶树类型、地区和是否正常采剪而有所区别，大叶种、南方茶区和不剪采的自然生长茶树，种植密度要稀些；反之则密些。为了便于比较，种植时最好同时种上同龄的对照品种。

（2）初步选择　也称苗圃选拔。根据育种目标要求，在种质资源圃进行初步选择时，采用间接鉴定法和直接鉴定法相结合，主要从形态特征、生物学特性和适制性等方面确定入选单株。鉴定项目包括新梢生长势、开采期、芽叶形状、发芽密度、树姿、修剪枝叶量、单株产量、抗逆性（抗寒、抗病虫和抗旱等）以及氯仿试验（发酵性能）、少量制茶等。力求选择那些综合性状好的个体或类型，对于个别优良性状（株型）突出，其他性状又无明显缺点的单株也可以作为初选的的入选材料。初选一般进行2次，第一次选择以形态特征和生物学特性为主，第二次选择在第一次选择后的一至二年进行。调查项目除了第一次的项目外，着重调查芽叶性状、修剪枝叶量、单株产量以及适制性和制茶品质。

**3. 初步繁殖**

确定入选优良单株后，便可培养插枝进行扦插繁殖，为后续试验提供苗木。留养插穗繁殖时，同时可以鉴定入选单株的繁殖特性、新梢生长量和抗性等。对于繁殖能力差的单株，要及时予以淘汰，以减少后续试验的工作量，初步繁殖的苗木数量最好在300株以上，对照品种的苗木也同时扦插繁殖，以便直接利用这些苗木布置品种比较试验，以缩短育种年限。

**4. 品种比较试验**

品种比较试验，简称品比试验，是把初步选择和繁殖的若干品系在一定面积上种植，与同龄的对照品种（或标准种）进行产量、品质和抗性以及其他经济性状比较，从而筛选出可供生产应用的新品种。品比试验每个小区面积一般15m$^2$以上，3～4次重复，随机区组排列；种植规格采用行距1.5m，从距0.3m，每从3株。为了缩短试验期限，也可以采用双行条植。为了得出可靠的结论，要求全部参比材料（包括对照组）必须在地段、苗龄和大小以及田间管理等全面一致的条件下进行。试验主要测定记载物候期、鲜叶产量、制茶品质和主要品质成分以及抗逆性等性状，产量、品质和化学成分要有3年以上的有效试验数据。

**5. 省级区域试验和品种生产试验**

省级区域试验是在完成品比试验的前提下，把具有优良综合性状、突出经济性状的品系、种苗送到所在省茶树良种审定委员会规定的区域试验点进行试验比较，以进一步考查供试品种的抗性、产量和品质。品种生产试验是把种苗送到生产单位种植，在较大面积的生产条件下对所获品系的产量、品质和抗性等优良性状的真实性和可靠性作进一步鉴定，弥补小区试验的不足。省级区域试验和生产试验可同期进行，有些省份对一定规模的茶树品种生产试验视同区域试验。生产试验的示范园将来还可以作为良种插穗母本园，便于就地繁殖，就地推广。

**6. 省级茶树良种申报**

完成品种比较试验和生产示范试验，并有一定推广面积后（$>7hm^2$），可向所在省茶树良种审定委员会或者省林木良种审定委员会申报省级良种。经审查合格、批准后，即可作为省级茶树良种在本省范围内推广。

**7. 国家级茶树良种区域试验**

经审定并通过作为省级茶树良种的新品种，均可申请参加全国茶树良种区域试验。目前我国有广东英德、广西桂林、贵州湄潭、福建福安、湖南长沙、浙江杭州、湖北武汉等7个国家级茶树良种区域试验点。每个参试品种可根据其生态特性和适制性选择3～4个点参加试验。区域试验要求设3～4次重复，随机区组排列。每个供试品种试验总面积20～60$m^2$，选已有的国家级茶树良种为对照种。种植规格可采用双行条植，大行距1.5m，小行距0.3～0.4m，丛距0.3～0.4m，大叶种单株种植，3万～4万株/$hm^2$；中小叶种3株/丛，9万～12万株/$hm^2$。国家区域试验调查的项目包括移栽成活率、春茶萌发期、休止期、鲜叶产量、适制性、制茶品质以及抗性等性状。产量和品质的鉴定必须有 3 年以上的有效数据。

**8. 国家级茶树良种申报**

完成国家级茶区域试验后，如果供试品种综合性状优良，在产量、品质和抗性等指标有一个以上显著优于对照，其他指示与对照相当，即可按照茶树良种申报程序向国家作物良种审定委员会茶树良种专业委员会申报国家茶树良种。

## （二）茶树变异来源及人工创造变异的方法

茶树育种的关键是选择可遗传的变异。茶树变异来源主要包括自然突变、驯化诱变、杂交、辐射诱变、化学诱变、转基因等途径。

**1. 自然突变和驯化诱变**

茶树不经任何人工处理，在自然条件影响下产生的突变，称为自然突变，又叫自发突变。虽然自然突变的概率非常低，在茶树上只有十万分之一左右，但其在茶树进化过程中普遍存在，在人工杂交、辐射诱变技术出现之前，自然突变是最主要的茶树变异来源。安吉白茶等白化突变品种大多数都是自然突变引起的。自然突变引起的变异有的可以在突变的当代表现出来，有的则需要经过多代精卵结合才能表现出来。因此，自然突变的表现频率有时非常低。

驯化是指外来植物通过改变其遗传性状以适应新环境的过程。与其说引种驯化引起了茶树基因发生定向性的突变，不如说引种驯化使某些茶树原有的基因变异在特定环境条件下得到了表现机会。可见，虽然变异是绝对的，但其表现也需要环境条件的选择。

**2. 杂交**

茶树杂种可以通过自由传粉或人工杂交获得。自由传粉是按照育种或良种繁育的要求选择花期相近的亲本，将父母本间隔种植在同一地段的杂交圃，开花时让其自由传粉。必要时也可以将母本去雄。杂交圃周围设有适当的隔离设施。人工授粉是有目的地采集父本花粉，授到母本的柱头上，使其受精，从而产生杂交种子。父本花粉的采集一般在授粉前的 1～2d，把含苞待放的花朵采回室内于干燥处放置 1d，花药开放时把花粉收集放入培养皿贮于干燥器待用。母本去雄有2种方法：一是机械去雄法，用镊子拨开母本含苞待放花朵的花瓣，拔去花药；二是化学去雄法，于减数分裂前用500mg/L的马来酰肼（MH）喷射母本植株，促使母本花粉败育。授粉时间一般在8～10时进行，用毛笔蘸以父本花粉涂于母本柱头上，然后套袋隔离，并挂上标牌，写明杂交亲本和授粉日期。目前国家级茶树良种中，多数是通过杂交获得变异，并经单株选择培育而成的，因此杂交是目前我国茶树育种的重要手段。

**3. 辐射诱变**

辐射诱变是指利用射线等照射或注入生物，引起生物染色体变异和基因突变，是一种高效的诱变技术，其有利突变出现的最高频率约为0.2%。用于诱变的辐射种类有X射线、γ射线、α射线、β粒子和中子等。茶树辐射育种用得最多的是$^{60}Co$-γ射线，用于照射的茶树材料可以是花粉、种子、插穗或幼苗等，一般多用种子。γ射线处理时，剂量率可控制在$154.8\times10^{-4}\sim258\times10^{-4}$ C/kg；大叶种茶籽的适宜剂量为$7\,740\times10^{-4}\sim12\,900\times10^{-4}$C/kg，中小叶种茶籽为$10\,320\times10^{-4}\sim18\,060\times10^{-4}$C/kg，实生苗为$10\,320\times10^{-4}\sim15\,480\times10^{-4}$C/kg，扦插苗为$1\,290\times10^{-4}\sim2\,580\times10^{-4}$C/kg。茶树辐射诱变在辐射当代即表现出突变性状的不多，有时需要经过与杂交等手段结合才能使其表现出来。

**4. 化学诱变**

化学诱变是指通过特定的化学物质处理直接引起茶树基因的突变，或者通过影响细胞分裂和核酸代谢的相关酶而使茶树发生遗传变异。常用的化学诱变剂可分为四大类，即：碱基类似物，如5-溴尿嘧啶（BU）、2-氨基嘌呤（AP）、8-乙氨基咖啡碱（EOC）、5-溴氧脲核苷（BUDR）和马来酰肼（MH）；抗生素类，如丝裂霉素（C）、链霉素等；烷化剂，如硫芥子类和氮芥子类等，其中最常用的有甲基磺酸乙酯（EMS）、乙烯亚胺（EI）、亚硝基乙基脲（NEH）和亚硝基甲基脲（HMM）；其他诱变剂，如秋水仙素、羟胺（$NH_2OH$）、亚硝酸（$HNO_2$）、吖啶橙、叠氮化钠（$NaN_3$）等。处理茶籽时一般以0.5%～1%的NEH或HMM处理12～

24h，诱变频率可达到83%～90%。与化学诱变剂不同，秋水仙素处理往往引起染色体的倍数发生改变，当以0.3%左右的秋水仙素溶液处理萌动的茶籽或茶芽，可获得较好染色体加倍效果。

**5. 转基因**

转基因是通过现代分子生物学手段将外源目标基因导入茶树组织，进行创造新种质的方法。自1983年比利时根特大学Montagu实验室、孟山都公司Fraley领导的研究小组、华盛顿大学Chilton研究室首次将外源基因转入烟草、胡萝卜以来，大量的转基因植物获得成功。截至2009年底，已有11种主要的转基因作物在世界范围内推广，其面积达到1.34亿$hm^2$。

转基因与传统基因改良技术是一脉相承的，但在基因转移的范围和效率上，转基因技术与传统育种技术有两点重要区别。第一，传统技术一般只能在生物种内个体间实现基因转移，而转基因技术所转移的基因则不受生物体间亲缘关系的限制。第二，传统的基因改良技术一般是在生物个体水平上进行，操作对象是整个基因组，所转移的是大量的基因，不可能准确地对某个基因进行操作和选择，对后代的表现预见性较差；而转基因技术所操作和转移的一般是经过明确定义的基因，功能清楚，后代表现可准确预期。因此，转基因是对传统基因改良技术的发展和补充。该技术主要包括目标基因的克隆、含外源基因的表达载体的构建、茶树再生体系构建以及载体对茶树组织的遗传转化等几个主要方面。

外源基因的克隆是茶树转基因的基础。用于茶树转基因研究的外源基因包括来自茶树自身的功能基因以及来自其他生物的抗性基因，如Bt毒蛋白基因等。其中其他生物源的外源基因可通过商品化的载体购买获得，而茶树自身的功能基因可通过基因组序列分析和反转录—聚合酶链反应（RT-PCR）获得。其中，RT-PCR是茶树功能基因克隆的常用方法，该方法主要通过检索其他生物对应基因序列的基础上，通过特异引物设计、mRNA提取和纯化、反转录成cDNA、中间片段PCR和cDNA末端快速克隆（RACE）、目标片段序列分析、片段重叠等步骤获得（图3-1）。根据GEN-

BANK 检索发现，大量的茶树黄酮类、咖啡因代谢途径以及抗性相关的酶和蛋白编码基因已获得克隆。

包含外源目标的表达载体的构建是茶树转基因的重要内容。因为载体上带有将目标基因整合到茶树基因组并控制其表达的功能因子，因此当外源载体通过一定的遗传操作导入受体组织后，就能发挥其转基因的功能。在载体上一般包括复制子（ori）、启动子（promoter）、报告基因（report gene）、筛选基因（selection gene）、基因自动转移序列（T-sequence）、多克隆位点（multiple cloning sites）等诸多元件（图 3-2）。目前用于茶树转基因的载体有正义表达载体、反义表达载体和双链干涉表达。载体的构建过程主要是通过核酸内切酶的剪切和连接酶的连接将外源基因序列按正确的方向插入植物基因启动子下游的多克隆位点，其中正义表达载体构建时需要将完整的目标基因正向插入载体的多克隆位点，而反义表达载体构建是可以将外源基因的部分序列反向插入多克隆位点即可，双链干涉载体构建时则需要将外源基因的部分序列分别按正向和反向两次插入由内含子序列间隔的两个多克隆位点。

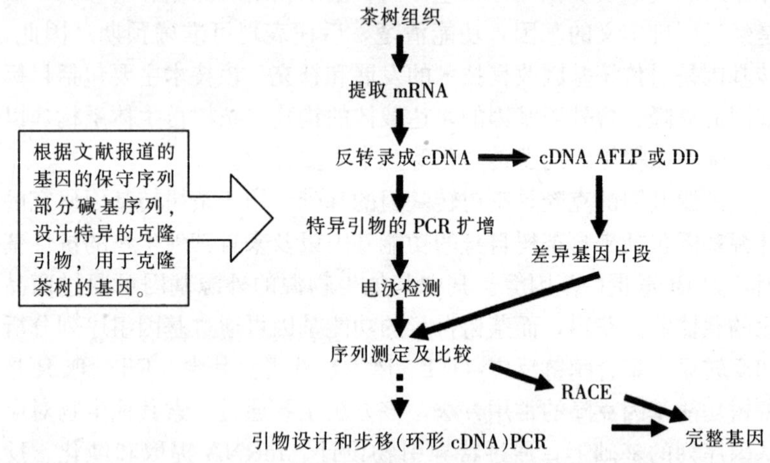


图 3-1　茶树功能基因克隆一般策略

（注：cDNA AFLP 为 cDNA 扩增片段长度多态性；DD 为基因差异显示）

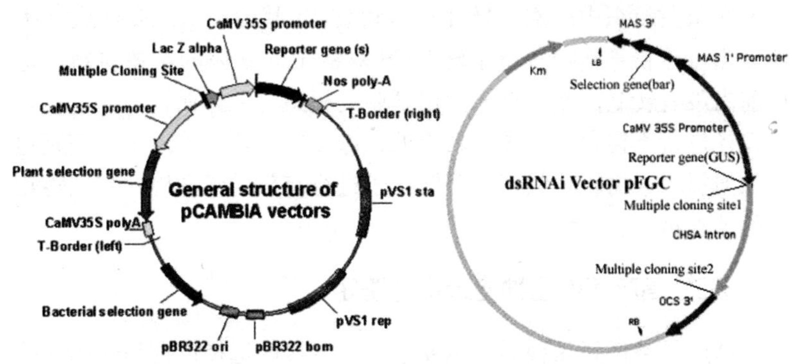


图 3-2 常用茶树转基因研究的表达载体
（左为普通表达载体；右为双链干涉载体）

外源基因对植物组织的遗传转化，是将含外源基因的载体通过一定的途径导入植物组织，主要包括农杆菌侵染转移途径，基因枪、显微注射、电击等直接导入途径，以及 PEG 等诱导的原生质体融合和花粉管途径等。在茶树转基因中，农杆菌和基因枪途径报道最多，其中又以农杆菌途径效果较好。试验显示，农杆菌途径主要适合于双子叶植物的转化要求，对单子叶植物效果较差；而且子叶和茎段是最有应用潜力的宿主或亲本材料。根癌农杆菌 EHA101 和发根农杆菌 15834 是转化频率较高的菌株，农杆菌的适宜浓度为 OD600＝0.6～0.8。在培养基中添加聚乙烯吡咯烷酮（PVP）和钙等进行预培养，可使转化受体处于感受态，有利于提高转化率，预培养时间以 2～4d 为宜。在共培养过程中，添加乙酰丁香酮（100～500μmol）等诱导剂，可显著促进转化。虽然卡那霉素和潮霉素都是常用的筛选抗生素，但茶树外植体对卡那霉素的敏感性差，容易造成假阳性，而外植体对潮霉素比较敏感，可将其作为筛选抗生素。

虽然近年来茶树转基因研究取得了很大进展，国外已有转基因低咖啡因茶树的报道；浙江大学茶叶研究所通过农杆菌和基因枪途径，实现了反义 SAM 合成酶以及咖啡因合成酶（TCS）双链干涉基因在茶树组织中的遗传转化，获得转 Bt 基因茶树；安徽农业大学也通过花粉管途径获得了转 TCS 双链干涉基因的茶树材料。但目前尚没有转基因茶树进入大田试验的报道。总体而言，通过转基因途径进行茶树种质资源创新尚处在起步阶段，面临的主要问题包括如何提高茶树转化频率、对转化子进行有效的筛选以及实现转化子的植株再生。

## （三）高产茶树品种的选择与鉴定

高产是茶树新品种的基本要求，其直接的选择依据是品比试验和区域试验的产量数据。但是在品种选育早期，还可通过一些间接的指标加以鉴定和推测。

**1. 形态特征鉴定法**

茶树品种产量高低取决于单位土地面积上所产生的芽叶数和平均单芽重。虽然芽重与茶叶产量呈极显著正相关（r＝0.433 8），但是芽叶数与产量之间的相关性比芽重与产量之间的相关性更为密切，其相关系数在 0.8 以上，因此在产量鉴定时更侧重芽数。芽叶数与茶树的树冠结构密切相关。采摘面大，分枝多，发芽密，芽数则多，产量也高；采摘面小，分枝少，发芽稀，则芽数少，产量低。研究表明，单位树冠面积的小桩数与茶叶产量呈极显著正相关；树冠覆盖度、叶层厚度、离地 50cm 处分枝粗度、每茶丛的一级分枝数、1～3 级分枝的角度在一定范围内与茶叶产量呈显著正相关。干茶产量 3 000kg/hm$^2$ 以上的茶园，茶树 1、2、3 级分枝数之比应在 1∶3∶9～1∶4∶9 之间为宜。对不同树冠性状与产量之间的关系进行通径分析，结果表明，对产量的直接效应大小顺序依次为：每平方米芽数＞混合梢重＞叶片大小＞树高＞树幅。

茶树的叶片着生角度与茶树品种的光能利用率有关，因而影响茶叶产量。有研究表明，茶树品种的叶片水平角（x，度）与净同化率（Y，mg $CO_2$/dm$^2$・h）呈显著正相关（r＝0.836 9），并有 Y＝0.26x－4.38 的直线回归关系。叶片着生角度在 45°～75°的品种，光合活性高，且叶片着生角度愈小，群体有效光合强度愈高。

在常规种植方式下，理想的高产株型应该是：骨干枝粗壮，分枝数较多，发芽密度大，具有较大的分枝角度和较小的叶片着生角度。对株型的要求，还要考虑种植密度和管理水平，如实行矮化密植栽培，则以直立型、顶端优势强的植株较为理想；而常规种植，应选分枝多、树势披张的品种。总之，理想的株型必须根据各地的生态条件和栽培管理水平，从群体与个体之间以及个体本身各部分之间的相互关系来确定。

**2. 解剖结构鉴定法**

茶树叶片的解剖特征与茶树品种的生理生化特性和抗逆性有一定关系，因而对茶叶产量也有不同程度的影响。研究表明，大叶种海绵组织密度和栅栏组织密度与产量均呈显著正相关；小叶种海绵组织密度与产量呈显著正相关；小叶种上、下表皮厚度与茶叶产量呈显著相关。茶树产量与指数 V（$V=E\times N$，E 为栅栏组织厚度；N 为 400μm 长切片中栅栏细胞数）之间存在正相关，且对于一定的无性系茶树，指数 V 相当稳定，完全不受土壤条件的影响。茶树品种根的初生维管束数目越多，产生侧根数多，吸收能力强，产量高。

**3. 苗期性状鉴定法**

利用苗期和幼年期性状进行产量的早期鉴定，是国内外茶树育种工作研究的重要内容之一。有研究表明，无性系茶苗的高度、茎粗以及根和芽梢生长速率与成龄茶树的产量有关，根据无性系茶苗的这些特征特性可以选择高产无性系。但利用茶苗初期的生长势作为选择高产无性系时必须谨慎，因为有些开始生长缓慢的品种，后期生长则较快，仍可能成为高产茶树；相反，前期生长快的茶苗，后期也有可能不高产。在生产中也有类似情况，如高产品种毛蟹，在苗期生长时较缓慢。但一般而言，凡扦插成活率高，发根容易，根系发达，茶苗高度适中，茎枝粗壮，单株分枝与着叶数多，叶片大小适中的无性系，往往有较大希望育成高产品种。

幼龄茶树定型修剪枝叶重量是鉴别茶树开采后产量高低的一种简易而可靠的方法。生长 8～12 个月的茶苗高度和重量与成年茶树的产量有一定关系。例如，不同无性系之间的产量差异在种植的第一年就很明显，这种差异与以后七年所获得的产量差异呈高度相关，所以茶树的产量潜力可以通过田间未成年茶树的短期产量加以估计。4～5 年生茶树强采后，树势恢复快的品种，产量高。一至二足龄苗高、二足龄树幅、二足龄自然生长情况下和采摘情况下的分枝数，四足龄一芽三叶平均重和混合梢重、全年梢长、一芽三叶长以及节间长与三至八足龄六年平均产量呈正相关。以二足龄自然生长下的分枝数（$X_3$）、叶片大小（$X_4$，$cm^2$）、二足龄树高（$X_2$，cm）、二足龄树幅（$X_1$，cm）4 个性状为自变量，以三至八龄六年平均产量（Y，$kg/hm^2$）进行逐步回归分析，剔除对产量效应不显著的形状。拟合出最优方程为 $Y=89.858+16.734X_3+4.203X_4$（$R=0.8300$，$F=11.0732$，$F_{0.01}=7.56$）。采用砂培法，将六月龄茶苗经 6～10 个月培育，测定总物质干重和全氮量，可以筛选出高产无性系。早期生长量和氮素吸收量的差异程度，在鉴定无性系产量潜力方面也相当有效。

**4. 茶树单株性状和特性鉴定法**

茶叶产量一般以单位土地面积上的茶树群体产量来衡量。由于群体是由个体组成的，个体的性状与群体的性状与特性具有内在联系。有研究表明，单株芽叶数（r＝0.908）、新梢着叶数（r＝0.490）、叶面隆起性（r＝0.255）、单株平均芽重（r＝0.596）、单株着叶数（r＝0.879）以及单株产量（r＝0.665）与无性系后代产量均呈正相关。这些性状和特性也可以作为高产无性系选择的早期鉴定指标。

### （四）优质茶树品种的选择与鉴定

茶叶的品质与茶的化学成分和制茶类别有密切的关系，而化学成分与芽叶的形态特征等又有一定相关性。

**1. 形态特征与品质的关系**

适制红茶品种的一般特征：植株高大，叶大而较薄，叶色较淡，叶尖较长，叶面光泽性和隆起性强，芽毫多，芽叶肥壮持嫩性好，正常芽叶比例高。适制绿茶品种的一般特征：多为灌木型中小叶类，叶片较厚，叶色绿或深绿，叶面光泽性好，芽叶持嫩性强，长势旺，正常芽叶比例大。适合制乌龙茶的品种一般具有芽叶肥厚，正面光泽性强，叶肉细胞中嗜锇颗粒或脂质体多等特点。适制眉茶的品种要求叶形长；珠茶品种则要求叶圆且较薄；制特种名茶如毛峰、白毫银针、白牡丹等要求品种芽叶茸毛丰富；适制龙井茶和旗枪的品种，则应具备芽叶细嫩、芽叶茸毛少的特点。

**2. 氯仿法鉴定品种适制性**

氯仿能破坏芽叶细胞膜的半渗透性，从而使分布在液泡的多酚类物质与分布在细胞质内的多酚氧化酶接触，酚类物质被氧化而使芽叶由绿变为棕色。变色的快慢与颜色的深浅与品种的发酵性能存在极显著正相关。氯仿鉴定试验中，变色程度与多酚氧化酶活性呈高度正相关（r＝0.925），与多酚类含量呈中度正相关（r＝0.45）。所以，氯仿法鉴定过程中，变色较深的品系一般制红茶品质较优，而变色较浅的品系则制绿茶品质较优。氯仿鉴定与品种芽叶颜色具有相关性（r＝0.719 6），黄叶品种一般发酵性能好，黄绿叶次之，绿叶和深绿叶发酵性能一般较差。在被鉴定的品种中，发酵性能最好的品种，叶色多为黄叶与黄绿叶；最差的品种多为绿叶和深绿叶。对幼苗鉴定时，可待苗圃中的幼苗于发芽后 6 个月时，离地 20cm 剪去上部枝叶，新芽长出后，每株取 1～2 个一芽二叶进行氯仿发酵试验，将发酵性能高的幼苗移入红茶选种圃，相反则可移入绿茶选种圃。对三四年生的茶树，通过一系列氯仿检验选出优良单株，再用小量制茶法检验成茶品质。

**3. 品质化学成分分析**

环境因子对茶树化学成分的影响远较对产量的影响小，所以品质成分的早期鉴定一般都有较高的可靠性。鉴定方法是对经茶树形态特征选择和氯仿鉴定筛选出来的单株或品系进行品质成分分析。分析的项目有多酚类和儿茶素类总量、氨基酸总量和咖啡碱含量等。必要时还可测定儿茶素类中的各单体组分含量。香气潜力的测定可参照 Seivendran 的方法，取 2 份一芽二叶新梢（每份 1g），分别加 10ml 0.1mol 盐酸或水，匀浆后于 25℃水浴中保温 5min，然后分别用 1ml 戊醇提取挥发性物质，离心后各取 10μl 进行气相色谱分析，以水匀浆提取液比盐酸匀浆提取液挥发性化合物增加的百分数表示入选单株或品系形成香气物质的潜力。

**4. 小量制茶鉴定**

小量制茶法是茶叶品质早期鉴定的可靠方法，它日益受到茶树育种工作者的重视。主要方法是采用小容量的揉切机（20～50g）将鲜叶揉切，并进行发酵和干燥，将鲜叶制成红碎茶，采用该法制成的成茶品质与标准制法获得茶叶品质之间呈高度正相关（r>0.75）。因此，该法能在早期对品种的发酵特性进行有效鉴定。

## （五）多抗茶树品种选择与鉴定

**1. 抗寒力鉴定**

茶树的抗寒能力可通过多种途径进行鉴定，其中包括直接鉴定法、异地鉴定法、诱发鉴定法和间接鉴定法等。

（1）直接鉴定法　在每年寒流过后或越冬期间对茶园、苗圃及原始材料圃、选种圃进行受冻情况调查，以五级评分法鉴定（表 3-1）。这一分级标准可能在同一植株上出现等级交叉现象，例如茶芽受冻率为 40%，按标准评分 3 分；而叶片受冻数为 55%，按标准应评为 2 分。在此情况下，应根据各部分评定的等级（分数）计算出平均分数；在同一品种的不同植株上，也可能出现类似现象，亦应算出平均分数，然后进行比较。

**表 3-1　茶树器官受害率（%）与耐寒性评分标准**

| | 茶芽 | 叶片 | 一年生枝 | 骨干枝 | 地上部 | 根部 |
|---|---|---|---|---|---|---|
| 5 分 | 0～5 | 0～5 | 0 | 0 | 0 | 0 |
| 4 分 | 5～25 | 5～25 | 0～5 | 0 | 0 | 0 |
| 3 分 | 25～50 | 25～50 | 5～25 | 0～5 | 0 | 0 |
| 2 分 | 50～75 | 50～75 | 25～50 | 5～25 | 0～5 | 0 |
| 1 分 | >75 | >75 | >50 | >25 | >50 | >0 |

（2）异地鉴定法　同一年份不同地区冬季低温条件差别颇大。为了及早鉴定品种类型间抗寒力的强弱，加速育种过程，可以在纬度较高的地区或本地区小气候条件比较严酷的地点（如高海拔地方）进行异地鉴定。

（3）诱发鉴定法　从每一无性系茶树上采集具有成熟叶子的一年生枝条，置于0℃冰箱处理1h，再在室温条件下放置2～3d，根据受冻程度进行抗寒性评分。茶树叶片耐寒力的遗传力很高，所以后代的抗寒力可以从其亲本推断出来。

（4）间接鉴定法　茶树叶片解剖特征与抗寒性具有很高相关性，叶片上表皮厚度、栅栏组织厚度、栅栏组织厚度与叶片总厚度的比值、栅栏组织厚度与海绵组织厚度的比值，均与抗寒性评分密切相关，其中栅栏组织厚度和海绵组织厚度之比（x）与抗寒力（Y）相关最密切，可用 $Y=5.47x-1.78$ 直线回归方程进行预测（$r=0.85$，$p<0.01$）。利用这个方程，就可以根据叶片的解剖特征估测品种（或单株）的抗寒性，栅/海比每增加0.1，抗寒性评分就增加0.547分。例如，实测政和大白茶的栅栏组织与海绵组织的厚度比值为1.023 8，代入上式得 $Y=3.82$，表明政和大白茶的抗寒性中等偏强，与实地调查结果相符。茶树耐寒性与所含氮化合物有关。凡含氮化合物特别是可溶性氨少的品种，耐寒性强。磷酸化酶活力强的品种，耐寒性强。幼龄茶树根系含水量低的品种，抗寒性强。春季L-EGCG含量、叶绿素总量和叶绿素b含量与抗寒性呈显著正相关，而春季酚/氨、茶多酚含量和L-EGC含量与抗寒性呈负相关。茶树老叶的榨汁浓度在秋冬季的增长速率及其高低与品种抗寒性之间无明显规律性可循，但在年生长周期中，同期的老叶与嫩叶之间的榨汁浓度差值小，而且最小差值出现时期早的品种，抗寒性强，反之则抗寒性弱。茶树叶片受冻前后电导度的变化与品种的抗寒性有关。取3g经低温处理的叶片，浸入150ml 20℃的无离子水中浸20h，测定其浸出液电导度（A），同时测定未受冻叶片浸出液电导度（B）和经蒸汽杀死浸出液的电导度（C），其值 $a=[(A-B)/(C-B)]\times100\%$ 越大，品种的抗寒性越差。此外，茶树的外

部形态也可在一定程度上反映品种抗寒性，即叶片较小、叶色浓绿、叶肉较厚、叶质硬脆的品种，一般抗寒力较强；反之，较弱。

**2. 抗旱力鉴定**

（1）直接鉴定法　于干旱季节或干旱过后，在茶园、苗圃或选种圃内直接调查品种对干旱条件的反应或受害程度。评定方法可采用五级评定法（表3-2）。

**表3-2　茶树旱害评级标准**

| 级别 | 症状和表现 |
| --- | --- |
| 一级 | 植株生长正常，枝叶全部未受害或仅有个别叶片受害，稳产 |
| 二级 | 约1%的叶片受害 |
| 三级 | 受害较重，部分叶片脱落，树冠表层约1/3～1/2的叶片发生焦灼 |
| 四级 | 受害严重，叶片大部或全部枯焦脱落，枝梢干枯 |
| 五级 | 受害极严重，枝叶全部焦枯，或整株枯死 |

（2）诱发鉴定法　人为造成土壤干燥环境，使土壤水分逐渐下降。待5%叶片出现萎蔫时，取样测定根际土壤含水量，并按下列公式计算出萎蔫系数：

$$\text{萎蔫系数}=\frac{\text{无效含水量}}{\text{土壤干重}}\times 100\%$$

无效含水量即为5%叶片出现萎蔫时的土壤含水量，这个含水量越低，萎蔫系数越小，表示茶树吸水能力强，抗旱力越强。因同一材料在不同土类中的萎蔫系数是不同的，所以测定时必须强调土壤一致性，并设对照。

（3）间接鉴定法　取500ml烧杯盛水并加热至40℃，将被鉴定材料的叶片放入水内浸30min后（每份至少6组，每组2片），取出1组，冷却后放入0.1mol/L盐酸溶液浸20min取出洗净，观察其变色情况。以后水温每升高5℃浸10min，取出1组进行同样处理。直至5%的叶面积出现褐色斑点时为止，以此时的水温作为被测定材料能忍耐的最高临界温度。

耐旱力强的品系叶片，具有较大的水分扩散阻力，水分扩散阻力的变幅也较大，气孔密度较低。耐旱力小的品种则相反，叶片的水分扩散阻力及其变幅小，叶片的气孔密度较大。

茶树的某些形态特征与品种的耐旱性也有一定关系，叶片小而直立的品种能使光较均匀地透过树冠，叶温较低。在强日照条件下仍能保持较高的光合能力，耐热和抗旱能力较强。叶表皮和角质层厚的品种，蒸腾量少，耐旱力强。

**3. 抗病虫力鉴定**

（1）直接鉴定法　在病虫发生时，调查茶园或苗圃、原始材料圃被害程度（表 3-3），据此比较不同品种抗病虫能力的强弱。主要的参考指标有受害率、虫口密度和病虫情指数等。其计算公式如下：

**表 3-3　病（虫）情分级标准**

| 病（虫）情分级 | 受害程度 | 代表值 |
|---|---|---|
| 一级 | 完全无病（虫） | 0 |
| 二级 | 被害叶<25% | 1 |
| 三级 | 被害叶 25%～50% | 2 |
| 四级 | 被害叶 51%～75% | 3 |
| 五级 | 被害叶>75% | 4 |

$$受害率=\frac{受害样本数（从、株或叶片数）}{调查样本总数（从、株或数）}\times 100\%$$

$$虫口密度=\frac{虫口总数}{取样单位总数}$$

$$病（虫）指数=\frac{\sum（被害级植株\times 代表值）}{调查植株总数\times 受害最重级代表值}$$

（2）诱发鉴定　当田间缺乏合适的发病、发虫条件，或鉴定研究与生产要求存在较大矛盾时，可在适当地方诱发鉴定。诱发鉴定分为田间和实验室 2 种。田间病害诱发鉴定可以用一定浓度的病原孢子悬浮液进行喷射接种；虫害可用卵块接种或用引诱剂诱集成虫前来产卵。实验室诱发鉴定常用盆栽植株或茶树的枝条，接种后可在人为控制的条件下进行细致的观察比较。

（3）异地鉴定　把鉴定的材料种植到病虫害发生严重的地区或

地带，这样可以避免人工接种的麻烦。方法同直接鉴定法。

（4）间接鉴定　间接鉴定可以根据免疫机制或与免疫性相关的性状表现来研究品种对病虫害的免疫性。叶背茸毛多，多酚类含量高，叶内 pH 高，是抗病强的标志。叶片角质层和叶肉愈厚，叶片硬度愈大的品种，抗炭疽病的能力愈强；叶内多酚类、咖啡碱、没食子酸含量愈高，抗炭疽的能力愈弱。炭疽病菌是由叶片茸毛侵入的，所以茸毛少且短的品种，抗炭疽病能力强。多酚类含量与含氮化合物比例高的品种，抗病能力强。品种对茶饼抗病性与叶片中镍的含量亦有关，抗性品系叶片中镍素含量高，而感病品系则镍素含量低。

## （六）特殊性状茶树品种培育与利用

由于生产需求的多样化催生了特殊性状茶树品种的选育。目前，生产上值得关注的特殊性状主要有：具有高氨基酸（高于5.5%）、低咖啡因（低于1.5%）、高茶多酚（高于35%）、高花青素（高于1%）、高香等特征的品种，以及具有特殊形态结构的适合观赏园艺的品种等。

目前具有特殊化学成分品种的鉴定主要通过液相色谱（HPLC）、液质联用（HPLC/MS）、气相色谱（GC）、气质联用（GC/MS）等设备加以分析。取样的时间一般在目标化合物含量最高或者最低的季节进行，比如高氨基酸通常在春季一芽二叶期取样检测，高茶多酚一般在夏季一芽二三叶时取样分析，低咖啡因通常在春季取样分析。由于化学成分含量易受到环境条件的影响，因此除了要分析待测品种的目标成分外，还应检测对照品种的相应成分，对照品种的种植条件应与待测品种一致。对于一些具有特殊外形特征的品种，比如枝条弯曲（如奇曲）、特大花朵等，也应及时进行扩繁和鉴定。

## （七）分子标记在茶树种质资源鉴定中应用

分子标记以其快速、简单、需要样品量少、不受季节影响等技术特点，可通过特殊位点、特异的谱带以及不同引物提供的谱带类型组合，可以直接揭示不同种质的基因组差异，打破了以往对形态鉴定和专业经验的过度依赖，已被广泛应用于植物资源的鉴定。分子标记辅助选择（MAS，marker-assisted selection）是随着现代分子生物学技术的迅速发展而产生的新技术，它可以从分子水平上快速准确地分析个体的遗传组成，从而实现对基因型的直接选择，进行分子标记辅助育种。常用的分子标记有随机扩增多态性DNA（Random Amplified Polymorphic DNA，RAPD）、简单重复间序列标记（Inter-Simple Sequence Repeat，ISSR）、简单重复序列（Simple Squence Rpeat，SSR）、扩增片段长度多态性（Amplified Fragment Length Polymorphism，AFLP）、限制性片段长度多态性（Restriction Fragment Length Polymorphism，RFLP）、表达序列标记（Expressed Sequence Tag，EST）、长度可变串联重复（Variable-Number Tandem Repeats，VNTR）、序列标记位点（Sequence-Tagged Site，STS）、相关序列扩增多态性（Sequence-Related Amplified Polymorphism，SRAP）和靶位区域扩增多态性（Target Region Amplified Polymorphism，TRAP）、单链构象多态性（Single Strand Conformation Polymorphism，SSCP）和单核苷酸多态性（Single Nuleotide Polymorphism，SNP）等。在茶树种质资源鉴定中，RAPD、ISSR、SSR、AFLP和EST等应用较广。

**1. 茶树品种（系）鉴定**

大量研究表明，RAPD标记不仅能有效地区分茶树种内变种间的差异，而且通过应用不同RAPD引物组合可准确区分不同产地、不同品种、不同杂交后代的遗传差异，甚至对形态学很难区分的品种（系）、单株均有极高的分辨率。陈海军等研究也发现，应用编号为S16（上海生工）的随机引物经过一次PCR反应就能区分福鼎大白茶、浙农139、迎霜、浙农121等10个品种。

**2. 茶树种质的亲子鉴定**

根据分子标记所揭示出的多态性，可以判断和验证茶树亲本和子代的遗传关系。这对于一些系谱不是很清楚的优质种质资源的鉴定尤为重要。1998年日本学者应用RAPD标记对具有茶和山茶共同特征的“开炉”进行鉴定，发现在茶中未检出而在“开炉”中检出的35条RAPD谱带，在山茶中均可以检出；在山茶中未检出而在“开炉”中检出的61条RAPD谱带，在茶中也都检出；同时也没有发现“开炉”自身特有的扩增谱带，从而证明“开炉”是茶和山茶的杂种。之后的相关研究均证实，RAPD等分子标记可广泛应用于亲本与杂交后代的遗传关系的验证工作之中，发现双亲扩增位点在茶树子代中均有90%以上的表现率。

**3. 与性状直接相关的标记**

经分子标记分析，结合形态学、生理生化等指标的观察和检测，并通过表型与分子标记的关联，就可以获得与表型连锁的分子标记，应用这些标记，可直接用于品种的早期鉴定或者亲本的选配。日本学者已经找到了与茶氨酸含量、萌芽期、抗炭疽病、抗冻害及总单宁含量相关的RAPD标记，我国学者也找到了一些与茶氨酸、咖啡因、儿茶素类含量有关的标记。

虽然近年来茶树分子标记研究取得了很大进展，但离分子辅助育种的实际应用还有较大距离。该方面的研究还需要大量的人、财、物投入。

## 二、茶树繁殖

### （一）无性繁殖法

无性繁殖主要是不通过有性杂交和合子形成，而由营养体直接发育成个体的繁殖方式，该方式可以很好保持亲本的优良性状。无性繁殖包括扦插、压条、嫁接等。

**1. 扦插繁殖**

扦插是效率最高、应用最广的无性繁殖方式。要获得高的扦插成活率和成苗率，必须抓好插穗园管理、苗地整理、扦插和插后管理等多项工作。

插穗穗源主要来自专用良种母本园或良种生产茶园。根据扦插时间和母树长势进行适当的修剪，夏插应在春茶前修剪，秋播可在春茶后期修剪，修剪程度应较生产茶园略深，以利获得生理年龄相对较低的穗条。计划留养插穗的母本园，要施足基肥和追肥，基肥用饼肥 3.5～3.7t/hm$^2$，追肥分别在春茶和夏茶前各施尿素 200kg/hm$^2$ 或相当氮素的速效肥。剪前 5～10d 打顶，有条件的可用 50～80mg/L 的 2，4－D 或 30ml/L 赤霉素喷射母树，以利插穗发根。一般管理良好的母本园，每公顷可剪穗 1.5 万～3 万 kg，可供 2～3hm$^2$ 苗地扦插。

苗圃地应建立在排灌方便、土壤呈酸性反应的缓坡或平地上。深翻 25～30cm，并起畦，畦宽 1～1.2m，高 15～20cm，畦沟宽 50cm，畦面铺一层筛过的红黄壤新土（厚约 5cm），稍加压紧。对于连年使用的熟地，需在苗床底部铺一层腐熟的有机肥，以利提高肥力。

扦插时，剪取半木质化的插枝，剪成 3～4cm 带一张完整叶片和一个饱满腋芽的短穗，短穗上下端呈 45°角的斜形切口。用拇指、食指和中指捏住插穗叶片下部将插穗直插或稍斜插入准备好的苗床中，深度以露出叶柄为宜，并及时压实和浇水。为了提高成活率，在扦插时，在插穗基部快速蘸取少量生根粉溶液，边蘸边扦插。扦插密度以叶片不相互重叠为宜。行株距：中小叶种 7cm×3cm；大叶种 10cm×4cm。每公顷可插 175 万～333 万穗。若成苗率达到 85%，每公顷苗圃可供 25～40hm$^2$ 常规茶园种植。

遮阴和浇水是扦插后最重要的管理工作。遮阴一般采用遮阳网或竹帘，遮光度控制在 50%～70%为宜，既可采用小拱棚，也可采用箱式大棚。插后第一个月，晴天早晚各浇水 1 次。发根后视土壤湿度和天气情况而定，每天浇水 1 次或 2 次，保持土壤相对含水量 80%～90%，发根后可酌情每隔 2 周施一次稀薄人粪尿或 0.5%尿素溶液。待苗高超过 10cm 以后，可适当提高尿素浓度，并加入少量磷酸二氢钾；以后随茶苗生长，可直接洒施尿素。及时拔除苗圃中杂草，除草时应按住杂草根部土壤，以防弄松苗床。及时检查和防治病虫害，尤其要注意叶蝉、螨类、粉虱与茶蚜等虫害以及病害发生。对于秋插的苗圃，在冬季来临前需覆盖塑料薄膜，防止冻害；春季天气转暖后，应及时通气散热。

### 2. 压条

压条繁殖是一种古老的繁殖方法，有弧形压条、堆土压条、水平压条和新梢压条等多种方式。新梢压条的繁殖成活率高，但繁殖系数较扦插低一些。其方法是在压条前1～2个茶季对母树做台刈，待新梢长至30cm左右时，在茶丛边缘挖10～20cm深的沟，沟宽略小于新梢长度，将母树各枝条的基部扭伤，用竹马把新梢基部固定于沟底，上端朝上竖直并盖土，每梢露出2片以上叶片于地面，最后用泥土踏实。每丛可压70～80枝，甚至200枝以上。

### 3. 嫁接

嫁接也是一种常用的无性繁殖方法，但是工效相对较低。对于地上部未老先衰的茶园，或者要快速更换品种的茶园，可进行嫁接。在嫁接前3个月，对规划要嫁接的茶园进行深翻，并按75～100kg/亩施用复合肥。嫁接时，先将需改造的茶树在离地10～20cm处进行台刈。每丛茶树选取直径1cm以上的骨干枝4～6个，以整枝剪在离地5cm左右进行平剪，剪口尽量光滑，避免开裂，并用柴刀或嫁接刀在砧木上稍偏离圆心垂直向下切一刀（对于较粗的砧木可切两刀）。采用扦插相似的方法采收和准备短穗，并用嫁接刀将短穗下部削成长约1～1.5cm的楔形切口，将短穗插入辟开的砧木中，注意短穗的一边表皮尽量紧贴砧木表皮。一般一个砧木可插一穗，对于较粗的砧木可插2～4穗。待每丛茶树的多个砧木全部插上短穗后，离地面剪去多余的枝条，并及时覆土压实和充分淋水，覆土高度以露出短穗叶柄为宜。待整行茶树全部嫁接完成后，土表铺草并用遮阳网覆盖。嫁接应尽量选择在春季和秋季的阴天进行。在接穗未成活前，应及时补水，同时及时清除砧木基部抽发的新梢。待接穗成活后，仍应及时去除砧木上的新梢，适时炼苗，并按幼龄茶园进行管理。

## （二）有性繁殖法

有性繁殖目前主要在品种繁育单位应用，生产单位上已经很少应用。其主要工作包括母本园管理、杂交、采收、茶籽贮藏等内容。

**1. 采种园管理**

（1）施肥　采种园的施肥比例不同于生产茶园，其磷钾肥的比例可以适当高些，氮：磷：钾比例可为1：1：1。施用方法与生产茶园类似，即基肥于秋末冬初结合深耕时施以饼肥、厩肥并配以磷钾肥；速效氮肥可在每年3月和6月初追施，7月后不宜施速效氮肥。5～7月份用3～5mg/L萘乙酸钠溶液、8～9月份用1 000～3 000mg/L比久（$B_9$）溶液喷洒，可以显著减少幼果脱落，提高结实率。

（2）采摘　茶树一般在6月中旬分化花芽，对采种园应避免在头茶末期和二茶采摘，其他季节如果需要采摘，可掌握采一芽二叶、留二三叶采摘标准。

（3）人工辅助授粉　茶树开花数量多，但结实率低，在盛花期进行一次人工辅助授粉，可增产茶籽40%左右；辅助授粉的方法可参照人工授粉的方法。

**2. 茶果采收**

霜降前后10d左右，当茶果皮呈棕褐色或绿褐色，背缝线将要裂开，茶籽呈黑褐色，富光泽，子叶饱满呈乳白色时，即可采收。采下的茶果，于室内摊放，厚度5～10cm，每天翻动1次，7～10d后，大部分茶果裂开时，筛出茶籽；并将未裂开的茶果于阳光下晒1h左右，筛取茶籽。最后把所有茶籽经1.1～1.3cm筛孔的筛子过筛，分级贮藏。

**3. 茶籽贮藏**

（1）堆藏法　在房间内地面上铺3～4cm黄沙，然后分层铺放茶籽和黄沙，每层3～4cm，共铺3～4层茶籽，最上面铺一层湿沙。顶上也可以铺一层稻草保湿，并在贮藏堆内插入通气竹筒。在室外堆藏时，注意开排水沟。贮藏量35～40kg/$m^3$。

（2）箱藏法　茶籽数量少时，可用箱藏。方法是在木箱底铺3～4cm的细沙。茶籽与黄沙按体积1：1比例混合，装入箱内，上铺10cm的湿沙。以后每月检查一次，如沙发白变干，则洒水保湿。

（3）沟藏法　在缓坡地开一深0.3m、宽1m的沟，长度视茶籽的数量而定。沟内铺干草或沙5～10cm，再分层铺上茶籽和沙，每层20cm，共2～3层茶籽。沟内每隔2m插一通气竹筒。上面分别铺沙和稻草，并在沟外开排水沟。

(4) 畦藏法　在室外干燥处作畦，高20cm，宽120cm。畦面铺3cm厚的细沙，分层铺茶籽和沙，每层5cm，共3～4层茶籽。上面盖上沙和黄土压紧，最后盖稻草。

## (三) 茶树工厂化育苗

工厂化育苗的设施，主要由4部分组成，即组织培养室、催根室、营养钵育苗棚和光浴场。

组织培养室主要用于茶树芽的再生和根的分化。研究显示，茎段和子叶柄等外植体都是较好的芽再生材料，芽再生培养基中以较高的细胞分裂素浓度和较低的生长素浓度组合较为适宜，添加赤霉素$GA_3$也有利于芽分化和生长，如IBA 0.01mg/L+BA 1mg/L+$GA_3$ 5.0mg/L或BA 2.0mg/L+NAA 0.1mg/L+$GA_3$ 3.0mg/L等激素配比均可获得较好芽再生效果。当培养基中含有较高的生长素与低浓度盐时，则可诱导根的分化。比如添加IBA 0.2mg/L和20g/L蔗糖的1/2MS培养基，能促进根的形成。组织培养室的温度可控制在25～28℃，光照强度可控制5 000～15 000lx，光照周期可控制12h光照、12h黑暗。

催根室用于试管苗或插穗的催根。在人工控温控湿的室内设置催根床，并以云母片、珍珠岩粉或细沙为基质，温度和湿度分别控制在30℃和90%左右，并利用全日光照强化叶片光合作用，促进愈合生根。经催根40d后，可转入营养钵阴棚育苗。

营养钵育苗棚内设营养钵槽，槽深30cm，宽约1m。幼苗植于营养钵。棚内设有排水和间歇喷雾设备，环境条件：温度25～30℃、相对湿度80%～90%、遮光率70%左右。育苗约3个月，即可转入光浴场进行适应性锻炼。

光浴场是全露天场地。目的是把营养钵苗进行光浴和肥水催苗和锻炼，使茶苗健壮，适应田间条件。每月施0.4%尿素或10%腐熟饼肥液一次。经3～4个月，苗高达到20～25cm时，即可移栽大田。

虽然工厂化育苗是茶树良种繁育的发展方向，但鉴于目前生产成本较高，应用仍不普遍。

## 三、茶树优良品种的引进及利用

多年来，我国茶树品种选育和推广已取得很大进展，1984、1987、1994 和 2001 年共审（认）定国家良种 95 个，在这些品种中，无性系良种 78 个，其中适制绿茶的 21 个，红茶的 16 个、乌龙茶的 13 个，以及红绿兼制的品种 28 个。2010 年又进行了第五批国家良种审定，估计有 26 个品种可入选国家良种，其中 15 个适制绿茶、11 个适制乌龙茶（具体名录目前尚未正式公布）。这些新品种的选育，推动了我国的无性系良种化进程，目前我国无性系良种化茶园面积已超过 40%。

### （一）茶树优良品种选用和搭配

虽然从纵向来看，我国茶树良种发展较快，但与日本、肯尼亚等国家相比，仍有很大差距。因此，各级政府和企业应加大投入，在有条件的茶区加快无性系良种普及。在良种的引进和利用过程中，应注意以下问题。

**1. 根据当地自然条件，选择适应性好、适制性强的良种**

云南、贵州、四川等西南茶区，年平均气温高，四季温暖，雨量丰富，且分布均匀，可引种原产西南和华南茶区的品种，如英红 1 号、英红 9 号、云抗 10 号和云抗 14 号等红茶，以及福鼎大白茶、早白尖 5 号、蜀永系列、名山 131、名山 311、蒙山 11 号、蒙山 16 号、南江 2 号、福选 9 号等绿茶品种；广西、广东和福建等华南茶区，水热条件好，可推广英红 9 号、秀红、五岭红等红茶品种，白芽奇兰、茗科 1 号、茗科 2 号、悦茗香、岭头单枞、铁观音、金萱、翠玉、黄旦、黄枝香、黄叶水仙、八仙茶、奇兰、本山、毛蟹等乌龙茶品种，以及春波绿、福云 6 号、桂绿 1 号等绿茶品种；对于一年四季分明、冬季绝对气温有可能低于−6℃的江南茶区，可引种抗寒力较强的绿茶品种，如中茶108、中茶302、浙农117、浙农113、浙农139、龙井长叶、茂绿、迎霜、皖茶系列和鄂茶系列等；冬季气温低、降雨量不大的江北茶区，宜引种抗寒和抗旱强的中茶108、龙井43号、白毫早、槠叶齐等品种。

**2. 根据生产和销售实际，进行良种的合理搭配**

不同品种，春茶萌发和开采期迟早相差20～30d，应根据茶类生产和设备规模合理配置早、中、晚生品种，既有利于高档名茶生产，提高单位面积茶园的经济效益，又可缓和采摘“洪峰”。研究显示，与单一品种结构茶园相比，品种合理配置后可节省50%左右的设备投资和制茶劳动力投入。此外，大面积的单一品种茶园，一旦发生病虫害，就很容易蔓延扩散，比如“薮北”，在日本茶园中普及高，而且对茶饼病抗性差，近年来常发生茶饼病大流行，对日本的茶叶生产造成巨大损失。将不同抗性的茶树品种进行搭配种植，可有效阻断病虫害大规模蔓延。

生产上，在品种配置过程中应先根据本地区茶类要求或者茶叶生产消费趋势，明确需要发展的茶类、花色种类、产品特色和市场定位等，由候选茶树品种的适制性初步划定需要选择的新品种。比如，龙井茶产区应选择芽头大小适中、芽长于叶、叶片上斜着生、叶背茸毛较少的品种，而毛峰茶产区应选择芽头较小、叶背茸毛密度高的多毫品种；然后根据早、中、晚芽期搭配的要求，从初选品种中选定需要种植的品种。早、中、晚品种的比例依生产规模而异，小茶场可按4∶5∶1，大茶场可按3∶6∶1。

### （二）国家审（认、鉴）定茶树品种

表3-4介绍了中国作物良种审定委员会茶树专业委员会（原茶树良种审定委员会）审（认）定通过的95个国家级茶树良种的特征特性，供选用良种时参考。

### （三）地方审（认）定茶树品种

目前我国各产茶省均有适于本省栽培条件和生产特点的推广良种，表3-5列出了其中部分良种的特征特性，供生产上选用参考。

**表 3-4 国家级茶树良种主要特点**

| 品种名 | 繁殖方式 | 树型 | 叶型 | 发芽期 | 茸毛 | 百芽重(g) | 亩产量(kg) | 茶多酚(%) | 咖啡碱(%) | 氨基酸 | 抗旱性 | 抗寒性 | 抗病虫 | 适制型 | 适宜种植区域 |
|---|---|---|---|---|---|---|---|---|---|---|---|---|---|---|---|
| 中茶 102 | 无性 | 灌木 | 中叶 | 早芽 | 中等 | 39 | 220 | 18.70 | 3.10 | 3.80 | 强 | 强 | | 绿茶 | 浙江茶区 |
| 浙农 21 | 无性 | 小乔木 | 中叶 | 中芽 | 多 | 104 | 180 | 25.00 | 4.10 | 2.80 | 较强 | 稍弱 | 较强 | 红茶、绿茶 | 浙江茶区 |
| 皖农 111 | 无性 | 小乔木 | 大叶 | 中芽 | 多 | 84 | 180 | 30.40 | 5.90 | 4.70 | 较强 | 较弱 | | 红茶、绿茶 | 安徽南部茶区 |
| 舒茶早 | 无性 | 灌木 | 中叶 | 早芽 | 中等 | 58 | 250 | 21.50 | 4.10 | 3.80 | 强 | 强 | | 绿茶 | 安徽江北茶区 |
| 凫早 2 号 | 无性 | 灌木 | 中叶 | 早芽 | 中等 | 49 | 150 | 28.50 | | 4.70 | | 强 | | 红茶、绿茶 | 安徽茶区 |
| 悦茗香 | 无性 | 灌木 | 中叶 | 中芽 | 少 | 60 | 150 以上 | 23.40 | 3.00 | 2.60 | 强 | 强 | | 乌龙茶 | 乌龙茶茶区 |
| 黄奇 | 无性 | 小乔木 | 中叶 | 早芽 | 少 | 65 | 150 以上 | 32.80 | 5.20 | 3.50 | 强 | 强 | | 乌龙茶、绿茶 | 乌龙茶茶区 |
| 茗科 2 号 | 无性 | 小乔木 | 中叶 | 早芽 | 少 | 58 | 200 | 27.30 | 3.50 | 2.30 | 强 | 强 | | 乌龙茶、红茶、绿茶 | 乌龙茶茶区 |
| 茗科 1 号 | 无性 | 灌木 | 中叶 | 早芽 | 少 | 50 | 200 | 27.20 | 3.70 | 2.30 | 强 | 强 | | 乌龙茶 | 乌龙茶茶区 |
| 赣茶 2 号 | 无性 | 灌木 | 中叶 | 早芽 | 多 | 72 | 150 | | | | 强 | 强 | 强 | 绿茶 | 江西北部茶区 |
| 鄂茶 1 号 | 无性 | 灌木 | 中叶 | 中芽 | 中等 | 92 | 高 | 29.80 | 3.40 | 3.00 | 强 | 强 | | 绿茶 | 湖北绿茶茶区 |
| 岭头单枞 | 无性 | 小乔木 | 中叶 | 早芽 | 少 | 121 | 150～400 | 37.20 | 4.40 | 1.50 | | 强 | | 乌龙茶、红茶、绿茶 | 广东茶区 |
| 五岭红 | 无性 | 小乔木 | 大叶 | 早芽 | 少 | 138 | 300 以上 | 31.50 | 4.10 | 2.40 | 较强 | 较弱 | | 红茶 | 广东红茶茶区 |
| 秀红 | 无性 | 小乔木 | 大叶 | 早芽 | 中等 | 120 | 200 以上 | 33.60 | 4.40 | 2.30 | 较强 | 较强 | | 红茶 | 广东红茶茶区 |

（续）

| 品种名 | 繁殖方式 | 树型 | 叶型 | 发芽期 | 茸毛 | 百芽重(g) | 亩产量(kg) | 茶多酚(%) | 咖啡碱(%) | 氨基酸 | 抗旱性 | 抗寒性 | 抗病虫 | 适制型 | 适宜种植区域 |
|---|---|---|---|---|---|---|---|---|---|---|---|---|---|---|---|
| 早白尖5号 | 无性 | 灌木 | 中叶 | 早芽 | 多 | 48 | 313 | 25.10 | 3.40 | 2.80 |  | 强 | 易感茶跗线螨 | 红茶、绿茶 | 四川茶区 |
| 南江2号 | 无性 | 灌木 | 中叶 | 早芽 | 中等 | 48 | 365 | 22.10 | 3.60 | 1.90 |  | 强 | 强 | 绿茶 | 四川、重庆茶区 |
| 云大淡绿 | 无性 | 乔木 | 大叶 | 早芽 | 多 | 130 | 200以上 | 32.30 | 4.50 | 1.90 |  | 较弱 |  | 红茶 | 广东红茶茶区 |
| 黔湄809 | 无性 | 小乔木 | 大叶 | 中芽 | 多 | 113 | 280 |  |  |  |  |  | 较强 | 红茶、绿茶 | 贵州茶区 |
| 桂红3号 | 无性 | 小乔木 | 大叶 | 晚芽 | 少 | 101 | 100 | 35.70 | 4.90 | 3.00 |  | 较强 |  | 红茶 | 华南红茶茶区 |
| 桂红4号 | 无性 | 小乔木 | 大叶 | 晚芽 | 少 | 120 | 较高 | 36.00 | 4.90 | 2.80 |  | 较强 | 易受螨类危害 | 红茶 | 华南红茶茶区 |
| 杨树林783 | 无性 | 灌木 | 大叶 | 晚芽 | 有 | 54 | 100～150 | 27.60 | 4.50 | 4.30 |  | 强 |  | 红茶、绿茶 | 江南及江北茶区 |
| 皖农95 | 无性 | 灌木 | 中叶 | 中芽 |  | 78 | 200 | 33.40 |  | 3.80 |  | 强 |  | 红茶、绿茶 | 江南茶区 |
| 锡茶5号 | 无性 | 灌木 | 大叶 | 中芽 | 中等 | 76 | 200 | 29.10 | 3.50 | 3.90 |  | 较强 |  | 绿茶 | 江南、江北绿茶区 |
| 锡茶11号 | 无性 | 小乔木 | 中叶 | 中芽 | 多 | 54 | 200 | 26.00 | 4.50 | 3.20 |  | 较强 |  | 红茶、绿茶 | 江南、江北茶区 |
| 寒绿 | 无性 | 灌木 | 中叶 | 早芽 | 多 | 32 | 210 | 21.30 | 4.40 | 3.40 |  | 较强 |  | 绿茶 | 江南、江北茶区 |
| 龙井长叶 | 无性 | 灌木 | 中叶 | 早芽 | 中等 | 36 | 200 | 18.60 | 3.60 | 4.10 | 强 | 强 |  | 绿茶 | 江南、江北茶区 |
| 浙农113 | 无性 | 小乔木 | 中叶 | 早芽 | 多 | 88 | 200 | 22.10 | 3.90 | 3.10 | 强 | 较强 | 较强 | 绿茶 | 江南、江北茶区 |
| 青峰 | 无性 | 小乔木 | 中叶 | 中芽 | 多 | 51 | 250 | 27.10 |  | 3.30 |  | 较强 |  | 绿茶 | 江南绿茶茶区 |

（续）

| 品种名 | 繁殖方式 | 树型 | 叶型 | 发芽期 | 茸毛 | 百芽重（g） | 亩产量（kg） | 茶多酚（%） | 咖啡碱（%） | 氨基酸 | 抗旱性 | 抗寒性 | 抗病虫 | 适制型 | 适宜种植区域 |
|---|---|---|---|---|---|---|---|---|---|---|---|---|---|---|---|
| 信阳 10 号 | 无性 | 灌木 | 中叶 | 中芽 | 中等 | 41 | 200 | 22.50 | 4.40 | 3.30 | | 强 | | 绿茶 | 江北和寒冷茶区 |
| 八仙茶 | 无性 | 小乔木 | 大叶 | 特早 | 少 | 86 | 200 | 26.20 | 4.30 | 1.70 | 尚强 | 尚强 | | 乌龙茶、绿茶、红茶 | 乌龙茶茶区和江南茶区 |
| 黔湄 601 | 无性 | 小乔木 | 大叶 | 中芽 | 特多 | 110 | 273.2 | 32.90 | | 1.60 | | 尚强 | | 红茶、绿茶 | 西南茶区 |
| 黔湄 701 | 无性 | 小乔木 | 大叶 | 中芽 | 多 | 99 | 296 | 34.40 | | 1.50 | | 较弱 | 抗螨性较强 | 红茶 | 西南红茶茶区 |
| 高芽齐 | 无性 | 灌木 | 大叶 | 中芽 | 少 | 65 | 320 | 26.80 | | 2.40 | | 强 | | 红茶、绿茶 | 江南、江北部分茶区 |
| 槠叶齐 12 | 无性 | 灌木 | 中叶 | 中芽 | 少 | 120 | 262 | 27.40 | | 3.00 | | 较强 | 较强 | 红茶、绿茶 | 江南、江北部分茶区 |
| 白毫早 | 无性 | 灌木 | 中叶 | 早芽 | 多 | 72 | 420 | 24.10 | 4.40 | 4.10 | | 强 | 强 | 绿茶 | 江南、江北绿茶茶区 |
| 尖波黄 13 | 无性 | 灌木 | 中叶 | 早芽 | 中等 | 105 | 354 | 28.00 | 4.10 | 2.40 | | 强 | | 红茶、绿茶 | 江南、江北茶区 |
| 蜀永 703 | 无性 | 小乔木 | 大叶 | 早芽 | 多 | 155 | 高 | 30.60 | 4.40 | 2.40 | | 中等 | | 红茶、绿茶 | 四川、贵州及江南南部 |
| 蜀永 808 | 无性 | 小乔木 | 大叶 | 晚芽 | 多 | 117 | 高 | 23.40 | 3.60 | | 较强 | 较弱 | | 红茶、绿茶 | 西南、华南 |
| 蜀永 307 | 无性 | 小乔木 | 大叶 | 中芽 | 多 | 111 | 276 | 29.80 | 3.90 | | | 中等 | | 红茶、绿茶 | 西南、华南 |
| 蜀永 401 | 无性 | 小乔木 | 大叶 | 中芽 | 中等 | 78 | 389 | 36.10 | 4.10 | | 强 | 中等 | | 红茶、绿茶 | 西南、华南 |
| 蜀永 3 号 | 无性 | 小乔木 | 大叶 | 中芽 | 多 | 119 | 255 | 29.80 | 3.80 | | | 较强 | | 红茶 | 西南、华南 |
| 蜀永 906 | 无性 | 小乔木 | 中叶 | 中芽 | 多 | 63 | 396 | 30.20 | 5.10 | | 中等 | 较弱 | | 红茶、绿茶 | 西南、华南 |
| 宜红早 | 无性 | 灌木 | 中叶 | 早芽 | 中等 | 59 | 175 | 28.30 | 5.90 | 3.50 | 中等 | 较强 | 中等 | 红茶、绿茶 | 江南及华南绿茶茶区 |

（续）

| 品种名 | 繁殖方式 | 树型 | 叶型 | 发芽期 | 茸毛 | 百芽重(g) | 亩产量(kg) | 茶多酚(%) | 咖啡碱(%) | 氨基酸 | 抗旱性 | 抗寒性 | 抗病虫 | 适制型 | 适宜种植区域 |
|---|---|---|---|---|---|---|---|---|---|---|---|---|---|---|---|
| 黔湄 502 | 无性 | 小乔木 | 大叶 | 中芽 | 多 | 84 | 400 | 37.70 | 3.00 | 1.10 | 较强 | 较弱 | 抗力较强 | 红茶、绿茶 | 西南茶区 |
| 福云 6 号 | 无性 | 小乔木 | 大叶 | 特早 | 特多 | 69 | 200～300 | 24.80 | 3.20 | 4.60 | 较强 | 较强 | | 红茶、绿茶、白茶 | 江南茶区 |
| 福云 7 号 | 无性 | 小乔木 | 大叶 | 中芽 | 多 | 69 | 200～300 | 24.80 | 3.20 | 4.60 | 较强 | 较强 | | 红茶、绿茶、白茶 | 江南茶区 |
| 福云 10 号 | 无性 | 小乔木 | 中叶 | 早芽 | 多 | 95 | 200～300 | 26.60 | 3.20 | 3.30 | 较强 | 较强 | | 红茶、绿茶 | 江南茶区 |
| 槠叶齐 | 无性 | 灌木 | 中叶 | 中芽 | 中等 | 70 | 214 | 26.60 | 5.00 | 2.40 | | 强 | | 红茶、绿茶 | 江南茶区 |
| 龙井 43 | 无性 | 灌木 | 中叶 | 特早 | 少 | 39 | 280 | 18.50 | 4.00 | 3.70 | | 强 | 抗炭疽病较弱 | 绿茶 | 江南、江北绿茶茶区 |
| 安徽 1 号 | 无性 | 灌木 | 大叶 | 中芽 | 多 | 71 | 300 | 25.60 | | 3.50 | | 强 | | 红茶、绿茶 | 江南、江北茶区 |
| 安徽 3 号 | 无性 | 灌木 | 大叶 | 中芽 | 多 | 53 | 290 | 23.40 | | 3.30 | | 强 | | 红茶、绿茶 | 江南、江北茶区 |
| 安徽 7 号 | 无性 | 灌木 | 大叶 | 中芽 | 中等 | 47 | 300 | 24.40 | | 3.50 | | 较强 | | 绿茶 | 江南、江北茶区 |
| 迎霜 | 无性 | 小乔木 | 中叶 | 早芽 | 多 | 45 | 280 | 30.50 | 4.00 | 2.50 | | 尚强 | | 红茶、绿茶 | 江南红茶、绿茶茶区 |
| 翠峰 | 无性 | 小乔木 | 中叶 | 中芽 | 多 | 46 | 300 | 28.20 | 3.70 | 3.40 | | 较强 | | 绿茶 | 江南绿茶茶区 |
| 劲峰 | 无性 | 小乔木 | 中叶 | 早芽 | 多 | 46 | 250 | 27.40 | 3.70 | 2.60 | | | | 红茶、绿茶 | 江南茶区 |
| 碧云 | 无性 | 小乔木 | 中叶 | 中芽 | 中等 | 52 | 200 | 25.20 | 3.90 | 3.60 | | | 抗性强 | 绿茶 | 江南绿茶茶区 |
| 浙农 12 | 无性 | 小乔木 | 中叶 | 中芽 | 特多 | 68 | 150 | 24.60 | 3.60 | 3.80 | 强 | 较弱 | | 红茶、绿茶 | 江南茶区 |
| 蜀永 1 号 | 无性 | 小乔木 | 中叶 | 中芽 | 特多 | 101 | 173.5 | 33.60 | 3.80 | | | 较强 | 对螨抗性强 | 红茶 | 西南、华南及江南 |

（续）

| 品种名 | 繁殖方式 | 树型 | 叶型 | 发芽期 | 茸毛 | 百芽重（g） | 亩产量（kg） | 茶多酚（%） | 咖啡碱（%） | 氨基酸 | 抗旱性 | 抗寒性 | 抗病虫 | 适制型 | 适宜种植区域 |
|---|---|---|---|---|---|---|---|---|---|---|---|---|---|---|---|
| 英红1号 | 无性 | 乔木 | 大叶 | 早芽 | 中等 | 134 | 350 | 42.20 |  | 2.20 |  | 较弱 | 较抗芽枯病 | 红茶 | 华南和西南 |
| 蜀永2号 | 无性 | 小乔木 | 大叶 | 中芽 |  | 124 | 289 | 33.60 | 3.80 |  |  | 较强 | 抗螨力较强 | 红茶 | 西南、华南及江南 |
| 宁州2号 | 无性 | 灌木 | 中叶 | 中芽 | 中等 | 71 | 250 | 24.97 |  |  | 较弱 | 较强 | 中等 | 红茶、绿茶 | 江南茶区 |
| 云抗10号 | 无性 | 乔木 | 大叶 | 早芽 | 特多 | 120 | 250 | 35 | 4.50 | 3.20 | 较强 | 较强 | 抗茶饼病较强 | 红茶、绿茶 | 西南和华南 |
| 云抗14号 | 无性 | 乔木 | 大叶 | 中芽 | 特多 | 165 | 220 | 36.10 | 4.50 | 4.10 | 较强 | 较强 | 强 | 红茶、绿茶 | 西南和华南茶区 |
| 菊花春 | 无性 | 灌木 | 中叶 | 早芽 | 多 | 30 | 250 | 27.10 | 4.00 | 3.60 |  | 较强 |  | 绿茶、红茶 | 江南茶区 |
| 上梅洲种 | 无性 | 灌木 | 大叶 | 早芽 | 多 | 76 | 350 | 19.40 | 5.50 | 3.20 | 强 | 强 |  | 绿茶 | 江南绿茶茶区 |
| 宁州种 | 有性 | 灌木 | 中叶 | 中芽 | 特多 | 35 | 100～150 | 26.60 | 4.60 | 3.00 | 较强 | 较强 |  | 红茶、绿茶 | 江南茶区 |
| 黄山种 | 有性 | 灌木 | 中叶 | 中芽 | 多 | 50 | 150 | 27.40 | 4.40 | 5.00 |  | 强 |  | 绿茶 | 江南、江北茶区和寒冷茶区 |
| 祁门种 | 有性 | 灌木 | 中叶 | 中芽 | 中等 | 49 | 150 | 20.70 | 4.00 | 3.50 |  | 强 |  | 红茶、绿茶 | 江南、江北茶区和寒冷茶区 |
| 鸠坑种 | 有性 | 灌木 | 中叶 | 中芽 | 中等 | 41 | 200～250 | 20.93 | 4.09 | 3.42 | 强 | 强 |  | 绿茶 | 江南、江北绿茶区 |
| 云台山种 | 有性 | 灌木 | 中叶 | 中芽 | 中等 | 76 | 150 | 22.63 | 4.62 | 2.85 |  | 尚强 |  | 红茶、绿茶 | 江南和江北茶区 |

（续）

| 品种名 | 繁殖方式 | 树型 | 叶型 | 发芽期 | 茸毛 | 百芽重（g） | 亩产量（kg） | 茶多酚（%） | 咖啡碱（%） | 氨基酸 | 抗旱性 | 抗寒性 | 抗病虫 | 适制型 | 适宜种植区域 |
|---|---|---|---|---|---|---|---|---|---|---|---|---|---|---|---|
| 湄潭苔茶 | 有性 | 灌木 | 中叶 | 中芽 | 多 | 74 | 340 | 27.08 | 4.92 | 2.56 | 较强 | 较强 |  | 绿茶 | 江南、江北茶区 |
| 凌云白毛茶 | 有性 | 小乔木 | 大叶 | 中芽 | 特多 | 99 | 100 | 35.60 | 4.91 | 3.36 | 较弱 | 较弱 | 易受螨类危害 | 红茶、绿茶 | 西南和华南部分茶区 |
| 紫阳种 | 有性 | 灌木 | 中叶 | 中芽 | 中等 | 41 | 100以上 | 23.28 | 4.22 | 3.57 |  | 强 |  | 绿茶 | 江北茶区 |
| 早白尖 | 有性 | 灌木 | 中叶 | 早芽 | 多 | 34 |  | 27.30 | 4.50 | 2.70 |  |  |  | 红茶、绿茶 | 西南（四川）和江南茶区 |
| 宜昌大叶茶 | 有性 | 小乔木 | 大叶 | 早芽 | 多 | 49 | 180 | 22.95 | 4.54 | 3.17 |  | 较强 |  | 红茶、绿茶 | 江南茶区 |
| 宜兴种 | 有性 | 灌木 | 中叶 | 中芽 | 少 | 47 |  | 26.50 | 3.80 | 2.90 |  | 强 |  | 绿茶 | 江南和江北茶区 |
| 黔湄419 | 无性 | 小乔木 | 大叶 | 迟芽 | 多 | 71 | 480 | 36.00 | 3.40 | 1.40 |  | 较弱 | 抗病虫较强 | 红茶 | 西南茶区 |

**表 3-5 部分地方茶树良种和新选品种（系）**

| 品种名 | 繁殖 | 树型 | 叶型 | 发芽期 | 茸毛 | 百芽重(g) | 亩产量(kg) | 茶多酚(%) | 咖啡碱(%) | 氨基酸(%) | 抗旱性 | 抗寒性 | 抗病虫 | 适制 | 适宜茶区 |
|---|---|---|---|---|---|---|---|---|---|---|---|---|---|---|---|
| 乌牛早 | 无性 | 灌木 | 中叶 | 特早 | 中等 | 41 | 150 | 17.60 | 3.40 | 4.20 | | 强 | | 绿茶 | 浙江 |
| 安吉白茶 | 无性 | 灌木 | 中叶 | 中芽 | 中等 | 16 | 15 | 10.70 | 2.80 | 6.20 | | 强 | | 绿茶 | 浙江 |
| 中茶 108 | 无性 | 灌木 | 中叶 | 特早 | 较少 | 55 | | 23.90 | 4.2 | 4.20 | 强 | 强 | 强 | 绿茶 | 浙江 |
| 中茶 302 | 无性 | 灌木 | 中叶 | 特早 | 较少 | | | | | | 强 | 强 | 强 | 绿茶 | 浙江 |
| 茂绿 | 无性 | 灌木 | 中叶 | 早芽 | 多 | 54 | 300 | 26.30 | | 4.20 | | 较强 | | 绿茶 | 浙江 |
| 浙农 117 | 无性 | 小乔木 | 中叶 | 早芽 | 中等 | 52 | 150 | 24.50 | 4.00 | 3.40 | 强 | 强 | 红茶、绿茶 | 浙江 | |
| 浙农 139 | 无性 | 小乔木 | 中叶 | 早芽 | 多 | 58 | 200 | 28.60 | 4.90 | 3.60 | 强 | 强 | | 绿茶 | 浙江 |
| 黄金芽 | 无性 | 灌木 | 中叶 | 中芽 | 少 | | 86 | 15.00 | 3.50 | 7.10 | | 较强 | | 绿茶 | 浙江 |
| 银猴茶 | 无性 | 小乔木 | 中叶 | 早芽 | 特多 | 94 | 111 | 31.70 | | 4.10 | | 较弱 | | 绿茶 | 浙江 |
| 水古茶 | 无性 | 灌木 | 中叶 | 中芽 | 中等 | 42 | 170 | 21.20 | 3.40 | 4.10 | 强 | 强 | | 绿茶 | 浙江 |
| 苹云 | 无性 | 小乔木 | 大叶 | 中芽 | 少 | 86 | 210 | 24.00 | 3.80 | 2.90 | | | | 红茶、绿茶 | 浙江 |
| 浙农 121 | 无性 | 小乔木 | 大叶 | 早芽 | 中等 | 105 | 200 | 22.40 | 3.90 | 3.30 | 较强 | 较强 | | 红茶、绿茶 | 浙江 |
| 碧峰 | 无性 | 灌木 | 中叶 | 早芽 | 多 | 46 | 160 | 22.40 | 3.50 | 3.60 | 强 | 强 | | 绿茶 | 浙江 |
| 藤茶 | 无性 | 灌木 | 中叶 | 中芽 | 少 | 39 | 170 | 19.90 | 3.60 | 3.00 | 强 | 强 | | 绿茶 | 浙江 |
| 浙农 25 | 无性 | 小乔木 | 大叶 | 中芽 | 中等 | 99 | 150 | 22.80 | | 2.90 | | 较强 | | 红茶 | 浙江 |
| 黄叶早 | 无性 | 灌木 | 中叶 | 特早 | 少 | 44 | 150 | 17.30 | 2.60 | 4.10 | 强 | 强 | | 绿茶 | 浙江 |

（续）

| 品种名 | 繁殖 | 树型 | 叶型 | 发芽期 | 茸毛 | 百芽重（g） | 亩产量（kg） | 茶多酚（%） | 咖啡碱（%） | 氨基酸（%） | 抗旱性 | 抗寒性 | 抗病虫 | 适制 | 适宜茶区 |
|---|---|---|---|---|---|---|---|---|---|---|---|---|---|---|---|
| 瑞安白毛茶 | 无性 | 灌木 | 中叶 | 早芽 | 多 | 34 | 200 | 19.20 | 3.10 | 4.00 |  | 强 |  | 绿茶 | 浙江 |
| 瑞安清明早 | 无性 | 灌木 | 中叶 | 特早 | 少 | 62 | 100 | 19.90 | 3.30 | 3.90 |  | 中等 |  | 绿茶 | 浙江 |
| 苔香紫 | 无性 | 灌木 | 中叶 | 中芽 | 中等 | 49 | 220 | 21.90 | 4.10 | 2.60 | 较强 | 较强 |  | 绿茶、红茶 | 浙江 |
| 眉峰 | 无性 | 小乔木 | 大叶 | 早芽 | 中等 | 55 | 250 | 23.30 | 3.80 | 3.80 |  |  |  | 红茶、绿茶 | 浙江 |
| 霜峰 | 无性 | 小乔木 | 大叶 | 早芽 | 多 | 41 | 300 | 19.40 |  | 2.70 |  | 较弱 |  | 绿茶、红茶 | 浙江 |
| 平阳特早茶 | 无性 | 小乔木 | 中叶 | 特早 | 中等 | 40 | 200 | 22.90 | 4.50 | 4.80 |  |  |  | 绿茶 | 浙江 |
| 石佛翠 | 无性 | 灌木 | 中叶 | 中芽 | 中等 | 39 | 90 | 22.60 | 4.50 | 4.70 |  | 强 |  | 红茶、绿茶 | 安徽 |
| 仙寓早 | 无性 | 灌木 | 中叶 | 特早芽 | 少 | 74 | 80～100 | 20.40 | 4.30 | 3.90 |  | 强 |  | 红茶、绿茶 | 安徽 |
| 农抗早 | 无性 | 小乔木 | 大叶 | 早芽 | 多 | 39 | 50 |  |  |  |  | 强 |  | 红茶、绿茶 | 安徽 |
| 蒿香茶 | 无性 | 灌木 | 中叶 | 中芽 | 中等 | 24 | 100 | 20.80 | 4.90 | 3.00 |  | 强 |  | 红茶、绿茶 | 安徽 |
| 杨树林 781 | 无性 | 灌木 | 大叶 | 晚芽 |  | 63 | 150 | 28.40 | 5.10 | 4.10 |  | 强 |  | 红茶、绿茶 | 安徽 |
| 波毫 | 无性 | 灌木 | 中叶 | 中芽 | 多 | 51 | 280 | 32.50 | 4.10 | 3.00 |  | 较强 |  | 红茶、绿茶 | 安徽 |
| 黄山早芽 | 无性 | 灌木 | 大叶 | 早芽 |  | 48 | 较高 | 32.50 | 3.60 | 2.80 |  | 强 |  | 红茶、绿茶 | 安徽 |
| 黄荆茶 | 无性 | 灌木 | 大叶 | 中芽 | 多 | 60 | 中等 | 30.40 | 3.80 | 3.90 |  | 中等 | 弱 | 红茶、绿茶 | 安徽 |
| 茗洲 12 号 | 无性 | 灌木 | 大叶 | 晚芽 |  | 57 | 150 | 22.60 | 4.80 | 4.90 |  | 较强 |  | 绿茶 | 安徽 |
| 早逢春 | 无性 | 小乔木 | 中叶 | 特早 | 中等 | 48 | 150 以上 | 21.80 | 3.50 | 3.90 | 较强 | 较强 |  | 绿茶 | 福建 |

（续）

| 品种名 | 繁殖 | 树型 | 叶型 | 发芽期 | 茸毛 | 百芽重（g） | 亩产量（kg） | 茶多酚（%） | 咖啡碱（%） | 氨基酸（%） | 抗旱性 | 抗寒性 | 抗病虫 | 适制 | 适宜茶区 |
|---|---|---|---|---|---|---|---|---|---|---|---|---|---|---|---|
| 肉桂 | 无性 | 灌木 | 中叶 | 晚芽 | 少 | 53 | 150以上 | 22.70 | 3.80 | 4.60 | 强 | 强 |  | 乌龙茶 | 福建 |
| 佛手 | 无性 | 灌木 | 大叶 | 中芽 | 少 | 147 | 150以上 | 34.30 | 4.30 | 2.20 | 强 | 强 |  | 乌龙茶、红茶 | 福建 |
| 福云595 | 无性 | 小乔木 | 大叶 | 早芽 | 特多 | 111 | 130以上 | 25.40 | 3.20 | 3.10 | 尚强 | 尚强 |  | 绿茶、红茶、白茶 | 福建 |
| 朝阳 | 无性 | 小乔木 | 中叶 | 早芽 | 少 | 75 | 200～300 | 28.00 | 5.00 | 2.20 | 较强 | 较强 |  | 乌龙茶、红茶 | 福建 |
| 白芽奇兰 | 无性 | 灌木 | 中叶 | 晚芽 | 中等 | 139 | 130以上 |  |  |  | 强 | 强 |  | 乌龙茶 | 福建 |
| 九龙大白茶 | 无性 | 小乔木 | 大叶 | 早芽 | 多 | 109 | 200以上 | 20.80 | 4.70 | 4.70 | 强 | 强 |  | 绿茶、红茶、白茶 | 福建 |
| 丹桂 | 无性 | 灌木 | 中叶 | 早芽 | 少 | 66 | 200 | 31.40 |  | 1.50 | 强 | 强 |  | 乌龙茶 | 福建 |
| 凤圆春 | 无性 | 灌木 | 中叶 | 晚芽 | 少 | 149 | 130以上 | 33.90 | 4.60 | 3.10 | 强 | 强 |  | 乌龙茶 | 福建 |
| 杏仁茶 | 无性 | 灌木 | 中叶 | 晚芽 | 少 | 140 | 150以上 | 32.50 | 4.70 | 2.80 | 强 | 强 |  | 乌龙茶 | 福建 |
| 元宵茶 | 无性 | 灌木 | 中叶 | 特早 | 中等 | 41 | 130以上 | 23.40 | 3.90 | 3.10 | 强 | 强 |  | 绿茶、红茶 | 福建 |
| 九龙袍 | 无性 | 灌木 | 中叶 | 晚芽 | 少 | 83 | 200 | 37.60 |  | 1.90 | 强 | 强 |  | 乌龙茶 | 福建 |
| 春兰 | 无性 | 灌木 | 中叶 | 早芽 | 少 | 58 | 130以上 | 24.20 |  | 1.90 | 强 | 强 |  | 乌龙茶 | 福建 |
| 早春毫 | 无性 | 小乔木 | 大叶 | 特早芽 | 中等 | 52 | 200 | 23.60 | 3.60 | 4.10 | 较强 | 较强 |  | 绿茶、红茶 | 福建 |
| 金凤凰 | 无性 | 小乔木 | 中叶 | 中芽 | 少 |  | 150 |  |  |  | 较强 | 较强 |  | 乌龙茶 | 福建 |
| 金牡丹 | 无性 | 灌木 | 中叶 | 早芽 | 少 | 71 | 150 | 30.80 | 4.20 | 2.30 | 强 | 强 |  | 乌龙茶 | 福建 |
| 金玫瑰 | 无性 | 小乔木 | 中叶 | 早芽 | 少 | 78 | 150以上 | 28.50 | 4.40 | 2.80 | 强 | 强 |  | 乌龙茶 | 福建 |

（续）

| 品种名 | 繁殖 | 树型 | 叶型 | 发芽期 | 茸毛 | 百芽重 (g) | 亩产量 (kg) | 茶多酚 (%) | 咖啡碱 (%) | 氨基酸 (%) | 抗旱性 | 抗寒性 | 抗病虫 | 适制 | 适宜茶区 |
|---|---|---|---|---|---|---|---|---|---|---|---|---|---|---|---|
| 科旦 | 无性 | 小乔木 | 中叶 | 早芽 | 少 | 64 | 150 以上 | 29.60 | 3.60 | 2.60 | 强 | 强 | | 乌龙茶 | 福建 |
| 春桃香 | 无性 | 灌木 | 中叶 | 晚芽 | 少 | 53 | 150 以上 | 31.20 | 4.90 | 2.50 | 强 | 强 | | 乌龙茶 | 福建 |
| 黄玫瑰 | 无性 | 小乔木 | 中叶 | 早芽 | 少 | 51 | 200 以上 | 26.70 | 3.80 | 3.40 | 强 | 强 | | 乌龙茶、红茶、绿茶 | 福建 |
| 紫牡丹 | 无性 | 灌木 | 中叶 | 中芽 | 少 | 54 | 150 以上 | 26.80 | 4.10 | 2.70 | 强 | 强 | | 乌龙茶 | 福建 |
| 福云 20 号 | 无性 | 小乔木 | 大叶 | 中芽 | 多 | 97 | 200 | | | | 较强 | 较强 | | 绿茶、红茶、白茶 | 福建 |
| 春波绿 | 无性 | 灌木 | 中叶 | 特早芽 | 中等 | 54 | 200 | 25.50 | 3.90 | 3.10 | 强 | 强 | | 绿茶、红茶 | 福建 |
| 巴东 1 号 | 无性 | 小乔木 | 大叶 | 中芽 | 多 | 44 | 较高 | 22.60 | 4.10 | 4.80 | 较弱 | 强 | | 红茶、绿茶 | 湖北 |
| 巴东 51 号 | 无性 | 灌木 | 大叶 | 特早 | 多 | 61 | 较高 | 24.90 | 4.90 | 3.40 | | | | 红茶、绿茶 | 湖北 |
| 恩苔 2 号 | 无性 | 灌木 | 小叶 | 中芽 | 中等 | 56 | 高 | 23.80 | 4.70 | | | | | 红茶、绿茶 | 湖北 |
| 鹤苔早 | 无性 | 小乔木 | 中叶 | 早芽 | 多 | 58 | 高 | 31.50 | 4.70 | 2.70 | | | | 红茶、绿茶 | 湖北 |
| 鄂茶 2 号 | 无性 | 灌木 | 中叶 | 特早 | 多 | 68 | 高 | 27.70 | 3.60 | 2.90 | 强 | 较弱 | | 红茶、绿茶 | 湖北 |
| 鄂茶 3 号 | 无性 | 灌木 | 中叶 | 早芽 | 少 | 63 | 高 | 23.30 | 4.00 | 4.00 | 强 | 较强 | | 红茶、绿茶 | 湖北 |
| 鄂茶 5 号 | 无性 | 灌木 | 中叶 | 特早 | 多 | 60 | 220 | 27.48 | | 2.48 | 强 | 强 | | 绿茶、红茶 | 湖北 |
| 玉绿 | 无性 | 灌木 | 中叶 | 早芽 | 中等 | | 高 | 30.90 | | 3.65 | 强 | 强 | 强 | 绿茶 | 湖南 |
| 大尖叶 | 无性 | 灌木 | 中叶 | 中芽 | 中等 | | 141.8 | | | | | 强 | | 红茶、绿茶 | 湖南 |
| 东湖早 | 无性 | 灌木 | 中叶 | 早芽 | 少 | 37 | 高 | 22.90 | 4.70 | 3.00 | 较弱 | | | 红茶、绿茶 | 湖南 |

（续）

| 品种名 | 繁殖 | 树型 | 叶型 | 发芽期 | 茸毛 | 百芽重（g） | 亩产量（kg） | 茶多酚（%） | 咖啡碱（%） | 氨基酸（%） | 抗旱性 | 抗寒性 | 抗病虫 | 适制 | 适宜茶区 |
|---|---|---|---|---|---|---|---|---|---|---|---|---|---|---|---|
| 尖波黄 | 无性 | 灌木 | 中叶 | 中芽 | 中等 | 58 | 70 | 26.40 |  | 2.50 |  |  |  | 红茶 | 湖南 |
| 高桥早 | 无性 | 灌木 | 中叶 | 早芽 | 中等 | 68 | 186 |  |  |  |  | 较强 |  | 红茶、绿茶 | 湖南 |
| 湘波绿 | 无性 | 灌木 | 大叶 | 中芽 | 中等 | 62 |  | 29.20 | 5.90 | 2.40 |  | 较强 |  | 红茶、绿茶 | 湖南 |
| 桃源大叶 | 无性 | 灌木 | 大叶 | 早芽 | 中等 | 103 | 中等 | 22.00 | 4.60 | 2.40 | 强 | 强 |  | 红茶、绿茶 | 湖南 |
| 茗丰 | 无性 | 灌木 | 中叶 | 口芽 | 中等 | 45 | 330 | 28.40 |  | 3.50 | 强 | 强 |  | 绿茶 | 湖南 |
| 碧香早 | 无性 | 灌木 | 中叶 | 早芽 | 多 | 53 | 240 | 25.50 |  | 3.80 |  | 强 |  | 绿茶 | 湖南 |
| 福毫 | 无性 | 灌木 | 中叶 | 早芽 | 多 | 34 | 250 |  |  |  |  | 中等 |  | 绿茶 | 湖南 |
| 安茗早 | 无性 | 灌木 | 中叶 | 早芽 | 中等 | 151 | 250 | 29.70 | 4.70 | 2.80 | 较强 | 较强 | 较强 | 红茶、绿茶 | 湖南 |
| 福丰 | 无性 | 灌木 | 中叶 | 早芽 | 中等 | 35 | 273 | 33.30 |  | 2.10 | 强 | 强 | 强 | 红茶、绿茶 | 湖南 |
| 湘红茶 1 号 | 无性 | 灌木 | 中叶 | 中芽 | 多 |  | 250 |  |  |  |  | 较强 |  | 红茶 | 湖南 |
| 凤凰单枞 | 无性 | 小乔木 | 中叶 |  | 少 | 107 | 100 以上 | 33.80 | 4.00 | 1.60 |  | 较强 |  | 乌龙茶、红茶、绿茶 | 广东 |
| 乐昌白毛 1 号 | 无性 | 小乔木 | 中叶 | 早芽 | 特多 | 86 | 120 | 26.70 |  | 1.70 | 较强 | 较强 |  | 红茶、绿茶、白茶 | 广东 |
| 连南大叶茶 | 有性 | 乔木 | 大叶 | 中芽 | 少 | 113 | 200 以上 | 43.30 |  | 2.30 | 强 | 强 |  | 红茶、绿茶 | 广东 |
| 英红 9 号 | 无性 | 乔木 | 大叶 | 早芽 | 特多 | 164 | 230 | 37.00 | 4.30 | 2.00 |  | 较弱 |  | 红茶、绿茶 | 广东 |
| 黄叶水仙 | 无性 | 小乔木 | 中叶 | 早芽 | 少 | 106 | 200 | 26.50 | 3.60 | 3.10 | 强 | 强 |  | 红茶、绿茶、乌龙茶 | 广东 |
| 黑叶水仙 | 无性 | 小乔木 | 中叶 | 中芽 | 少 | 142 | 220 | 25.90 | 3.70 | 2.60 | 强 | 强 |  | 红茶、绿茶、乌龙茶 | 广东 |

（续）

| 品种名 | 繁殖 | 树型 | 叶型 | 发芽期 | 茸毛 | 百芽重 (g) | 亩产量 (kg) | 茶多酚 (%) | 咖啡碱 (%) | 氨基酸 (%) | 抗旱性 | 抗寒性 | 抗病虫 | 适制 | 适宜茶区 |
|---|---|---|---|---|---|---|---|---|---|---|---|---|---|---|---|
| 凤凰黄枝香单枞 | 无性 | 小乔木 | 中叶 | 中芽 | 少 | 127 | 150以上 | 41.50 | 4.20 | 1.40 | | | | 乌龙茶 | 广东 |
| 白毛2号 | 无性 | 小乔木 | 中叶 | 早芽 | 特多 | 86 | 190以上 | 36.50 | 4.90 | 2.00 | 强 | 强 | | 绿茶、红茶、乌龙茶 | 广东 |
| 桂绿1号 | 无性 | 灌木 | 中叶 | 特早 | 中等 | 64 | 较高 | 32.20 | 4.60 | 3.20 | 强 | 强 | | 绿茶 | 广西 |
| 桂香18号 | 无性 | | | 早 | | | 高 | | | | 强 | 强 | 强 | 红、绿、乌龙茶 | 广西 |
| 蒙山9号 | 无性 | 灌木 | 大叶 | 中芽 | | 48 | 150 | 32.90 | 5.50 | 2.80 | | 强 | | 绿茶 | 四川 |
| 蒙山11号 | 无性 | 灌木 | 中叶 | 特早 | | 44 | 147 | 33.40 | 4.50 | 3.30 | | 较强 | 对茶跗线螨抗性较强 | 绿茶 | 四川 |
| 蒙山16号 | 无性 | 灌木 | 中叶 | 早芽 | | 52 | 135 | 26.20 | 3.80 | 4.70 | | 较强 | 对茶跗线螨抗性较强 | 绿茶 | 四川 |
| 蒙山23号 | 无性 | 灌木 | 中叶 | 早芽 | | 44 | 146 | 22.60 | 4.20 | 5.10 | | 较强 | 对茶跗线螨抗性较强 | 绿茶 | 四川 |
| 南江1号 | 无性 | 灌木 | 中叶 | 早芽 | 中等 | 59 | 282 | 27.40 | 4.20 | 1.90 | | 强 | 较强 | 红茶、绿茶 | 四川、重庆 |
| 崇枇71-1 | 无性 | 小乔木 | 中叶 | 早芽 | | 69 | 297 | 22.60 | 3.90 | 2.20 | | 强 | | 绿茶、红茶 | 四川、重庆 |
| 名山白毫 | 无性 | 灌木 | 中叶 | 早芽 | 特多 | 42 | 102 | 28.50 | 3.70 | 3.90 | | 较强 | | 绿茶 | 四川、重庆 |
| 名山早 | 无性 | 灌木 | 中叶 | 特早 | 多 | 39 | 100 | 31.30 | 4.20 | 4.00 | | 较强 | | 绿茶 | 四川、重庆 |

（续）

| 品种名 | 繁殖 | 树型 | 叶型 | 发芽期 | 茸毛 | 百芽重（g） | 亩产量（kg） | 茶多酚（%） | 咖啡碱（%） | 氨基酸（%） | 抗旱性 | 抗寒性 | 抗病虫 | 适制 | 适宜茶区 |
|---|---|---|---|---|---|---|---|---|---|---|---|---|---|---|---|
| 苗科 11 号 | 无性 | 灌木 | 中叶 | 特早 | | 60 | 106 | 28.40 | 4.00 | 3.10 | | 强 | | 绿茶 | 四川、重庆 |
| 中叶 1 号 | 无性 | 小乔木 | 中叶 | 中芽 | 多 | 126 | 100 左右 | 31.80 | 6.20 | 5.40 | | | | 绿茶 | 云南 |
| 庆丰 | 无性 | 小乔木 | 中叶 | 早芽 | 多 | 144 | 100 左右 | 34.70 | 5.80 | 5.60 | | | 抗茶叶瘿螨弱 | 红茶、绿茶 | 云南 |
| 早发 2 号 | 无性 | 小乔木 | 大叶 | 早芽 | 多 | 136 | 170 左右 | 24.10 | 4.30 | | | | 强 | 绿茶 | 云南 |
| 云抗 43 号 | 无性 | 乔木 | 大叶 | 中芽 | 多 | 148 | 280 | 35.60 | 4.20 | 2.90 | 强 | 强 | 强 | 红茶、绿茶 | 云南 |
| 长叶白毫 | 无性 | 乔木 | 大叶 | 早芽 | 特多 | 154 | 200 | 34.80 | 5.10 | 3.10 | | 弱 | | 绿茶 | 云南 |
| 云梅 | 无性 | 乔木 | 大叶 | 早芽 | 特多 | 138 | 126 | 27.00 | 4.70 | 2.30 | | | | 红茶、绿茶 | 云南 |
| 云瑰 | 无性 | 小乔木 | 大叶 | 中芽 | 多 | 158 | 145 | 34.10 | 4.20 | 1.80 | 强 | | 抗根结线虫力强 | 红茶、绿茶 | 云南 |
| 矮丰 | 无性 | 乔木 | 大叶 | 中芽 | 特多 | 150 | 146 以上 | 37.40 | 4.30 | 1.90 | | | | 红茶、绿茶 | 云南 |
| 云抗 27 号 | 无性 | 乔木 | 大叶 | 中芽 | 多 | 170 | 150 | 35.00 | | 2.90 | | 弱 | | 红茶、绿茶 | 云南 |
| 云抗 37 号 | 无性 | 乔木 | 大叶 | 早芽 | 多 | 180 | 200 | 39.30 | 6.00 | 2.40 | | 弱 | | 红茶、绿茶 | 云南 |
| 云选 9 号 | 无性 | 乔木 | 大叶 | 中芽 | 多 | 210 | 130 | 38.20 | 4.80 | 2.90 | | 弱 | | 红茶 | 云南 |
| 台茶 1 号 | 无性 | 灌木 | 中叶 | 早芽 | 多 | 93 | 55 | 24.60 | 2.80 | | 强 | | 强 | 红茶、乌龙茶、绿茶 | 台湾 |

（续）

| 品种名 | 繁殖 | 树型 | 叶型 | 发芽期 | 茸毛 | 百芽重(g) | 亩产量(kg) | 茶多酚(%) | 咖啡碱(%) | 氨基酸(%) | 抗旱性 | 抗寒性 | 抗病虫 | 适制 | 适宜茶区 |
|---|---|---|---|---|---|---|---|---|---|---|---|---|---|---|---|
| 台茶2号 | 无性 | 灌木 | 中叶 | 早芽 | 中等 | 103 | 43 | 23.60 | | | 强 | | 强 | 红茶、绿茶、乌龙茶 | 台湾 |
| 台茶3号 | 无性 | 灌木 | 中叶 | 中芽 | 中等 | 92 | 44 | 25.90 | | | 强 | | 强 | 红茶、绿茶、乌龙茶 | 台湾 |
| 台茶4号 | 无性 | 灌木 | 中叶 | 中芽 | 多 | 103 | 43 | 22.60 | | | 一般 | | 较强 | 绿茶、红茶、乌龙茶 | 台湾 |
| 台茶5号 | 无性 | 灌木 | 中叶 | 特早 | 多 | 32 | 20 | 19.00 | 2.30 | 4.20 | 一般 | | 强 | 绿茶、乌龙茶 | 台湾 |
| 台茶6号 | 无性 | 灌木 | 中叶 | 特早 | 多 | 59 | 30 | 14.60 | 2.30 | | | | | 绿茶、红茶、乌龙茶 | 台湾 |
| 台茶7号 | 无性 | 乔木 | 大叶 | 早芽 | 多 | 48 | 133 | 12.50 | | | 中等 | | 极强 | 红茶 | 台湾 |
| 台茶8号 | 无性 | 乔木 | 大叶 | 早芽 | 少 | 69 | 124 | | | | 强 | | 中等 | 红茶 | 台湾 |
| 台茶9号 | 无性 | 小乔木 | 中叶 | 中芽 | 中等 | 71 | 40 | 16.70 | | | 强 | | 强 | 绿茶、红茶 | 台湾 |
| 台茶10号 | 无性 | 灌木 | 中叶 | 中芽 | 中等 | 69 | 47 | 21.70 | | | 强 | | 极强 | 绿茶、红茶 | 台湾 |
| 台茶11号 | 无性 | 灌木 | 中叶 | 特早 | 多 | 82 | 38 | 14.30 | | | 强 | | 中等 | 红茶、绿茶 | 台湾 |
| 台茶12号 | 无性 | 灌木 | 中叶 | 中生 | 多 | 44 | 57 | 12.10 | 2.40 | 1.20 | | 强 | 强 | 台湾包种茶、乌龙茶 | 台湾 |

（续）

| 品种名 | 繁殖 | 树型 | 叶型 | 发芽期 | 茸毛 | 百芽重(g) | 亩产量(kg) | 茶多酚(%) | 咖啡碱(%) | 氨基酸(%) | 抗旱性 | 抗寒性 | 抗病虫 | 适制 | 适宜茶区 |
|---|---|---|---|---|---|---|---|---|---|---|---|---|---|---|---|
| 台茶13号 | 无性 | 灌木 | 中叶 | 中芽 | 中等 | 47 | 43 | 11.40 | | | | 强 | 强 | 台湾包种茶、乌龙茶 | 台湾 |
| 台茶14号 | 无性 | 灌木 | 中叶 | 中芽 | 多 | 57 | 27 | 19.20 | | | 较强 | | 中等 | 乌龙茶、红茶 | 台湾 |
| 台茶15号 | 无性 | 灌木 | 中叶 | 中芽 | 多 | 57 | 34 | 18.90 | | | 较强 | | 中等 | 乌龙茶、白茶 | 台湾 |
| 台茶16号 | 无性 | 灌木 | 中叶 | 早芽 | 特多 | 77 | 46 | 18.70 | | | 强 | | 强 | 绿茶 | 台湾 |
| 台茶17号 | 无性 | 灌木 | 中叶 | 早芽 | 特多 | 68 | 51 | 22.70 | | | 强 | | 强 | 乌龙茶、白茶 | 台湾 |
| 锡茶10号 | 无性 | 小乔木 | 大叶 | 中芽 | 多 | 78 | 150 | 27.80 | 4.90 | 2.90 | | 较弱 | | 红茶 | 江苏 |
| 豫绿 | 无性 | 灌木 | 中叶 | 中芽 | 中等 | 53 | 高 | | | | | 强 | | 绿茶 | 河南 |
| 九曲783 | 无性 | 小乔木 | 中叶 | 早芽 | 中等 | 89 | 150 | 36.50 | 4.20 | 2.10 | 强 | 较强 | | 绿茶 | 江西 |
| 银笋 | 无性 | 灌木 | 中叶 | 早芽 | 多 | | 120 | 26.40 | 3.70 | 3.20 | | 强 | | 红茶、绿茶 | 江西 |
| 赣茶1号 | 无性 | 灌木 | 中叶 | 中芽 | 多 | 36 | 175～200 | 22.30 | 3.40 | 3.90 | | 强 | 较强 | 红茶、绿茶 | 江西 |

# 参 考 文 献

陈海军，赵东，刘祖生 . 2002. 浙江部分茶树良种的 RAPD 分子鉴定 . 茶叶，28（3）：119 - 121.

陈亮，杨亚军，虞富莲 . 2004. 中国茶树种质资源研究的主要进展和展望 . 植物遗传资源学报，5（4）：389 - 392.

黎星辉，刘春林，施兆鹏，等 . 2004. 汝城白毛茶种群个体间亲缘关系的 RAPD 分析 . 茶叶科学，24（1）：33 - 36.

梁月荣，田中淳一，武田善行 . 2000. 应用 RAPD 分子标记分析“晚绿”品种的杂交亲本 . 茶叶科学，20（1）：22 - 26.

梁月荣，田中淳一，武田善行 . 2000. 茶树品种资源遗传多态性 RAPD 分析 . 浙江林学院学报，17（2）：215 - 218.

陆建良，林晨，骆颖颖等 . 2007. 茶树重要功能基因克隆研究进展 . 茶叶科学，27（2）：95 - 103.

王会，梁月荣，陆建良 . 2008. 低咖啡因茶树品系的 RAPD 分析及特异片段的克隆 . 茶叶，34（1）：29 - 33.

吴姗，梁月荣，陆建良等 . 2005. 基因枪及其与农杆菌相结合的茶树外源基因转化条件优化 . 茶叶科学，25（4）：255 - 264.

姚明哲 . 2010. 利用微卫星相关标记 ISSR 和 EST - SSR 研究中国茶树资源的遗传多样性和遗传结构 [D] . 浙江大学 .

姚明哲，陈亮，马春雷等 . 2009. ISSR 和 EST - SSR 标记在检测中国、日本和肯尼亚茶树品种遗传多样性上的比较分析 . 分子植物育种，7（5）：897 -903.

虞富莲 . 2002. 茶树新品种简介 . 茶叶，28（3）：117 - 118.

虞富莲 . 2009. 名优茶与茶树品种（第一讲）. 中国茶叶加工（4）：39 -43.

虞富莲 . 2010. 名优茶与茶树品种（第二讲）. 中国茶叶加工（1）：38 -39.

张广辉、梁月荣、陆建良 . 2006. 发根农杆菌介导的茶树发根高频诱导与遗传转化 . 茶叶科学，26（1）：1 - 10.

张俊，王平盛，季鹏章 . 2004. 茶树高茶氨酸 RAPD 多态性标记研究 . 云南农业大学学报，19（3）：243 - 245.

赵东，刘祖生，陆建良，等．2001. 根癌农杆菌介导茶树转化研究．茶叶科学，21（2）：108－111.

周健，成浩，王丽鸳．2005. 茶树组培快繁技术的优化研究．茶叶科学，25（3）：172－176.

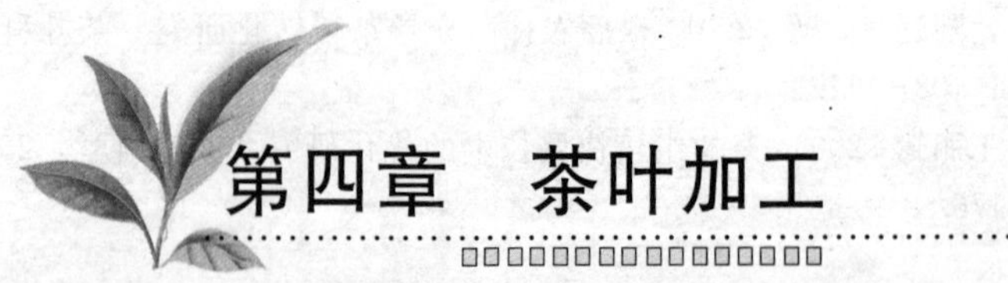

# 第四章 茶叶加工

茶叶加工是茶叶初加工、精加工和深加工的总称。将茶树上采下的鲜叶经过一定的工艺处理后，制成不同茶类的毛茶，称为茶叶初加工；将毛茶做进一步工艺处理，成为规格化、系列化的精制茶，称为茶叶精加工；将原料（茶鲜叶、毛茶、精制茶、茶副产品）进一步加工，形成与传统工艺所生产的产品不同的茶制品，称为茶叶深加工。

## 一、茶叶初加工

茶叶初加工是茶叶生产过程中的一个关键环节，它对成品茶的品质质量起着决定性作用。因此，搞好初加工，对于提高茶叶品质，最大限度地发挥鲜叶原料的经济价值具有重要意义。依初加工方法的不同，茶叶可分为六大类，即绿茶、黄茶、黑茶、白茶、乌龙茶、红茶等。

### （一）绿茶初加工

绿茶的初加工，简单分为杀青、揉捻和干燥三个步骤。其基本原理是利用高温杀青，破坏茶叶多酚氧化酶活性，阻止多酚类化合物的酶促氧化，防止产生红梗红叶，形成绿茶清汤绿叶的品质特色。这些工序的不同配搭，便形成不同的绿茶产品类型。目前，我国绿茶可分为炒青、烘青、晒青、蒸青，此外还有近年来研制开发成功的颗粒绿茶、低咖啡因绿茶等。

#### 1. 眉茶初加工

眉茶又称长炒青，属条形炒青绿茶之一，是我国外销绿茶数量最多的一种。其品质特征为外形条索紧结，色泽绿翠，内质香高味浓，汤色黄绿明亮。鲜叶采摘标准是一芽二三叶，初制分杀青、揉捻、干燥三道工序。

(1) 杀青 杀青目的是利用高温破坏酶的活性，制止多酚类化合物的酶促氧化，以防止叶子红变；蒸发部分水分，使叶质柔软，便于揉捻成条；去除青草气，增进茶香。杀青对绿茶品质起着决定性的作用。

绿茶杀青的基本原则是高温杀青，先高后低；抛闷结合，多抛少闷；老叶嫩杀，嫩叶老杀；杀熟杀透，青气消失，香气显露。杀青方式有锅式杀青、滚筒杀青、热风杀青、蒸汽杀青和微波杀青 5 种。其具体操作方式如下：

锅式杀青：采用锅式杀青机杀青，机型有双锅双灶、一灶二锅和一灶三锅连续杀青机等，双锅并列式杀青机比较普遍。锅式杀青机作业时，要求高温、快速，在杀匀、杀透的前提下，应尽可能缩短杀青时间，以保持杀青叶绿色并有良好香气。

一般每锅投叶量以 5kg 鲜叶左右为宜，杀青时间应掌握在 8～10min。作业时，鲜叶下锅前的锅温要适当高，一般锅底已烧得发蓝，锅温达到 350℃时开始投叶。投叶后一般先“扬杀”1～2min，然后盖上盖“闷杀”，嫩叶闷杀 1～2min，老叶闷杀 3min 左右；接着开盖“透杀”，透杀时要适当降低锅温。闷杀是为了提高叶温，迅速破坏酶的活性，达到杀匀、杀透、杀快的目的，但闷杀时间不宜过长，否则叶色会变黄，并产生水闷气。由于锅式杀青机存在易产生焦叶、不能连续作业及作业效率低等缺点，故生产中除少数地方还在应用外，大多已被滚筒式杀青机所替代。

滚筒杀青：滚筒杀青机是我国目前茶叶生产上普遍应用、生产率较高的杀青机类型。用于名优茶加工的滚筒式杀青机有 6CS40 型、50 型等，用于大宗茶加工的有 6CS60 型、70 型、80 型等。滚筒杀青机虽有多种型号，但设计原理基本相同。以 6CS70 型滚筒杀青机为例，该机筒体直径 70cm，筒长 1 500～4 000mm，筒体转速一般为 28r/min 左右，鲜叶在滚筒内的时间为 3～5min，台时产量可达 300kg 左右（鲜叶）。操作时，首先开机使筒体转动，再开启滚筒加热热源，这样可使筒体受热均匀，防止变形。当筒体温度达到杀青温度时，看到筒内稍有火星跳跃，即可开动上叶输送带上叶，开始上叶要适当多一些，以免产生焦叶。待筒体出叶后，转为正常、均匀、适量连续投叶，开动排湿风机排湿，使筒内水蒸气排出。作业过程中要随时检查杀青叶质量，并根据杀青状况随时调整投叶量，投叶量可以通过上叶输送带上的匀叶器的高低进行控制。杀青作业结束前 15min 要停止向炉膛内加燃料，以免产生焦叶。滚筒杀青在杀青机投叶端 20cm 处，内壁温度 230℃左右，或投叶端 20cm 处筒内空气温度 130℃左右，出口端 10～20cm 处，筒内空气温度 90℃以上，所得杀青叶色泽较好。

热风杀青：热风式茶叶杀青机是我国新近投放市场的茶叶杀青机型。热风杀青机的主要工艺参数为：进口温度 300～350℃，滚筒转速 2.5～25r/min，滚筒和地面交角±20°（可调），台时产量 300～600kg。滚筒的转速为无级调速，调节至茶叶在滚筒横截面上能均匀抛落为适宜。杀青时间通过调节滚筒轴线与地面的交角进行控制。热风式杀青机作业时，发火使热风发生炉运行，启动热风杀青筒体，冷却网筒及各类输送带，当送入杀青筒体进口的热风温度达到 300～350℃时，上叶输送带开始投叶。掌握鲜叶在闷杀段的杀青时间为 15～20s，在整个筒体内经历的总时间为 2.0～2.5min。从杀青筒体排出的杀青叶，被输送带送进脱水网筒脱水，脱水网筒内保证有足够的冷风供应量是冷却机作业的关键。冷却后的杀青叶一般叶温应在 40℃左右。

蒸汽杀青：蒸炒青绿茶和蒸青茶杀青应用较多。当前生产中所应用的蒸汽杀青机，一种机型称为茶叶汽热杀青机，另一种称作茶叶蒸青、脱水、冷却联合机，均为网带式茶叶蒸汽杀青机。工作时，首先发火使微压蒸汽和热风发生炉运行，为杀青和脱水装置供应足够温度和数量的蒸汽和热风，同时开动所有输送网带装置，使其运转。当杀青装置内的温度达到 120℃左右时，上叶输送带开始投叶，杀青时间掌握在 30～50s，脱水温度掌握在 130℃上下。冷风风机应保证正常运转，以使杀青叶杀青匀透，色泽绿翠，脱水充分均匀，脱水后的茶叶含水率应在60%～62%，以利于下一工序的进行。

微波杀青：微波加热是由物质内部分子振荡所引起，也就是说热量是从被加热含水物料内部产生的。微波杀青可以做到内外一起加热，并且微波对物料有良好的穿透性，用于鲜叶杀青，可实现鲜叶内外酶的活性同时钝化，从而使杀青均匀，保证杀青质量良好。

对于微波杀青最佳条件已进行了大量的研究，在投叶量40kg，功率729W，杀青时间180s条件下，多酚氧化酶被完全钝化，有利于绿茶造型且香气足。在频率为450MHz的微波，功率为450W，杀青时间为135s，绿茶中的氨基酸和水浸出物含量最高，茶多酚含量适中，茶叶感官品质也最好。

不论采用何种杀青机，杀青叶适度标准是一致的。杀青叶水分含量要求达58%～64%，叶色由鲜绿变为暗绿，表面光泽消失，鼻嗅无青草气味，略有清香，手握叶质柔软，紧握成团，折梗不断。各类茶叶杀青机机械和制茶性能对比见表4-1和表4-2。

**表4-1 各类茶叶杀青机机械性能比较***

| 种类 | 滚筒杀青机 | 蒸汽杀青机 | 热风杀青机 | 微波杀青机 |
|---|---|---|---|---|
| 原理 | 滚筒炒干 | 高温蒸汽穿透 | 高温热风穿透 | 微波内外穿透 |
| 构造 | 简单 | 复杂 | 复杂 | 复杂 |
| 机器大小 | 较小 | 较大 | 大 | 较大 |
| 台时生产率 | 较大 | 较大 | 较大 | 较小 |
| 杀青时间 | 60～90s | 30～50s | 15～20s | 30～50s |
| 使用能源 | 煤、石油、天然气、柴油，小型多用电 | 目前仅用煤，但可开发使用其他能源 | 目前仅用煤，但可开发使用其他能源 | 电 |
| 电装机容量 | 用电总量较小，一般为5kW以下 | 用电总量较小，12kW以下 | 用电总量较小，10kW以下 | 用电总量较大，小型机12kW以下，中等机型10～18kW |

（续）

| 种类 | 滚筒杀青机 | 蒸汽杀青机 | 热风杀青机 | 微波杀青机 |
|---|---|---|---|---|
| 操作难易 | 易操作 | 较难操作 | 难操作 | 较难操作 |
| 热源装置特点及操作难度 | 金属炉灶或现场构筑炉灶，操作容易 | 需配蒸汽、热风两用发生炉，或分别用一台蒸汽发生炉和一台热风发生炉，操作复杂 | 需配用高温热风发生炉，操作复杂，需特别认真 | 热源为微波管热源装置，操作方便 |
| 购置价格 | 较大型金属炉机型，不超过2.5万元 | 较大机型，10余万元 | 约25万元 | 较大机型，10余万元 |

* 权启爱．茶叶杀青机的类别及性能．中国茶叶．2006，28（5）：18-21.

**表4-2 各类茶叶杀青机杀青性能比较***

| 杀青机种类 | 滚筒杀青机 | 蒸汽杀青机 | 热风杀青机 | 微波杀青机 |
|---|---|---|---|---|
| 杀青效率 | 较高 | 较高 | 高 | 较低 |
| 杀青叶色 | 绿翠 | 绿翠 | 绿翠 | 绿翠 |
| 成茶色泽 | 绿润 | 暗绿或深绿 | 绿润 | 绿润 |
| 叶底色 | 绿翠 | 绿翠 | 绿翠 | 绿翠 |
| 杀青叶有否干边 | 少 | 无 | 较多 | 少 |
| 成茶碎茶含量 | 少 | 少 | 较多 | 少 |
| 杀青叶含水率 | 中 | 高 | 低 | 中 |
| 杀青叶冷却和脱水要求 | 要求一般冷却 | 脱水要求苛刻 | 冷却要求苛刻 | 要求一般冷却 |
| 进入揉捻的难易程度 | 容易 | 较困难 | 容易 | 容易 |
| 成茶香气、滋味 | 香气较高，滋味醇和 | 香高，稍显特殊香型，滋味醇和 | 香气较高，滋味醇和 | 香气与滚筒杀青相比稍低，滋味醇和 |

* 权启爱．茶叶杀青机的类别及性能．中国茶叶．2006，28（5）：18-21.

（2）揉捻　目的在于卷紧条索，便于干燥时造型；适当破坏叶片组织，使茶叶容易冲泡，又耐冲泡；使茶汁与空气接触，促进化学变化和茶叶色、香、味形成。

揉捻叶外形要求遵循“五要、五不要”：一要条索不要叶片：二要圆条不要扁条；三要直条不要弯条；四要紧条不要松条；五要整条不要碎条。

眉茶揉捻一般采用中小型揉捻机，揉筒直径400～550mm的中型揉捻机，适宜于大宗绿茶冷揉；揉桶直径200～350mm的小型揉捻机，适宜于小批量名优绿茶的揉捻。加工揉捻时，应按照揉捻机的不同型号适当确定投叶量，一般情况下，6CR－55型揉捻机每筒投叶量为杀青叶35kg左右。揉捻加压掌握“轻—重—轻”的原则，开始不加压，到叶子略现条形，黏性增大时，逐渐增加压力，促进条索卷紧，揉到全筒叶子嫩叶有80%～90%以上成条，老叶有60%以上成条时去压轻揉，质量良好的揉捻叶要有茶汁附于叶面，手摸有滑润黏手的感觉。

**表4－3　揉捻时间和压力的调节**（min）

| 茶青等级 | | 全程时间 | 不加压 | 轻压 | 中压 | 重压 | 不加压 |
|---|---|---|---|---|---|---|---|
| 一级茶 | | 20～25 | 5～7 | 10 | | | 5～8 |
| 二级茶 | | 30～35 | 10 | 5 | 10～15 | | 5 |
| 三级茶 | 第一次 | 20～25 | 5～10 | 5 | 5 | | 5 |
| | 第二次 | 20～25 | 5 | 5 | 5 | 15～20 | 5 |
| 四至五级茶 | 第一次 | 30 | 10 | | 5 | 10 | 5 |
| | 第二次 | 20～30 | | 5 | 5～10 | 5～10 | 5 |

揉捻压力大小和加压时间长短视叶子老嫩而定。通常嫩叶轻压、短揉，老叶重压、长揉（表4－3）。嫩叶采取一次揉，揉后解块分筛，三级以下者嫩但不匀的杀青叶分两次揉捻，中间解块分筛一次，头子复揉。高级嫩叶采用冷揉，即杀青叶摊凉至室温再揉，因嫩叶纤维素含量低，有较多的果胶等物质，揉捻时容易成条，能

保持良好的色泽和香气。而老叶中含有较多的淀粉和糖，杀青叶不经摊晾趁热揉有利于淀粉糊化，增加黏稠度，在热的作用下纤维素软化，利于成条。对中等嫩度的叶子采用温揉，杀青叶稍经摊晾，叶片尚有一定温度时揉捻，以兼顾外形和内质。

揉捻适度的叶子，叶片组织破坏率达45%～55%，三级以上叶子成条率达80%以上，三级以下的叶子成条率达60%以上。

（3）干燥　目的是整理条索，塑造外形；发展茶香，增进滋味；蒸发水分，达至足干，便于贮藏。

长炒青绿茶干燥工艺主要有传统干燥方式“烘—炒—滚”和现代干燥方式“烘—滚—滚”两种。现介绍如下：

二青：主要散发水分，便于三青造型；减少茶条表面黏性，避免茶汁损失，降低滋味，有损叶色。二青常采用以下两种方法。一是用自动烘干机或手拉百叶烘干机烘二青，风温掌握在115～120℃，感觉烫手，烘10min左右，摊叶厚度1～2cm。二是以滚带烘，采用瓶炒滚筒杀青机滚二青，筒温70～80℃，稍感烫手，投叶量15kg，滚时15min左右。二青叶适度标准为减重率30%左右；以手捏感觉不黏，握二青叶松手不易松散，松手时会弹散为适度。

炒三青：为造型阶段。炒青绿茶若采用“烘—炒—滚”工艺，使用的设备为锅式炒干机；若采用“烘—滚—滚”工艺，则可使用八角式茶叶炒干机。锅式炒干机作业时，每锅投二青叶10kg左右，锅温掌握在100～110℃，炒制时间45min左右，含水率达到15%左右出锅，摊晾后进行辉干。八角炒干机作业时，当筒壁温度达100～110℃时，向筒内投入二青叶，投叶量为25kg左右。炒制前期，要及时开动筒体小端的风扇，以排出大量的水蒸气，加速水汽的散失，否则将会造成成茶香气低闷，色泽变黄。三青叶的炒制时间约30min，加工叶含水率达到15%左右，出叶后须摊晾。

辉干：继续整形和散发水分，使毛茶达至足干。采用滚筒机辉干，可一机多用，产量高，条索完整。也有采用瓶式炒干机炒干，优点是茶条完整、光润。采用滚筒机辉干，投叶量30～40kg，开始温度90～100℃，以后逐渐降低。干燥过快，条索欠紧结，全程滚炒 90min 左右。采用瓶式炒干机，投叶量每筒约 40kg，锅温 100℃左右，干燥时间 60～80min。干燥适度标准含水量为 5%～6%，手捏茶条成粉末。

**表 4-4 长炒青绿茶各工序减重率、含水量及质量感官鉴别工序***

| 工序 | 减重率（%） | 含水率（%） | 质量感官鉴别 |
|---|---|---|---|
| 杀青 | 约 40 | 约 60 | 叶色暗绿，梗弯曲不断，手捏成团，青气消失，香气显露 |
| 二青 | 25～30 | 35～40 | 手捏不熟，稍感触手，但可成团，松手后会弹散 |
| 三青 | 25～30 | 15 | 手捏茶条不会断碎，有触手感 |
| 辉干 | 10 | 6～7 | 手捻茶条成粉末 |

* 权启爱．茶叶加工技术与设备．浙江摄影出版社．2005.

**2. 珠茶初加工**

珠茶属圆形炒青绿茶，是我国外销绿茶之一，外形浑圆宛如珍珠而得名。珠茶鲜叶的采摘标准为一芽二三叶初展与及时采摘对夹叶。初加工过程分杀青、揉捻、二青、炒小锅、炒对锅、炒大锅六道工序。珠茶浑圆如珠，主要是后三道工序形成的。珠茶初加工已全程机械化，前三道工序机具同眉茶，后三道工序机具采用珠茶专用炒干机。

（1）杀青　目的和方法与眉茶大致相仿。不同之处是采用先闷后抛，闷炒时间较眉茶长 1～2min，使杀青叶柔软，利于珠茶做型。珠茶杀青的适度标准是，要求杀青叶的含水量 62%～64%，失重率达 25%--37%。要做到叶熟不黄，色翠不生，叶质柔软不焦，香气清爽。

（2）揉捻　目的和方法同眉茶。差别在于揉捻时间较眉茶短，揉捻时间嫩叶 10～15min，老叶 15～20min，嫩叶轻压，老叶中压。揉捻时应以高档茶冷揉、中档茶温揉、低档茶热揉为宜，以利于改善珠茶的色、香、味。为防叶色闷黄，揉捻后要及时解块和干燥。

（3）二青　主要是散发部分水分。采用瓶式炒干机炒二青时，投叶量掌握在揉捻叶 40kg 左右。投叶后的 20min 内，筒壁温度都要求保持在 200℃以上，此后可降低筒温到 150℃左右，以防焦边。炒制时间一般 45min，含水量降至 40%左右。

（4）炒小锅　是珠茶成圆的初步过程。其技术要点是“投叶量要少，锅温要稍高，抛炒有力”。每锅投放二青叶 12.5kg 左右，温度宜先高后低，锅温一般控制在 170～120℃范围内，叶温保持在 40～45℃。炒制时，利用调幅杆使茶叶抛到一定的高度，二青叶含水量较高，应将调幅杆调至顶头，炒板下沿可炒到距离锅脐 25cm 处，使炒板几乎平卧，这样可以抛得高，抛得散，叶温不易升高。炒时根据程度决定，当嫩叶成圆，面张，腰档扭曲，含水量达 30%～35%（一般经过 1～1.5h）时即可起锅，之后回潮 0.5～1h。

（5）炒对锅　是珠茶成圆的关键工序。每锅投叶量为两小锅叶量，约 17.5～22.5kg，温度比小锅略低，锅温控制在 140～120℃，要求匀火，炒制时间 2h 左右。叶子抛落高度比小锅低，调幅杆调至螺杆中间。炒板下沿可炒到距离锅脐 16cm 处，炒板炒 4 次，叶子翻滚 1 次。炒至下脚，腰档基本成圆，成圆率达 70%以上，面张卷曲，色泽乌绿，含水量 20%左右，约 90min 起锅，回潮 0.5～1h。

（6）炒大锅　珠茶干燥的最后一道工序，是面张茶做圆的关键工序。每锅投叶量为二锅对锅的叶量，约 30～40kg，温度与对锅相仿，但锅温要先低后高，后期加盖闷炒，将叶温升至 50℃左右。叶子抛落高度比炒对锅低，调幅杆调至最低处，炒板下沿可炒到锅脐处，炒板炒 5 次，叶子翻滚 1 次。为使面张圆紧，大锅后期可适当加盖闷炒，以保持水汽，使叶质回软，面张颗粒圆紧。一般情况下，嫩茶炒大锅不宜加盖闷炒；中低档原料，在炒制 1～1.5h 加盖闷炒，约 10min 后，去盖炒制，待叶子转硬再盖。如此盖、开交替进行，直至头子茶成圆，茶叶颗粒圆紧，含水量达 6%～7%，即告完成，全程约 120～150min。

**3. 烘青初加工**

烘青属条形烘干绿茶之一，多用作窨制花茶的茶坯，外形呈长条形，微带弯曲，色泽深绿；内质香纯味醇，汤色绿明。鲜叶原料较大，以一芽二至四叶为标准。初加工经杀青、揉捻、烘干三道工序。

（1）杀青　目的和方法与眉茶相同，杀青程度比眉茶稍轻。110型锅子每锅投叶30kg左右，在280℃左右温度下约10min便可完成。

（2）揉捻　目的和方法与眉茶相同。烘青要求耐冲泡，揉捻程度较轻，对嫩度好的茶叶宜采用“冷叶、轻压、短揉”，时间15～20min；老叶则采用“温叶、重压、长揉”，时间20～30min，以利于各档原料茶揉捻成条及形成深绿或墨绿的色泽。揉捻适度的标准，要求成条率三级以上的叶子应达到80%以上，三级以下达60%以上，揉捻叶细胞破碎率一般为45%～55%，手摸有滑润黏手感觉。揉捻后采用解块筛分，筛面粗大茶叶要进行复揉，促使面张茶条索紧结。

（3）烘干　分毛火和足火两次进行，中间摊晾回潮一次，掌握“毛火高，足火低”的原则。目前大多茶厂手拉百叶式烘干机或自动链板式烘干机烘干，也有用烘笼烘干的，但很少使用。

烘干机烘干：以手拉百叶式烘干机烘干为主。毛火进口温度120℃左右，摊叶厚约1cm，或更薄，时间约12min，手触茶叶以稍感刺手为适度，含水量为18%～25%，摊晾回潮0.5～1h，待叶质回软后再足火。足火温度100℃左右，摊叶厚1～2cm，时间约15min，含水量为4%～6%，以手捏茶叶即成粉末为适度。

烘笼烘干：毛火采取高温、薄摊、勤翻、快烘。温度80～90℃，摊叶厚度1.5～2cm，每隔3～5min翻烘一次，时间约15～20min，含水量为18%～25%，下烘摊晾0.5～1h；足火掌握低温、厚摊、少翻、慢烘的原则，温度70～75℃，摊叶厚4～5cm，每隔10min左右翻拌一次，烘40～60min可达足干，含水量以4%～6%为适度。采用烘笼烘干必须防止烟味，生炭火时应取尽烟头，摊叶和翻叶时先将烘笼置于竹匾上，叶子摊好后双手轻拍烘笼两边，使碎末茶落入匾内，之后上烘，以免碎末落入火中生烟，影响茶叶品质。

**4. 蒸青绿茶初加工**

蒸青绿茶因蒸汽杀青而得名，是中国最早的绿茶加工方法。目前我国生产的蒸青茶主要有日本蒸青绿茶（煎茶）和国内蒸炒青绿茶。

（1）煎茶初加工　煎茶是我国主要外销日本的一大茶类，其品质特点是条索紧直略扁，色泽呈鲜绿或深绿色，有光泽，茶香清甜，味醇甘，具有独特的海藻香型，特别具有色绿、汤绿、叶底绿“三绿”品质特征。煎茶加工主要经过蒸青、叶打、粗揉、中揉、精揉和烘干等几个工序。

蒸青：是形成蒸青绿茶独特品质风格的关键工序。蒸汽杀青要求蒸汽充足、高温短时。蒸青操作时，首先燃烧锅炉，调整水面计，以 1/2 为标准，嫩叶略少些，老叶或已萎凋及其水分含量低的叶子，略多些。待水沸后，自动向蒸青机内输入蒸汽，温度掌握在 98～99℃，1kg 鲜叶耗用蒸汽量一般为 0.3～0.5kg，120kg/h 蒸发量的锅炉，每小时可蒸鲜叶 360～480kg，蒸青时间 80～90s。鲜叶叶质厚薄与蒸青时间、水位差以及上叶数量关系密切，所以鲜叶质量不同，蒸青方法亦应不同。

叶打：经过冷却的蒸青叶要进行初步脱水和轻度搓揉，即进行叶打。加工煎茶连续设备 60kg 型的叶打过程是鼓风不加温，而 300kg 型的是加温鼓风。要根据蒸青叶的含水量来确定加温鼓风的温度。较嫩或含水量较高的叶子，温度宜高，排气温度在 80～120℃；较老或含水量低的叶子，排气温度在 70～80℃。经叶打机处理后的茶叶表面叶色应深绿，不结块。

粗揉：使茶汁揉出，进一步去除水分，并做形的过程。粗揉机的结构与叶打机相似，但做形功能较叶打机增强。粗揉后的加工叶，要求含水率下降到 69%～63%，加工叶减重 50%左右，以达到叶尖完整、干湿均匀、略带黏性、色泽鲜绿有光为适度。出叶后的粗揉叶需进入揉捻机进行初步揉条成型，揉捻投叶量应根据茶叶的老嫩而增减，揉捻时间应掌握嫩叶长些，老叶短些，加压一般嫩叶轻些，老叶重些。

中揉：进一步去除水分，解散团块，发展香气。中揉时间在20～25min，出叶温度37～40℃，含水率34%～32%，中揉出叶适度应掌握呈黑绿色，手握茶叶成团，松手后有弹力并自然散开。

精揉和烘干：其作用是进一步干燥整形。精揉机是煎茶成型的专用设备，精揉时间一般35～45min，目测条索细长圆紧，表面光滑绿润，稍感触手，茶叶在揉锅壁上形成打滑，水分含量12%～13%，然后进入自动链板式烘干机足火干燥，当含水率降到7%以下，即完成蒸青茶加工。

（2）国内蒸炒青绿茶初加工　是将蒸汽杀青技术与绿茶炒、烘干燥技术相结合的一种独特的做茶方法。由此获得的蒸青绿茶产品，色泽鲜绿，香高味醇，避免了传统绿茶易形成的烟味，在一定程度上消除夏秋茶的苦涩味。其加工过程采用网带式蒸青机进行杀青，干燥方式同长炒青绿茶，其他工序类似于煎茶。

## （二）红茶初加工

红茶是全发酵茶，其加工原理是创造有利条件，促进多酚类化合物在酶促作用下进行完全氧化，使之具有“红汤红叶”的品质特色。

红茶以一芽二三叶为原料，依制法不同、品质差异，分为小种红茶、工夫红茶和红碎茶3种。

### 1. 工夫红茶初加工

工夫红茶是我国传统红茶。外形条索紧细，色泽乌黑油润；内质香气馥郁，汤色红亮，滋味醇厚，叶底红明。初制工艺分萎凋、揉捻、发酵、干燥4道工序。

（1）萎凋　目的是蒸发适当水分，使叶质柔软，便于揉捻；伴随水分蒸发，散发掉部分青草气，同时增强酶的活性，促使物质转化，为成茶的色、香、味打好基础。萎凋方法有室内自然萎凋、日光萎凋和萎凋槽萎凋等。

室内自然萎凋：要求萎凋室通风良好，利用开闭门窗，调节自然风力和温湿度，避免日光直射。鲜叶摊放于萎凋架的萎凋帘上，每平方米摊叶0.5～0.75kg，室温控制在20～24℃，相对湿度60%～70%，经18～20h即达适度。正常天气室内自然萎调茶叶质量较好，但遇低温阴雨天气萎凋时间过长，影响品质，而且劳动强度大，所需设备多，厂房大，难以适应大生产发展需要。

日光萎凋：将鲜叶直接摊放在日光下进行萎凋。气温以25℃较为理想，在夏秋季节，气温高、中午前后因地面炎热、叶子容易灼焦，不能萎凋。萎凋过程中需进行翻拌，萎调时间长短依日光强弱而定。日光萎凋具有设备简单、不用燃料、萎凋快速等优点，但受天气条件限制，有一定局限性。

萎凋槽萎凋：红茶加工最常用的萎凋方式。是利用鼓风机压送一定温度的空气，透过萎凋层带走叶间的水蒸气，加快叶内水分散失，达到萎凋目的。热空气温度为35℃左右，下叶前5～10min停止加温改鼓冷风。雨水叶上叶后，先鼓冷风，待除去表面水后再鼓热风，以免产生水闷气。夏秋季节气温高于30℃时，不必再加温，只需鼓风。作业时，小型萎凋槽每槽按15m$^2$计，可摊叶240kg左右；40m$^3$的大型萎凋槽每槽可以摊放1 500kg左右的鲜叶。一般小叶种摊放厚度20cm左右，大叶种摊叶厚度18cm左右，嫩叶要薄摊，老叶要厚摊，摊叶厚薄要均匀。每小时翻拌一次，翻拌时停止鼓风，以免吹散叶子。翻拌要透，动作要轻，免伤叶子，萎凋时间一般8～10h。

萎凋适度的叶子，叶面失去光泽，叶色由鲜绿转为暗绿，叶质柔软，手捏成团，松手时叶子不易弹散，嫩茎梗折而不断，透发清香，含水量以58%～64%为适度。

（2）揉捻　目的是卷紧条索，破坏叶片组织，促进多酚类化合物酶性氧化，便于冲泡。揉捻是塑造其特有外形和内质的重要工序。

方法多采用大、中型揉捻机，投叶量920型为140～160kg，65型为55～60kg，55型为30～35kg。揉时920型为90min，分3次揉，每次30min。65型、55型揉60～70min，分2次揉，每次

30～35min。加压采取“轻、重、轻”的原则，开始不加压，叶子初步成条后逐渐加压，收紧茶条，或压、松交替，压 7～10min，松 3～5min，揉捻结束前减压，使茶条收回茶汁。加压轻重视叶子老嫩、含水量多少而定。嫩叶压力宜轻，老叶宜重，含水量多宜轻揉，含水量少宜重揉。

每次揉后均需解块筛分，目的是解散团块，散发热量，初步分级。筛分机筛网上段为 4 孔，下段为 3 孔，如分两次揉，第一次筛分的筛下茶合并再揉，第二次筛分 4 孔、3 孔茶分别发酵。

揉捻室要低温高湿，室温控制在 20～24℃，相对湿度 85%～90%。气温高、湿度低，则要采取增湿降温措施，在室内洒水喷雾。夏秋季节揉捻宜在晚间进行。

揉捻适度叶应有 90%以上成条，茶汁黏附叶表，叶细胞破碎率达 80%以上。

（3）发酵　目的是增强酶活性，促进内含物质深刻变化，形成红茶特有的色、香、味。当前工夫红茶发酵的方法有发酵室内发酵框发酵和发酵车发酵。

发酵室内发酵框发酵：将揉捻叶摊放在发酵框中，摊叶厚 6～12cm，嫩叶宜薄，老叶宜厚，春茶宜厚，夏茶宜薄。发酵室温度控制在 24～25℃，湿度在 95%以上，供氧充足。春茶气温低，可以利用热蒸汽通入发酵室，以提高温度，增加湿度。夏秋季节发酵室可利用喷雾洒水降温增湿。发酵时间根据发酵程度而定，一般 2～3h（发酵时间受叶子老嫩、温湿度高低和揉捻程度的影响），夏秋茶季节发酵快，有时甚至不需单独发酵，揉捻一结束，发酵就基本完成，可直接进行烘干。

发酵车发酵：使用一种原为红碎茶发酵用的发酵小车，发酵时，将揉捻叶放在发酵车下部的不锈钢多孔透气板上，通过供风系统，自多孔板下鼓入湿空气进行通风发酵。发酵车可装叶 100kg 左右，通风的风温 22～25℃，湿度约 95%，发酵时间 20～60min。

发酵适度的叶子，青草气消失，清鲜的花果香显现，叶色变红，春茶呈橘红色，夏茶呈铜红色。嫩叶色艳均匀，老叶色暗红泛青。在实际生产中，发酵程度掌握适度偏轻，因干燥时叶温上升有个过程，不能立即破坏酶的活性，阻止酶性氧化，为防发酵过度，发酵程度宁轻勿重。

（4）烘干　目的是利用高温破坏酶的活性，停止发酵；蒸发水分，紧缩条索，达至足干，便于贮藏；继续散发青气，进一步发展茶香。

方法分毛火和足火两次烘干，中间摊晾回潮1次，采用烘笼和烘干机均可。目前主要以烘干机烘干方式使用较为普遍。

烘笼烘焙：茶叶质量高，香气好，烘焙中要进行翻拌，毛火每隔5min左右翻拌一次，足火每隔10～15min翻拌一次，操作时需小心，以免茶末落入炭火中生烟，影响品质。

烘干机烘焙：功夫红茶加上所使用的烘干机与绿条加工所使用的烘干机形式相同。作业时，应掌握“毛火高温，足火低温”的原则。毛火烘干机进口风温以110～120℃为宜，不超过130℃；足火的进口风温为85～95℃，不超过100℃。毛火与足火之间摊晾40min，不超过1h。

第一次毛火，采用高温快速烘干法，迅速破坏酶的活性，停止发酵，同时缩短热蒸作用，以免香气低闷。第二次足火，采用低温慢烘法，利用热化作用发展香味，其操作指标列于表4-5。

**表4-5　自动烘干机和烘笼操作指标**

| 方法 | 烘次 | 摊叶厚度（cm） | 进口风温（℃） | 烘干时间（s） | 含水量（%） |
|---|---|---|---|---|---|
| 自动烘干机 | 毛火 | 1～2 | 110～120 | 10～15 | 20～25 |
| | 足火 | 3～4 | 85～95 | 15～20 | 4～5 |
| 烘笼 | 毛火 | 2～3 | 90～95 | 30～40 | 18～25 |
| | 足火 | 3～4 | 70～80 | 60～90 | 5～6 |

毛火适度的叶子，手捏稍有刺手，折梗不断，含水量20%～25%；足火适度的叶子，色泽乌润，香气浓烈，条索紧结，手揉成粉末，含水量为4%～5%。

**2. 红碎茶初加工**

品质特征：外形，叶、碎、片、末规格分清，碎茶要匀整成颗粒，片茶要起褶皱，末茶要呈砂粒状，色泽则都要乌黑（或红棕）油润；内质则要求强、浓、鲜。初制与工夫红茶初制相似，不同之处是红碎茶需揉切。所以，其初制工艺分萎凋、揉切、发酵、干燥等四道工序。

（1）萎凋　目的和方法同工夫红茶。萎凋程度视揉切机型不同而有差异，转子机制法，萎凋偏重，要求含水量为59%～61%；CTC制法对萎凋叶含水量要求65%～70%，而CTC加LTP萎凋叶含水量为68%～72%。轻萎凋有助于增强发酵时酶的活性，增加茶黄素含量，可提高红碎茶滋味的鲜爽度和强度。

（2）揉切　目的是获得卷紧重实的颗粒。通过强烈快速损伤叶细胞，为发酵奠定良好基础，使其能获得鲜爽浓强的滋味。揉切方法依揉切设备不同而异。

传统揉切法：先揉条后揉切，萎凋叶先经大型揉捻机揉条40～60min（开始无压15min，后加压7min，松压3min，交替进行），揉后用3孔、4孔筛分，筛底茶为1号茶，筛面茶经70型或55型揉切机揉切，一般揉切3次，加压方式采用压、松交替，揉切时间分别为20～25min、15～20min、10～15min。每次揉切后均行解块筛分，筛底茶分别为2号、3号、4号条，第三次揉切后筛分的筛面茶称尾茶。不同筛号茶分别发酵，此法应以短时、重压、多次揉切、分次取茶为原则。产品外形色泽乌润，颗粒紧实，但碎茶率不高，尾茶多，揉时长，工效低，鲜爽度差。目前仅在少数小型茶厂使用，大型茶厂已淘汰。

转子机揉切法：与传统揉切法相比，具有时间短，碎茶高，香味鲜浓等优点。目前转子机的型号较多，按转子结构分有叶片棱板式、全螺旋滚切式、螺旋绞切式、球形挤切式等。依机组配套不同，归纳有以下几种形式：

①揉捻机与转子机组合。以品种季节不同，机组配套及加工方式不同。在大叶种地区，一般先以90型揉捻机揉条30～40min，

揉叶经5孔筛分提毫为叶茶，筛面茶转入转子机揉切，三切三筛，采用20型、20型、16型配套，每次揉切后均通过6孔筛分，筛面茶揉切，筛下茶发酵，最后茶尾在10%以下；小叶种中、下档鲜叶原料制红碎茶，萎凋后经90型揉捻机揉条30～40min，再用27型转子机连续切3～4次，每次切后只解块，不筛分。

②转子机组合。一般采用30型转子搓揉机揉捻，解块散热后，进入转子揉切机切后筛分，筛头反复揉切。转子揉切机揉切较强烈、快速，能提高成品鲜爽度，节约成本。

采用30型卧式搓揉机揉捻，第一切采用27型大型转子机，第二切采用20型中型转子机，第三切采用16型小型转子机，这样的机具配套组合生产效率高，生产出的成茶颗粒较紧结，鲜强度好。

③CTC、LTP组合揉切法。LTP和CTC在揉切中具有强烈、快速和叶温低的特点，可提高茶黄素的含量。为了充分发挥不同类型揉切机的优点，扬长避短，可采用组合揉切法。如转子机与三台CTC组合、LTP与两台CTC组合、LTP与三台转子机组合，均比单独转子机揉切的效果好。采用30型搓揉机与三联CTC机组合揉切生产线，产品具有颗粒紧结重实，香味浓强鲜爽，汤色红亮，叶底红匀鲜活的特点，是红茶生产中最受欢迎的一种加工方法。

（3）发酵　是形成红碎茶品质的关键性工序。原理和目的均与工夫红茶相同。由于红碎茶揉切充分，茶身小，发酵进展快，发酵叶要薄摊，供氧应充分。发酵主要采用发酵车发酵和发酵机发酵，发酵车内进行温湿度控制的通气发酵，茶坯温度控制在32℃以内，时间控制在80～90min，湿度控制在90%以上，温度先高后低，开始28～30℃，10min后逐渐下降，最后30min为18～20℃；使用发酵机通入20～26℃湿空气，时间不超过20min。

红碎茶要求香味鲜爽浓强，为此要适当控制多酚类化合物的氧化程度，为提高茶黄素含量和水溶性多酚类保留量，发酵程度应比工夫红茶轻，采用转子机加工的揉切叶，发酵程度相应偏重一点；

而CTC揉切叶和LTP揉切叶适宜采用轻发酵；以叶色呈黄或黄红色、青气消退、透发清香或花果香为适度。

（4）干燥　目的及技术与工夫红条基本相同。烘干机烘干分两次进行。由于红碎茶体型细小，茶坯含水量较高，以采用热输送带式烘干机烘干为好，如6CH－50型热输送带式干燥机，这种机型以输送带加热，采取分层进风，保证烘干温度先高后低，输送带进口的热风温度为120℃，烘箱进口的热风温度为95℃。红碎茶烘干有一次烘干和二次烘干两种方式。转子揉切机制法的加工叶一般采用一次烘干；CTC茶使用热输送带式干燥机以一次烘干较好，而用国内其他烘干机时，进行二次烘干为好。

流化床式烘干机是一种特别适用于红碎茶干燥的烘干机型。这种机型生产效率高，单位面积的出茶率比链板式高10～20倍，且耗煤量少，烘程短，茶黄素含量高。

### （三）乌龙茶初加工

乌龙茶又名青茶，主要产于福建、广东、台湾三省，近年来江西、海南、浙江等省也有少量生产，其中以福建乌龙茶量多质优。乌龙茶采摘标准为新梢对夹二三叶与一芽三四叶。初加工方法兼有红绿茶初加工特点，叶底绿叶红边，既具绿茶清香，又具红茶甜醇，汤色橙黄。乌龙茶品种花色繁多，但加工方法大同小异。具代表性的武夷岩茶、安溪铁观音初加工方法如下：

#### 1. 武夷岩茶初加工

产于福建省武夷市。品质特征：外形，条索粗壮紧实，色泽沙绿、密黄油润；内质，岩骨花香，香高长，滋味浓醇甘爽，独具“岩韵”；汤色，橙黄显金圈，叶底肥厚柔软、绿蒂、黄底、红边。初加工具有重晒、轻摇、摇次多、重发酵的技术特点，分萎凋、做青、炒青、揉捻、烘干五道工序。

（1）萎凋　分日光萎凋和加温萎凋两种，晴天以日光萎凋（晒青）为主。晒青时，在地面铺垫竹席或尼龙布，摊叶量0.5～1.5kg/m$^2$，或将鲜叶均匀地薄摊于直径90cm的水筛上，每筛摊叶

0.3～0.4kg，以不重叠为度，使之均匀接受日光照射，时间20～40min。晒青宜在15时以后进行，晒青过程中轻翻1～2次，两筛并一筛，动作要轻，不可损伤叶子，以免叶子发红成死青。晒青时间长短因气候条件而异，一般气温高、日光强、空气干燥的10min左右即可；气温低、日光弱，湿度大的晒青时间可延长到60min左右。以叶质柔软，失去光泽，叶缘稍卷起，顶二叶下垂，青气减退，花香显露为适度，减重率10%～15%。

阴雨天采用萎凋槽加温，槽内摊叶厚15～20cm，平均每平方米摊叶8～10kg，风温控制在32～38℃，时间40～70min，中间要翻拌一次。也可在综合做青机内萎凋，热风温度为32～34℃，每隔30min翻拌一次，历时2～4h。

萎凋叶摊放于水筛中，每筛0.5kg，置于室内晾青架上，散失热气，并使继续萎凋，时间30～40min，鲜叶经晒青或加温萎凋后水分迅速蒸发，芽叶呈萎凋状态。晾青中由于叶子受到抖动和并筛振动，加速叶梗的水分向叶片输送，使叶片恢复紧张状态，俗称“还阳”，随后又由于叶片水分蒸发速度大于叶梗的水分蒸发速度，致使叶子再次呈现萎软状态，俗称“退青”。此时，将三筛并为二筛，轻摇十几下，移入做青间做青。

(2) 做青　做青室温湿度要相对稳定，室温控制在22～26℃，相对湿度70%～80%。

手工摇青：将晾青叶0.5～0.8kg（每筛）置于做青间摇青架上，静置1h，使还阳的叶子再现退青，随后进行第一次摇青。摇青时叶子在水筛面上作圆周旋转和上下跳动，使叶与叶、叶与筛面碰撞摩擦，碰伤叶叶细胞组织，发生局部氧化。因摇青的碰撞力往往不足，故在第二或第三次摇青时起辅加做手（用双手收拢叶子，轻轻拍打）。第三次摇青后需将叶子捧松，堆成凹形，以控制叶子水分蒸发速度，并使水分分布均匀，以提高叶温，加速内含物质转化。如此反复摇青和静置4～8次，叶子不断“还阳”和“退青”，直至达到所需的发酵程度为止。摇青转数与静置时间由少到多，最后又减少，总历时11h左右（表4-6）。

表 4-6 摇青转数与时间

| 做青方法 | | 一 | 二 | 三 | 四 | 五 | 六 | 七 | 八 | 九 |
|---|---|---|---|---|---|---|---|---|---|---|
| 手工 | 摇青（转） | 10～15 | 20～30 | 30～40 | 40～50 | 50～60 | 52～60 | 40～50 | 30～40 | 7～8 |
| | 做手（下） | | | | 6～7 | 10～12 | | | | |
| | 静止时间（min） | 30～50 | 60～70 | 60～80 | 60～90 | 90～120 | 90～120 | 120～150 | 50～60 | |
| 机械 | 摇青时间（min） | 0.5 | 1 | 1.5 | 2 | 2～3 | 3～4 | 3～4 | 2～3 | |
| | 静止时间（min） | 30 | 45 | 50 | 60 | 60～70 | 60～70 | 50～60 | | |

机械摇青：在综合做青机出现前，多用三层联筒式摇青机，筒长 170cm，直径 60cm，转速 25～30r/min，每筒装叶 10～12.5kg，每隔 0.5～1h 摇青一次，摇后叶子留在筒内静止，全程摇青 8～10 次（表 4-6）；目前生产上多采用综合做青机做青，机内设有升降温装置，调节摇青筒体内的温度（20～28±1℃），相对湿度（55%～75%±3%）和空气流通量，形成适宜做青的人工小气候，按吹风—摇动/吹风—静置的程序重复进行 6～10 次，历时 6～9h。一般清香型岩茶摇青 4～5 次，传统型岩茶摇青 6～7 次。

做青适度的叶子，顶二叶叶脉透明，叶色转黄绿，叶缘朱砂红占全叶面积 30%；青气消失，发出浓烈的兰花香；叶片柔软光滑，叶形呈汤匙状。

（3）炒青（杀青）与揉捻　与绿茶杀青、揉捻大致相同，但岩茶原料较大，摇青后含水量较少。具体操作掌握炒青时高温、短时、少量、多闷、少抛的原则，并趁热揉捻，采取快速、少量、重压的方法。

手工炒揉：采用两炒两揉、炒揉结合的方法。初炒叶量 0.7kg，温度 220～260℃，2min，叶子黏手即起锅，趁热揉捻，待叶子成条，茶汁外溢即行解块复炒，锅温 180℃左右，叶子下锅后迅速翻炒至叶子烫手立即起锅（约 10～20s），趁热复揉，揉至条索紧结为度。炒揉结束含水量 50%～55%。

机械炒揉：采用一炒一揉的方法。炒青机型与绿茶相同，有锅式和滚筒两种。锅式杀青机，口径 60cm，投叶量 1.75～2kg，锅温 250～280℃，采用先闷、中透、后闷的炒制方法。大批量生产多用滚筒炒青机（110 型和 90 型），进青前筒壁温度升至 250℃以上，每次进青量 20～25kg，加工叶在筒内经历时间约 4～5min。炒青适度的叶子，叶质柔软，富有弹性，叶色转暗黄绿，清香显露，杀青叶减重率为 40%～50%（以鲜叶为 100%）。揉捻机选用小型为好，采用 6CR－55 型揉捻机，投叶量 15～20kg，揉捻历时 5～10min。揉捻时遵守“快揉热揉，逐步加压”的原则。

（4）烘焙　传统干燥法分为毛火（初焙）、足火（复焙）和吃火。机械生产只进行毛火与足火，吃火放在精制过程进行。

毛火：高温快速，采用烘笼烘焙，温度 100～140℃，每笼摊叶 0.75kg，烘 4～6min 即行翻拌，并移至 95℃左右的焙窑上，再烘 6～8min 下烘；大批量生产可采用 6CH 系列自动链板式烘干机或手拉式烘干机。初烘温度 130～150℃，摊叶厚度 1.5cm，历时 10～15min，减重率 25%～35%。初烘叶摊晾 30～60min 后进行足火。

足火：低温慢烘，采用烘笼烘焙，温度为 80℃左右，每笼摊叶 1.5kg，约 15min 翻拌一次，约烘 2h 可达足干。足干后两笼合并一笼再行“吃火”，温度控制在 60℃，笼上加盖，时间 0.5h，直至火香显露。吃火为岩茶传统制法中特有的过程，是在足干的基础上加盖，使叶子在干燥条件下接受热的作用，形成岩茶甘醇的滋味和特有的香气。采用烘干机，足火温度为 100～110℃，摊叶厚度为 5～6cm，约 18min，可烘足干，毛茶含水率 7%左右。

**2. 安溪铁观音初加工**

安溪铁观音产于福建安溪县，是闽南铁观音的代表。其品质特征：外形紧实圆结，呈蜻蜓头，色泽翠绿起霜；内质滋味醇厚，香气清锐，有兰花香，汤色蜜绿明亮，叶底浅绿黄色，红镶边。初加工分萎凋、摇青、炒青、揉捻、烘干五道工序，与武夷岩茶大体相同，但在具体掌握上有所差别。

（1）萎凋　分晒青和晾青。鲜叶进厂后，依采摘时间不同分别摊放在直径 100cm 的水筛上，每筛摊叶 3kg 左右，置于晾青间的晾青架上，晾青过程中轻翻 2～3 次，散失热气，使水分蒸发均匀，至 16～17 时，日光较弱时再行晒青。晒青每筛摊叶 0.5～1kg，中间翻拌一次，时间 25～30min。晒青适度的叶子呈轻萎凋状态，手持嫩梢部，顶叶微有显软，减重率 5%左右，叶含水率 73%左右，晒青程度比武夷岩茶轻。晒青适度的叶子两筛并一筛，轻轻翻拌几下，散失热气，搬进摇青间停放 1h 后摇青。阴雨天气采用萎凋槽加温萎凋，方法同武夷岩茶，适度掌握比武夷岩茶轻。

（2）做青　闽南茶区多采用摇青机，摇青次数比武夷岩茶少，每次摇时比岩茶长，静置时间也比岩茶长。传统做青第一次摇 2min，摊叶厚 7～10cm，静置 1.5～2h。第二次摇 7～8min，摊叶厚 10～13cm，静置 2h。至第一叶稍发红时进行第三次摇，10min，摊叶厚 13～16cm，静置 3h，使叶子发出清香。第二叶有红变，再行第四次摇青，15min，摊叶厚 20cm，静置 3～4h，当叶子边缘成红色，叶色由深绿变为黄绿，叶形成汤匙状，发出花香，摇青即告完成，总历时 8～10h。萎凋叶数量少时，可采用手工摇青，叶子放在摇笼中，每笼 2kg 左右，将摇笼用绳子吊在梁上，悬在半空中，来回摇动，往复距离 30～40cm，使叶子在摇笼中来回跳动碰撞。手工摇 4～5 次，每次摇动数由少到多，分别为 50、100、150、200 下，每次摇后分别静置 1、2、3、4h。

近年来，安溪铁观音的做青有较大改进，以“轻摇青、薄摊青、长晾青、轻发酵”为原则。新工艺以低温适湿（温度 20～22℃，湿度 70%左右）、轻摇（每批茶青筛摇 2～4 次，每次摇青转数约为传统的一半）、薄摊（每竹筛约 1m$^2$，摊叶不超过 0.5kg，以青叶不相叠为准）、长晾（每次晾青时间 3～4h，最后一次晾青时间达 8h 左右，根据气候变化情况上浮或下调 2h）代替传统的铁观音做青的重摇、厚摊，以减少叶绿素的破坏，保证干茶翠绿。空调做青环境，温度控制在 16～18℃，相对湿度在 70%～80%。最后一次摇青要使叶齿略显红，做青结束后叶片有 10%的红边，即可进入杀青工序。

（3）炒青　掌握“高温、抖炒、杀老”的杀青原则。杀青时，要使滚筒温度在短时间内升高到270～300℃，每筒投叶量为传统投叶量的一半。杀青适度的叶子边缘有些干硬，手握茶叶不成团，减重30%～40%，含水量35%～40%。

（4）揉捻与烘焙　两者可交替进行，三揉三烘，逐步造型。初揉采用小型揉捻机，筒径30cm，投叶量4～5kg，采用趁热揉捻、逐步加压的方法，约揉5min后下机进行初烘。常用揉捻机有6CR-35型、6CR-45型、6CR-55型揉捻机和台湾望月式揉捻机。

初烘：采用烘干机，温度120℃，摊叶厚度2～3cm，时间约12min。叶量少可采用烘笼烘焙，每笼摊叶1kg，温度95℃左右，烘15min，每隔5min翻拌一次。烘至叶子不黏手，含水量40%～42%，即可下机包揉造型。

包揉：是形成安溪铁观音外形卷曲状的主要过程。采用速包机与包揉机反复包揉5～6次，接着用松包机解块与筛分，然后进行第一次烘焙。第一次烘焙温度控制在100～120℃，以后烘焙逐次降低温度。茶坯烘热后又反复包揉4～5次。如此包揉—解块—筛分—烘焙4遍，直至外形达到质量要求。最后包揉缩紧静置2～4h或更长时间（一般是间隔一夜），待茶坯冷却，外形固定后才进行解块干燥。采用6CB-23型包揉机，投叶量5kg，时间6～7min。

足火：手工加工采用低温慢烤，分两次进行。第一次烘，每笼放2个茶团，约1.5kg，温度为70～75℃，烘干茶团自然散开，再解散茶条烘至八九成干，下烘摊晾半小时，再行第二次烘，温度60℃，叶量约2.5kg，时间1～2h，中间翻拌2～3次，烘至足干，茶叶含水量控制在2%～5%，手揉茶叶成粉末即可。

经过包揉机的茶叶不需复烘复包，采用烘干机一次足火，烘干机温度80～90℃，时间20～25min，至足干。

### （四）黑茶初加工

黑茶产区广，品种多，多为紧压茶的原料，是边区少数民族日常生活必需的饮料。因产区和工艺的差异，有湖南黑毛茶、湖北老青茶、四川边茶、广西六堡茶和云南普洱茶等。其初加工原理基本相同，它是在杀青的基础上采用渥堆工艺，使之在微生物和湿热的综合作用下引起物质转化，形成黑茶特有的品质。

**1. 湖南黑毛茶初加工**

湖南黑毛茶鲜叶原料粗大，采摘标准是一级毛茶以一芽三四叶为主，二级毛茶以一芽四五叶为主，三级毛茶以一芽五六叶为主，四级毛茶采对夹叶。品质特征：外形，叶张宽大，色泽黑褐，汤色橙黄，叶底黄褐，带有松烟香味。初加工工序分杀青、初揉、渥堆、复揉和烘干。

（1）杀青　目的原理与绿茶相同。由于黑毛茶鲜叶原料粗大，纤维素含量高，角质层厚，含水量低．为促使杀青叶质地柔软，便于揉捻成条，并保证杀青叶有一定含水量，利于渥堆生化变化，杀青时鲜叶必须灌浆，即洒水。洒水量一般为鲜叶重的 10%，嫩叶少洒，老叶多洒，露水叶、雨水叶可以不洒。杀青一般采用锅式茶叶杀青机或滚筒式杀青机，掌握高温、短时、多闷少抛的方法，杀青叶含水量控制在 60%～64%。

（2）初揉　使叶片初步成条，叶组织损坏，茶汁揉出黏附表面，为渥堆创造条件。初揉采取热揉、短时、轻压、慢揉，因原料质地粗硬，弹性差，压力过大，转速过快，易使茎梗表皮剥脱，叶肉叶脉分离，产生剥皮梗、丝瓜瓤。黑茶加工使用的揉捻机主要有 6CR－55 型和 6CR－65 型等，6CR－55 型茶叶揉捻机的投叶量为 20～25kg，初揉时间 15min 左右，转速为 37r/min，揉后不解块，以免热量散失，不利渥堆，并导致条索松散。初揉程度以叶片组织破损约 20%，茎梗破损约 40%，大部分叶片呈现折叠条为适度。

（3）渥堆　是黑毛茶初加工特有工序，它是形成黑毛茶品质的主要过程。目的是促进多酚类化合物氧化，除去部分涩味，使叶色由暗绿变为黄褐。传统渥堆法是利用空气中的微生物自然发酵，渥堆场所选择清洁的地面，避免阳光直射，室温在 25℃以上，相对湿度 85%左右，堆高 70～100cm，上盖湿布，以便保温保湿，茶坯水分保持在65%左右，堆积过程不需翻拌，但若堆温超过45℃，需翻动一次。一般晚上渥堆，次日复揉。渥堆时间春季为12～18h，夏秋季8～12h。渥堆程度掌握茶堆表面出现水珠，叶色黄褐，黏性不大，茶团容易松散，青气消失，发出淡淡的甜酒糟气味为适度。为提高效益，加速发酵，有两种方法渥堆。一种是在渥堆过程中添加一些提取的优势菌种，加速发酵过程，即固态发酵；另一种是使用温水发酵，也可加速发酵过程。

（4）复揉　促使渥堆后回松茶条紧结，进一步破坏叶组织，增进茶汤浓度。复揉采取轻压、短时、慢揉的原则，时间8～12min。复揉后进行解块，使条索匀直，没有团块。

（5）烘焙　传统制法采用七星灶，松柴明火烘焰，不忌烟味，分层累加湿坯长时一次干燥法，使黑毛条形成油黑和松烟味。现在生产上多采用烘干机或日光晒干，生产效率虽高，但品质不及传统制法好。

七星灶由灶身、火门、七星孔、匀温坡及焙灶五个部分组成。生火时在灶口处横握松柴，借风力使火温均匀地透入七星孔内，并沿匀温坡散到灶面烘帘上，当帘上温度达70℃以上，撒上第一层茶坯，厚2～3cm，待茶坯烘至六七成干时再撒第二层湿坯，厚度稍薄，如此反复加到5～7层，总厚度不超过焙框的高度（18～20cm）。待最上层茶坯七八成干时即退火翻焙（用铁叉），将下层茶坯翻至上面，上层茶坯翻到下面，然后继续文火烘焙，待上、中、下各层茶坯干燥均匀，即可下焙，历时3.5～4h。翻拌后降低火温熏烟，松柴采用干湿搭配，增加松烟浓度，以利茶坯吸收。烘焙适度的叶子，色泽油黑纯一，梗易折断，捏叶即成粉末，有锐鼻香味。

**2. 普洱茶（熟茶）初加工**

普洱茶（熟茶）是以符合普洱茶产地环境条件的云南大叶种晒青茶为原料，经萎凋、杀青、揉捻、晒干、潮水、渥堆、干燥等工序加工而成。

（1）萎凋　鲜叶采摘标准是：高档茶以芽或一芽一二叶为原

料，中档茶以一芽三四叶为原料，粗老茶以一芽四五叶为原料。将采摘下的茶叶进行摊晾，在旱季制茶，萎凋多采用日晒或室内摊晾的方式，在雨季有条件的可在初制车间利用热风进行。

（2）杀青　杀青方式大多采用锅式杀青或滚筒杀青。因大叶种茶含水量高，为使后期有良好的陈化效果，杀青程度要控制低些，锅温宜低，通常不超过180℃，时间宜短，不超过6min。杀青完成后，茶叶颜色由鲜绿转为深绿或墨绿，此时要将茶叶摊晾，以散发水汽和热量。

（3）揉捻　根据茶叶原料的成分灵活掌握揉捻力度。嫩叶要轻揉，揉时短；老叶要重揉，揉时长，揉至茶叶基本成条索状为适度。

（4）晒干　晒干是利用阳光晒干茶叶水分。一般将茶叶薄摊在阳光下晾晒，晒至茶叶干度为90%左右即为晒青毛茶。

（5）潮水　为渥堆提供一定的湿度环境。一般在茶叶中加入一定量的清水，拌匀后即可渥堆。加水量的计算公式为：

$$\text{加水量(kg)}=\text{付制原料(kg)}\times\frac{\text{预定潮水茶含水率(\%)}-\text{原料茶含水率(\%)}}{1-\text{预定茶含水率(\%)}}$$

预定潮水的茶含水量，视原料老嫩、空气湿度、气温高低而有不同要求。潮水时宜用冷水。在大生产中，采用大堆渥堆，堆表面可适当压水并盖上湿布，这样有利于渥堆进行。

（6）渥堆　渥堆是普洱茶色、香、味品质形成的关键工序。是将潮水叶堆成一定厚度，让其自然发酵的过程。堆温一般掌握在40～65℃，一般间隔5～10d翻堆一次。经过几次翻堆后，当茶叶外形呈现红褐，汤色红浓，无强烈苦涩味时，即可进行摊晾干燥。

（7）干燥　为避免渥堆发酵过度，必须进行干燥。操作中，一般用室内渥堆通沟法进行。通沟一般按每隔50～80cm的宽度顺序通沟，下一次按反向进行，如此循环往复至茶叶含水量在14%以下，即为普洱熟毛茶。

### （五）黄茶初加工

黄茶按鲜叶老嫩不同分为黄芽茶、黄小茶、黄大茶。初加工特点是在杀青的基础上进行闷黄，在湿热条件作用下促进多酚类化合物自动氧化，形成黄叶黄汤，香味清悦醇和的品质特征。产量以黄大茶最多。

黄大茶鲜叶采摘标准为一芽四五叶，叶大梗长。初制有炒茶（杀青和揉捻）、初烘、堆积、烘焙四道工序。

**1. 炒青**（杀青和揉捻）

分生锅、二青锅、熟锅三个阶段，三锅相连，连续作业，采用普通饭锅，倾斜25°～30°，用竹丝帚作炒茶工具。

（1）生锅　主要起杀青作用。锅温180～200℃，投叶量0.25～0.5kg，利用竹丝帚，在锅中旋转炒拌，使叶子跟着竹丝帚在锅中旋转翻动，带有抛扬，约炒3～5min，使叶质柔软，叶色转暗绿，即可扫入第二锅。

（2）二青锅　主要起初步揉条和继继杀青作用。锅温较生锅低，为160～180℃，用竹丝帚将叶子团住，在锅中旋转，转圈要大，并逐步加大用力，使之揉成条形，炒至皱叠成条，茶汁溢出，有黏手感，即扫入熟锅。

（3）熟锅　进一步做紧条索。锅温130～150℃，方法与二青锅基本相同。茶叶在竹丝帚下旋转搓揉，随时松把解块，使茶叶吞吐在竹丝帚间，炒至三四成干，条索紧细，发出茶香即可。

**2. 初烘**

高温快速烘焙。以烘笼或烘干机烘干，温度120℃，2～3min翻烘一次，约烘30min，达七八成干，有刺手感为适度。

**3. 堆积**（闷黄）

为变黄的主要过程。将初烘叶趁热装篓或堆积于圈席内，稍压紧，高约1m，置于温高干燥的室内，一般5～7d，待叶色变黄，香气透露即达适度。

**4. 烘焙**

采用直径1.2m的大烘笼，分拉小火和拉老火两次进行。

（1）拉小火　采用低温烘焙，使之在湿热作用下进一步变黄，并先除去部分水分。温度100℃左右，每次烘叶量10kg左右。每隔5～6min翻拌一次，烘至九成干，约30min左右，下烘摊晾3～5h再拉老火。

（2）拉老火　采用明火，高温，是形成黄大茶特有焦香味和进一步黄变的重要环节。温度130～150℃，每次烘叶量12.5kg，每隔数秒钟翻拌一次。翻叶要均匀，动作要轻，烘至条梗折之即断，梗心起泡呈菊花状，金黄色，有光泽，具有浓烈的高火香，芽叶上霜为度，时间约40～60min，下烘趁热包装。

## （六）白茶初加工

白茶是我国特种外销茶，主要产于福建，台湾省也有少量生产。按采摘标准和茶树品种不同分为白毫银针、白牡丹、贡眉、寿眉和新白茶等。银针采用大白茶树品种的肥大芽尖制成，色白如银，形尖如针。白牡丹采摘初展的一芽二叶，成品茶叶叶色灰绿，芽叶连枝，好似枯萎的花朵。贡眉、寿眉品质均次于白牡丹。各种白茶初加工相仿，特点是不炒不揉（只有新工艺白茶经轻揉），初加工工序只有萎凋和干燥两个过程。

**1. 白牡丹初加工**

（1）萎凋

自然萎凋：将初展的一芽二叶薄摊在水筛上（直径100cm），每筛0.4kg左右，以不重叠为度，置于通风萎凋室的萎凋架上，进行自然萎凋，不翻动。约经35～45h，叶片不贴筛，芽叶毫色发白，叶色灰绿或深绿，叶缘略带垂卷，叶面呈波纹状，约七八成干时进行并筛。小白茶四筛并一筛，大白茶七成干二筛并一筛，到八成干（含水率22%左右）时再二筛并一筛，叶厚10～15cm，摊成凹字形，继续萎凋，约经10～14h达九成半干（含水率约13%）时下筛进行拣剔。总历时50～60h，不少于36h，也不宜超过72h。

复式萎凋：晴朗天气可采用复式萎凋，多在春季采用。将鲜叶先置于微弱的阳光下萎凋（20～25min，不超过0.5h），待手触水筛边框有温感时移入室内，使其散热降温，然后再次置于日光下萎凋，如此反复2～4次，总历时1～2h，待叶子略失光泽，稍萎软后，转入室内自然萎凋。复式萎凋能提高茶汤醇度，但稍不小心，成茶色泽易花红，所以只在春茶前期，早晚日光较弱时采用。

加温萎凋：阴雨或低温高湿天气采用。萎凋室用热风管道加热，室温控制在28～30℃，空气相对湿度控制在70%左右，萎凋历时35～38h，达六七成干，转用低温烘焙，至含水量18%～25%时，摊放一段时间，而后低温慢烘。

人工气候萎凋：是近年发展起来的最好的萎凋方式。在异常气候条件下，采取人工气候配套设备，模拟白茶萎凋的最佳自然条件进行人工气候萎凋。白茶萎凋人工气候设备由KQF-7自控去湿机、油式电热升温机、通风机、风幕机和920型茶青脱水机等组成。生产出的白茶品质可提高二等，工效可提高3倍。

（2）干燥　萎凋八成干后即采用一次烘焙干燥，火温70～80℃，每笼摊叶约1kg，历时15～20min。如萎凋只达六七成干，则采用二次烘焙。初烘温度100℃，每笼摊叶0.75kg，约10～15min，烘至八九成干，下烘摊晾，再行复烘，温度80℃，烘干为止。烘焙时翻拌次数不可过多，动作要轻，以免形态卷曲和芽叶断碎。

采用机械烘焙，九成干的萎凋叶采用80℃风温，摊叶厚4cm，慢速烘焙，历时20min，一次干燥。六七成干的萎凋叶分2次干燥。初烘100℃，历时10min，摊晾后80～90℃慢速复烘，烘至足干。

**2. 白茶初加工新工艺**

相对传统白茶而言，其制法具有轻萎凋、轻发酵、轻揉捻等工艺特点。

（1）萎凋　多采用自然萎凋和萎凋槽萎凋，方法与传统白茶萎凋法相同，但比传统白茶萎凋程度轻。室内自然萎凋24～48h，萎凋槽萎凋历时8～10h。至约七成干，叶色由翠绿转为灰绿，茸毛现白，青气减退，甜香显露，手握叶有触感，放开会自然松散即为适度。之后，将萎凋适度叶平铺于干燥洁净场地上，堆厚15～30cm，历时2～4h。以叶茎、叶脉转为红褐色，叶张色泽由浅灰绿转为深灰绿，叶质柔软为适度。

(2) 揉捻　将萎凋适度的叶子用揉捻机不加压或轻压揉 8～15min，至叶片卷缩，略呈褶条形，即可下机烘焙。

(3) 干燥　用烘干机 100～105℃，烘焙 10min，即为毛茶。

## 二、茶叶精加工

我国茶区广阔，自然条件不同，采摘老嫩不一，初加工技术差异大，毛茶品质复杂，难以符合商品茶要求，更不符合外销需要，因此多数毛茶必须通过精加工工艺，才能达到一定规格要求的商品茶。

### (一) 毛茶验收，拼配付制

#### 1. 毛茶验收

精加工茶厂从各地运进的毛茶，需逐批进行件数、净重、品质验收。检样是品质验收的重要环节，取样要有代表性。一般 10 袋以下抽检 1 袋，100 袋以下抽检 2～3 袋，200 袋以下抽检 3～4 袋，300 袋以下抽检 4～5 袋，300 袋以上抽检 5～6 袋。袋装茶上、中、下都要检样，力求大小样相符。抽检样拌匀分装两罐，一罐用作品质审评，另一罐用作检验水分和含碎末量。

品质审评：对照毛茶收购标准样，验收进厂毛茶等级，经审评后拟作升降级处理的毛茶需行重复检样复评。含水量超过 9%，必须进行复火干燥。含碎末测定，以 16 孔筛筛分，筛底碎末茶最高不超过 7%，超过部分按茶末计价。

#### 2. 拼配付制

是对每次付制的原料进行选配。在保证产品质量的前提下，合理利用原料，充分发挥原料的经济价值，并保证全年产品品质基本一致。拼配时要处理好地区、等级、季节的关系。每批选配的毛茶外形要基本一致，品质力求单纯，切忌混杂，以利加工取料。为了调剂品质，保证产品合格，质量相对稳定，使产品能尽快地拼配出厂，在力求付制原料外形一致的前提下，应尽量将内质不同的毛茶分批搭配付制。拼配付制的方法有 3 种：

（1）单级拼和，单级付制，多级收回　每次拼和付制的原料只有一个级，制成产品有许多级。如二级长炒青单级拼和付制，制成产品有特珍一、二级，珍眉一、二、三级，雨茶，秀眉特级、二级等十多个花色等级。

优点是每次付制原料品质单纯，加工方便，可减少工艺反复，提高劳动生产率。缺点是有的产品质量不够全面，不能及时拼配出厂，增加筛号茶的贮存。

（2）单级拼和，阶梯式付制，多级收回　为克服单级付制的缺点，可采用每三批或四批作为一个周期，付制原料等级由高到低，使半成品拼配可以取长补短，互相调剂。如第一批付制杭炒二级 50 000kg，第二批付制遂炒三级 50 000kg，第三批付制杭炒四级 50 000kg，最后筛号茶一起拼配，这样筛号茶质量全面，大部分筛号茶可以拼配出厂。一般外销茶叶精加工付制都采用这两种方式。

（3）多级拼配，多级付制，单级收回　每批拼和，付制的原料有几个级，而制成产品基本上是一个级，如以四五级浙毛红，按比例混和拼和付制，制成的产品基本上都是规格红茶二级。

优点是每次产品都可拼配出厂，生产周转快；缺点是操作复杂，加工较困难。整形技术简单的乌龙茶、白茶和内销茶精制可采用此法。

每批付制的毛茶，结合同等级毛茶的成品回收实绩，确定能制取哪些花色级别及各级所占的比重，即能制订出取料计划。制定指标过高，车间难以完成，指标过低，难以发挥毛茶的最高经济价值。制率计划制定好后，车间即按计划取料加工。

### （二）茶叶精加工基本工艺

依茶类及毛茶等级的不同，精制加工技术也存在差异，但加工原理和作业机械基本一致，主要有筛分、风选、拣剔、复火与车色、匀堆等六道工序。

**1. 筛分**

目的是区分茶叶长短、粗细、轻重，以便整理形状，分离大小。以其作用不同，有圆筛、抖筛和飘筛之分。

（1）圆筛　目的是分离茶叶的长短和大小。有滚筒圆筛机和平面圆筛机两种。滚筒圆筛机为旋转滚动，作粗放的筛分，用于工夫红茶、乌龙茶和内销茶精加工的毛茶分段。平面圆筛机作平面回转运动，按作用不同有分筛和撩筛之分。分筛转速较慢（188r/min左右），主要把毛茶分成各个筛号茶。撩筛转速较快（208r/min），用于弥补分筛之不足，是在分筛的基础上将某个筛号茶进一步细分，把粗长茶叶和茎梗撩出，并割去下脚茶。一般圆筛机有四层筛面，可将茶叶分成5个筛面茶。通过分筛、撩筛分出的各孔茶，4～10孔茶的质量较好，4孔以上长茶品质较差，12孔以下碎茶在内外销茶中属于副茶。

（2）抖筛　作往复抖动，可使长形茶分粗细，圆形茶分长圆，具有初步划分等级的作用。

（3）飘筛　作水平循环旋转，并兼作上、下跳动，补风扇去片的不足，去除轻片、梗皮及毛衣，是红茶精加工所不可缺少的作业。

**2. 风选**

区分茶叶轻重好坏，具有划分茶叶级别及清剔非茶类夹杂物的作用。

（1）送风式（吹风式）　风力较稳，风力利用较合理，操作简单，体积小，生产上使用较为普遍。但产量较低，用于清扇（复扇）。

（2）吸风式（拉风机）　效率高，但风箱气流不够稳定，操作较复杂，一般用于粗分轻重的毛扇（剖扇）。

在茶叶精加工中，风选作业一般要进行2～3次，第一次称剖扇，目的是初步分出轻重茶叶；第二次称复扇，进一步分出轻重茶叶；第三次称清风，是最后用风选除去粉末茶。

**3. 拣剔**

去除茶梗、茶籽、茶片及夹杂物，弥补筛分、风选不足，提高茶叶净度。按工作原理可分为 4 种拣梗机：

（1）阶梯式拣梗机　主要是拣去 4～7 孔茶中粗长的茎梗。

（2）静电式拣梗机　拣剔细筋嫩梗。

（3）光电式拣梗机　拣剔与茶叶色泽差距明显的白梗、黄绿梗及黄条扑片。

（4）手工拣梗　弥补机拣、电拣、光电拣梗机的不足，使净度达到要求。通常 4、5、6 孔茶需进行手捡。

**4. 切轧**

是将粗大头子茶切轧成符合成品的规格茶，筛分后的 4 孔面茶、头子及 12 孔以下的一些碎茶片需进行切轧作业。所用机械有滚切机、齿切机、圆切机、轧片机等。按茶条形状和切轧目的选用不同的切轧机。

（1）滚切机（细胞式切条机）　破碎率较小，擅长于切断，改长为短，用于切断粗大勾曲的毛茶头、毛抖头。

（2）齿切机（锯齿式切茶机）　破碎率较滚切机高，用于切碎短秃的茶头和轻片茶。

（3）圆切机　切细作用良好，破碎力强，用于切轧筋梗。

（4）轧片机　破碎率大，用于轧粗老扑片。

**5. 干燥**

目的是除去多余水分，紧结外形，提高色、香、味。方法有烘、炒、滚 3 种。利用烘干机干燥，具有产量高，联装方便，不含碎茶等优点，但紧条作用较差，没有车色作用。采用炒干机干燥，优点是条索紧结，色泽绿润，香味透发，缺点是不便联装，劳动强度大，茶条容易断碎。用炒车机干燥，滚筒形式，兼有烘炒之优点，又可一机多用，是较理想的机器。茶类不同，干燥要求不同，方法也异。外销绿茶采用烘、炒、滚均可。高档绿茶可采用烘，粗条茶或头子茶采用炒，红茶采用烘。具体情况根据叶子老嫩、含水量多少而定。炒干机掌握温度 70～110℃，时间 45～60min；烘干机的温度 120～140℃，时间 16～22min，炒车机的温度 110～120℃，时间约 35min，台时产量 80kg 左右。

**6. 车色滚条作业**

采用滚筒机，第一次称滚条，主要是紧结条索，便于筛分。第二次称车色，目的是进一步紧结条索，使色泽绿润起霜，该机适用于外销绿茶。一般车色、滚条与烘干机联合使用，以利用烘干机烘后的余热进行滚、车，效果较好。口径 1120mm 的滚筒，滚条时间约 70min，车色为 80～90min。

**7. 匀堆装箱作业**

采用匀堆、过称、装箱联合机。将大小不同筛号茶拼和均匀，并称重、装箱。

## （三）茶叶精加工流程

精加工作业流程依精加工原料与成品茶的品质规格而定。毛茶采制粗放的，成品茶的花色级别多，工艺流程就复杂。不同茶类作业流程千差万别，同一类茶，不同茶厂的作业流程也各有不同，但在设计精加工程序时，尽可能采取先筛分后风选，先风选或捞筛后拣剔，先拣剔去杂后切细，先复火车色后匀堆装箱等技术原则，以利取料加工。

**1. 眉茶精加工流程**

典型的眉茶精制采用“单级拼和，阶梯式付制，多级收回”的原则。绿毛茶加工筛分路线分本身路、圆身路、筋梗路三路加工。现在有的只分本身路和圆身路两路加工。采用 6 号抖筛分路，通过 6 号筛的归本身路，未通过的归圆身路。

（1）本身路　指毛茶经复火滚条，用圆筛机分筛后 6 孔以下的茶叶。本身路是加工上完成取料计划的关键。其作业流程为：

抖筛分路：毛茶通过 6 号筛分路，穿过 6 孔的归本身路，6 孔的抖头叫毛茶头，归圆身路。

第一次筛分：分出 5、6、7、8、9、10、11 共 7 个号头的长身筛号茶。24 孔底再进入 40 和 80 孔小圆筛，分为粗末（40 孔）、细末（40～80 孔）和茶灰（80 孔底）。

粗选定级：各筛号茶分别上风选机风选，风选机 1～4 号口依次分为二、三、五、七共4个级别的珍眉初坯，5口和6口茶可并入七级初坯，选口茶做绿片。

复火车色：110～120℃温度条件下，5、6、7号各级粗坯分别上车色机复火，热、冷车各35min。8号以下茶坯上滚炒后，除二、三级粗坯的8号撩头取撩头付拣外，其余可不付制，直接上圆筛机风选，作珍眉类的半成品，待均堆。11号过风选时，硬的做特针，软的做绿片。

紧门取筋和切抖：二、三级珍眉粗坯分别紧门取筋（5、6、7号混在一起），五、七级粗坯不用紧门。筛网组合，取做二级珍眉用14、8.5或9号筛，取做三级珍眉用14和8.8号筛。穿过14孔的叫丝筋，穿过8或9孔的叫本身珍眉，紧门的头子茶为珍眉头。珍眉头过筛网8孔的切抖机反复切抖，抖头做贡熙。抖脚作三级以下切头珍眉。

第二次筛分：目的是去除断碎。一般珍眉用6、7、9、12孔；丝筋用7、8、10、12孔，分出5、6、7、8号珍眉和丝筋以及挫脚。珍眉头贡熙过4、6孔小圆筛机筛分，4孔面交切抖机复切抖。4孔底6孔面为5号贡熙。各号丝筋要先过风选吹去较轻的做特针。取正口和正子口，二级筋和三级筋分别用16、18孔的抖筋机，抖取筋里筋。

撩筛：补分筛之不足，进一步提高各孔茶坯的匀齐度。各号珍眉，筋和筋里筋分别过撩筛。

精选定级：据身骨的软硬，确定风选机各出口茶级别的上升和下降。筋精选时，身骨硬的做珍眉，软的做特针。二级珍眉里筋精选时，正口取三级珍眉，其余做特针；三级珍眉粗坯的8号撩头，硬的取二级、三级珍眉，软的做特针或低档珍眉。正口和正子口还要复选。

拣剔：目的是拣出较长的粗筋梗，提高净度。一级、二级贡熙和高、中档珍眉的7号正口茶直接手拣，其余的先付机拣、电拣，拣不净的再手拣。含筋梗不多的珍眉可先撩后拣。拣头或切头应先撩后拣。

补火车色：珍眉、贡熙和各筛号茶分别补火车色，叶温控制在64～90℃，时间65～85min，含水率控制在5%～5.5%。

割脚清风：补火后产生部分碎茶，珍眉过小圆筛割脚，贡熙过抖筛机打脚，再上风选机清风，之后拼配匀堆。

(2) 圆身路　原料来源于第一次切分的毛茶头，本身4～5孔毛抖头，4～5孔前紧门头。本路茶叶外形较粗大，来路不同，品质差异也较大，需经反复切分，其加工流程为：

原料→烘干→切抖→第一次平圆筛分→粗选定坯→复火车色→紧门打脚→第二次筛分→精选定级→补火车色→紧门打脚清风

(3) 匀堆　本身路和圆身路的茶坯加工完毕后，即可拼配匀堆。匀堆用匀堆机，先根据出厂标准样的品级要求，拼配小样，然后对照标准样。绿片、粗末、细末、茶灰、茶梗等，可分别按内销茶标准要求装箱或装塑料袋内调。

眉茶成品花色级别有：特珍（特级、1～2级）；珍眉（1～4级、不列级）；秀眉（特级、2～3级）、茶片；雨茶（1级）；贡熙（特贡、贡熙1～3级、不列级）等。

**2. 红碎茶精加工流程**

红碎茶在鲜叶加工过程中，由于经过多次揉切、筛分，毛茶已基本上达到了初步分级的目的，多呈颗粒状或片状，因此精制工艺流程较为简单，一般厂家都是初、精制联合生产的。

红碎茶精制加工工艺流程：

热拣梗→撩头割末（撩头茶经切轧→复火）→分筛→风选→飘筛→拼配

茶叶经烘干机烘干、振动输送机（兼具静电拣梗、筛分和输送功能）送出，各主孔茶经风选机吹出轻质的茶叶后再经飘筛后待拼。由振动输送机上抖出的团块茶须经复火后用切茶机切碎，再拣梗、筛分、风选，制成成品茶待拼。切茶机切碎的茶叶，色泽发灰，不宜与本身路茶混合精制。静电拣梗机拣出的筋梗茶需用高压静电拣梗机再次分拣，分出的茶叶再筛分制作。各路茶加工完后进行成品拼配，按拼配单将不同筛号茶进行匀堆、过磅、装箱。

红碎茶成品花色，一套样有叶茶1～2号，碎茶1号、2～4号（各分上、中、下三档）、5号，片茶1～2号，末茶1～2号；二套样有叶茶，碎条1～6号，片茶1～2号，末茶1号；三套样有叶茶（各分上、中、下三档），碎茶1～2号（各分上、中、中下、下四档），3号（分上、中、下三档）；片茶（分上、中、下档），末茶（分上、中、下档）；四套样有碎茶1～2号（各分上、中、下三档），3号（分上、下二档），片茶（分上、中、下档），末茶（分上、中、下三档）。

**3. 安溪铁观音茶精加工流程**

（1）筛分　目的是分清长短粗细，并以此划分毛茶级别。通过滚筒式圆筛机（筛孔配置为2.5、4、6孔），将毛茶筛分出1号茶、2号条、3号茶。然后，再用平面团筛机将上述三号茶筛分细分，1号茶可被筛分为上、一中、一下；2号茶可被筛分为二上、二中、二下；三号茶可被筛分为三上、三中、三下。接着，三下茶再次上平面圆筛机，又可被筛分为五上、五号茶、上末、下末。

（2）风选　筛分后的各筛号茶，送入茶叶风力选别机风选。风选机1口所出茶为正身茶，2口所出茶较杂，必须夏选出正身茶，3口所出茶为轻身茶，4口、5口所出茶为粗茶，6口所出茶为灰末。

（3）拣剔　通过机拣和手拣结合进行。铁观音的含梗量较大，必须利用不同种类的拣梗机尽可能将各级茶叶中的茶梗及夹杂物拣清除净，以减少手工拣剔量。

（4）复火　把各级筛号茶按筛号拼配成几个小堆，分别进行烘焙干燥。复火应掌握的原则是：高级茶要求火候适当，中级茶要求火候温足，低级茶则要求火候饱足，粗老茶及茶梗要求高温，但不能出现黄焦现象。特级、一级茶一般烘焙温度为145～150℃，二级茶为155～160℃，三级以下为170～180℃，粗老茶及茶梗风温要达到210℃，并且一般是采用三台自动链板式烘干机连续烘焙，全程烘焙时间共需70min。

（5）摊晾　通常也采用自动链板式烘干机，只是作业过程中不是向主机构体内通热风，而是通冷风。摊晾后的茶叶含水率应控制在4%左右。

(6) 匀堆装箱 经过摊晾、冷却后的半成品茶要及时取样试拼，按准确拼配比例和拼配方案，将各级筛号茶送上茶叶匀堆机拼和、过磅、装箱，从而完成铁观音的全部加工。

**4. 武夷岩茶精加工流程**

武夷岩茶精加工是以拣梗为主，整形为辅。一般采取“多级付制，单级收回”的方法，极品毛茶用“单独付制”的方法。

为保持乌龙茶形状弯曲、完整，在加工时要特别注意一些工序，如筛网配置孔眼要放大，转速要快。抖筛尽可能不用，使用时筛孔要放大，一般用3、4、8孔；抖筛头子与毛茶头用梗叶分离机分离或合并打切，使用切茶机一定要松切，减少碎末茶。

乌龙茶对内质的要求较高。在烘干时，对于不同品种、季节、品级的毛茶，应掌握不同的温度和时间。春茶火温一般低于夏茶，秋茶低于春茶。

### （四）成品拼配

把精制加工完成的各级各孔茶按标准样拼配成各级成品茶小样，要求小样外形基本对上标准样，然后开汤审评内质。小样预验合格后，再行匀堆，检取大样，检验合格，成品拼配即告完成。

搞好成品拼配，先要熟悉标准样的品质规格，因为标准样是成品拼配的依据。其次，要掌握付制毛杀的品质状况，原料好坏与半成品的质量关系极大，只有全面掌握了取料数量、半成品质量状况及各孔条外形、内质的优缺点后，才能扬长避短，互为补充，顺利拼配，减少半成品库存。

## 三、茶叶再加工

上述六大茶类初制毛茶通过精加工即成符合规格的成品茶投放

市场，也可通过包装形成袋泡茶，或用作茶坯窨制花茶，或通过蒸压再制成各种形状的紧压茶。

## （一）花茶窨制

花茶是采用鲜花和成品茶拼和，在特定的外界环境条件下，茶叶吸收鲜花香气，使茶的清香和花的芬芳密切结合而制成。我国香花资源丰富，有茉莉花、珠兰花、玉兰花、玳玳花、柚子花、栀子花、秀英花、玫瑰花等，尤以茉莉、珠兰、玉兰最为普遍。茶坯选用组织疏松多扎（容易吸收香气）、香味纯正（花香容易显露）的茶叶，如烘青、大方、乌龙、红茶等，尤以烘青居多。以窨制的花类和茶坯不同，分别冠以不同的称谓。

### 1. 茉莉烘青花茶窨制

茉莉花茶传统窨制工艺流程：

茶坯与鲜花处理→窨花拌→静置窨花或堆窨→通花→收堆续窨→起花→烘焙→冷却→转窨或提花→匀堆装箱

（1）茶坯处理　传统茶坯处理方法包括两道工序，即复火干燥和通风冷却。复火温度掌握在120～140℃，时间10～12min，干燥后要求茶坯含水量在4%～5%之间。高级茶含水量为4%～4.5%，中级茶为4.2%～4.8%，低级茶为4.5%～5%。茉莉花开放的最适温度为35～37℃，茶坯复火后的温度可达80～90℃，因此必须先行冷却，以免茉莉花“烧死”，当茶坯冷却2～3天，叶温下降至30～34℃时，开始窨花。

（2）鲜花处理　茉莉鲜花采用已成熟的当天花蕾，朵大，饱满，均匀，色泽洁白光润，单朵蒂短，含苞欲放的花朵。通过一定外界条件，促使鲜花开放，吐香一致。

抑制鲜花开放：为防止鲜花过早开放，应进行摊晾。将鲜花摊放在阴凉、清洁、通风的场所，厚度不超过10cm，也可用风扇排湿。

促进鲜花开放：鲜花适当堆积，可促进开放，一般堆高40～60cm，直径200cm，鲜花量约为150kg，使花温升高，促进开放。

当温度高达40℃时，再次摊晾，以免影响鲜花质量。如此反复进行3～5次，当有70%的鲜花开放度达50%～60%时即可筛花。

筛花：通过筛花机对鲜花进行分级与除杂。一般用2.5孔筛筛去小的未开放的花蕾，另行收堆，供窨制低级茶。筛花时振动也可促进鲜花开放，当有90%以上鲜花开放度达80%～90%以上（呈虎爪形）时即可窨花拌和，拌和时花温不能超过茶坯温度。

（3）玉兰花打底　目的是提高茉莉花茶的香气浓度和衬托花香的鲜灵度。方法是将玉兰和茉莉花与烘青茶坯拌和，有的将打底的玉兰花与茶坯拌和。用量要适当，一般每100kg茶坯打底玉兰花1kg，不超过1.5kg；头窨、三窨和提花分别用玉兰0.6、0.3、0.15kg打底。用量过多，玉兰香透露，称“透兰香”，影响茉莉花茶的纯度。玉兰整朵打底香气质量好，花量少可拆瓣，甚至切碎，但香气欠纯。

（4）窨花拌和　配花量多少依鲜花质量、茶坯好坏、窨次多少而定（表4-7）。窨花拌和，大花茶厂可使用窨花拌和机，如立体斗式窨花、通花、起花联合窨制机，闽75型花茶联合窨制机。多数中小型茶厂采用手工窨制方式，一般为地面窨制、箱窨或囤窨。地面窨制先将茶坯平铺于专用的花茶窨制地板上，厚度25cm左右，然后将茉莉鲜花（或打底的玉兰花）均匀地撒放在茶坯上，再

**表4-7　各级茉莉烘青每100kg茶坯配花量**

（单位：kg）

| 茶坯级别 | 窨花次数 | 配花量 | | | | | | 附注 |
|---|---|---|---|---|---|---|---|---|
| | | 合计 | 一次 | 二次 | 三次 | 提花 | 白兰花 | |
| 一 | 三窨一提 | 95 | 36 | 30 | 22 | 7 | 0.5 | 括号内系压花渣的数量 |
| 二 | 二窨一提 | 70 | 36 | 26 | — | 8 | 0.5 | |
| 三 | 一窨一提 | 42 | 34 | — | — | 8 | 0.75 | |
| 四 | 30%压70%窨全提 | 30（40） | 22（40） | — | — | 8 | 0.75 | |
| 五 | 半压半窨全提 | 25（40） | 17（40） | — | — | 8 | 0.75 | |
| 六 | 半压半窨全提 | 25（40） | 17（40） | — | — | 8 | 0.75 | |

用铁耙沿着一个方向迅速将茶与花充分拌和均匀。三级以上茶坯采用箱窨，装八成满。三级以下茶坯用囤窨，高30～40cm，直径120～150cm，每囤茶坯约150～200kg。囤的大小根据气温高低加以调节，随窨次增加囤围逐渐缩小，不论箱窨或囤窨，顶部都要盖一层茶坯，以减少香气散失。

（5）通花散热　目的是降低温度，使萎缩鲜花恢复生机，并提供新鲜空气，提高鲜灵度，调剂全堆不同部位茶叶的品质。茶与花拌和后，由于花的呼吸作用而使温度上升，一般经4～5h温度上升至45～50℃时即要通花散热，否则导致鲜花黄熟，香气不鲜灵，欠浓纯。通花温度逐窨下降，头窨为45～50℃，二窨为43～46℃，三窨为41～43℃，高级茶通花温度宜低，低级茶通花温度宜高。逐窨时间也相应缩短，头窨为4～5h，二窨为3.5～4h，三窨为2.5～3.5h。

通花散热方法是将在窨的茶堆散开摊晾，厚度10cm左右，每隔15min翻抖一次，使坯温迅速降低，待坯温降到35～38℃时，再行收堆续窨，二窨以上收堆续窨温度则应逐窨降低1～2℃。

（6）收堆续窨　为使茉莉鲜花香气绝大部分均被茶坯吸收，通花散热后要再次收堆续窨。收堆高度比原来低些，以防止温度回升过快，续窨后要再进行第二次通花，但要注意通花次数多，香气损失多。一般续窨5～6h。茶堆温度又升到40℃左右，鲜花萎蔫，色泽微黄，嗅不到鲜香即告完成。

（7）起花　窨制一结束，应立即起花，避免在水热作用下花渣腐熟黄变，产生不良气味，影响花朵香味。起花采用抖筛机器（3孔或4孔），起花操作时间应尽量缩短，必须在1～3h内完成。起花后，要及时复火干燥。

（8）复火　茶坯在吸香的同时，也吸收大量水分，窨制后茶坯的含水量约达12%～16%。为防止质变，花坯需及时复火。烘干机复火温度，头窨为120～140℃，二窨为110～120℃，三窨为100～220℃。窨后含水量，头窨为4.5%～5.0%，以后烘坯含水量逐窨次增加0.5%～1%。每次窨后茶坯需冷却，降至30～34℃

再窨。

（9）再窨或提花　选用少量优质的鲜花再窨一次，目的是提高香气的鲜灵度。一般高级茶需再窨，二窨茶要再窨一次，三窨茶要再窨两次，工艺流程与上次相同，不论几窨最后都需提花。提花拌和操作技术与窨花拌和基本相同，只是用花量较少，中间不用通花散热。打囤后，约经9～10h即行起花，提花时温度控制在40℃左右，提花后为保持香气鲜灵，不再复火。因此，必须正确掌握提花时鲜花用量，使提花后的成品茶含水量控制在8%～9%，否则需复火。

（10）匀堆装箱　提花起花后符合规格的成品茶应及时匀堆、过磅、装箱。对含水量有差异或同级成品茶香气有差异的加以拼和、匀堆，以取长补短，改善品质。

**2. 茉莉花茶湿坯连窨工艺新技术**

（1）工艺流程　（取50%）茶坯→一窨→湿坯转二窨→烘干，（另50%茶坯）压花→湿坯转一窨→烘干→提花，之后将两批花茶合并装箱。

（2）茶坯要求　茶坯在第一窨前一般无须复火，精制好的茶坯可直接进行付窨，但茶坯含水量不宜超过20%。

（3）养花　堆温应控制在40～43℃，堆高30～35cm，每隔1h翻花一次。鲜花开放度要求头窨花达80%，二窨花达85%，三窨花达90%，提花用花达95%，才可以上花。

（4）窨次　对一、二级花茶，采用二窨一提为佳；对特级花茶，采用三窨一提为佳；对超特级和特种花茶，可以采用连二窨为单位，复火后再连二窨，这样有利于成品质量的提高。起花后的湿坯要及时摊晾，厚度15～20cm为宜。

（5）下花量　对于头窨，应采取重窨，配花量应占整个用花量的50%左右，二窨用花量需25%，三窨用花需15%。配花量在69%～115%之间，配花量递增，茉莉花茶香气成分的含量亦随之增加，当配花量达到96%以上，茶坯的吸香已趋于饱和。高档茉莉花茶的适宜配花量为90%～100%。

(6) 堆温与堆高的控制　堆温应逐窨下降，头窨需采用高温47～50℃；二窨堆温为45～47℃；三窨堆温为42～45℃。堆高也呈递降趋势，即头窨为45cm左右，二窨为40～42cm，三窨为36～37cm。

(7) 窨制时间　一般头窨需14～15h，二窨13h，三窨10～12h。

(8) 烘干　应掌握火温宜低不宜高，在烘时间宜短不宜长。烘后茶叶含水率应掌握逐窨增长，末窨次烘后水分不得低于6%。茶坯含水量高，采用高温快烘，一般温度为150℃左右。

与传统花茶窨制工艺比较，湿坯连窨技术可节省时间5d左右，减少了2次复火干燥工序，降低了加工成本。

**3. 玉兰烘青花茶窨制**

玉兰花香气浓烈，不及茉莉香气芬芳幽雅、鲜灵，一般用以窨制中、低级茶。由于配花量少，不需通花散热和复火。因窨后含水量与茶坯含水量基本相同，所以窨后不起花，而且窨花只窨一次，不提花，窨制工艺比较简单。

(1) 茶坯处理　茶坯复火。含水量根据下花量多少而定，一般为4.5%～6.5%，烘后冷却至30～34℃。

(2) 鲜花处理　玉兰花以欲放未放的香气最好。鲜花进厂后，要及时摊晾，厚度3～5cm。拆瓣窨制效果较好，窨前用手工拆瓣；一般作拼母用的玉兰鲜花，宜采用整朵窨制；切碎窨制用于低档茶坯，拆瓣或切碎后的鲜花应及时窨制。

(3) 窨花拌和　配花量每100kg茶坯用花量，三级为5kg，四级为4kg，五级为3kg，六级为2.5kg，茶芯为4kg，三角片为2kg。花与茶拌和，一般是一层茶一层花铺放后，予以开堆均匀混合，单提成箱的，即可装箱。朵窨作为拼母的需经起花，一般窨后16～20h，即可起花，匀堆装箱。

**4. 珠兰烘青花茶窨制**

珠兰花具有清秀幽雅、鲜爽持久的独持风格。一般采用单窨次，不起花，不提花的方法。

(1) 茶坯处理　方法与茉莉烘青花茶相同，要求复火后茶坯含水量4.0%～4.5%，茶坯冷却温度32～35℃。

（2）鲜花处理　要求花枝生长成熟，不过长，花粒饱满，花色黄绿。鲜花进厂后，多采用机切（切枝窨），应随切随窨；生产量较少时，可采用手工将花枝采下，剔去长枝，及时薄摊3～5cm，使表面水分迅速蒸发。晴朗干燥天气则在花上覆盖湿布，以免鲜花失水萎凋，鲜花进厂后应力争在4h内窨制完毕。

（3）窨花拌和　每100kg茶坯配花量，名茶为10kg，一级为8～10kg，二级为7～8kg，三级为6～7kg，四级为5～6kg，五级为4～5kg，六级为4kg，三角片为3～4kg。茶与鲜花拌和均匀后囤内窨制，每囤150～250kg，厚度约40cm，堆面用茶坯覆盖。

（4）通花散热　头窨进花后8～10h，二、三窨窨后约18～20h，囤内温度升达38～40℃，即行通花散热（如果温度达不到38℃，可不必通花散热，配花量少的低档原料都不通花），待温度降至32～35℃，收堆续窨。再经18～20h，待花枝略干，呈青黄色后带花复火。珠兰花一般只窨一次，不必起花。

（5）复火　窨后花坯含水量为9%～15%。因珠兰花枝细，花短小，不必起花，可带花复火，烘干机温度为80～100℃，烘至含水量为7%～8%为适度。

（6）匀堆装箱　茶叶下烘，冷却至40～45℃后匀摊装箱。

## （二）紧压茶加工

将初制的松散半成品茶，通过蒸热软化后，再经过加压压制成不同形状的团块茶，称紧压茶或压制茶。其原料有黑毛茶、红毛茶、绿毛茶（晒青）或其副脚茶，以黑毛茶为主，产品主要有后黑砖、茯砖、花砖、老青砖、康砖、米砖、沱茶及普洱茶等。紧压茶品种多，采用原料也不相同，有些茶形状也有较大差异，但加工方法和压制工艺大同小异。以砖茶（黑砖、花砖、茯砖和老青砖）和普洱紧压茶为例介绍压制方法如下。

### 1. 砖茶压制

工艺流程：称茶→汽蒸→装模→紧压→定型→退砖→修砖→拣

砖→烘干→包装

（1）原料　黑砖原料为80%三级黑毛茶，15%四级黑毛茶，5%其他茶，总含梗量不超过18%；花砖原料大部分采用三级黑毛茶及少量降级的二级黑毛茶，总含梗量不超过15%；特制茯砖全部采用三级黑毛茶为原料，普通茯砖的原料为三级黑毛茶占40%～50%，四级黑毛茶占5%～10%，非黑毛茶占50%，总含梗量约28%；老青砖采用老青茶一至三级，含梗量约25%。

（2）称茶　目的是保证产品单位重量符合标准。称茶数量根据加工中损耗及原料含水量多少而定：

$$称茶重量=\frac{成品单位标准重量\times成品标准干度}{茶坯干度\times（1-加工损耗率）}$$

称茶后制黑砖、花砖、老青砖即行蒸压；压制茯砖，为使茯砖易于“发花”，需对原料加拌茶汁，每片茯砖原料约加250g左右，使烘时含水量接近23%～26%为度，并翻拌均匀。茶汁由水加黑毛茶梗（或茶籽壳）以10∶1比例煮至黑褐色即成。

（3）蒸压　茶坯通过茶汁进入蒸茶器，在6kg/cm$^2$蒸汽压力和102℃热蒸汽下，经过3～4s汽蒸后，使茶坯柔软，具有黏性，即进行装匣压制。方法是先将木衬板和擦少许茶油的铝底板放于匣内，随后将茶叶倒入匣内迅速扒匀扒平（四边和角稍厚些），再放上铝面板和木衬板进行预压，然后装第二片，装匣完毕，随即推送大压力机进行压砖。

（4）冷却定型　压制后的砖匣输送到晾置架上，进行冷却定型。砖温降至50℃左右，时间一般2～2.5h。

（5）退砖　用退砖机将砖块退出砖匣。

（6）修砖　用修砖刀将砖六个面八条边削平修齐，达到四角分明，符合产品规格。

（7）检砖　检验外形规格、砖面商标清晰度、厚薄均匀度、重量、含水量等是否符合要求。茯砖含水量为25%左右，黑砖、花砖、老青砖均为17%左右。如不符合要求，需要重新压制。合格砖茶即行干燥。茯砖采用商标纸包装，商标纸紧贴砖面，封口严实，包好砖片后送烘房发花干燥。

(8) 干燥　置砖片于烘房的烘架上，上架时由里到外，由上而下，侧立排列，砖间距约 1～2cm，不宜过密，待整个烘房放满后进行加温（蒸汽管道）。不同砖茶温度控制程度有所不同，黑砖、花砖、老青砖温度先低后高，开始温度为 35～40℃，随后逐步均衡上升，最后温度达 70～75℃，含水量达 13%左右即停止加温，冷却后出烘，一般需 8～13 天。茯砖干燥分两个阶段，前 12～15d 为“发花”阶段，后 5～7d 为干燥阶段。“发花”阶段温度要控制在 28℃左右，空气相对湿度保持在 75%～85%，以适合冠突散囊菌的生长。干燥阶段温度应逐步升高，一般由 30℃上升到 45℃为止。含水量达 13%左右即停止加温，历时 20～22d，待茶砖冷却后再出烘。

“发花”时需勤检查，进烘后 8d 即可开始检查“发花”情况，查看孢子色泽和大小，发花良好的色泽呈金黄色，如果出现白、青、黑色，则表明湿度大，温度低，通风不良，应立即采取相应措施，加以排除。待“发花”茂盛后转入干燥阶段，每天提升 2℃，一般温度达 42～45℃，即可退温出烘。

(9) 成品包装　出烘后即行包装，包装需再次检重，每片砖茶正差为 1%，负差为 1.5%。包装袋有袋装和篓装之分。茯砖、黑砖、花砖用麻袋包装，每袋 20 片，外刷唛头。老青砖用篓装，每块砖茶用商标纸包封装篓三叠，每叠 9 块，每篓 27 块。

**2. 普洱紧压茶压制**

工艺流程：原料→拼配→潮水→称茶→蒸茶→压茶→退压→干燥→包装→仓贮陈化

(1) 原料　采用云南优质大叶种晒青毛茶经过人工快速发酵工艺后加工成的普洱散毛茶。散茶的水分含量一般保持在 12%～14%以内，原料在加工前必须做水分检验，合格后方能付制。这也是核算制率和拼配比例的依据。

(2) 筛分拼堆　通过筛分整理，将茶分成洒面茶和包心茶。拼配成堆是决定成品品质的关键。把已制好的各种茶坯对照标准样茶进行内质与外形的严格审评，决定适当拼配比例后，采取拼配小样的办法，以检验拼配比例是否适度。拼堆时，应将审评决定拼入的各筛号茶拼和均匀，使同一拼堆的原料品质一致。

(3) 潮水　潮水的目的是促进压制紧结。洒水数量多少要视原料老嫩、空气湿度大小而定。粗老原料需潮水，嫩茶可直接蒸压。洒水拌匀后堆积一个晚上，即可付制。

(4) 称茶　方法同砖茶。

(5) 蒸茶　目的是把茶叶压制成形，吸收一定水分进行后发酵作用，并可消毒杀菌。蒸茶的温度一般保持在 90℃以上，掌握 1min 蒸 4 次，待蒸汽冒出茶面，茶叶变软时即可压制。

(6) 压茶　方法同砖茶。分手工和机械压制两种，在操作上要掌握压力一致以免厚薄不均。装模时要注意防止里茶外露。

(7) 退压　压制后的茶坯需在茶模内冷却定型 3min 以上再退压。退压后适当摊晾，以散发热汽和水分，然后进行干燥。

(8) 干燥　干燥时间随气温、空气相对湿度、茶类及各地具体条件而有所不同。在干燥季节，室内自然风干的时间要 5～8d 才能达到普洱茶紧压茶的标准干度。室内加温干燥掌握烘房温度：室温→60℃→40℃，下烘时成品含水量要达到标准干度。

(9) 包装　云南普洱紧压茶包装大多用传统包装材料，如内包装用棉纸，外包装用笋叶、竹篮，捆扎用麻绳、篾丝。茶叶包装前必须作水分检验，保证成品茶含水量在出厂水分标准以内。

(10) 仓贮陈化　紧压茶后发酵是自然氧化和微生物等综合作用的过程，而渥堆结束后是一个缓慢的酯化后熟过程，逐渐形成普洱紧压茶特有的陈香风格，其陈香随后期酯化时间的延长而增加，因此存放时间越长普洱紧压茶其陈香风格越浓厚，质量也越高。根据此特点，云南普洱紧压茶包装成件后，必须贮藏于干净、通风、阴凉的仓库内，让其自然陈化。

## 四、茶叶深加工

茶叶深加工是利用茶叶成品、半成品和鲜叶在制品或者用茶叶、茶厂的废次品、下脚料为原料，按照一定的加工工艺和技术进行再次加工，生产具有茶叶特有色、香、味特征的新型饮料、食品、功能产品或保健品。目前生产的茶叶深加工产品主要有速溶茶、茶叶软饮料、茶叶食品及茶叶医药保健品。

### （一）速溶茶加工

速溶茶具有比普通茶叶快泡的特点。它是一种颗粒状、碎片状或粉末状的结晶，易溶于水而无茶渣，携带方便，无农药残留，可热饮也可冷饮；或加入其他有益成分生产调味制品（果汁、香料、糖等）。

**1. 一般速溶茶加工**

工艺流程：原料处理→浸提→净化→浓缩→干燥→包装和贮藏

（1）原料处理　采用茶叶鲜叶、成品或半成品均可，从降低成本考虑，一般采用中低挡原料，以茶末、茶片、茶梗等副产品与正品茶按一定比例配合提制。茶叶副产品配以 20%的正品茶，能提高速溶茶的浓度；拼配 20%的揉捻叶，则能提高其鲜爽度。成品茶和半成品茶要轧碎，过 60 目筛，鲜叶要经杀青或萎凋后经切碎机切碎，再过筛。

（2）浸提　有沸水冲泡浸提、冷水连续抽提及超声波辅助浸提等。沸水冲泡浸提时茶水比为 1∶12～1∶20，浸提浓度为 1%～5%；冷水连续抽提时茶水比为 1∶9，提取液浓度可达到 15%～20%，高档茶分两次浸提，低档茶浸提一次，每次浸提时间以 10～15min 为宜。超声波辅助浸提茶水比 1∶15，浸提两次（第一次、第二次的水量分别为总水量的 8/15、7/15），每次 15min，浸出效果最好。红茶浸提温度 95℃左右，绿茶多采用 90℃左右的浸提温度，乌龙茶浸提温度介于红、绿茶之间。

（3）净化　目的是清除茶汤中不溶性物质，消除碎茶末、杂质和“冷后浑”，使速溶茶冲泡后具有明亮的汤色。

去除杂质和碎茶末采用过滤离心法。“冷后浑”是多酚类及其氧化物茶黄素、茶红素与咖啡碱结合而成的一种乳状络合物，是红茶的滋味物质，它不溶于冷水，影响速溶茶冷溶度，应给予转溶处理。转溶方法可用酶性转溶法（使用单宁酶）和碱性转溶法（使用氢氧化钾等）或浓度抑制法（明胶、$CO_2$ 等）。实践中通常几种净化方法综合运用。目前，膜分离技术的微滤澄清技术在茶饮料澄清工艺中已得到应用，以 0.2μm 膜在温度为 45℃、平均膜面压力为 0.28MPa 条件下微滤，并在滤液重为原料液重的 80%～90%时，加 15%原料液重的纯水透析两次较好。

（4）浓缩　去除部分水分，增大浸提液的浓度，便于干燥造型。浓缩方法有真空减压浓缩、冷冻浓缩和反渗透膜浓缩。真空减压浓缩工艺指标为：真空度大于 6.7kPa，物料温度不超过 45℃，时间不超过 40min。最终浓缩浓度以 30%为宜。该法效率高，成本低，易掌握，但温度较高，影响品质。冷冻浓缩优点在于低温下有利保持茶的天然本色，但成本偏高，程序较复杂。反渗透膜浓缩温度不高，是一种较理想的浓缩方法，但对膜的质量要求严格，膜又容易阻塞，难以清洗。目前在速溶茶生产上使用最多的是真空浓缩法。

（5）干燥　去除水分，固定品质，塑造外形。目前常用的干燥方法有喷雾干燥和真空冷冻干燥。喷雾干燥进口温度为 100～120℃，出口温度为 80～100℃，使浓缩液雾化与热空气接触而干燥成颗粒或粉末状。真空冷冻升华干燥是使茶浓缩液处于冰冻（－20～－30℃）状态下加热（30℃以下）蒸发，水由固相直接升华成气相而被除去，其色、香、味比喷雾干燥好，但成本高，功效低。

速溶茶颗粒要求空隙度大或成空心状，以利溶解。为改善松密度，可将一定体积的 $CO_2$ 混入到一定体积的浓缩液中，使产生大量泡沫再喷雾干燥，使之形成外壁薄、中间空的颗粒型，粒径在 200～500μm，松密度为每 100ml 重 9～11g，含水量 3%，果胶含量保持在 1.0%左右。

（6）增香　在速溶茶加工中，多次经过高温，香气散失较多，如不增香，就无法克服香低的缺陷。速溶茶的增香包括去杂留香、香气回收和人工调香等复杂技术。

去杂留香：中、低档茶的抽提液中，粗老气部分约占6%，茶味浓强，且香气鲜爽部分约占10%，低香部分约占14%；无香气部分，大致占抽提液总体积的70%。合并粗老气和低香、无香这几部分抽提液，经过真空浓缩就可以冲淡粗老气，然后将浓缩液连同香气鲜爽、茶味浓郁的精华部分一道干燥，就可制成品质高于原茶的优质速溶茶。

香气回收：目前主要运用分馏—冷凝法回收香气，也可以用色谱装置回收香气。最近研究出的ARS香气萃取回收技术可从茶叶与水组成的茶浆中连续分离和萃取茶的香气化合物，生产出的速溶茶能保持最好的香气品质状态。

增香：为了提高速溶茶的香气，将回收的香气提取物经雾化后直接往颗粒速溶茶上喷洒。人工调香是将少量（不超过0.15%）各种天然香料及合成香料加入速溶茶中，或添加某些改善香气的添加剂，如β-环化糊精等方法，或采用微胶囊技术将茶叶的香气成分包裹起来，可减少香气成分的损失，在一定程度上可弥补或减轻茶饮料香气成分的损失，达到增香的目的。

**2. 脱咖啡因速溶茶加工**

依咖啡因的脱除方法不同，脱咖啡因速溶茶的加工方法主要分为热水浸提法、溶剂萃取法、吸附分离法、超临界$CO_2$萃取法、微生物降解法和酶降解法及培育低咖啡因茶树等。

热水浸提法加工脱咖啡因速溶茶，主要步骤为：鲜叶→热水浸渍（杀青、脱咖啡因）→切轧→浸提→浓缩→干燥→成品

（1）热水浸渍　使用夹层提取罐，装入纯净水，通入蒸汽将水加热至100℃，或使用6CKT-60型茶叶咖啡因脱除机（热水温度保持在90℃以上），将茶树生叶经125℃以上蒸汽杀青。按每升100℃纯净水加入杀青后的热茶叶50～200g计加入热茶叶，并连续通入蒸汽使水温保持在100℃，处理1～15min；取出提取罐中的茶叶并用自来水冲洗；反复进行蒸汽杀青—热水浸渍—水洗步骤，直

至提取罐热水中的咖啡因浓度达到 5g/L 以上。提取后所得的茶叶即为脱除咖啡因的茶叶。

（2）切轧　将上述步骤所得的茶叶切至粒径<5mm 的碎片。

（3）浸提　按每升纯净水加入 100～500kg 茶叶碎片计，将上述茶叶碎片用 85～100℃纯净水提取 20～50min，经双联过滤器过滤后，弃去茶叶渣，收集滤液即为低咖啡因茶叶提取液。

（4）浓缩　将上述低咖啡因茶叶提取液经硅藻土过滤或 0.25μm 的醋酸纤维膜过滤后，用反渗透膜浓缩至浓度为每升含固型物 100～150kg，再减压浓缩至每升含固型物 250～500kg，即获低咖啡因茶叶浓缩液。

（5）干燥　将低咖啡因茶叶浓缩液喷雾干燥或冷冻干燥，获得低咖啡因速溶茶粉。

## （二）茶叶原汁制备

茶汁是绝大多数茶叶深加工新制品的基本原料，传统的茶汁提取素以干茶为原料，干茶先用 10 倍以上的沸水提取水溶性有效成分。提取浓度约为 1%～2% 用真空减压浓缩，温度控制在 60～70℃，浓缩比为 1∶4，第一次浓缩后浓缩液的浓度为 4%～8%，第二次可达 16%～32%。这种提取法能源消耗大，茶叶香气和滋味损失多。现多采用鲜叶为原料直接提取茶叶原汁，其加工过程如下。

**1. 鲜叶处理**

鲜叶先按提取不同茶类茶叶原汁的需要进行工艺处理，如绿茶经杀青、红茶经萎凋、乌龙茶经晒青、做青、杀青，以符合传统的品质要求。红茶萎凋控制在 8～20h，萎凋叶含水量较高，以利压榨。乌龙茶日光萎凋程度宜轻，摇青（做青）要注意控制含水量，杀青温度要高，时间要短，以利提高香气。

**2. 机切粉碎**

鲜叶经适当处理达到各茶类不同要求后，先用饲料粉碎机粗切，再用 LTP 锤击机细切，饲料粉碎机转速为 200r/min，LTP 锤击机为1400r/min。

**3. 压榨**

切碎叶装入布袋或用布包好，置于螺旋压榨机下压榨，压强98MPa，反复压榨，直至榨不出茶汁为止，必要时可加水再榨。第一次压榨出来的鲜茶汁浓度约为10%，第二次约5%，第三次3%以下。不同浓度的鲜茶汁应分别保管贮藏。浓度高的加工固体饮料，浓度低的加工液体饮料。

**4. 超滤浓缩**

鲜茶汁先经粗滤，除去杂质及沉淀，然后超滤，将分子量较大的部分分离，分子量较小的部分进行反渗透浓缩，如浓缩比为1∶4，则10%浓度的鲜茶汁浓缩后可达40%的浓度，5%浓度的鲜茶汁可达20%的浓度。茶叶原汁经保鲜处理后即可贮藏待用。目前纳滤膜浓缩工艺已在生产上得到应用。

## （三）茶饮料加工

茶饮料是将茶叶或茶浓缩汁、速溶茶等为主要原料（占配料比例1/3以上），经提取、过滤、调配、灭菌、包装等工序加工而成的含有一定分量的茶多酚、咖啡碱等有效成分的液态茶饮品。

**1. 茶饮料种类**

根据原辅料种类和加工方法不同可分为茶汤饮料、调配型茶饮料和保健功能茶饮料三大类。

（1）纯茶饮料（茶汤饮料）　即以茶叶为原料，加水浸提后的萃取液或其浓缩液、纯茶粉作为主剂，不经调配，保持原茶风味的茶饮料，如绿茶饮料、红茶饮料、乌龙茶饮料等。

（2）调配型（混合型）茶饮料　即以茶叶为主要配料，添加糖、果汁、香料、牛奶、酸味剂、$CO_2$等配料调和而成的饮料。调配合适的酸甜度，再配合水果香和花香，这类产品茶叶风味并不显著突出。包括果味茶饮料、果汁茶饮料、碳酸气茶饮料、含乳茶饮料、冰绿茶、混合茶饮料等。

（3）功能茶饮料　即以茶叶提取液或茶叶中某种活性成分（如

茶多酚）为主料，有目的地添加中草药及植物原料（人参、枸杞、银杏叶等）或营养强化剂制成。如儿茶素饮料、茶多酚饮料、减肥茶饮料、银杏茶饮料等。

**2. 茶饮料加工工艺**

茶饮料产品多样，风味各异，但加工工艺大同小异，其工艺流程为：

软水→加热
↓
茶叶→浸提→过滤→冷却→调配→过滤→加热→灌装→封罐
↑添加　　成品←检验←冷却←杀菌←┘
糖、果汁、酸味剂、香料

（1）原料的选择　根据产品的特殊要求有针对性地选择茶叶、水质和风味物质。选择茶叶时应注意原料茶种类和产地的不同采取搭配的形式。浸提用的水应该用去离子水，pH 值应控制在 6.5 左右。

（2）浸提　一般采用带搅拌的浸提装置和大型茶袋上下浸提装置，也可采用加压热水喷射浸提或逆流浸提设备。浸提温度一般控制在 85～95℃，时间 10～15min，茶水比 1∶100 左右。

（3）冷却　浸提后，应迅速将浸提液冷却下来，最大限度地保持茶饮料固有的香气成分和呈味物质。

（4）过滤与分离　在调配前，茶汁一般经过两次过滤，一次粗虑，将浸出茶汁与茶渣分离。

（5）调配　按制品的类型要求，将茶浸提浓缩液稀释至适当浓度，使固形物含量、pH 值和茶多酚含量达到规定值。对纯茶饮料，添加 pH 值调整剂（碳酸氢钠），将 pH 值调整至 6 左右，也可加入适量的抗坏血酸或异抗坏血酸等抗氧化剂，以防止茶饮料褐变。对于加糖茶饮料或风味茶，需要添加砂糖或果葡糖浆、酸味剂、香料和果汁等。

为了提高茶饮料的稳定性，防止在贮藏中出现混浊和沉淀现象，有时在茶汁中添加 0.01%左右的羧甲基纤维素或海藻酸钠作稳定剂。

(6) 灌装与密封　茶饮料目前主要采用热灌装和PET无菌灌装方式，包装容器有金属罐、PET瓶和利乐包等。热灌装是将调配好的茶汁经过板式换热器加热至85～95℃，灌装后密封。PET瓶或利乐包包装则是采用UHT杀菌，冷却后进行无菌灌装。

(7) 杀菌和冷却　单一茶饮料采用121℃、5min以上或115℃、15min的杀菌工艺；含乳制品或含谷物提取液的乳茶及麦香乳茶等，需采用121℃、30min的杀菌工艺；含果汁的果茶饮料类则因含果汁而呈酸性，可适当降低杀菌温度。若采用铝箔或PET瓶包装，可采用130℃、10～15s的超高温瞬时杀菌。杀菌后，反压冷却至常温即得成品。

**3. 茶饮料品质评价**

目前市售茶饮料中，茶饮料（茶汤）基本上能体现原茶的色、香、味，但和原茶比还是相差比较大。如何保留原茶的滋味、香气及澄清度依然是今后茶饮料研究的重点和难点，也是茶饮料发展的方向。

各个企业生产的调味茶饮料大部分都是冰红茶和冰绿茶，以柠檬味为主，同类产品之间的风味差异不明显，仅小部分茶饮料产品能显出一定的茶香和茶味，大部分产品都不能体现茶的风味，而且有部分产品都添加了香精来提高香气。因此，如何细分市场，开发出有特色的茶饮料产品，符合不同人群的需求，将是未来茶饮料的发展方向。

保健型茶饮料产品近年有了一定的发展，但产品还不多，售价也比其他茶饮料要高。由于与植（谷）物混合，茶叶的滋味和香气不显。这类产品不仅仅提供一般的解渴和茶品饮功能，还具有一定的其他保健功能。随着人们对健康的关注度越来越高，此类产品必将受到人们的喜爱。开发具有保健功能的茶饮料也是未来茶饮料市场的一大需求。

随着经济的发展和文化品位的提高，目前人们对饮茶方式已经不再满足于传统的慢饮细吸，而是要求在保持原茶叶风味的基础上，向方便、液态、保健的方向发展，人们回归自然、向往健康的生活风尚为茶饮料市场开拓指明了方向。因此，“时尚化、天然化、差异化（特色化）、功能化”是未来茶饮料发展的趋势。口味将向各类名茶系列和花茶方向继续发展，同时向区域性口味延伸，纯茶软包装饮料成为时代发展的必然趋势，果茶、奶茶将有较大发展，绿茶饮料仍有较大潜力。功能性茶饮料及混合茶饮料也是未来的发展方向之一。包装多样化，节能环保的加工技术也是茶饮料发展的需求。

## （四）果茶饮料加工

目前投放市场的香味茶和果味茶等名目繁多，生产流程各异，但工艺环节基本上一致。

**1. 水的处理**

茶叶中含有丰富的茶多酚，水中如有铁离子存在，就会生成褐色络合物，导致饮料乌暗或产生絮状沉淀，影响饮料品质。水中的细菌在富含有机物及糖的饮料液中也极易繁殖。为此，对水应采取四级处理。先通过石英砂沉淀器沉淀，沉淀器可采用改装的 112 型砂芯过滤器，内部分别由 0.3～0.5mm 粒度的石英砂、8cm 海绵泡沫和两层 2mm 羊毛毡组成过滤层。进水压力不大于 $2kg/cm^2$，出水压力不小于 $1.8kg/cm^2$，流量为 800kg/h。对水进行预处理，沉淀，吸附杂质。继而通过两级砂芯过滤器过滤，砂芯过滤器采用 106 型，规格 450mm×420mm×10mm，两只串联过滤，进水压力不大于 $1.8kg/cm^2$，出水压力不小于 $1.6kg/cm^2$，流量 800kg/h，经处理的水，细菌总数≤10 个/ml，大肠菌群≤3 个/100ml。最后通过静电银离子过滤器过滤，过滤器型号为 B-1，直径 600mm，高 2 320mm，进水压力不大于 $1.6kg/cm^2$，出水压力不小于 $1.5kg/cm^2$，流量为 2000kg/h。处理后的水，一部分可用于原料的提取，一部分以冷冻机冷却至 2～4℃，用作汽液混合，冷却水在汽液混合器中与压力为 4～4.5$kg/cm^2$ 的食用 $CO_2$ 充分混合，水温维持在 5℃以下，促使 $CO_2$ 在水中溶解，形成碳酸水后装瓶。

**2. 瓶的洗涤**

果茶类饮料，一般均采用 250ml 标准汽水瓶盛装。为确保卫生，除采用常规洗瓶外，需用0.2%～0.3%漂白粉溶液浸瓶3min，消毒后必须彻底洗净，并两级砂滤水进行瓶外喷淋。

**3. 茶的处理**

一般采用中低档茶为原料，提取液浓度应不低于2%，采用真空泵减压分级过滤。滤布用150～200目尼龙滤布，有条件的可用120－13号、120－14号工业滤布。也可在粗滤的基础上用板框式过滤器多级精滤。提取后的茶叶用2 000r/min滤心机抽出茶渣中的茶汁。

**4. 辅料处理**

植物性原料消毒可采用前处理或后处理两种方法。前处理一般用高压高温灭菌法，在1.05～1.1kg/cm$^2$的压力下保持15～20min，温度不高于150℃，后处理采用巴氏灭菌法，萃取液以高温瞬时灭菌。增香剂和增色剂可选用美国产的112171，上海产的6437、1437，杭州产的560D、5183等。酸味剂主要用柠壕酸和磷酸，用量按总体积的0.12%～0.15%，控制pH 3～4，高温时节适当调大酸度。增甜剂采用果糖和蔗核等按比例混合，再加水熬制成混合糖液，果茶糖度控制在5°～6°之间，夏季适当增大酸度，降低糖度，增强口感。

**5. 配料灌装**

配料严格按生产配方和既定程序进行，最后用柠檬酸调整酸度。灌装必须按先灌碳酸水，后灌浆液的原则进行。先装入碳酸水220ml，水温4～6℃，然后灌入30ml浆液。压盖、粘贴瓶签、装箱、入库等按常规饮料生产的方法进行。

## 五、名茶加工

### （一）西湖龙井茶

产于杭州市西湖区，主要有狮峰、梅家坞和龙坞三大产区。外形扁平挺秀、光滑、匀齐，芽毫隐藏稀见，色泽翠绿悦目，香馥若兰，滋味甘鲜，泡在杯中一旗一枪，交错相映，芽芽直立，汤清明亮。

高级龙井茶以初展的一芽一叶为原料，中级龙井以一芽二叶为原料。鲜叶经适度摊放，约 8～12h，含水量达 68%～71%后进行炒制。过去高中级龙井用手工炒制，低级龙井杀青、揉捻两个过程采用机械，炒干仍用手工，现在高中低级龙井都可用机械制造。

**1. 龙井茶手工制法**

主要包括青锅和辉锅两道工序。

（1）青锅　高级龙井锅温 80～100℃，投叶量 0.1～0.15kg；中级龙井锅温 100～120℃，投叶量 200～400kg。叶子下锅先用抖炒，使充分散发水分，不使闷黄，当水汽多、叶子萎软时改用抖、带、甩连用。随水分逐渐减少，抖的动作也相应减少，直至不用，采用搭、捺、甩交替进行，炒至适度，约七成干时起锅。高档龙井历时 15min 左右，中档历时 15～20min。青锅后回潮 40～60min。

（2）辉锅　投叶前锅温 60～80℃，高级龙井较低，中级龙井较高。整个辉锅过程锅温要求基本稳定。高级龙井每次投叶 250～350g，历时 15～20min；中级龙井每次投叶 400～500g。高级龙井中级龙井 25～30min。辉锅要手不离茶，茶不离锅。炒制手法以捺塌为主，轻抓为辅。叶子下锅时要掺入抖的动作。茶叶转热发燥后不再抖炒。手势由轻逐渐加重，接近干燥时手势转轻。炒至茶叶手折即断，含水量 9%即可起锅。

**2. 龙井茶机制**

主要加工工序为鲜叶摊放、杀青理条、压扁、回潮、分筛、簸去片末、整形初干、整形足干、归堆等。

（1）杀青理条、压扁　把名茶多功能机锅体往复速度调为 135～140 次/min，加热锅体。当锅温上升到 180℃时，在每条槽锅上擦少许制茶专用油，投入摊放叶。3 槽锅投叶量为 0.2～0.3kg，5 槽锅投叶量 0.4～0.6kg。

（2）回潮　将理条压扁的茶叶摊凉后，盖上洁净棉布，静置 40～60min，茶条芽、叶、茎内外水分重新分布均匀，转潮回软待炒。

（3）分筛　根据茶条的大小，用 1 号、2 号、3 号方眼筛将回潮叶筛分成筛面、筛底。筛底茶大小均匀的，不再分筛；筛底茶不均匀的还要分筛成上下两档。各档茶均要簸去片、末，分档进入下道工序制作。

（4）整形初干　机器调到锅体往复速度为 120 次/min，锅体温度为 70～80℃。3 槽锅投叶量为 0.2～0.4kg，5 槽锅投叶量为 0.4～0.6kg，炒 1min，使茶叶转热，茶身潮软。

（5）整形足干　将锅体往复速度调为 120 次/min，锅体温度为 60℃左右，投入初干叶，3 槽锅投叶量为 0.3kg，5 槽锅投叶量为 0.4～0.6kg，炒 0.5～1min。

（6）干茶过筛和归堆　用 3 号、4 号方眼筛对制成的各档干茶进行分筛，筛面茶集中后，用足干工艺复炒至茶叶含水率为 6%。经过筛分的干茶还要进行比对，差异较大的应另外归级，其他茶归并成一个级。

## （二）黄山毛峰茶

产于景色奇绝的安徽黄山风景区，以桃花峰桃花溪两岸的云谷寺、松谷庵、吊桥庵、慈光阁的毛峰品质最好。芽叶肥壮匀齐，白毫多而显露，形似雀舌，色似象牙，黄绿油润，鱼叶金黄，清香高爽，味鲜浓醇和，茶汤清澈，叶底匀亮成朵。

特级茶采摘以一芽一叶初展为标准。采回鲜叶先行拣剔，使茶叶均匀一致，稍摊晾后付制。

### 1. 特级毛峰传统加工

分杀青和烘焙两道工序。

（1）杀青　锅温高达 150～180℃，每锅投叶量 0.25kg。叶子下锅后迅速翻炒，炒时翻得快、扬得高、捞很净、撒得开，保证叶子不焦不黄，杀透杀匀。

（2）烘焙　分毛火和足火。毛火每笼叶量为 1/4 锅杀青叶，温度按 90℃、80℃、70℃、60℃依次翻烘，动作要快，烘至七八成干，下烘摊放；足火每笼叶量为 8～10 笼毛火叶，温度 60℃，文火慢烘，直至足干。

**2. 黄山毛峰加工新工艺**

工艺流程：摊放贮青→杀青→理条→（揉捻→热风解块）→烘干→（精制）→包装

（1）摊放贮青　室内自然贮青，特级鲜叶摊放厚度一般为 3cm 左右，一级、二级鲜叶可摊厚 5～10cm。三级鲜叶适当厚摊，最厚不超过 20cm。贮青机贮青，掌握一般摊叶厚度控制在 30cm 以下，特级和一级原料控制在 20cm 以下的厚度。摊放室空气的相对湿度控制在 90%左右，室温 15℃左右，叶温控制在 30℃以下，摊放时间一般 6～12h 为宜。

（2）杀青　采用 6CST－80 型电热滚筒杀青机进行杀青。启动机器，当温度升至 200～300℃、筒体部分泛红时，开始投叶杀青。特级至一级鲜叶杀青时，滚筒转速 24r/h，杀青时间 5～7min；二级、三级鲜叶杀青时，滚筒转速 28r/h，杀青时间 4～6min。当杀青叶含水量在 60%～64%之间，叶色暗绿，叶质柔软、萎卷，青气消失，香气显露时，即为杀青适度。

（3）理条　采用 6CLZ－220 型电热往返式茶叶振动理条机进行理条，理条机台时产量为 60～75kg。温度控制在 130～150℃之间，时间为 3～5min。

（4）揉捻　采用 6CR－45n1 型组合式自动加压茶叶揉捻机进行揉捻，转速控制在 45～60r/h 之间，一般投叶至离桶口 3cm 左右为适度，此时投叶量为 10～15kg。揉捻过程中掌握加压过程为：轻—重—轻，揉捻时间视揉捻叶量、叶质及加压等情况灵活掌握。

（5）热风解块　采用 6CJK－110 型茶叶热风解块动态烘干机进行解块，滚筒转速 28r/h；热风温度 130～150℃，台时产量 500～550kg，解块时间 3～5min。解块时要根据在制原料的老嫩、揉捻叶的松紧程度来调节解块时投叶量、热风温度和解块时间。

（6）干燥　采用“初烘→二烘→三烘→提香”连续作业的方法进行干燥，一般使用 6Ch－26 型茶叶烘干机组。当茶叶含水量为 5%～6%，条索紧结匀整，有锋苗，色泽绿润，香味浓醇时，即可下机摊晾装箱。

### （三）洞庭碧螺春茶

产于江苏吴县太湖的洞庭湖东、西二山。条形纤细，卷曲如螺，白毫显露，滋味爽口，叶底嫩匀成朵。

高级碧螺春在春分前后开采，采摘标准为初展一芽一叶，采回鲜叶先行拣剔。制 500g 高级碧螺春约要六七万个茶芽。

**1. 手工加工**

分杀青、揉捻、搓团、干燥等过程。

（1）杀青　温度 180℃左右，叶量 0.5～0.6kg，用手旋转抖炒，动作轻快，2～3min。

（2）揉捻　锅温降至 80℃，手握叶子沿锅壁盘旋揉捻。揉转 3～4 周，解块一次，反复拱作，15～17min 改换搓团。

（3）搓团　锅温 60～71℃，一锅揉坯分二团，将芽叶置于两手掌中搓团，4～5 转后放锅内定型，再搓另一团，搓好后与第一团合并解块抖散，如此反复操作，10～12min 达九成干即可。

（4）干燥　锅温为 60℃，将搓团茶叶均匀摊于洁净纸上，放在锅中，用于微微轻翻，约 3min，含水运达 8%，即告完成。

**2. 机械炒制**

（1）摊青　采回鲜叶要及时摊放在阴凉通风处，时间 4--6h，摊叶厚 3cm，其间翻动 1～2 次。

（2）杀青　可选用 30 型、40 型名茶杀青机或 65 型滚筒杀青机。杀青前先点燃炉子，同时开动机器空转，待筒壁温度上升到 220℃时，开始投叶。投叶时要先多后匀，投叶量以 30kg/h 为宜。要求杀透杀匀，清香显露，有 1/3 左右叶缘略卷，含水率 60%左右为适度。

（3）揉捻　选用 25 型或 35 型名茶揉捻机。投叶量 2～4kg，无压揉捻 10min。

（4）初烘　选用 6Ch－941 型碧螺春烘干机。操作方法是风温达到 90～100℃时投叶，要薄摊快烘，烘时 10min，当叶片比较爽手后，约六成干时即可下机摊晾。

（5）做形　可采用6CB－180型碧螺春整形机、6CCQ－50G型曲毫炒干机、6CI－30型名茶搓螺机等。温度60～80℃，约20～30min，炒至茶条卷曲，含水量10%左右时，出机摊晾。

（6）提毫　用手工提毫按前边手工加工技术操作。机械提毫，可采用6CH－40（D）型六角提毫辉干机，提毫温度50～60℃，提毫时间一般为10～15min，待茸毛显露时下机摊晾。

（7）足干　足干在微型名优茶烘干机下进行，温度应控制在60～70℃之间，采用文火慢烘，烘至茶叶含水量降至5%～7%时，下机冷却，再经去除黄片、割去茶末，便可贮藏、出售。

### （四）太平猴魁茶

太平猴魁为烘青绿茶中尖条类的极品茶。产于安徽太平县新明乡、猴魁坑一带高山区的猴村、猴岗和颜家。猴魁外形肥壮，挺直有锋。二叶包一芽，似含苞兰花，云集之刀枪，全身毛衣，含而不露，多而不显，身骨重实，色泽苍绿，汤色清绿，香高持久，略有花香，味醇鲜浓，叶底成朵，色、香、味、形独具风格。

猴魁采自生长健壮的“柿大茶”，以初展一芽二叶为原料。采摘十分精细，采回鲜叶先细心拣剔。加工分杀青和烘焙两道工序。

（1）杀青　锅温110℃，叶量75～100g。用手轻快翻炒2～3min，炒至叶质柔软、色暗绿起锅，抖去水汽即上烘。

（2）烘焙　分头烘、二烘和三烘。头烘：叶量为一锅杀青叶，以不同温度翻烘，始温100℃，逐烘降低。烘时用手轻捺叶子，使其平直，全程烘时约12min，下烘摊放30～60min。二烘：开始温度80℃，烘温逐渐下降，叶量250～400g，全程25～30min，中间翻烘5～6次，每次翻烘用软垫压捺茶叶一次，以固定形状，达九成干起烘，摊放数小时。三烘：温度40～50℃，叶量750～1000g，每隔4～5min翻一次，历时30min，烘至含水量达3%～5%即成。

### （五）信阳毛尖茶

信阳毛尖产于河南信阳县的车云山、集云山、天云山、云雾山、震雷山、黑龙潭、白龙潭等群山顶上，以车云山尖品质最优。外形条索圆直多毫，色泽翠绿光润；内质香高持久，茶汤明净，滋味鲜醇，回味生津，叶底嫩绿匀整。

原料为一芽一叶或初展的一芽二叶，鲜叶采回后，摊放厚度以4cm左右为宜；每2h左右要翻一次，摊放6～10h，含水量达70%，方行炒制。

**1. 手工加工**

工艺流程：分生锅、熟锅和烘焙三道工序。

(1) 生锅　主要为杀青和轻揉。采用斜锅，温度160～180℃，叶量0.5～0.75kg。叶子下锅用茶把子有节奏地挑翻3～5min，待叶质柔软后改用滚条，即炒茶把与锅底垂直，靠近锅底作圆周运动，并随时抖散茶叶，以利散发水分，如此交替进行7～8min，揉成圆条后扫进熟锅。

(2) 熟锅　锅温80℃，开始时，滚条和抖散茶条相同进行，待茶条紧细，改用赶条，即炒茶把稍碰茶条，上下转动，赶直茶条，至六七成干，进行理条，采用边抓边甩的手法，炒至八成干，茶条紧细、圆、直、光时起锅烘焙。

(3) 烘焙　分毛火、足火两次进行，含水量达6%即成。

**2. 机械加工**

工艺流程：分杀青、揉捻、解块分筛、理条整形、烘干等工序。

(1) 杀青　采用50型或60型滚筒杀青机进行杀青。杀青应掌握“高温杀青，先高后低”的原则。投叶量要注意开始投叶时宜连续抓2～3把鲜叶投放，正常投叶时应该一小撮一小撮地均匀投放，当杀青快结束时投叶量也应多一些。一般杀青叶以手握成团有弹性，且有刺手感，折梗不断，含水率56%～58%为宜。

(2) 揉捻　可用25型至55型不同揉捻机揉捻。揉捻加压要掌握“轻—重—轻”的原则。高档信阳毛尖茶要轻压短揉，时间10～15min；中、低档适当加压，时间应在15～25min；每5min要加压或松压一次；松压2min左右以达到解块目的。待茶条卷拢、茶汁略渗出，高中档茶成条率达95%以上，低档茶成条率达90%以上为宜。

(3) 解块分筛　揉捻结束后，要对茶坯进行机械解块分筛或人工抖筛。对筛出的条索粗松的揉捻叶，进行第二次揉捻，解块后的揉捻叶要及时摊晾，以待理条整形。

(4) 理条　用6CLZ-20D型振动理条机理条整形，温度应控制在75～90℃之间恒温，投叶量在2.0kg为宜，即每槽投茶坯0.18kg，时间掌握在10min左右。

(5) 烘干　分初烘和复烘两个阶段，中间要进行摊晾。初烘是将茶叶均匀地摊放在连续烘干机送叶网上，厚度约1cm，进风口热风温度控制在120～130℃，时间15min左右，初烘后茶叶含水率掌握在10%～15%。初烘后的茶叶要摊晾5～7h，即完全冷却后再行复烘。将摊晾的茶叶用连续烘干机进行复烘，进风口风温应控制在90～100℃，摊叶厚度2cm左右，时间约35min左右。复烘后的干茶应手捻呈粉末状，含水率低于6%。

### (六) 雨花茶

雨花茶产于南京，外形挺直，色泽翠绿，似松针，汤色碧绿清澈，香味鲜醇，象征着革命志士的刚强、高尚和万古流芳。

工艺流程：杀青、揉捻、搓条、烘焙。

(1) 杀青　用名茶滚筒杀青机或锅式杀青机。平锅温度140～180℃，叶量0.4～0.5kg，开始用手不断翻动抖炒，然后抖闷结合，经5～7min，叶质柔软，叶色暗绿，即行起锅，摊放2～3min后揉捻。

(2) 揉捻　用中型名茶揉捻机或手揉8～10min，中间解块，揉至初步成条。

(3) 搓条　机制采用茶叶理条机。手工搓条，锅温80～90℃，叶量0.35kg，先翻转抖散，理顺茶条后置于手中轻轻滚转搓条，不断解散团块。待叶子不粘手时，将锅温降至60～65℃，两手五指伸开，合抱叶子，用力滚搓，约20min，六七成干改用拉条，锅温提高到75～85℃，手抓叶子沿锅壁来回拉炒，进一步做紧做圆，约10～15min，九成干起锅摊晾。目前精揉机已在雨花茶搓条整形中得到推广。

(4) 拉条　锅温75～85℃，手抓茶叶沿锅来回拉炒，理顺拉直茶条，促使条索紧、直、圆、光。用力要适当，防止压扁、断碎、脱毫。约10～15min，九成干时起锅摊晾，即成。

(5) 烘焙　用文火50℃烘焙，约30min达足干。

### (七) 君山银针茶

君山银针茶是黄茶中的珍品。君山位于湖南岳阳城西、洞庭湖中一个秀丽湖岛。君山银针外形芽头壮实笔直，茸毛披盖，色泽金黄光亮；内质香气高爽，汤色杏黄明澈，滋味甘醇，冲泡时叶尖向水面悬空竖立，如似群笋出土，继而徐徐下沉，随冲泡次数能三起三落。

工艺流程：杀青、摊放、初烘、摊放、初包、复烘、摊放、复包、干燥。

(1) 杀青　锅温120～130℃，叶量0.5kg，双手轻快翻抖，约3～4min起锅。

(2) 摊放　杀青叶置于竹盘中，簸扬十余次，除去碎片和热气，摊放2～3min。

(3) 初烘与摊放　温度50℃，叶量1/3锅杀青叶，每隔2～3min翻动一次，烘至五六成干，下烘摊放2～3min。

(4) 初包　将初烘摊放后的茶坯1～1.5kg，用双层牛皮纸包成一包，放置箱中，经48h，待芽色呈现橙黄时为适度。

(5) 复烘与摊放　叶量比初烘多一倍。温度45℃，烘至七八成干，下烘摊放。

(6) 复包　方法与初包同。经24h芽色成金黄为适度。

(7) 干燥　温度50℃，烘量0.5kg，烘至足干。

### (八) 白毫银针茶

白毫银针茶产于福建的福鼎、政和等地，属白茶珍品。原料取自大白茶和水仙品种的肥壮单芽；成品色白如银，形状似针；外形肥壮，茶芽满披白毫；内质香气清鲜，滋味鲜爽微甜，汤色晶亮呈浅杏黄色。

工艺流程：萎凋、干燥。

（1）萎凋　将茶芽薄摊于水筛上，置阳光下晒至八九成干或先晒2～3h，后移入室内进行自然萎凋至八九成干。

（2）干燥　将萎凋叶用文火（40～50℃）烘干。烘焙时焙心上垫放一层白纸，以防茶芽灼伤。

白毫银针茶加工也有采用全萎凋方法，即将条芽摊放于水筛上，先置于通风场所萎凋（或放在微弱阳光下萎凋）至七八成干，再移至烈日下晒至足干，一般需2～3d才能完成。

白毫银针工艺虽然简单，但不易掌握，天热易变红，天冷易变黑，最好选择晴天北风天气采制。

### （九）开化龙顶茶

开化龙顶茶产于浙江开化齐溪乡，品质优异，条索紧结挺直，白毫披露，银绿隐翠，芽叶成朵匀齐，香气鲜嫩清幽，滋味醇鲜甘爽，汤色杏绿清澈。

**1. 手工加工法**

（1）适当摊放　开化龙顶以一芽一叶为原料，鲜叶薄摊于室内通风、清洁、干燥的篾垫上，历时4～6h，含水量达70%左右为适度。

（2）小锅杀青　采用53cm的平锅，锅温200～220℃，投叶量200～250g，下锅后先闷炒，有烫手感时改为抖炒。水汽大部分散发后，锅温降至90～100℃，炒至失重约30%时起锅。全程约4～5min。出锅杀青叶立即簸扬，摊晾散热。

（3）轻揉搓条　在篾匾上用手轻揉搓条，中间解块，当茶叶揉化，茶叶成条即可。

（4）初烘　将揉捻叶均匀薄摊于烘笼上，厚约1cm，用旺火烘焙，笼顶温度110～90℃，每烘1～2min快翻一次，烘至紧提不成团、松手即散，即下烘摊晾。

(5) 整形提毫 锅温100～80℃，下锅先翻炒，边炒边抖，受热散发部分水分后，锅温降至60～70℃，采用翻炒、理条、整形、抖散等手势交替进行，待锅壁出现少量白毫时开始提毫，用双手轻轻搓条，炒至白毫披露、约八成干起锅摊晾。

(6) 低温焙干 烘笼温度60～80℃，薄摊整形叶，文火慢烘，温度先高后低。适时少翻、轻翻，烘至捏条成末，含水量5%～6%即告完成。

**2. 机械加工法**

工艺流程：鲜叶摊青→杀青→揉捻→理条→烘干→提香

(1) 摊青 摊青时间4～12h，摊叶厚1～2cm，当鲜叶变软、清香显露、失水率10%左右时为摊青适度。

(2) 杀青 采用6CZS-150型汽热杀青机，杀青温度150～160℃，时间30～60s，投叶量60～80kg/h。杀青程度以鲜叶失水率25%～30%、有明显清香气味、色泽翠绿、鲜活为宜。

(3) 揉捻 采用极轻的揉捻方式，采用6CR-45型揉捻机。揉捻不加压揉10min左右即出桶，然后迅速抖散。

(4) 理条 揉捻叶摊放30min后进行理条，分3次进行，中间要摊晾回潮。

(5) 烘干 设备有烘笼和烘干机。用烘笼要低温慢烘，烘笼顶部温度80℃，时间30min左右。出茶前，提高温度90～100℃，烘1～2min迅速出茶，抖散冷却。烘干机烘干一般用8型网带式烘干机，进风口温度90℃。摊叶厚1～2cm，时间12～15min。

(6) 提香 将茶叶摊放于提香机烘干盘中，温度120～140℃，提香时间15～20min。

### (十) 六安瓜片茶

六安瓜片茶产于安徽六安、金寨、霍山，以金寨齐云山的黄石、里冲、蝙蝠口所产的品质最优。形如瓜子，色翠绿，香清高，味鲜甘，耐冲泡。

工艺流程：采片→攀片→炒片→烘片

（1）采片　以前在谷雨至立夏期间采摘将成熟新梢，携回攀片，使芽、茎、叶分开。现有用蹲山摘片法采摘，一般是在4月中旬，待茶叶新梢底部的第一片叶初展时，用手指甲在叶柄的上方摘下叶片。第一片叶采摘后，以后依次类推。

（2）攀片　芽叶经摊放，晾干叶面水分后攀片。第一叶制提片，二叶制瓜片，三叶或四叶制梅片，芽制银针，随攀随炒。不同地点不同时间所采的原料分别摊放，分别炒制。

（3）炒片　现分首炒和复炒两个过程。首炒分生锅和熟锅。生锅为180～200℃，熟锅为160～180℃。投叶量嫩片为25～50g，中等片50～100g，老片200g左右。复炒可用1～2口锅进行，其目的是首炒后的毛片经过摊晾回润后，再重新放入锅中炒制，复炒的锅温一般在120℃，如是两口锅炒制，第二口的锅温在100℃左右，待手握炒片易断方可出锅。现多用炒片机翻炒。

（4）烘片　炒片起锅后稍摊晾，用烘笼烘干，先以100℃高温打毛火，每笼焙1～1.5kg，勤翻功，约六七成干时下烘摊晾。摊晾后打足火，温度稍低，烘到色泽翠绿，含水量达九成干出烘，然后拉小火、拉老火。用旺火以二人抬笼走烘法，直至叶片白毫显露，叶面上霜，手捻叶成粉下烘即成。

## （十一）庐山云雾茶

庐山云雾茶产于江西九江庐山汉阳峰、含鄱口、花径、小天池、青莲寺等地。以一芽一叶初展为原料加工而成。成品茶条索紧凑，香翠多毫，香气鲜爽持久，滋味醇厚甘甜，汤色清澈明亮，叶底嫩绿匀齐。

工艺流程：摊放→杀青→抖散→揉捻→搓条→做毫→再干

（1）摊放　时间4～5h，使含水量达70％左右后炒制。

（2）杀青　每锅投叶量350～400g，锅温150～160℃，先抖后闷，抖闷结合。炒至青气挥发、香气透露、叶色暗绿、折梗不断为适度，全程约6～7min。

(3) 抖散　置杀青叶于簸箕内，用手或簸扬十余次，降温散发水汽。

(4) 揉捻　用双手回转滚揉，茶汁黏附叶面，手提成团，抛之即散，含水量30%～35%为适度。

(5) 搓条　锅温60℃左右，用双手反复搓条，直至略显白毫，含水量约为20%，时间10～15min

(6) 做毫　锅温40～45℃，将茶叶握入手中，用手压茶搓团，使之显出白毫，做毫约10min。

(7) 再干　锅温75～80℃，茶叶在锅中不断收堆，不断散翻，含水量5%～6%即可起锅摊晾，经分筛割末后装箱。

### (十二) 涌溪火青茶

涌溪火青茶产于安徽径县涌溪、黄田。以涌溪弯头山所产的品质最优。采摘标准为一芽二叶初展，芽叶肥壮，芽尖勺叶尖并齐靠拢，有锋尖。成品外形呈腰圆形螺旋颗粒状，纲嫩重实，多白毫，色泽苍绿油润，香气清高鲜爽，具有花香，汤色杏黄明净，滋味醇厚回甜，耐冲泡。

工艺流程：杀青→揉捻→二锅→老锅

(1) 杀青　采用特制的罐钢（口径44cm，深29cm），每锅投叶量2～2.5kg，温度180℃左右，用手快速翻炒，每分钟40～50次，3～4min后锅温降至120℃，后期降至80℃，全程约10min，以失重率35%左右为适度。

(2) 揉捻　每锅分成两份，两人同时趁热轻揉，中间解块1～2次，约10min，茶叶成条，茶汁揉出，经抖摊后炒二坯。

(3) 二锅（炒二坯）　在罐锅中进行，锅温80～90℃，叶量1～1.2kg，每分钟翻炒20次左右，经3～4min茶坯发烫降温至50℃左右，再炒15～20min，再用半圆旋转翻炒，全程约50min。有70%左右茶条形成弯曲虾形，失重率65%左右起锅，摊放3～4h。

(4) 老锅　始温60℃左右，30min后降至50℃左右，用手做半圆旋转翻炒，并用手将中间茶叶轻轻抓摩扒开，每分钟 10 次左右，约 1h，四锅并成三锅，再炒 2h 后两锅并成一锅，进行掰老锅，锅温 40℃，每锅叶量约 10kg，每分钟翻炒 5～6 次，经 12～13h 的长烙，俟叶色光滑发亮，白毫显露，手捏硬脆，有 80%～90%左右茶叶紧结、腰圆、形成颗粒状为适度，随即起锅，筛分，撩头去末，即成。

## （十三）祁门红茶

祁门红茶产于安徽祁门县一带，鲜叶采摘的标准是一芽二三叶，高档茶叶以一芽一叶及一芽二叶为主。品质特点：外形条索紧细苗秀，显毫，色泽乌润；茶叶香气清香持久，似果香又似兰花香，国际茶市上把这种香气专门叫做“祁门香”；茶叶汤色和叶底颜色红艳明亮，口感鲜醇酣厚。

祁门红茶现采现制，以保持鲜叶的有效成分。初制前的鲜叶要进行分级和贮藏，根据鲜叶嫩度、新鲜度和均匀程度不同，通常要分成特级和 1～5 级。分级后的鲜叶要立即付制。祁门红茶制作工艺精湛，分初制和精制两大过程。

**1. 祁门红茶初制**

工艺流程：初制包括萎凋→揉捻→发酵→烘干

（1）萎凋　大多在萎凋槽中进行，温度以 35～38℃为宜，时间 3h 左右，雨水叶适当增加 1～2h。摊放厚度掌握在 20cm 以内，每槽 200～250kg。入槽鲜叶每小时翻拌一次，雨水叶则半小时一次。当叶色暗绿，叶面软皱，略有黏性，紧握成团，松手不散，青气消散，清香产生，即为萎凋适度。

（2）揉捻　揉捻机分大中小 3 种，按不同型号投入不同量的萎凋叶。每批鲜叶一般揉捻 2 次，每次 30～45min，首次不用加压，第二次实行间隔加压，每次揉捻后都必须筛分解块。揉捻合格标准，条索紧卷，成条率达 90%以上，用手握紧，茶汁外溢即可。

（3）发酵　是决定祁红品质的关键工序。发酵室内要求光线暗，湿度大，温度控制在30℃以下，揉捻筛分好的叶子要分号装入发酵盒中，厚度视号数确定。发酵时间，春茶约3～5h，夏秋茶2～3h。检测发酵效果的标准是青气消失，有浓厚的熟苹果香，春茶黄红，夏秋茶紫红，嫩叶色泽鲜艳均匀，粗老叶色暗泛青。

（4）干燥　使用烘干机烘干，高温打毛火，快速烘至七分干，摊晾1h左右，再低温足火，时间略长些，摊叶略厚。用指捻叶，茶叶成粉，梗脆断，含水量7%～9%即为足干，下烘后进行精加工。

**2. 祁门红茶精制**

工艺流程：筛分→剔拣→均堆→补火

（1）筛分　毛茶的筛分先后要经过粗细茶筛十几种，大致可分为大茶间、下身间、尾子间三部。大茶间是筛毛茶为净茶的第一工场，下身间是大茶间茶为净茶的第二工场，尾子间是制造筛头筛底之茶为净茶的第三工场。剩下不能筛分的则可用风扇扇净或人工拣剔，尾子间后的成品才叫精茶，再经一次补火才可均摊装箱。附品则为茶末、茶梗和茶蕾等。

（2）拣剔　经过筛分后的茶叶仍有一些筋梗、朴片、茶籽等杂物混，可通过拣剔予以解决，拣剔作业一般分机拣、电拣和手拣三项。

（3）补火　因筛分和拣剔时难免有潮气侵入，故在装箱前还得补火一次。方法是将茶叶盛入小口布袋里，每袋约2.5kg，置于竹笼上烘烤，每隔3～5min提袋抖动一次，这样让茶叶受热均匀，烘至茶显灰白色为止。

（4）均堆　即将补火的各号茶混合均匀。方法是将各号茶叶按筛号分成几个立方形的小堆，再用木耙调拌均匀，然后用软箩称分量，以估计箱数。小堆之后，再重复一次则为正式均摊，名大堆，最后装箱。

# 参 考 文 献

梁月荣，董俊杰，林晨，等．2006．用茶树生叶制取低咖啡因速溶茶粉和天然咖啡因粗品的方法．专利号 CN200610053186.2.

廖义荣．2007．品位普洱．昆明：云南科技出版社．

刘新，等．2008．茶厂制茶工培训教材．北京：金盾出版社．

王同和．2008．茶叶鉴赏．合肥：中国科技大学出版社．

谢芬，郝志龙，等．2006．闽南北乌龙茶加工工艺对比．福建茶叶（1）：21－22.

杨亚军．2009．评茶员培训教材．北京：金盾出版社．

叶敏．2008．饮料加工技术．北京：化学工业出版社．

袁英芳．2010．绿茶杀青技术研究概述．茶叶通讯（3）：37－43.

周斌星．2008．茶叶加工工．北京：中国农业出版社．

# 第五章　茶叶品质评价与检验

茶叶品质评价，就是审度评论茶叶的好坏，可分为感官审评和理化检验两种。感官审评是用感觉器官即眼看、手摸、嘴尝、鼻嗅等品评茶叶的好坏。理化检验是用仪器分析化验测定茶叶的理化性状，以物理和化学测定指标判定茶叶的好坏。两者各有优缺点，目前还不能相互取代。感官审评全面、简便、快速，是检验茶叶品质的基本方法。仪器检测客观，而且数字化便于统计分析。虽然理化检验方法和检验准确度已有较大发展和提高，但目前还不能全面反映与品质等级间的线性关系，且某些项目尚无法做到全面推广。茶叶作为人类消费的饮料，其品质的优劣与感官响应直接相关，而目前的仪器检测结果还不能准确反映人的感官响应。因此，目前茶叶的品质评价仍然以感观评价为主，理化检验为辅。

## 一、茶叶感官审评

茶叶感官审评又称茶叶感官评价，是以人的嗅觉、味觉、视觉、触觉等感官察觉审视茶叶外形和叶底的粗细、匀整度、嫩度以及色泽，嗅杯中叶底的香气，鉴别茶汤的色泽、品尝其滋味和香气，然后通过综合评判茶叶品质的优劣。感官评价正确与否，与评茶人员感官响应的敏锐力有关，也与是否具备良好的审评条件、审评用具及规范有关。对感官审评的各项要求，国内外都作了相应的规定，但经过近百年来的贸易交往，尤其是近半个世纪的科学交流，使这种特殊的品质评价法逐步趋向统一。

茶叶感官审评的基本设施包括审评室、审评用具和茶叶标准样三个方面。感官审评是一项细致的技术工作，审评室及审评用具要求简单但特殊，可根据 GB/T 13063—1992 感官分析标准建立并布局感官分析实验室。

## （一）茶叶感官审评室的设计

茶叶感官审评室一般分三个级别，最小不得小于 13m²，一级审评室面积不小于 30m²，二级不小于 20m²，三级不小于 15m²。总之，审评室面积应能满足感官审评操作和日常工件量的要求。其设计要求如下。

**1. 环境要求**

为了保证感官审评结果准确，审评室必须排除外界因素的干扰，要求清洁干燥安静，最好设在楼上（过去俗称“茶楼”），避免地面潮湿，避免与生化分析室、食堂、卫生间等异味场所相距太近，防止样茶吸湿变质，影响香气的审评；避免嘈杂，确保宁静。室内严禁吸烟，地面不要打蜡，评茶人员不施脂粉。评茶时，室内温度保持 20～26℃，风速以 0.2～0.3m/s 为宜。温度过高或过低，都会影响茶汤温度及茶汤内含物变化，并造成审评人员的不适，给审评操作带来不便，从而导致审评偏差。

**2. 审评室朝向**

坐南朝北，室内光线柔和，无阳光直射。北面的照射从早到晚比较均匀，变化较小，不均匀的光线会影响审评人员辨别茶叶色泽、外形、汤色和叶底，而阳光直射茶汤或叶底易产生雀斑光点。

**3. 窗口要求**

窗口宽敞，光线充足，不装有色玻璃。审评时干看台工作面照度不低于 1 000lux，湿看台工作面照度不低于 750lux。评茶台正上方可安装模拟日光的标准光管（4 管或 5 管并列）作为备有光源，并保证光线均匀、柔和、无投影，在恒温评茶室，则作为主要的评茶光源。如果安装采光窗，要求窗高 2m，窗外宜安装 60°倾斜且无反射光的黑色遮光板，避免外来直射光线及窗外树林或建筑物等反射光对室内光线的影响。

**4. 室内颜色**

室内墙壁、门窗、天花板以白色为宜。白色可增加室内光线的明亮度，又可避免杂色光干扰。地面应平整、防滑，颜色宜选择浅灰色或较深灰色。

**5. 干评台**

审评室靠北窗口设置干评台，放置样茶罐、样茶盘，用以审评茶叶外形。台高一般 90～100cm，宽 50～60cm，长短视审评室大小及具体需要而定，台面黑色，台下设置样茶柜。

**6. 湿评台**

湿评台设置在干平台后面，台面为无反光白色，放置审评杯、碗，用以冲泡审评内质。台长一般 140cm，高 88cm（包括台面镶边高 5cm），宽 36cm，台面一端应留缺口以利台面茶汤流出和清理。

**7. 样茶柜或样茶架**

置于湿评台后方或侧边，用以存放茶样罐。柜架漆成白色。

除其他审评用具外，评茶室整体布局宜简单、整洁。

**8. 其他设施**

评茶室最好与贮茶室相连，有条件的单位，可在审评室附近建立如下辅助设施：

（1）制样间　制样间应整洁、干燥、明亮，用以制备试样、成交样、贸易样和标准样。

（2）样品库　靠近评茶室，面积依样品量而定。门窗应挂暗帘，样品架排列整齐，库内温度不高于 20℃，相对湿度不大于 50％。电线和照明设施布局符合防火要求，配备灭火器材。电器设备保持清洁，定期检修。库内不堆放杂物和易燃品。

（3）休息室　供评茶员休息用。休息室应整齐、洁净，气温与评茶室相当。

## （二）审评用具

茶叶审评用具是专用品，规格应专业一致并趋向国际化，数量应备足，尽量减少客观误差。评茶常用器具有如下几种：审评盘、审评杯、审评碗、汤匙、叶底盘、吐茶器具、称茶器（感量 0.1g 天平）、计时器、感官审评记录表、盛放审评器具和茶样的柜子、抹布等。

**1. 审评盘**

亦称样茶盘或样盘，用以审评茶叶外形。采用无气味的硬质薄木板制成，漆成白色，左上方开一缺口利于倾倒茶叶。盘有正方形和长方形两种。正方形长、宽、高分别为 23cm、23cm、3cm，长方形长、宽、高分别为 25cm、16cm、3cm。正方形盘方便筛转茶叶，长方形盘节省干评台面积。审评毛茶一般采用篾制圆形样匾，直径为 50cm，边高 4cm。

**2. 审评杯**

用以开汤审评茶叶香气。杯为瓷质纯白，杯盖上面有一小孔，在杯柄对面的杯口上有一锯齿形缺口，使杯盖盖着横搁在审评碗上，从锯齿间滤出茶汁。国际标准审评杯容量一般为 150ml，高 65mm、内径 62mm、外径 66mm，杯柄相对杯缘的小缺口为锯齿形。杯盖上面外径为 72mm，下面内径为 61mm。我国审评红、绿毛茶的审评杯与精茶的不同，容量为 200ml 或 250ml，审评青茶（乌龙茶）时用的审评杯为 110ml，形状为钟形。

**3. 审评碗**

为广口瓷碗，瓷色纯白一致，用以审评汤色和滋味。审评碗容量因茶叶种类而异，毛茶为 250ml，精茶为 150ml。国际标准审评碗外径 95mm，内径 86mm，高 52mm。

**4. 叶底盘**

用以审评叶底。木质，漆成黑色，有正方形和长方形两种。正方形的长、宽、高分别为 10cm、10cm、2cm，长方形的长、宽、高分别为 12cm、8.5cm、2cm。此外，配置适量长方形白色搪瓷盘，用于盛清水漂看叶底。

**5. 样茶秤**（天平）

用以称取茶样。为特制的铜质衡器，称秤的杠杆一端有碗形铜质圆盘，置有 3g 或 5g 重的扁圆铜片一块，另一端带有尖嘴的椭圆形铜盘，用以盛装样茶。无样茶秤者，可采用小型粗天平（0.1g

感量）代替。

**6. 定时钟**（砂时计）

用以计时。砂时计为特制品，现在一般采用定时钟，按规定时间响铃报时。

**7. 网匙**

用细密铜丝网制成，用以捞取审评碗中的茶渣碎片。

**8. 茶匙**

瓷质纯白，5ml 容量，用以取汤审评滋味。

**9. 汤杯**

放茶匙、网匙用，用时盛开水。

**10. 吐茶桶**

用以吐茶及盛装清扫的茶汤、叶底，有圆筒形或半圆形两种，分为两节，上节底设筛孔以滤茶渣，下节盛茶汤。

另外，还有烧水壶、电炉等用具。

## （三）茶叶标准样

感官审评室应备各级茶的实物标准样，用于茶叶审评对照。如果没有统一制作的实物标准样，可用上年相应等级的茶叶作为参考样。标准样或参考样应用样茶罐盛装，并在样茶罐外标明茶样名称、等级等。

## （四）茶叶感官审评的内容和方法

### 1. 感官审评的内容

感官审评主要评价茶叶的水分、外形和内质。我国茶类众多，茶叶品质好坏、等级划分和价值高低，主要根据茶叶外形、香气、滋味、汤色、叶底等五个项目，通过感官审评加以确定。国外生产的茶类只有红茶和绿茶，但审评项目和我国大同小异。

（1）水分　毛茶含水量与茶叶品质及价格有关。品质稳定的各类毛茶含水量一般在 6%～7%，超过 8%的易陈化，超过 12%的易霉变。含水量不同，毛茶的软硬、脆度、手捏发出的声音及手感都不同。

（2）外形　茶叶外形既可反映原料老嫩，又可判断制茶技术好坏。外形审评主要检验茶叶的嫩度、条索、色泽、整碎、净度五个因子。

嫩度：是外形审评的重点因子，也是决定茶叶品质的基本条件。原料老嫩可反映内含物质的多少和叶质的柔软程度。茶类不同，采摘标准不一，但在一定的采摘标准下，嫩的比老的好。审评茶叶嫩度主要看各种芽叶所占的比例、叶质老嫩、有无锋苗和毫毛、条索的光糙度。嫩芽叶比例大、锋苗多、白毫显露、条索光滑平伏，则茶叶嫩度好。

条索：各种茶叶均有特定的条索要求，条索好坏，与原料老嫩有关，也与制茶工艺密切相关。审评条索主要看它的松紧、弯直、整碎、壮瘦、扁圆、轻重、匀齐等。不同形状的茶叶评价标准不同，条形茶以紧直、重实为好，松散、钩曲、轻飘为次；圆形茶以圆而紧为好，松散多块为差；扁形茶以扁平挺直光滑为好，松糙短纯为差。

色泽：干茶色泽可以反映鲜叶的老嫩和加工好坏，主要评审色度和光泽度。色度是指茶叶颜色及色的深浅程度，光泽度是指色面的亮暗程度。审评干茶色度是比较颜色的深浅，光泽度则从润枯、鲜暗、匀杂等方面加以评比。干茶以有光泽、油润的为好，色泽枯暗、花杂的为次。

净度：指茶叶干净与夹杂程度。净度直接影响茶叶品质的优次、制率的高低、费工的多少、成本的高低。审评时察看茶叶中茶梗、茶籽、朴片、茶末以及一些非茶类物质（如杂草、树叶、泥沙、石子、石灰、竹丝、竹片、棕毛等）的含量。一般高级毛茶不含夹杂物或含量少，嫩度好的茶含杂量较少，精致茶不应含有任何杂质。

整碎：指茶叶外形的完整和断碎程度，以匀整为好，短碎为次。

（3）香气　主要评比香气的纯异、高低和长短。

纯异：纯指茶叶应有的正常香气，不应夹杂有其他不好的异味如烟焦、酸馊、霉陈、鱼腥、日晒、油气等。香气纯正的还要区别茶类香、地域香和附加香。

高低：以浓、清鲜为佳，纯平为一般，粗气为差。

长短：即香气持久程度，香气保留时间越长越好。香气以高而长、鲜爽馥郁为好，低而粗则差，凡有烟焦、酸、馊、霉等气味的为低劣。

（4）汤色　指茶汤的色泽，从色度、亮度、清浊度三方面进行评比。

色度：即茶汤颜色，与茶树品种、叶质老嫩和制茶工艺有关。审评时主要看茶汤的颜色是否正常，有否陈化和劣变。

亮度：茶汤的亮暗程度，茶汤亮度好，茶的品质也好。以一眼见底的明亮茶汤为优。

清浊度：清澈的茶汤，汤色纯净透明，无混杂。浑浊的茶汤，汤不清且糊涂，视线不易透过汤层，难见碗底，汤中有沉淀物或细小悬浮物。但是，由红茶汤的“冷后浑”（乳凝现象）、高级碧螺春等的众多茸毛悬浮造成的浑浊茶汤，却是茶叶品质好的表现。

（5）滋味　茶是饮料，滋味好坏是决定茶叶品质的关键因素。审评时首先要辨别滋味是否纯正，然后再进一步区别纯正滋味的浓淡、强弱、鲜、爽、醇和的程度。茶汤中内含物质丰富，刺激性强，富有收敛性的滋味为浓强。不纯正的滋味有苦、涩、粗、异味之分，苦涩、粗味是粗老茶滋味的特征，异味是劣变茶叶。茶汤滋味与香气密切相关，一般滋味好香气也好，二者可相为佐证。

（6）叶底　即冲泡后剩下的茶渣。审评叶底主要是观察嫩度、色泽和匀度。

嫩度：以芽与嫩叶含量比例和叶质老嫩加以衡量。一般芽多而壮的为好，细而短的为差，但应根据茶叶品种和茶类具体分析。

色泽：看色度和光泽度。其含义与干茶色泽相同。

匀度：从老嫩、大小、厚薄、色泽、整碎等区别。

在正常采制条件下，叶底与茶叶色、香、味具有一定程度的相关性，是评定品质优次的重要基础。除上述因子外，在审评叶底时还应察看叶张舒展情况、是否掺杂等。

**2. 感官审评的方法**

感官审评分为干茶审评和开汤审评，即干看和湿评。干看主要看外形的形状、色泽、整碎和净度，湿评主要审评内质的汤色、香气、滋味和叶底。茶叶品质审评时应兼评外形与内质。茶叶感官审评的程序为外形、香气、滋味、汤色、叶底。

（1）外形审评方法　审评外形的首要操作步骤是把盘，俗称摇样匾或摇样盘，即检取代表性样茶（毛茶250～500g，精茶200～250g）置于审茶盘中（木质盘按顺序先放好，样罐也按顺序分别放好），双手持盘托平，一手握住有缺口的一角，一手把住对角边沿，轻轻前后左右回旋转动，使盘内茶叶均匀旋转，按长短、大小、粗细和轻重不同分层次集中于盘内，然后通过顺转收拢茶叶成为馒头形。这时，条大、身骨轻的茶叶浮于上面，叫面张茶或上段茶；细紧重实的集在中间，称中段茶，俗称腰档或肚货；细碎的沉于盘底，为下段茶或下身茶。用手抓起面张茶，看粗细、色泽和净杂程度；再看中段茶的细紧、嫩度和重实程度；最后看下段茶的碎、片、末含量。综合上、中、下段茶的比例，根据外形评审的各项因子对照标准茶样评定茶叶的等级。审评圆炒青外形时，还有“削”或“抓”的操作步骤。

（2）水分审评方法　感官审评茶叶水分要靠丰富的经验。抓一把茶叶，用力握紧感觉茶叶刺手，条索能折断，用手指能捻成碎末，为干茶。

（3）内质审评方法

扦样：又称取样，即从一批茶叶中扦取能代表本批茶叶品质的最低数量的样茶。将茶盘中茶样充分拌匀或直线复推2～3次（花茶应除去残花）后用拇指、食指、中指轻轻扦取上、中、下层有代表性的一小撮审评茶样，称取3g（一次抓足，宁可手中有余茶，不宜多次抓茶添增），投入已洗净烫过的150ml审茶杯内（毛茶如用200ml容量的审评杯，则称取4g样茶）。

开汤审评：俗称泡茶或沏茶：用沸滚适度的开水从左到右尽快冲泡，泡水量以齐杯口为度，冲泡第一杯时即应计时，并从低级茶泡起，随泡随加杯盖，盖孔朝向杯柄，一般 5min 时按冲泡先后次序将茶汤全部倒入审评碗内，杯卧倒搁在碗口上，杯中残余茶汁应完全沥尽。开汤后先嗅香气，快看汤色，再尝滋味，最后把杯中泡过的茶叶倒入叶底盘中评叶底（审评绿茶宜先看汤色）。

闻香气：香气依靠嗅觉辨别。闻香气时一手拿住审茶杯，另一手揭开杯盖少许，靠近杯沿用鼻轻嗅或深嗅，反复几次，每次嗅的时间不宜过久，否则嗅觉易疲劳，最好是 2～3s，不宜超过 5s 或小于 1s。每次闻时要使杯内叶底抖动翻身，在未评香气前，不得打开杯盖。闻香气要热嗅、温嗅、冷嗅相结合，集中精力辨别香气的高低、强弱、香型是否正常，有无烟、焦、霉、馊或其他异味。热嗅主要是辨别香气纯异，温嗅主要辨别香气类型及高低，冷嗅主要是了解香气的持久程度。一般热嗅轻吸一下做到心中有数，温嗅深吸几下进行香气排队，好的推上或推前，差的拉下或后移，冷嗅可揭盖反复嗅几下做适当调整。审评茶叶香气最合适的叶底温度为 55℃左右，高于 65℃感到烫鼻，低于 30℃时香气低沉。审评香气时还要注意排除外界的干扰，如抽烟、擦香脂、用香皂等都会影响审评香气的准确性。

看汤色：茶汤靠视觉审评，茶叶冲泡后内含成分溶解于水中呈现的色彩称为汤色。茶汤成分和空气接触后易发生变化，所以有的把看汤色放在嗅香气之前。汤色易受光线强弱、排列位置、容量多少、冲泡时间长短、沉淀物多少等各种外因影响，审评时应加以注意。如果茶汤中混入茶渣残叶，应用网匙捞出，然后用茶匙在碗里打一圈，使沉淀物旋转集于碗中央，再按汤色性质及深浅、明暗、清浊等进行评比。

尝滋味：由味觉器官来完成，在汤色审评后进行。茶汤温度是影响味觉敏感度的重要因素；温度过高容易烫伤味觉器官，温度过低则味觉灵敏度差；以 50℃左右为好。方法是从碗中取一汤匙茶汤快速吸入口内，并使茶汤在舌头上循环打转，使茶汤与舌头的各个部位接触，全面地辨别茶味的浓淡、强弱、爽涩、鲜滞及纯异等。每个样品审评完毕，在准备品尝下一个样品之前，将汤匙中残留的前一个样品茶汤残留液倒尽或将汤匙放进白开水中漂洗一下，再按照前述方法品尝评价下一个样品。为了鉴别茶叶的耐冲泡程度，可以连续冲泡三至五遍进行品尝鉴别。茶叶审评前不应饮食有强烈刺激性的食物或饮料，也不宜吸烟或喝酒，以保持味觉和嗅觉的灵敏度。

评叶底：主要靠视觉和触觉来判别，将杯中冲泡过的茶叶全部倒在叶底盘中摊平，鉴别叶底的老嫩、均匀度、色泽。按揿叶底，以手感判断茶叶的软硬、厚薄、光糙、壮瘦等，再看芽叶比例、叶张舒卷、色泽及均匀度等进行优次评比。随后将叶底置于漂盘中，加入清水，使芽叶漂在水中观察分析。若对某样品吃不准，可再次冲泡，双杯冲泡。

综上所述，为了客观评定茶叶品质，审评的茶样一定要有代表性，所检取的茶样要能够全面反映该批茶叶的品质；茶叶称量要准确，茶水比例要适当，这样泡出来的茶汤，香气较充分，滋味较浓厚，汤色较明显。用水比例要因茶而定，一般红绿、花茶、紧压茶为1∶50（毛茶5g茶样，250ml水；精茶3g茶样，150ml水），青茶（乌龙茶）的茶水比例为1∶22（5g茶样，110ml沸水），副茶的茶水比例是1∶60（2.5g茶样，150ml沸水）。水质标准要符合卫生部饮水卫生规程规定，水质无色（色度不超过15度）、透明、无沉淀，浑浊度不得超过5ml/L，水中不含有肉眼可见的水生物及令人厌恶的物质，水质无异臭和异味，总硬度不超过25度，pH 6.5～7.0，含铁量低于0.02mg/L。因硬水中含有钙、镁等碳酸盐类，不仅影响茶汤pH值，对茶叶内含物质的浸出率也有显著影响，从而影响茶汤品质，尤其是汤色和香气，所以泡茶应用纯水或非碳酸盐硬度的软水。茶汤色泽和滋味与茶叶中水浸出物的数量特别是主要呈味物质的泡出量和泡出率有密切关系，因此泡茶水的温度和时间要掌握好，除紧压茶外，泡茶用水应达到沸滚起泡的程度，以100℃为宜，至于泡软细嫩名茶，水温可适当偏低，沸滚过度的水或水温不足100℃的水，用来泡茶都达不到良好评茶的效果。一般红、绿茶的冲泡时间为5min。审评应对各个评定项目逐一写出评语或评出分数，确定茶叶品质优劣、等级或名次。

### （五）茶叶感官审评结果的描述

评茶术语是记述茶叶品质感官审评结果的专业用语，是用简短而明确的词汇指出产品的优缺点或特点的评语。我国茶类繁多，花色品种各异，尚没有注释完全统一的评语，现将最常用的评语归类并注释，供实际选用参考。

**1. 外形评语**

（1）条索评语

细嫩：多为一芽、一至二叶制成，形状细小多芽，条索细圆浑，白毫或锋苗显露。

肥壮：茶条肥壮，重实。

紧细：鲜叶嫩度好，条紧圆直，多芽毫，有锋苗。

紧结：芽叶卷缩紧实，外表光润。条索浑结，颗粒圆结。

紧实：鲜叶嫩度稍差，但揉捻技术良好，条索松紧适中，有重实感，少锋苗。

苗秀、紧秀：条索细嫩、紧结挺直，锋苗显露。

重实：条索或颗粒紧结，以手权衡有重实感。

壮实：肥壮，条索紧结而重实。

壮结：条索壮大而紧结。

心芽、芽头、芽尖：尚未发育、展开成茎叶的嫩尖，一般茸毛多，成白色。

显毫：芽尖多且有较多白毫，毫色有金黄、银白、灰白等。

匀称、匀整：茶叶形状、大小、粗细、长短、轻重相近。

匀齐：即上、中、下三段茶叶均匀相称，拼配适当，不脱档。

平伏：把盘后，各段茶条索互相平贴，无翘起或脱档现象。

洁净：无梗、片、末等脚茶和夹杂物。

匀净：大小、粗细、老嫩整齐，无梗朴片等脚茶及夹杂物。

光滑：条索表面平整发亮。

浑直：条索浑圆较直。用于条形茶为优点，用于扁形茶为缺点。

滚圆：颗粒圆紧。与“圆紧”同义。

圆结：颗粒圆而紧结。

圆浑：条索圆而紧结，不扁不屈。

圆直：条索圆浑挺直。

细圆：颗粒细小圆紧。

扁削：扁条边缘齐整、平扁光滑。用于扁茶。

光扁：扁条平扁光滑。

扁平：扁茶形状扁坦平直。与“平扁”同义。

身骨：指叶质老嫩，叶肉厚薄，茶身轻重。一般芽叶嫩，叶肉厚，茶身重身骨好。

宽松：不紧结，条索或颗粒宽散松泡。与“松散”同义。

粗松：原料粗老，叶质老硬，形状粗大不紧结，条空散，孔隙大，表面粗糙，身骨轻飘，或称“粗老”。若“破口”过多，则称为“粗钝”。

空松：形状松泡，条索或颗粒中有孔隙，较轻飘。

粗糙：叶质粗老，色枯，净度差。

毛糙：净度差，梗和朴片较多。

破口：茶叶精制，切断不当，茶条两端的断口粗糙而不光滑。

脱档：茶叶拼配不当，形状粗细不整。

短碎：条索短钝无锋，断折不完整，碎茶及末屑较多，面松散，缺乏整齐、匀称之感。与“短小”、“断碎”同义。

细碎：断碎程度比短碎更严重，下段碎茶更多。

轻飘：身骨轻，条子松泡，叶质瘦薄，一般指低级茶。

露筋：叶柄及叶脉因揉捻不当，叶肉脱落，露出木质部。绿茶有黄色或褐色脉筋，红茶有乌红或褐色脉筋。

爆点：干茶上的烫斑。

圆头、圆块、团块：条形茶中结成圆形或成块状的茶头，因揉捻后解块不完全所致。

雨身：圆茶中夹的条形茶。

乌珠块：圆茶初制中几片叶子缠在一起，形成的团块茶，是圆茶的大缺点。

黄头：圆茶中嫩度较差，经揉捻成块状，不圆结，色泽露黄。

扁块：形状似饼，扁而不圆或宽而带扁。

弯曲：条索弓状或勾形，弯曲不直。

虾皮条：条索勾曲带扁，体质轻飘，色泽枯黄，形似虾皮。

浑条：扁茶条子浑圆不扁。

颗粒状：红、绿、碎形茶颗粒紧结匀整，身骨重实含毫尖，净度好。

锋苗：条索紧细完整，显芽锋。

碎：细而短的断碎芽叶、轻薄片。

片：破碎的轻薄片。

末：茶叶被压碎后，形成的细小粉末。

朴：叶质粗老，外形松大、轻飘，块片状。

红梗：茶梗红变。

(2) 色泽评语

翠绿：似翡翠色彩，有光泽。与“绿翠”同义。

深绿：深绿泛黑色，有光泽。为珠茶上品。与“墨绿”、“乌绿”同义。

苍绿、墨绿：深绿色或青绿色泛黑而匀称光润。

绿润：色鲜绿，富光泽。

油润：色泽鲜活，光滑润泽。“光润”与此同义。

乌黑：乌黑油润。

乌润：色黑而光润。

银芽绿叶、白底绿面：毫心和叶背银白，茸毛显露，叶面灰绿色。为优质白茶色泽。

砂绿：似蛙皮绿而油润。为优质青茶类（乌龙茶）的色泽。

银灰绿：绿茶表面灰白如银，似上霜。是高级眉茶的外形色泽。

灰绿：深绿带灰。

青绿：比深绿浅，绿中带青，光泽欠鲜艳。

黄绿：绿中带黄，黄中泛绿，色泽不润。

暗绿：色深绿显暗无光泽。

草绿：叶质粗老，炒青控制不当，过干，呈现绿草之色泽。

鳝皮色：砂绿蜜黄，似鳝鱼皮色。又称“鳝皮黄”。

蛤蟆背：色叶背起蛙皮状砂粒白点。

枯黄：黄而枯燥，与“暗黄”同义。

灰暗：色泽深暗带灰，似陈茶色。

花杂：色泽杂乱，老嫩不一致或不匀净。

枯暗：叶质老，色泽枯燥，晦暗而无光泽。

枯红：色红无光，叶老露筋。

铁锈色：深红而暗无光泽。

**2. 内质评语**

（1）香气评语

嫩香：柔和、新鲜幽雅的毫茶香，香高清灵持久，快感无穷。多用于采制精细的高档工夫红茶和名优绿茶。

清香：多毫的烘青型嫩茶特有的香气。多用于高档绿茶。

甜香、蜜糖香：带类似蜂蜜、糖浆或龙眼干之香气。

甜和：香气不高，但有甜感。

高长：茶香充沛持久，浓郁高爽，富刺激性，冷嗅尚有余香。

鲜浓：香气浓而鲜爽持久。

浓烈：香气纯粹丰满，有强烈刺激性。

清高：清香，高爽持久。多见于高窨次、下花量多的花茶或高档乌龙茶。

幽香：香气文净优雅，悠久悦鼻。香气文秀，类似淡雅花香。若无法具体称为哪种花香者，以香气“幽雅”或“花香”称之。

鲜爽：香气新鲜、活泼，富快感。

高锐：香高扑鼻，有锐利感觉。多用于高档茶。

高郁、浓郁：香气高锐而浓郁。多用于滇红和祁红等高档茶。

高长：香高持久。多用于高档茶。

鲜、鲜灵：花茶的鲜度，富有新鲜浓郁的花香。用于多窨次、下花量足、提花质量好、制作工艺精巧的茉莉花茶。花香闻之鲜显而高锐称为鲜灵，比鲜更高。

海藻香：茶叶的香气中带有海藻、薹菜类的味道。多见于日本产的上档蒸青绿茶。

蔬菜香：类似蔬菜经沸水烫煮后之香气。此类香气评语常用于绿茶。

馥郁：香气芬芳浓郁。多见于萎凋和发酵程度轻的夏季红碎茶。

纯正：香气正常、纯正，不鲜浓，不粗淡。表明茶香既无突出的优点，也无明显的缺点，用于中档茶的香气评语。与“纯”、“纯和”同义。

平和：香气较低，但尚正常无粗气。多见于低档茶。

岩韵：具特殊品种香味特征。用于武夷岩茶。

音韵：亦称“观音韵”。铁观音特有的幽雅香气。多用于摇青适度、发酵轻、制工良好的上档铁观音。

板栗香：又称“嫩栗香”。似熟板栗的甜香。多见于制作中火功恰到好处的高档绿茶及个别品种茶。

南瓜香：似成熟的生南瓜香气。部分高档烘青型绿茶经存放后，具有似南瓜特殊香气。

炒米香：类似爆米花之香气。为茶叶经轻度烘焙或焙炒的香气。

玫瑰香：茶叶香气中有类似玫瑰花的香气。常见于高档红茶。

桂圆香：似桂圆的甜香。多见于制作工艺良好的茯茶或用松烟熏过的小种红茶。

蜜桃香：成熟的蜜桃香型。多见于广东潮安的凤凰单枞、闽北武夷岩茶等高档青茶（乌龙茶）。天气晴朗，凉青、摇青工艺合理，烘干温度恰当，均是形成蜜桃香的必要条件。

茉莉香：茉莉花香。用茉莉花所窨的花茶和个别品种茶特有的香气。

桂花香：用桂花窨制的花茶所表现的香型，个别品种所制成的茶也会透出似桂花的特殊香气。

香荚兰香：从香荚兰豆中提取或化学合成的香荚兰素所具有的特殊香气。

松烟香：茶叶含有松脂燃烧的香气。见于福建所产的小种红茶和湖南的黑毛茶等，生产这些茶时都用松针燃烧烟熏，使茶叶吸附其特殊的香味。

地域香：具有特殊地方风味的茶叶香气。如云南红茶特殊的糖香，西湖龙井茶独有的清香，皆属地域香。

秋香：某些地区秋季生产的红碎茶具有独特的香气，为一种季节香。如10月初广东生产的高档红碎茶具有特殊的季节性茶香，新鲜高锐，滋味强爽，品质胜于其他季节所产生的红碎茶。

季节香：在某一时期生产的茶叶具有的特殊香气。如广东英德在9月中旬至10月中旬生产的高档红茶香气特别清香清锐，又如早春生产的特级西湖龙井茶具有特殊的青果香。

炒麦香：炒熟的小麦香。常用于添加了炒麦、炒米、玉米之类食物的茶制品。

茶香：指茶叶经制作后本身具有的香气。常用于与其他物质拼和的茶制品。

香短：香气保持时间短，很快消失。

透素：花茶的主要花香气不足，透露出茶叶本身的香气。多见于茉莉花茶中窨次不够或下花量不足的制品。

透兰：茉莉花茶的香气中带有明显的玉兰花香。多见于窨花时茉莉花用量不足而玉兰花用量过多的低档茉莉花茶。

香贫：香气低弱。多用于用花渣“压窨”的低档花茶。

香浮：香气轻薄，浮于表面，一嗅即逝。多用于各类窨花茶。

钝熟：香气熟闷，缺乏鲜爽感。多见于茶叶嫩度较好，但已失风受潮，或存放时间过长、制茶技术不当的绿茶以及发酵偏重的红茶。

低：热嗅稍有香气，冷嗅消失。

低沉：香气低而沉闷。

平薄、贫薄、贫乏：香气低弱，质地贫乏。多用于质地瘦薄的茶叶。

青气：成品茶有青草或鲜叶气息，多见于夏秋季揉捻、萎凋和发酵不足的下档红茶或杀青不透的下档绿茶。

粗老：带有老叶粗辛气味。多用于各类低档茶，一般四级以下的茶叶，带有不同程度的粗老味。

粗淡：低淡不具轻快感。

浊气：茶伴有其他气息，沉浊不清快。

陈闷、水闷气：香气失鲜、不爽，嗅之不畅快，似水闷气。常见于雨水叶或揉捻叶闷堆不及时干燥等原因造成。

陈香：茶叶陈化后产生的香气。用于普洱茶、六堡茶、茯砖茶等黑茶的审评，表明香气好。

陈熟：香气不新鲜，叶底失去光泽。

高火：足火所特有的饴糖香。干燥过程中温度偏高，茶叶内所含成分开始轻度焦化所致。

火功：茶叶干燥工序中使用的火候在香气中的表现。如火功恰到好处，香高味醇；火功过高，香、味会偏焦；火功不足，则香气低沉，滋味带生青。

老火：火香比高火更重。常因茶叶在干燥过程中温度过高，使部分碳水化合物转化产生。

焦气：茶叶异味，似烧焦的气息。鲜叶在高温下快速失去水分变焦化时产生的异味。炒青干燥或烘焙控制不当，使茶叶烧焦，带火味。

烟气：茶叶在烘干过程中吸收了燃料释放的杂异柴草或煤炭的烟熏气味。多见于烘干机漏烟产生煤或柴烟气。

酸馊：香气异味。腐烂变质茶叶发生的一种不愉快的醋酸、馊饭气味。在红茶初制中制作不当的部分尾茶可发生酸馊气。

日晒气：红、绿茶初制中揉捻叶经日光暴晒后产生的类似干菜或笋干的气息。

辛辣气：有花椒粉的辛辣气息，刺激性强，似一种灼烧感。常用于夏秋季的下档红花和绿茶。

油墨气：茶叶异味。茶叶被油墨气味污染产生的杂异气味。多见于彩色纸盒包装的茶叶。

麻袋味：茶叶异味。一种特殊的水闷味与矿物质有机物气味相混杂的气味。常见于用新麻袋包装的茶叶，因麻袋在制作过程中原料经水浸和加入蜡质润滑剂而带异味，并因此而污染茶叶。

竹油气：茶叶异味之一。茶叶的香气、滋味中带有竹沥的味道。新竹蔑编制的烘笼，不经预先处理就直接烘茶，常使茶叶吸附竹沥的味道。

木炭气：茶叶异味。茶叶吸附的柴烟气。多见于用木炭、烘笼烘干的烘青型绿茶。

石灰气：茶叶异味。是用石灰作干燥剂与茶叶共贮，茶叶吸附石灰气味所致。

铜臭味：茶叶异味。茶叶或泡茶用水与铜质器具接触后染上的气味。

樟脑气：茶叶吸附樟脑块的气味，属一种不愉快的异味。多见于茶叶与带樟脑气味的物品混放所致。

陈霉气：茶叶变霉而产生的气味。

机油气：茶叶异味之一。茶叶在加工过程中或其他情况下与机油接触而染上的气味。

异气：伴有不正常的劣异气味，多因加工、存放不当所致。如烟味、霉味、陈味、酸味、土味、日晒气、鱼腥气、腌腊气、油气、泥土气、药物气等。一般都指明属于哪种杂味，若无法具体指明时，仅以杂（异）味称之。

(2) 汤色评语

绿艳：嫩绿微黄，清澈鲜亮显油光。为质优绿茶之颜色。

黄绿、蜜绿：绿中微黄，似半成熟的橙子色泽。

浅黄：汤色黄而浅，亦称淡黄色。

橙黄：黄中微带红色，似成熟甜橙之色泽。

红艳：似琥珀色而镶金边，清澈艳丽。为红茶上品汤色。

红亮：红而透明，有光泽。透明而略有光彩为红明。

橙红：汤色红中带黄，似成熟椪柑之色泽。

清澈：洁净，一眼见底，无沉淀物。

鲜明：鲜艳明亮有光泽。

金黄：茶汤清澈，以黄为主稍带有橙色。清澈亮丽，犹如黄金之色泽。

橙黄清亮：汤橙黄色，清澈明亮。

明亮：水色清，显油光。

冷后浑、凝乳（cream down）：浓的红茶汤冷却后出现浅褐色或橙色乳状的浑汤现象，为品质优等的红茶茶汤。

红汤（水红）：烘焙过度或陈茶之汤色，浅红或暗红。

昏暗：汤色不明亮，但无悬浮物。

浑暗：汤色浑而晦暗。

浑浊：汤色浑浊不清，沉淀物或悬浮物多。

红暗：深红色不透明。

红浊：汤色浑红，沉淀物较多。

（3）滋味评语

鲜爽：入口鲜活爽口。红茶鲜而带甜称“鲜甜”，绿茶鲜而爽口称“鲜爽”。

甜爽：具有甜的感觉而爽口。

甘滑：带甘味而滑润。

鲜醇：鲜洁爽口而又甘厚。

醇厚：浓醇可口，回味略甜。

浓厚：茶汤溶质丰富，味浓而不涩，纯而不淡，浓醇适口。

鲜浓：鲜快爽适，浓厚富刺激性。

浓烈：滋味强劲，刺激性及收敛性强。

纯和：清爽甘醇，鲜味不足，刺激性不强。

纯正：滋味正常，浓淡适中。

平和：滋味纯洁和淡，刺激性小，无粗杂气味。多见于低档茶。

火功：茶叶干燥工序中使用的火候在滋味中的表现。如火功恰到好处，香高味醇；火功过高，香、味会偏焦；火功不足，则香气低沉，滋味带生青。

老火：焦糖香、味。常因茶叶在干燥过程中温度过高，使部分碳水化合物转化产生。

淡薄、平淡：入口稍有茶味，后味清淡，浓稠感不足，无刺激性反应。

苦涩：味浓不鲜不醇，入口青涩，后味苦涩。

粗涩：涩味强，粗糙不滑。

青涩：涩味强，带青草味。

粗淡：滋味淡薄，粗糙不滑。

钝熟：滋味熟闷，缺乏鲜爽感。多见于茶叶嫩度较好，但已失风受潮，或存放时间过长、制茶技术不当的绿茶以及发酵偏重的红茶。

辛辣：刺激性强，似一种灼烧感。常用于夏秋季的低档红、花和绿茶。

水闷味：陈闷沤熟的不愉快气味。常见于雨水叶或揉捻叶闷堆不及时干燥等原因造成。

陈气、失风：不新鲜。常见于受潮或存放时间过长已产生陈闷味的茶叶。

水味：茶叶受潮或干燥不足之茶叶，滋味软弱无力。

粗老味：茶叶因粗老而表现的内质特征。多用于各类低档茶。一般四级以下的茶叶，带有不同程度的粗老味。

陈霉气：茶叶变霉而产生的气味。

烟焦味：茶叶被烧焦但未完全炭化所产生的味道。多见于杀青温度过高，部分叶片被烧灼释放出的烟焦气味被在制茶叶吸收所致。

烟味：茶叶在烘干过程中吸收了燃料释放的杂异气味。多见于烘干机漏烟产生煤或柴烟气。

异味：伴有不正常的生青味、熟味、火味、焦味、酸馊味、水闷味、霉味等劣异味。

(4) 叶底评语

细嫩：芽头多，芽叶小而柔软。

鲜嫩：叶质细嫩，叶色鲜艳明亮。

匀嫩：芽叶细嫩匀齐，色泽调和。

柔嫩：嫩而柔软。

肥厚：芽叶肥壮，叶肉丰满。

匀齐：色泽调和，老嫩一致，叶张完整不断碎。

柔软：嫩度稍差，质地柔软，手感如棉，无弹性。

开展：开汤后叶片舒展。

单张：离茎的单张叶片。

瘦薄：叶张瘦小单薄，茶芽短小。

卷缩：冲泡后叶张不开展。

粗老：叶张粗大坚硬，有弹性。

青张：整片叶底青色。

翠绿：碧绿微黄，鲜亮悦目。

嫩绿：浅绿微黄，鲜艳，有光泽。

绿嫩：翠绿鲜嫩，叶质细嫩。

嫩黄：浅绿透黄，黄黑泛白，亮度好。

黄绿：绿中带黄，亮度尚好。

青绿：淡墨绿色。

青暗：青绿而暗。

黄暗：黄而带暗。

红梗、红叶：茎叶泛红。为不良绿茶。

花杂：老嫩掺杂，色泽不调和。

鲜亮：色泽鲜艳明亮，嫩度好。

明亮：鲜艳程度次于明亮，嫩度好。

红艳：鲜艳红亮。为上品红茶色泽。

红亮：鲜红有光彩。

褐红：深红色，略暗。

红暗：红而不鲜明。。

乌暗：猪肝色或熟栗壳色，无光泽，整片叶青暗称“乌张”，夜色青暗又不开展称“乌条”。

花青：红茶叶底中夹杂青张或半红半青的叶片。

暗张：乌龙茶叶张发红，夹杂暗红叶片为“暗张”。

焦斑：叶张边缘、叶面有局部黑色或黄色烧焦的斑痕。

焦条：烧焦发黑的叶片。

茶叶等级多，组成复杂，对某些品质因子的描述，为区分程度上的差别，还可在主体词前冠以“稍”、“略”、“尚”、“欠”、“较”、“带”、“有”、“微”、“显”等虚词，借以表达质差的程度。

## 二、茶叶品质的物理和化学评价

茶叶品质的理化评价是用仪器仪表分析化验等物理化学方法测定茶叶的理化性态，在审评中起到一定的辅助作用。理化评价主要检验茶叶的水分、灰分、水浸出物、农药残留量、氨基酸、茶多酚（儿茶素）、咖啡碱、粗纤维、粉末和碎茶含量以及含梗量，其中对茶叶中的农药含量，咖啡碱、纤维素含量，茶叶中水分、灰分等的测定都是非常准确的。

### （一）茶叶品质物理评价法

茶叶品质物理评价法即采用物理方法检测茶叶品质，维护茶叶质量的技术手段。近年来比较成熟的茶叶外形和内质物理检验方法主要有容重法、比容法、茶汤比色法、茶汤电导法和色差法。

**1. 容重法**

单位容积的重量称为容重。干茶的容重与茶叶品质关系密切。一般原料嫩、做工好的茶叶，条索紧结重实、匀整，容重就大，反之容重就小。检测容重能在一定程度上反映茶叶品质的高低。

测定方法是将茶样充分混匀后分别倒入两只500ml的量筒中，茶叶倒入数量略超过500ml的刻度，然后将量筒牢固地安置在振荡器上，往复振荡5min（275次/min），取下量筒，加少量茶叶铺平至500ml刻度，倒出茶叶，采用1/1 000感应天平称重，分别记为$W_1$和$W_2$。茶叶的容重通常以1 000ml茶叶的重量（g）来表示。

计算公式如下：

$$容重（g/1\ 000ml）=\frac{G}{V}=\left(\frac{W_1+W_2}{2}\right)\times 2$$

公式中G为茶叶的重量（g）；V为茶叶的容积（ml）。

**2. 比容法**

单位重量物体所占有的容积称为比容，等于容重的倒数。不同种类、级别的茶叶，在相同的重量下容积是不相同的。一般随茶叶级别的下降其容积有规律的增加。

测定方法是充分匀样后，用1/1 000感应天平称取100g，倒入500ml量筒内，将量筒牢固地安置在振荡器上往复振荡5min，取下量筒，读出量筒刻度数，即为容积的毫升数（V）。茶叶的比容通常以100g茶叶的容积（ml）来表示。

计算公式如下：

$$比容（ml/100g）=\frac{V}{G}$$

**3. 茶汤比色法**

茶汤色彩是反映茶叶内质的因素之一。不同种类、级别的茶叶，茶汤颜色组分也不相同，测定茶汤汤色可判断原料老嫩情况及加工技术的好坏，能在一定程度上反映茶叶品质的优次，分析制茶过程中的弊病。

测定方法是每只茶样准备三个审评杯，每杯内放入3g茶叶，加入沸水150ml，加盖冲泡5min后倒出每杯茶汤，将三杯茶汤倒入500ml烧杯内，混匀，作为供试液。

用吸管吸取茶汤 5ml 或 10ml（红茶吸取 5ml，绿茶吸取 10ml），分别置于两只 25ml 容量瓶中，每瓶分别加入 1ml 95%乙醇，以防止茶汤冷后浑浊，然后加蒸馏水至 25ml 刻度，摇匀，作为比色液。

测定红茶汤色用波长 460nm，绿茶汤色用波长 420nm，用 1cm 的比色杯，以蒸馏水作空白对照，测定各样茶比色液的光密度，以二次平均的光密度值反映汤色的深浅和优次，一般光密度大者汤色较好。

**4. 茶汤电导法**

电导是物质导电性的一种量度。电导度一般随溶液浓度增加而增加。茶叶所含的有效物质除本身具有一定的离解值外，还与茶汤中的无机离子组成的有机盐类一起产生一定的离解值。茶叶嫩度高，有效物质含量也高，电导度就越大，茶叶品质就越好。

测定方法是称取充分匀样后的茶样 3g，用 125ml 沸水冲泡 5min（加盖）后过滤于 100ml 烧杯中，待茶汤冷却至一定的温度（35～50℃均可），采用 DPS-11 型电导仪，PTS-电导电极进行测定，以相应的开水作对照。因电导度受茶汤温度影响很大，随温度增高而急剧增大，测定时要注意各样茶汤温一致。泡茶水质也要一致，否则也会影响电导度读数。

**5. 色差法**

茶叶品质色差分析方法是食品感官品质鉴定中的一种新技术，最早出现在 20 世纪 70 年代的日本。其原理是应用 Hunter-Lab 表色系，以标准 C 光源和 1°～4°小视场来测定颜色的三个分量 L、a、b。其中 L 代表明度，0 代表黑，100 代表白；a 代表红绿色度，正值为红，负值为绿，0 为中性色；b 代表黄蓝色度，正值为黄，负值为蓝，0 为中性色。色差为样茶与参照物之间 L、a、b 的差数，分别为 ΔL、Δa、Δb，总色差（ΔE）为 $\sqrt{\Delta L^2+\Delta a^2+\Delta b^2}$。此外，还有由 L、a、b 产生的系列衍生指标，如以 $\sqrt{a^2+b^2}$ 为色调彩度（Cab），Cab/L 为色彩饱和度（Sab），以 b/a 为色相，以 $\tan^{-1}$

(b/a) 为色相角 (Hab)。实际应用时根据需要选择指标。

茶叶的色泽与其化学成分的组成及含量相关，所以干茶或茶汤的色差可反映茶叶品质。

测定方法是取充分混匀后的样茶 5g，加沸腾蒸馏水 240ml 冲泡 5min，趁热用双圈 102 滤纸过滤到 250ml 容量瓶中，待滤液冷却至室温后，用蒸馏水定容至 250ml。以蒸馏水为对照，测定色差。

对于绿茶和青茶，明度差 ΔL 值越大，汤色越好，茶叶品质也越好；红绿色度差 Δa 值和黄蓝色度差 Δb 值越大，绿茶、乌龙茶汤香气、汤色、滋味和总评分越差，则茶叶品质越差。对于红茶，ΔL 值越小、Δa 值和 Δb 越大，则红茶内含物丰富，品质高。

此外，茶叶品质物理检验还包括茶叶含梗量和粉末含量的检测。

**6. 含梗量检测方法**

含梗量就是检测茶叶中茶梗的含量，检测方法因散茶和紧压茶有所不同。

测定方法是散茶称取 100g，称取拣出茶梗的重量，并算出其含梗百分率。计算公式为：

$$\text{茶梗（\%）}=\frac{\text{拣出茶梗重（克）}}{\text{试样重量（克）}}\times 100$$

压制茶则锯取半块，隔水蒸 2～3h 后取出，拣出茶梗，各自烘干称重。计算方法同上。

**7. 粉末和碎茶含量检测**

茶叶在加工过程中尤其是精制的筛切过程中，会产生一些粉末、碎片茶。片末茶的存在不仅直接影响茶叶外形的匀整美观，冲泡后还会使汤色发暗，滋味苦涩。粗老原料加工中更易产生片末茶，使茶汤味淡，不受欢迎。因此，作为品质优次的一个物理指标，粉末及下盘茶的多寡有一定的限制要求。

现在一般采用电动机筛选法检测粉末和碎茶含量。测定方法是样品经分样器充分混匀后准确称取 100g，倒入接好筛底的粉末筛内，盖上筛盖，以 200r/min 的速度，筛转 300r。收集筛底粉末称重，准确到 0.01g。

计算公式：

$$粉末（\%）=\frac{筛下粉末重量（g）}{试样重量（g）}\times 100$$

各类茶中粉末和碎茶的含量不得超过以下指标：条红 2.0%，红碎 2.5%～3.0%，绿茶 1.0%～2.5%，白茶 1.0%，花茶 1.5%～7.0%（片茶 7.0%）。

## （二）茶叶品质化学评价法

茶叶品质化学评价法是采用化学分析方法检测茶叶内含成分以鉴别茶叶品质好坏的技术手段。国内外已有大量研究和成熟经验，以氨基酸含量评定绿茶滋味的鲜爽度，以茶黄素和部分茶红素含量和茶多酚物质含量评价红碎茶内质，以纤维素含量评定茶叶的嫩度，等等。但由于化学分析需要较多的仪器、药品，且测定时间长，难以及时指导生产；另一方面，决定茶叶品质的化学成分比较复杂，并不能以单一的成分或几个成分就能评定。氨基酸（GB/T 23193—2008）、茶多酚和儿茶素类（GB/T 8313—2008）、茶黄素和茶红素以及咖啡碱含量检测方法详见第七章茶叶化学中的“茶叶主要品质成分分析法”。

除了氨基酸、茶多酚、咖啡碱等单一有效成分的分析方法外，还有对于汤色、滋味等的化学检测方法，但各种茶类化学品质评价方法和检测指标有所不同。

### 1. 绿茶品质化学鉴定方法

绿茶的化学评价法分为汤色检测和滋味检测。

（1）汤色检测　绿茶的品质主要取决于其内含成分的含量及其组成比例，而茶汤的色泽是各种内含成分的综合反映。利用茶汤色差分析并结合多元回归等统计手段，可以快速、简便、客观地鉴定绿茶品质。该方法操作简便，15min 即可完成。

测定方法：扦取 3g 混匀的绿茶样，用 150ml 沸水冲泡 5min，茶汤沥出并过滤，将茶汤滤液与蒸馏水进行色差分析，所得的红绿色度差值定义为 Δa。

计算公式：

$$绿茶评价总分=77.2-2.26\Delta a$$

（2）绿茶滋味检测　绿茶滋味受茶汤中多种成分影响，尤其是茶多酚和氨基酸，所以测定绿茶茶汤中茶多酚和氨基酸的含量，可获得茶汤滋味的鲜、浓、醇度，所得总分在一定程度上可反映茶叶品质的优劣。

①所需试剂：

酒石酸铁溶液：称硫酸亚铁（含结晶水 7 份）1g，酒石酸钾钠（含 4 份结晶水）5g，加水稀释至 1L。

磷酸缓冲液：先配制两种母液。母液Ⅰ：1/15 M 磷酸氢二钠溶液。称取含 2 份结晶水的磷酸氢二钠 11.876g，加水溶解并定容至 1L。母液Ⅱ：1/15 M 磷酸二氢钾溶液。称取干燥磷酸二氢钾 9.078g，加水溶解并定容至 1L。取母液Ⅰ 85ml 和母液Ⅱ 15ml 混匀，即得 pH 7.5 的磷酸缓冲液。取母液Ⅰ 95ml 和母液Ⅱ 5ml 混匀，即得 pH 8.0 的磷酸缓冲液。

2%茚三酮溶液：称取 2g 水合茚三酮加 50ml 水，加氯化亚锡（含结晶水 2 份）80mg，搅拌均匀后，逐渐加水溶解，分次过滤，滤液在暗处放置一昼夜，加水定容至 100ml。

②主要设备：分光光度计、恒温水浴、分析天平。

③测定方法：准确称取混匀后的待检样茶 3.0g 3 份，分别放入 3 只审评杯，加入 150ml 沸水，加盖冲泡 5min 后，将 3 杯茶汤全部倒入 1 只 500ml 烧杯内，混匀，用脱脂棉过滤，作为供试液。

用吸管分别吸取 0.5ml 茶汤放在 2 只 25ml 容量瓶中，再加入 0.5ml 蒸馏水、0.5ml pH 8.0 磷酸缓冲液，0.5ml 2%茚三酮溶液，在沸水浴中加热 15min，冷却后用蒸馏水定容至 25ml 刻度，摇匀，用 0.5cm 比色杯在 570nm 处测定比色液的光密度值（$E_1$）。

准备 2 只 25ml 的容量瓶，用吸管分别吸取 0.5ml 茶汤放在 25ml 容量瓶中，再加入 4ml 蒸馏水、5ml 酒石酸铁溶液、用 pH

7.5 磷酸缓冲液定容至 25ml 刻度，摇匀。用 1cm 比色杯在 540nm 处测定比色液的光密度值（$E_2$）。

$$\text{滋味鲜度得分}=\text{比色值}(E_1)\times 100$$

$$\text{滋味浓度得分}=\text{比色值}(E_2)\times 100$$

$$\text{滋味醇度得分}=\frac{\text{鲜度比色值}(E_1)}{\text{浓度比色值}(E_2)}\times 100$$

$$\text{滋味总分}=\text{鲜度}+\text{浓度}+\text{醇度}$$

**2. 红茶品质化学鉴定方法**

红茶品质与其含氮量、茶多酚、氨基酸、咖啡因、儿茶素类、茶黄素类等化学成分相关，检测红茶样品的全氮量并结合红茶茶汤与蒸馏水之间的明度差 ΔL、黄蓝色度差 Δb 等色差指标，采用主成分分析等统计方法可以鉴定红茶品质。

测定方法有以下五种。

方法一：检测红茶样的全氮量。

扦取 3g 红茶样，用 150ml 沸水冲泡 10min，分别检测红茶茶汤中的儿茶素类总量、茶黄素-3’-没食子酸酯含量。

将上述红茶茶汤与蒸馏水进行明度差分析，所得的差值定义为 ΔL。

计算公式（单位均为 mg/g）：

红茶评价总分＝44.90＋0.16 儿茶素类总量＋0.66 全氮量－0.02ΔL＋0.35 茶黄素-3’-没食子酸酯含量

方法二：扦取 3g 红茶样，用 150ml 沸水冲泡 10min，分别检测红茶茶汤中的咖啡因含量、表没食子儿茶素含量、茶黄素含量。

将上述红茶茶汤与蒸馏水进行黄蓝色度差分析，所得的差值定义为 Δb。

计算公式（单位均为 mg/g）：

红茶评价总分＝53.98－0.16Δb＋0.61 咖啡因含量 Caffeine＋0.42 表没食子儿茶素含量 ECG＋0.75 黄素含量

方法三：扦取 3g 红茶样，用 150ml 沸水冲泡 10min，分别检测红茶茶汤中多酚类含量、咖啡因含量、茶黄素-3’-没食子酸酯含量。

将上述红茶茶汤与蒸馏水进行明度差分析，所得的差值定义为 ΔL。

计算公式（单位均为 mg/g）：

红茶评价总分＝47.55＋0.07 多酚类含量＋0.54 咖啡因含量＋0.06ΔL＋0.35 茶黄素-3’-没食子酸酯含量

方法四：扦取 3g 红茶样，用 150ml 沸水冲泡 10min，分别检测红茶茶汤中氨基酸总量、咖啡因含量、茶黄素-3’-没食子酸酯含量。

将上述红茶茶汤与蒸馏水进行明度差分析，所得的差值定义为 ΔL。

计算公式（单位均为 mg/g）：

红茶评价总分＝49.63＋0.43 氨基酸总量＋0.47 咖啡因含量＋0.19ΔL＋ 0.46 茶黄素-3’-没食子酸酯含量

方法五：

红茶评价总分＝取上述方法（至少 2 种）的红茶评价总分的平均值

上述 4 种鉴定方法中，红茶茶汤中的茶多酚总量分析、咖啡因、儿茶素类单体及茶黄素类单体分析参照第七章，红茶样品中的全氮量分析采用凯氏定氮法。

**3. 红碎茶汤色滋味检测**

按照我国茶叶品质部颁标准，红碎茶滋味以浓、强、鲜为主。检验时分别测定红碎茶的汤色、滋味的鲜爽度和浓强度的分数，再以总得分评定茶叶品质。

（1）所需试剂

酒石酸铁溶液：配制方法同前。

pH 7.5 磷酸缓冲液：配制方法同前。

乙酸乙酯。

95%乙醇。

（2）主要设备　分光光度计、恒温水浴、分析天平。

（3）测定方法　准确称取红碎茶 3.0g，放入 250ml 三角烧瓶中，加沸腾蒸馏水 125ml，在沸水浴中准确浸提 10min，浸提期间摇动一次。浸提结束，立即用脱脂棉过滤，滤液置于冷水中冷却，作为供试液。

准确吸取 15ml 供试液，放入 30ml 分液漏斗中，加入 15ml 乙酸乙酯，振摇 5min。静置分层后，弃去下层水溶液和中间层乳浊液。吸取乙酸乙酯萃取液 2ml，放在 25ml 容量瓶中，用 95%乙醇定容至 25ml 刻度，作为汤色和鲜爽度测定液（A 液）。

吸取 0.3ml 供试液放入 25ml 容量瓶中，加入 4.5ml 蒸馏水，再加入 5ml 酒石酸铁溶液，摇匀。用 pH 7.5 磷酸缓冲液定容至 25ml 刻度，作为浓强度测定液（B 液）。

以 95%乙醇为对照，用 1cm 比色皿在波长 380nm 处测定 A 液的光密度值（I）。

以蒸馏水加试剂（酒石酸铁溶液和 pH 7.5 磷酸缓冲液）为空白对照，用 1cm 比色皿在波长 540nm 处测定 B 液的光密度值（Ⅱ）。

计算公式如下：

汤色、鲜爽度分数＝光密度（Ⅰ）×100

浓强度分数＝光密度（Ⅱ）×100

内质总分＝汤色、鲜爽度分数＋浓强度分数

总分越高，表明红碎茶品质越好。

**4. 乌龙茶汤色鉴定方法**

原理：同绿茶。

测定方法：扦取 3g 混匀的乌龙茶样，用 150ml 沸水冲泡 5min，沥出茶汤并过滤，将茶汤滤液与蒸馏水进行明度差分析，所得的明度差值定义为 ΔL。

计算公式：

$$乌龙茶的评价总分=94.5+1.09\Delta L$$

**5. 普洱茶品质化学评价法**

普洱茶品质与其所含的咖啡因、氨基酸、多酚类、儿茶素类单体、挥发性香精油等化学成分相关，检测这些成分的含量并采用主成分分析等统计手段，可以鉴定普洱茶品质。

测定方法：扦取 3g 混匀后普洱茶样，用 150ml 沸水冲泡 10min，沥出茶汤，过滤，分别检测普洱茶滤液中多酚类含量、咖啡因含量。

检测普洱茶香精油中的香叶醇含量、正己醛含量、芳樟醇氧化物Ⅰ含量或检测橙花醛含量、正己醛含量、芳樟醇氧化物Ⅰ含量。

计算公式：

普洱茶评价总分＝61.47－0.18 香叶醇含量＋0.33 多酚类含量－1.14 正己醛含量－1.38 樟醇氧化物Ⅰ含量＋0.21 咖啡因含量，

或

普洱茶评价总分＝61.42－0.03 橙花醛含量＋0.33 多酚类含量－1.14 正己醛含量－1.40 芳樟醇氧化物Ⅰ含量＋0.20 咖啡因含量。

式中多酚类和咖啡因的计量单位为 mg/g，其余计量单位均为 μg/g。

实际应用时，可选用上述计算方法中的任意一种。

上述鉴定方法中，普洱茶香叶醇含量、橙花醛含量、正己醛含量和芳樟醇氧化物Ⅰ含量的分析，通过连续蒸馏萃取法（SDE）或者顶空富集法收集普洱茶挥发性香精油，并采用气相色谱法，以外标法进行定性和定量。

**6. 花茶品质化学评价法**

花茶品质与其所含的全氮量、咖啡因、儿茶素类单体、挥发性香精油等化学成分以及茶汤色泽相关，通过检测这些成分的含量、分析茶汤色差，并采用主成分分析等统计手段，可以鉴定花茶品质。

测定方法：检测花茶全氮量和花茶香精油中的松油醇含量。

扦取 3g 混匀后花茶样，用 150ml 沸水冲泡 10min，沥出茶汤，过滤，分别检测花茶滤液的咖啡因含量、儿茶素含量、没食子儿茶素含量。

将上述花茶滤液与蒸馏水进行总色差分析，所得的差值定义

为 ΔE。

计算公式：

花茶评价总分＝73.47＋0.54 全氮量＋0.27 咖啡因含量＋1.57 儿茶素含量－1.72 没食子儿茶素含量－0.67 松油醇含量－0.94ΔE

式中松油醇含量的计量单位为 μg/g，其余成分的计量单位均为 mg/g。

上述鉴定方法中，花茶全氮量的分析采用凯氏定氮法，花茶滤液总色差的分析采用色差仪法，花茶滤液中的咖啡因含量、儿茶素和没食子儿茶素的分析采用液相色谱法，松油醇含量则通过连续蒸馏萃取法（SDE）或者顶空富集法收集花茶挥发性香精油，并采用气相色谱，以外标法进行定性和定量。

在茶叶品质化学评价时，还要检测茶样中的水分、灰分、水浸出物、粗纤维、农药残留等。

**7. 水分检验**

我国国家标准规定茶叶中水分的测定可采用 103℃ 4h 烘箱法或 120℃ 1h 烘箱快速法，国家标准化组织（ISO）规定采用 103℃ 恒重法，出口标准规定可采用 103℃恒重法或 120℃ 1h 烘箱快速法、130℃ 27min 烘箱快速法。

（1）测定原理　茶叶试样在烘箱中以特定条件加热，其损失的重量称为水分。恒重法是指在 103±2℃的温度下加热至恒重，快速法则是以恒重法为仲裁，采用高温、短时的方法来测定该条件下的重量损失。

（2）仪器设备　恒温箱、分析天平、称盒、玻璃干燥器、不锈钢剪刀。

（3）测定方法

103℃恒重法：此法为国家标准法。用已烘干称重的称盒称取均匀茶样（生叶 10.00g，用不锈钢剪刀剪碎；干茶 5.00g，准确至 0.001g）2 份，去盖置入预热 103±2℃的烘箱内，温度回升到 103℃起计时，4h 后取出加盖并置入干燥器中冷却，称重，再去盖置入预热 103±2℃的烘箱内，重复加热烘 1h 后称重，比较两次称量结果，使差值小于 0.005g 为止。

计算：

$$水分\%=\frac{(烘前称盒+样品重)-(烘后称盒+样品重)}{样品重量}\times 100$$

120℃烘 1h 法：用称盒准确称取 10.00g 茶样（2 份），加盖同置入已预热至 130℃的电烘箱中，自温度调节为 120±2℃起计时，烘 1h，取出加盖置于干燥器中冷却，称重，按上述公式计算含水量。此法为茶叶出口的通用水分测定法。

130℃烘 30min 法：用称盒准确称取茶样 10.00g（2 份），至预热至 135℃烘箱中，调节至 130±2℃烘 30min，取出冷却称重，与上同法计算水分含量。此法用于茶厂成品水分检测。

**8. 水浸出物含量检测**

在规定的条件下，用沸水浸出茶叶中的水可溶性物质。

测定原理：用沸水回流提取茶叶中的水可溶性物质，再经过滤、冲洗、干燥，称量浸提后的茶渣，计算水浸出物含量。

仪器设备：鼓风电热恒温干燥箱（温控 120±2℃）、沸水浴、布氏漏斗连同抽滤装置、铝盒具盖内径 75～80mm、干燥器（内盛有效干燥剂）、分析天平、锥形瓶、磨碎机。

测定方法：先用磨碎机将少量试样磨碎，弃去，再磨碎其余部分。

将铝盒连同 15cm 定性快速滤纸置于 120±2℃的恒温干燥箱内，烘干 1h，取出，在干燥器内冷却至室温，称量（精确至 0.001g）。

称取 2g（准确至 0.001g）磨碎试样放入 500ml 锥形瓶中，加沸蒸馏水 300ml，立即移入沸水浴中浸提 45min（每隔 10min 摇动一次）。浸提结束后立即趁热减压过滤。用约 150ml 沸蒸馏水洗涤茶渣数次，将茶渣连同已知质量的滤纸移入铝盒内，然后移入 120±2℃的恒温干燥箱内烘 1h，加盖取出冷却 1h 再烘 1h，立即移入干燥器内冷却至室温，称量。茶叶中水浸出物以干态质量分数表示。

计算方法：

$$\text{水浸出物（\%）}=\left(1-\frac{m_1}{M_0\times m}\right)\times 100$$

式中，$M_0$ 为试样质量（g），$m_1$ 为干燥后的茶渣质量（g）、$m$ 为试样干物质含量（%）。

如果符合重复性的要求（同一样品的两次测定值之差，每100g 试样不得超过 0.5g)，取两次测定的算术平均值作为结果，结果保留小数点后一位。

**9. 总灰分测定**

总灰分为在规定的温度下，试样经灼烧完全灰化后所得到的残留物。

根据茶叶灰分在水中与10%盐酸中的溶解度，又分为水溶性灰分、水不溶性灰分和酸溶性灰分、酸不溶灰分。一般认为水溶性灰分与茶叶品质成正相关，而酸不溶性灰分与品质和卫生条件呈负相关。通过对灰分的检验，可检验茶的真假、品质高低、生长环境的优劣。国际标准化组织（ISO）规定使用 525±25℃ 恒重法。1981 年部标准规定使用 525±25℃ 恒重法和 700℃ 20min 快速法两种。

700℃ 20min 快速法：在已知重量的瓷舟（上口径 60mm×30mm，高 15mm）中，称取放入磨碎试样约 2g（准确至 0.000 1g)，放在高温电炉内，将炉门开启少许，接通电源使试样在低温下徐徐炭化，待烟冒尽后，关闭炉门，继续升高温度至 700℃时起算，保持 700+25℃温度，灼烧 20min，关断电源，开启炉门少许，待炉温下降至 200℃以下时，取出瓷舟盖上洁净干燥的小玻片（70mm×40mm)，移入干燥器内，冷至室温，称重（准确至 0.000 1g)。

525±25℃恒重法：在已知恒重的坩埚中，称取磨碎过筛的试样约 2g（准确至 0.000 1g)，加几滴植物油，放在电炉上，调节电压，徐徐加热，待试样不再冒烟，炭化完毕后，将坩埚移入高温电炉内，以 525±25℃温度灼烧至灰中无炭粒为止（通常不少于 2h。待炉温降至 200℃以下时，取出坩埚，移入干燥器内，冷至室温，称重（准确至0.000 1g），再将坩埚移入高温电炉内，以525+25℃灼烧60min，取出冷却称重，再移入525±25℃高温电炉内灼烧30min，取出，冷却，称重。重复上述操作，直至两次灼烧后称重相差不大于0.002g，即为恒重。

**10. 粗纤维检验**

粗纤维的含量可以作为检验茶叶品质的指标之一。粗纤维含量高，芽叶成熟度高，粗纤维含量低，芽叶嫩度高。一般而言，嫩度好的原料有利于良好品质的形成。

粗纤维的检验用一定浓度的酸、碱消化试样，留下的残留物再经灰化，称重。由灰化时的质量损失可以计算出粗纤维的含量。检验方法按GB/T8310执行。

**11. 农残**

农药在茶叶中残留，直接关系到人体的健康。而当前茶树病虫害防治，仍以农药防治为主。因而化学农药的残留问题已普遍引起各国政府及贸易部门的重视，特别是一些毒性大、化学结构稳定的农药。

## 三、茶叶质量安全评价

茶叶质量安全评价是对茶叶的品质、数量、卫生等方面的监督管理体系，以保证上市茶叶的质量，维护生产厂的声誉和消费者的利益。根据不同的检测目的，质量安全评价的内容也有所不同。

### （一）茶叶出厂质量安全检验

茶叶出厂质量安全检验是评定出厂茶叶品质并确定其价格的重要手段之一。对每批出厂前的茶叶的感官品质、水分、粉末、碎茶、净含量和包装标签（无公害食品茶叶只检验感官和标识）都要对照加工验收统一标准样进行评比，检验合格并附有合格证方可出厂。此外，还要判别茶叶的真假、掺杂程度等。

**1. 真假茶叶的鉴别**

假茶是把其他植物的芽叶制成类似干茶的外形并以茶叶出售或饮用，或在假茶中掺入真茶。假茶中常伴有对人体有毒害作用的物质，饮用假茶对人体健康危害很大，消费者应引起注意。茶叶的外形特征及内含成分与其他植物都有很大差别，因此掌握茶叶固有的外形内质特征，仔细察看分析，是能够辨别真假茶的。鉴别方法可以从以下几方面进行：

（1）观察外形或鉴别叶底　将一片茶叶或冲泡过的叶底放在漂盘内，待叶片全部展开后，仔细观察。叶片边缘有显著的锯齿，齿上有腺毛，近叶尖部分密而深，近叶基部稀而疏，近叶柄的叶基部平滑而无锯齿，一般呈三角形状。叶尖内陷。叶面上，主脉明显，背面叶脉隆起，支脉不直射边缘并与主脉约呈 60°角，并在叶片 2/3 的地方向上弯，连接上一支脉，形成明显的波浪形网状脉。茶芽和嫩叶背面均有银白色茸毛，嫩枝呈柱形，叶片在茎上呈螺旋状互生，即是真茶，否则是假茶。

（2）香味鉴别　用鼻嗅闻干茶，凡是有茶叶固有清鲜香味的为真茶，凡带有青腥气，霉气或其他异味的为假茶。

（3）色泽鉴别　干茶色泽，绿茶深绿色，红茶乌黑有光，乌龙茶乌绿带润。凡色泽滞枯，绿色过绿呈青色，红茶过黑，色泽失常，多有假茶之嫌。

（4）鉴别茶叶的组织形态　将可疑的茶叶放入 10％的氢氧化钾溶液内 24h 后，放至水与三氯乙醛溶液（5∶2）中，褪去色泽，用次氯酸钠充分漂白后，用显微镜检查海绵组织，含有草酸钙结晶体和枝状石细胞的是真茶，否则是假茶。

（5）生化鉴别　茶叶依老嫩级别不同含有 2％～5％的咖啡碱和 10％～20％的儿茶素，这两者同时大量存在，是茶叶的重要生化特征。测定咖啡碱与儿茶素可作为鉴别真假茶叶的生化指标。其测定方法是取可疑茶叶 10 片左右放在洁净的玻璃试管内，慢慢滴入 10％氢氧化钠液数滴，使茶叶湿润为止。然后加入氯仿约 2ml，在酒精灯上加热，冷却后加少许活性炭，经搅拌后过滤。再取溶液

2滴放在载玻片上，任其自然挥发。或者，选择几片可疑茶叶，捣碎放入试管中，加入0.5～1ml蒸溜水煮沸，待冷却后，再加入0.5ml氯仿，剧烈振动，静置分层，放出下面的氯仿层，用毛细管吸取少许置于载玻片上晾干。干后在显微镜下观察，若能见到针状结晶，表明有咖啡碱存在，初步鉴定为真茶。再取可疑茶叶约1g，放入三角烧瓶内，加80%的酒精20ml，加热煮沸5min，冷却后经过滤，在澄清溶液中再加入酒精至25ml为止。将酒精提取液摇匀，吸取1/10ml提取液，加入装有1ml 95%酒精的试管中摇匀，再加入1%香草精盐酸溶液5ml，加塞后摇匀，如溶液立即显出鲜艳的红色，说明有较多量的儿茶素存在，表明是真茶。如果红色很浅或根本不显红色，说明只有微量或没有儿茶素存在，是假茶。倘若仍有怀疑，难以断定真假，可进一步测定有无茶氨酸，以便最后作出裁决。若含有茶氨酸，则为真茶，若不含茶氨酸，则为假茶。再取少许可疑茶叶放入坩锅内，灼烧成灰，用白金一端弯成小圆圈，烧热后蘸少量茶灰灼烧，有绿色的锰酸钠即是真茶。再取少量灼烧灰装入试管中，用稀硫酸溶解，加少量硝酸和少量二氧化铅，静置片刻，液体上部呈紫色（过锰酸）即可证明锰的存在，是真茶。

**2. 新茶与陈茶的鉴别**

隔年茶叶称陈茶。由于陈茶贮放时间较长，在空气中的湿气、氧气和光线等因子作用下，产生自动氧化，引起色、香、味的变化，从而降低茶叶品质，尤其是绿茶新茶与陈茶品质颇为悬殊。妥善贮藏的武夷岩茶陈，茶香气馥郁，滋味醇厚。六堡茶、普洱茶、黑毛茶、茯砖茶等陈茶也具有较好的陈香，不减茶味，深受消费者的欢迎。鉴别新茶和陈茶可从茶叶的色泽、香气和滋味等方面加以辨别。

（1）色泽　绿茶随贮藏时间的延长，叶绿素逐渐氧化分解，致使失去新茶青翠碧绿色而变成枯灰无光，而茶褐素则大量增加，致使茶汤黄褐不清。红茶也因茶多酚的氧化缩合，导致茶叶色泽由新茶时的乌润变成灰暗，加之茶褐素增多，使茶汤浑浊不清。

（2）滋味　新茶滋味颇为醇厚鲜爽，而陈茶由于长期贮放，茶叶中脂类化合物、氨基酸、维生素等物质有的被分解挥发，有的被缩合成不溶于水的物质，致使可溶性物质减少，滋味通常淡而不爽。

（3）香气　茶叶在长期贮放过程中，醛类、醇类、酯类等香气物质不断挥发和缓慢氧化成其他物质，逐渐失去新茶的清香，而呈现出陈茶的低浊气味。

**3. 春、夏、秋茶的鉴别**

在我国气候条件下，除华南茶区的少数地区外，绝大部分产茶地区，茶树生长和茶叶采制是有季节性的。茶叶通常按采制时间，划分为春、夏、秋三季茶。通常称 5 月底前采制的茶为春茶，6 月初到 7 月初采制的茶叶为夏茶，7 月中旬以后至茶季结束前采制的茶叶为秋茶。由于季节气候条件的影响，不同季节的茶叶品质有显著差异。一般春季温度适中，雨量充沛，加之光照柔和，茶树氮素代谢旺盛，茶树经秋、冬季的休养生息，体内营养物质贮备丰富，茶叶中有效成分含量高，是茶叶品质最好的时期。夏季气温高，光照强，茶树碳素代谢旺盛，茶树芽叶中多酚类物质积累较多，因此茶叶滋味涩味较重，鲜爽度不如春茶。秋茶经过春、夏两季采收，茶树体内贮存的营养物质显著减少，茶叶浓度减低，滋味较为淡薄，但苦涩味较夏茶轻些。群众中有“春茶浓，夏茶涩，要好喝，秋白露”的说法。春、夏、秋茶可从外形和内质两方面识别。

（1）春茶

外形：绿茶色泽绿润，红茶色泽乌润；茶叶肥壮重实，条索紧结匀齐，芽毫肥长，珠茶颗粒圆紧，香气馥郁。

内质：茶叶冲泡后下沉快，香气浓烈持久，滋味醇；汤色明亮，绿茶汤色绿中显黄，红茶汤色艳现金圈；茶叶叶底柔嫩厚实，正常芽叶多。

（2）夏茶

外形：绿茶色泽灰暗，红茶色泽红润；茶叶轻飘松宽，嫩梗宽长，且红茶、绿茶条索松散，珠茶颗粒松泡，老嫩欠匀，净度较差，香气稍带粗老。

内质：茶叶冲泡后，下沉较慢，香气稍低；绿茶滋味欠厚稍涩，汤色青绿，叶底中夹杂铜绿色芽叶；红茶滋味较强欠爽，汤色红暗，叶底较红亮；茶叶叶底瘦薄较硬，芽较短，叶张大小不匀，对夹叶较多。

（3）秋茶

外形：绿茶色泽黄绿，红茶色泽暗红；条索较松，身骨较轻，茶叶大小不一，叶张轻薄瘦小，香气较为平和。

内质：茶叶冲泡后香气较低，滋味平淡，涩度比夏茶微轻，汤色浅尚明，叶底瘦薄较硬，叶形较小，芽较短小，对夹叶多。

**4. 窨花茶和拌花茶的鉴别**

窨花茶是鲜花和茶坯在特定的环境条件下进行拼和窨制，使茶叶吸收鲜花的香气，因此花茶香气浓而鲜纯，既有鲜花的芬芳又有茶叶的清香。拌花茶是使用花茶窨花后，失香的花干拌和在低级茶叶中冒充窨花茶，香气只有茶味，而无花香。因此，只需一闻一饮即可区分。除此，尚有喷洒少量香精冒充花茶的，这种花茶香气一般只能保持1～2个月，比较容易鉴别，如果闻之不同于天然花香，冲泡后头饮有香，二饮香气逸尽全无，这种茶十有八九是冒牌花茶。

**5. 着色茶的鉴别**

茶叶着色主要是粉饰色泽上的缺点，以次充好。着色茶大都是绿茶。有着色嫌疑的茶叶，放在样盘中多次簸动或在光洁白纸上摩擦，仔细观察，如有剥露的着色物，即为着色茶。再开汤鉴别，如汤色有异常色泽，碗底有色料沉淀，则可进一步证实为着色茶。

**6. 次品茶和劣质茶的鉴别**

凡鲜叶采制技术不当或保管不善等原因而产生烟、焦、酸、馊、霉、日晒气、油、药物、鱼腥等异味，或较重的红梗红叶、花青等病变茶、茶叶陈变等，均为次品茶或劣质茶。

（1）烟气（味）茶　茶叶在制作过程中由于烘炒时不注意或其他原因，使茶叶受到烟的污染，染上了一股烟气，降低了茶叶的香气。在评茶时，初嗅时略带烟气，但反复再嗅又似乎没有烟气，尝滋味时也尝不出来，属于较轻的烟气（味）茶，应作次品茶。凡热嗅时有一股较浓烈的烟气，尝滋味时烟味也很浓，且不易消失；干看时，绿茶呈微黑枯绿欠润的色泽，红茶枯暗或乌不润，属严重的烟气（味）茶，应列为劣变茶。

（2）焦气（味）茶　茶叶在制作过程中，因火温过高或翻拌不均匀、次数太少，产生了焦气。热嗅时带有高火气、焦糖气，冷嗅时不明显，或经过短期存放后能消失的，属焦气（味）较轻的茶，可作为次品茶。凡干嗅或开汤都有焦气，并不易消失；干看茶叶头斑点，绿茶呈枯色或灰色，红茶色泽枯而无光，用手一摸即碎，闻时有一股较重的焦饭味或锅巴味，叶底卷缩不展，带有黑色斑点或焦条、焦片、焦末，属焦气（味）严重茶，应列为劣变茶。

（3）酸馊茶　一般发生在红毛茶中。因发酵过度、干燥不及时造成。干嗅时有一股馊饭气味；开汤后，热嗅略有酸馊气，冷嗅没有酸馊气或只有馊气，而尝不出馊味。经过复火后馊气能消除的，可作为次品茶。如热嗅、冷嗅和尝滋味时都有酸馊气味，经补火也难消除的，应列为劣变茶。酸馊茶一般汤色常较浑浊，酸馊气味特别严重的不能饮用。

（4）霉气　毛茶在初制过程中，因不太干或贮藏地点潮湿等原因，使茶叶内含有的水分增加，气温升高，发生霉变。霉变初期，干嗅或热嗅时没有茶香，哈气嗅有霉气，经加工补火霉气消除，绿茶汤色未泛红，红茶汤色未发暗，可作为次品茶。霉变程度较重的，干嗅即有霉气，开汤后嗅更加明显，应列为劣变茶。霉变严重的，干看外形发霉明显结块，白花明显，投入样盘摇样时，有白灰飞扬，内质气味难闻。红茶汤色呈暗黑，绿茶汤色泛红浑浊，并有粉状浮游物漂浮汤面。此茶不能饮用，只可用于提取茶叶成分的原料。

（5）油气、药物、鱼腥等异味茶　茶叶被其他各种带有易味的物质传染后，染有异味。轻者影响到茶叶的色、香、味，凡经处理后可使异味消除的，可作为次品茶或劣变茶。如经处理后异味仍不能消除，并对人体健康有影响的，不能作为饮料茶。

（6）变色茶　各种茶叶都有着不同的外形色泽，如失去其独特色泽，即为变色茶。绿茶变色茶为红梗、红叶，红梗、红叶程度轻微，干看外形色泽正常，开汤后叶底有红梗，无红叶，可作为次品茶。程度较重，干看色泽欠绿润或带花杂，湿看叶底有红梗、红叶，应作为劣变茶。红茶变色茶为花青色，干看外形色泽正常，湿看叶底略有花青，轻者为正品茶，较重者为次品茶的可作为次品茶。干看外形色泽欠乌润或（但）暗青色，湿看叶底花青叶较多，应作为劣变茶。

（7）日晒茶　茶叶在阳光下照射后，染上日光气味，称日晒（腥）茶。凡有日晒气的应作为次品茶。日晒时间长，日晒气严重，泡在杯内的茶有馊腥味，香气和滋味的内质变化严重，应作为劣变茶。

（8）陈变茶　凡隔年以上的茶都属陈茶。其色泽枯暗不明，茶梗枯碎易断，断处呈枯褐色，茶籽枯缩，湿评热嗅时有陈气（俗称冷气），冷嗅不明显。香气较新茶差，大都沉浊。绿茶变陈，叶底黄暗不明，水色泛红。红茶变陈，叶底红暗不鲜艳，水色暗浊。

**7. 无公害茶产品质量安全体系**

无公害茶产品按照认证机构和标准要求不同，分为无公害茶、绿色食品茶和有机茶三类。

无公害茶是指产地环境、生产过程和产品质量分别符合《无公害农产品　茶叶产地环境条件》（NY 5020）、《无公害食品　茶叶生产技术规程》（NY 5018）、《无公害食品　茶叶加工技术规程》（NY 5019）和《无公害食品　茶叶》（NY 5017）等标准和规范，经认证合格取得认证证书并允许使用无公害茶标志的初加工或精制的茶叶产品。

绿色食品茶是指产地环境、生产过程和产品质量分别符合《绿色食品　产地环境技术条件》（NY/T 391）、《绿色食品　农药使用准则》（NY/T 393）、《绿色食品　肥料使用准则》（NY/T 394）、《绿色食品　食品添加剂使用准则》（NY/T 392）和《绿色食品　红茶和绿茶》（NY/T 288）标准要求，经专门机构认证，许可使用绿色食品标志的无污染、安全、优质、营养丰富的茶叶产品，分为A级和AA级两个级别。

有机茶是指来自于有机农业生产体系，产地环境符合《有机茶产地环境条件》（NY 5199）要求，生产和加工按照《有机茶 生产技术规程》（NY 5197）、《有机茶 加工技术规程》（NY 5198）进行，产品质量符合《有机茶》（NY 5196）规定，并通过独立的有机食品认证机构认证的茶叶产品。

无公害茶产品出厂质量安全既是无公害茶产品的品质特性，也是无公害茶产品的市场优势。按照《茶 取样》（GB/T8302）标准进行取样：2～3人在库房内以"S"（叠成堆放茶样）或"Z"（并排堆放茶样）形取样，混匀，按四分法扦取足够的检验用量，标明取样地点、日期、时间，样品名称、批次、数量，包装标准，取样人姓名等。取样时避免外来杂物或异味混入，取样期间应清洁干燥，样罐盒密闭无味，紧压茶类忌用电钻钻孔取样避免油垢、重金属等污染。

无公害茶产品应具有相应种类茶叶的自然品质特征，质量检验内容包括感官品质、理化性质和卫生质量。

无公害茶产品的感官品质应符合相应级别实物标准样的品质或常规茶类实际执行的各级类标准，如龙井茶产品品质必须符合国家标准《龙井茶》（GB 18650）。审评方法同相应常规茶类，具体按相应的行业标准执行。

无公害茶产品的理化性质应符合常规茶类实际执行的各级标准，检验方法按相应的国家标准执行。各项指标的行业标准（NY 5244—2004）是：水分指标不得超过7％，除碧螺春7.5％、茉莉花茶8.5％、砖茶14％之外；灰分指标不得超过7％，砖茶除外（8.5％）；水浸出物不得低于32％，砖茶除外（21％）。

无公害茶产品的卫生质量应符合产品实际执行的常规类的各级标准，检验方法按相应的国家标准执行。其中无公害茶的行业标准（NY 5244—2004）规定下列物质含量不得超过以下指标：铅、联苯菊酯、溴氰菊酯 5mg/kg，氯氰菊酯、杀螟硫磷 0.5mg/kg，喹硫磷 0.2mg/kg，乐果、敌敌畏 0.1mg/kg。另外每 100g 产品中大肠菌群的个数不得超过 300。

绿色食品茶叶的行业标准（NY/T 288—2002）规定下列物质含量不得超过以下指标：铜 60mg/kg，铅 5mg/kg（GB 2762—2005），稀土 2mg/kg（GB 2762—2005），溴氰菊酯 5mg/kg，氯氰菊酯 0.5mg/kg，联苯菊酯、乐果、喹硫磷 0.2mg/kg，三氯杀螨醇、氰戊菊酯、甲胺磷、乙酰甲胺磷、杀螟硫磷、敌敌畏 0.1mg/kg。

有机茶的行业标准（NY 5196—2002）规定下列物质含量不得超过以下指标：铜 30mg/kg，铅 5mg/kg（GB 2762—2005），稀土 2mg/kg（GB 2762—2005），六六六、滴滴涕、三氯杀螨醇、氰戊菊酯、联苯菊酯、氯氰菊酯、溴氰菊酯、乐果、喹硫磷、甲胺磷、乙酰甲胺磷、杀螟硫磷、敌敌畏、其他化学农药低于 LODa（a 为制定方法检出限）。

此外，无公害茶产品的定量包装，净含量负偏差必须控制在规定范围内。

### （二）出口茶叶质量安全检验

出口茶叶产品质量安全检验的基本职责是对出口茶叶的质量、数量、包装、卫生等方面进行监督管理，实行品质管制。出口茶叶的检验项目及其规定的品质指标，是通过经济立法的手段，作为经济法律予以公布的，对内可作为生产的准绳和规范；对外则作为双边贸易或多边贸易的品质指标和执行品质检验的技术依据。建立出口茶叶检验制度，是贯彻执行品质管制政策的重要手段，对提高生产水平和促进贸易发展均有很好的作用。

我国最早的茶叶检验质量安全检验标准是《输出茶叶检验暂行标准》，是 1950 年在全国商品检验会议上制订的，由原中央贸易部颁布试行。经 1955 年、1962 年和 1981 年三次修订后成为现在的中华人民共和国对外贸易部、国家进出口商品检验总局暂行标准

《茶叶》（WMB48—81），其中包括茶叶品质规格［WMB48—81（1）］、茶叶包装［WMB48—81（2）］和茶叶检验方法［WMB48—81（3）］三部分。

出口茶叶产品安全检验制度和手段应该健全并严格执行，保证重合同、守信用，严格把关，重质优于重量，保证我国茶叶的质量，符合国际市场的需要，维护我国商品信誉，保障消费者的利益。

**1. 检验范围**

实行法定检验对象的出口茶叶有6类若干等级或花色。

（1）红茶　包括工夫红茶、小种红茶、红碎茶。其中工夫红茶分为八级（特级、一级至七级），红碎茶分为4个花色（叶茶、碎茶、片茶、末茶）。

（2）绿茶　包括珍眉、贡熙、珠茶、雨茶、龙井、碧螺春、蒸青、秀眉、茶片及特种绿茶。其中珍眉分为七级（特珍特级、一级、二级，珍眉一级至四级），贡熙分为五级（特贡一级、二级，贡熙一级至三级），珠茶分为五级（特级、一级至四级），雨茶分为两级（一级、二级），秀眉分为四级（特级、一级至三级），龙井分为七级（极品、特级、一级至五级）。

（3）乌龙茶　包括铁观音、色种、乌龙、水仙、奇种等。全部分为五级（特级、一级至四级）。

（4）花茶　包括茉莉花茶及其他花茶。其中茉莉花茶分为七级（特级、一级至六级）。

（5）白茶　包括银针、白牡丹、贡眉。其中白牡丹分为三级（特级、一级、二级），贡眉分为四级（特级、一级至三级）。

（6）压制茶　包括沱茶、饼茶、砖茶、六堡茶（包括普洱茶）等。

**2. 质量安全检验的项目及指标**

（1）品质（感官审评）　标准规定，各类各级茶叶必须符合对外贸易部所制订的样茶和出口合同规定的成交样茶，品质必须正常、无劣变及其他异味，茶叶必须洁净、不得含有非茶类夹杂物。

标准还对 17 个花色的不同等级茶叶的品质特征做了感官审评描述，包括滇红功夫、祁红工夫、川红工夫、红碎茶、珍眉、贡熙、雨茶、秀眉、珠茶、龙井、铁观音、色种、闽北水仙、闽北乌龙、白牡丹、贡眉、茉莉花茶。

（2）水分　各种出口茶叶的含水量有所不同，但均不得超过以下指标：绿茶中的蒸青 6%；红碎茶的碎、片、末茶 7.0%；红茶中的工夫红茶、小种红茶、红碎茶中的叶茶，绿茶中的珍眉、贡熙、珠茶、雨茶、碧螺春、龙井、特种绿茶，乌龙茶中的铁观音、色种、乌龙、水仙、奇种 7.5%；绿茶中的秀眉、茶片，乌龙茶中的细茶、粗茶，白茶中的白牡丹、贡眉 8.0%；白茶中的白毫银针、茉莉花茶和其他花茶 9%；压制茶 9.5%。

（3）灰分　各种出口茶叶灰分含量不得超过以下指标：红茶中的工夫红茶、小种红茶、碎茶、片茶，绿茶中的珍眉、贡熙、珠茶、雨茶、碧螺春、龙井、特种绿茶、蒸青，乌龙茶中的铁观音、色种、乌龙、水仙、奇种、粗茶、细茶，白茶中的银针、白牡丹、贡眉、茉莉花茶及其他花茶、沱茶为 6.5%；红碎茶的末茶、绿茶片、秀眉为 7.0%；米砖、六堡茶、普洱砖茶、普洱沱茶、普洱饼茶（包括普洱散茶）为 7.5%。

（4）粉末　各种出口茶叶中的粉末含量不得超过以下指标：绿茶中的珍眉、贡熙、珠茶、雨茶，白茶中的白牡丹、贡眉为 1.0%；绿茶中的秀眉、茉莉花茶和其他花茶为 1.5%；红茶中的工夫红茶、小种红茶、红碎茶的叶茶为 2.0%；红碎茶的末茶、绿茶片为 2.5%；红碎茶的碎茶、片茶，花茶中的碎茶为 3.0%；花茶中的片茶为 7.0%。

（5）碎茶（其含量作为参考指标）　标准规定各种出口茶叶（秀眉、碎、片、末茶及压制茶除外）的碎茶含量不超过相应茶类标准样茶或按成交样茶的实际含量。

**3. 包装条件**

部颁暂行标准规定了出口茶叶包装种类、包装材料规格、茶箱尺寸及结构、包装要求等具体内容。

（1）包装种类 分为大包装和小包装。大包装用于散装茶和小包装茶，可以选用木板箱、胶合板箱或纸板箱。小包装为销售包装，包括听装、盒装及袋泡茶等。

（2）包装材料 包括木板、胶合板、纸板、防潮材料和钉制材料，都必须符合标准的规定的材料、尺寸和结构。其中木板和胶合板要求坚固、干燥、无气味，木板厚为1cm，胶合板为3.5、4、5mm；纸板为双瓦楞，表面涂防潮材料。

（3）茶箱 除出口合同规定之外，茶箱均应为定型箱，包括木板箱和胶合板箱。木板箱长、宽、高分别为46、46、50cm或46、36、45cm（用于乌龙茶），胶合板箱的长、宽、高及板厚分别为46、46、46、0.4cm（搭襻箱）或40、50、60、0.5和40、40、60、0.5cm（包角铁皮箱），板厚5mm。

（4）出口茶包装 出口茶的包装要求比较严格，必须牢固、清洁、干燥、无气味、美观，同一批出口茶的包装材料的规格、用钉数量规格必须一致，并按规定套包。无论大小包装，外刷的标记应醒目、正确、整齐、清晰。标志的基本内容包括国名、茶名、批号、唛头、毛重、净重、数量等。茶叶包装允许一定的上下偏差，茶箱长、宽、高为2mm，木板厚度为1mm。

## 参考文献

梁月荣，等.2006. 茶叶，北京：中国农业大学出版社.

陆松侯，施兆鹏，等.2001. 茶叶审评与检验.第3版.北京：中国农业出版社.

苗爱清，舒爱民，胡海涛，凌彩金，庞式.2009. 乌龙茶加工过程中色差变化研究.广东农业科学，12：136－138.

王文杰.2006. 茶叶品质识别技术研究进展.中国茶叶加工，3：40－42.

Liang Y R, Lu J L, Zhang L Y, Wu S, Wu Y. 2003. Estimation of black tea quality by analysis of chemical composition and colour difference of tea infusions. Food Chemistry, 80 (2): 283－290.

Liang Y R, Zhang L Y, Lu J L. 2005. A study on chemical estimation of puerh tea quality. Journal of the Science of Food and Agriculture, 85 (3): 381-390.

Liang Y R, Wu Y, Lu J L, Zhang L Y. 2007. Application of chemical composition and infusion colour difference analysis to quality estimation of jasmine-scented tea. International Journal of Food Science and Technology, 42 (4): 459-468.

Liang Y R, Ye Q, Jin J, Liang H L, Lu J L, Du Y Y, Dong J J. 2008. Chemical and instrumental assessment of green tea sensory preference. International Journal of Food Properties, 11 (2): 258-272.

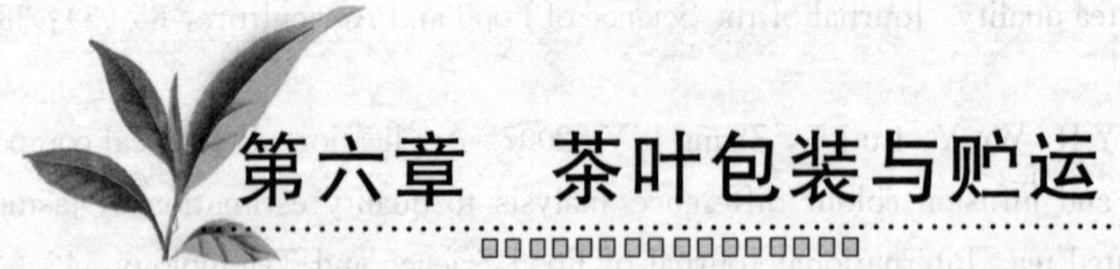

# 第六章 茶叶包装与贮运

## 一、茶叶包装

茶叶生产的季节性很强，尤其是名优茶，多集中在春季生产，但产品却周年销售。茶叶具有易吸湿、吸异味、氧化变质的特性，在销售过程中容易受水分、温度、氧气、光照、异气味等因素的影响而变质。随着人们生活水平的提高，品质生活意识的加强，茶叶因其具有天然、营养、保健等特点而备受世人青睐。因此，保证其在销售过程中具有安全、卫生、良好的品质具有重要意义。换言之，现代消费者对茶叶包装的质量要求愈加严格，不仅要求所选用的包装能保证茶叶品质良好，符合消费者的经济承受能力，同时还要求具有新颖、精美的外观设计和体现茶叶品牌特征的商标及标志。

### （一）茶叶包装的作用

包装是实现商品价值和使用价值的重要环节。茶叶包装实际上是指茶叶在流通过程中保证其产品使用价值和价值的顺利实现而采用的一个具有特定功能的系统。茶叶包装是成品茶贮藏、保质、储运、方便消费和促进销售中所不可缺少的，其重要作用越来越明显。

（1）保证茶叶质量　包装涉及的茶叶质量主要指外形、内质和卫生标准。茶叶包装可以保护茶叶产品避免或减轻在流通过程中动态损失，如各种外力的损害和污染，同时也可以通过静态保护措施如防透气、防潮、防异味、防霉、防光照等保证茶叶品质在流通过程中的使用有效期限内不会劣变。

（2）便于流通消费　茶叶的形状多种多样，经包装后，可以使茶叶包装件的外形符合一定的规格，使茶叶商品单位化。首先是有利于生产、采购、贮运和销售等环节的计量；其次是便于贮运装卸过程中清点记数；另外还可以增加车船等运输工具的装容能力。从消费者角度看，将茶叶进行适当的包装，更方便消费者使用且又不造成浪费。

（3）装潢与广告效果　茶叶经过包装后，利用包装件的形状及其外部印刷的文字、图案、色彩等造型和装潢设计来美化茶叶产品，宣传茶叶产品的特点，介绍泡饮茶叶的方法，增加茶叶产品销售的陈列效果。让消费者通过茶叶包装来了解内在的茶叶，对内装茶产生品质信任感，喜爱并购买该种茶叶。

（4）增加附加值　优秀的茶叶包装，不仅能使茶叶品质保持新鲜，还可以树立企业形象、诱导消费、提升品牌影响力和产品竞争力。良好的包装可增加茶叶的附加价值，给企业带来利润；出口茶叶包装对增加附加值尤为重要，可以成倍地提高茶叶在国际市场上的价格。

## （二）茶叶包装的基本要求

茶叶是一种饮料商品，包装必须具有保证品质的作用，而且包装材料必须无毒、无味、密封性能好，合乎卫生标准，外表美观大方，对消费者具有良好吸引力。对茶叶包装有如下基本要求：

（1）科学性　科学性是茶叶包装的基本要求。成品茶易断碎，异味、湿、光、热等环境因素都能造成茶叶变质。因此，茶叶包装必须具有优良的密闭性，以达到阻氧、防潮、防异味的效果。高档的名优茶包装还应具有耐压、抗震、避光以及保鲜等性能。品牌包装茶还可以通过应用激光防伪、防伪色带、产品编码、电话查询等高科技防伪措施，以防止不法侵害。

（2）经济性　茶叶包装的经济性是指包装成本费用的高低、目标市场消费群的经济承受能力以及包装产生的经济效益。一般而言，包装档次愈高，包装费用相应增大，商品茶的单位成本随之增加，而市场销售价直接影响到消费者的购买力和产品的市场份额。

因此，茶叶包装的规格定位与成本控制至关重要。茶叶包装的定位应有利于扩大产品的市场占有率，增加茶叶产品的经济附加值，提升茶叶品牌的知名度。茶叶包装的质量和成本是茶叶产品参与市场竞争的基本要素，应采用科学合理、切实可行的技术措施，实现两者之间的协调统一，以质优价廉、恰如其分的包装，满足不同层次的消费需求。

（3）规范性　茶叶属于食品范畴，茶叶包装应严格执行食品行业的相关法律法规和技术标准，规范茶叶包装的使用行为。根据产品质量法、标准化法等法律规定，包装标识、标注应当包括商品品名、规格、原产地、质量特征、使用说明、净含量、生产日期、保质期、厂名、厂址，以及条形码、产品标准号、卫生许可证号和环卫、防伪提示等项目。标签内容应符合 GB7781 的规定，净含量按《定量包装商品计量监督规定》执行，茶叶运输包装须符合 SB/T10037 的规定，包装贮运图示标志执行 GB/T191 规定。包装材质应选用卫生、无毒的食品级包装材料，不能受杀菌剂、杀虫剂、防腐剂、熏蒸剂等化工制剂的污染。包装用原纸执行 GB11680 标准，包装用印刷油墨、黏着剂等辅助材料均须无毒无害。包装机具的选择应视具体情况而定，同时应改善茶叶包装环境，规范从业人员的操作行为，避免包装过程中的二次污染。

（4）品牌性　品牌建设已成为茶业经济发展的必然，茶叶企业应该制定出自己的品牌发展策略和计划，增强品牌意识，以良好的品牌形象来参与激烈的市场竞争。茶叶包装是品牌建设的重要载体，须具有注册商标与专用外观标识，并拥有明显区别于其他厂商的产品包装，保证茶叶包装的专一性、连续性，避免使用通用包装或外观雷同的包装。为防止茶叶包装混淆或恶意仿制，新颖、独特的外观标识可在国家商标局申请注册保护；特别是为保护原产地域的传统名茶，可向国家质量检验检疫局申请原产地域产品保护及包装标识使用权。茶叶包装上的注册商标、专用标识是品牌建设的基本保障和识别依据，是茶叶产品的身份证和护身符，也是消费者赖以识别品牌茶叶的直观途径。

（5）装饰性　茶叶包装应具有精美、典雅的文字与图案，以及新颖、别致的造型。一般需要经过巧妙的构思、精心的策划、专业的设计与制作，才能有良好的外观装饰效果。茶叶的合理科学的装饰包装能够吸引消费者，激发消费者的购买欲望，从而达到宣传效果，继而促进企业品牌的发展和产品的市场营销。

（6）环保性　当前，环保已成为世界性的热点话题，包装材料作为环境污染源之一更应强调其环保性。茶叶包装用材应有利于加工再生利用和重复使用，废弃包装能被有效降解而不产生环境污染。

## （三）茶叶包装的种类

茶叶包装按用途、材料、层次、体积、包装技术、贮运方式等有多种分类，名称各异。主要可按以下不同标准分类：

（1）按商品包装的分类原理和茶叶商品封闭包装的实际分类可分为软包装和硬包装两大类。软包装有纸包装、纸箱包装、布袋包装、麻袋包装、塑料薄膜包装、铝箔包装、纺织袋以及某些复合材料包装等。硬包装有木箱包装、胶合板包装、金属包装、竹器包装、玻璃包装、陶瓷包装以及硬质塑料包装等。

（2）按是否直接与消费者见面分类　可分为销售包装和运输包装。

销售包装俗称小包装，是一种与消费者直接见面的包装，携带方便，能保护茶叶品质，又美观大方，且对促销有利。小包装中有纸盒装、竹盒装、听装、罐装、瓶装、纸袋装和工艺品容器等多种，目前盒装和袋装是茶叶小包装的主要形式。

盒装一般有纸质、木质（外贴丝绸刺绣等）、竹质、藤条等，内用塑料袋、复合袋、铝塑复合袋或铁罐、纸罐等密封，纸盒外有的还用玻璃纸防潮，有的外套手提袋。规格有 100g、125g、250g 等；式样有可拎式、易开式、开窗式等。罐装一般采用白铁皮、纸质板等制作，还有用瓷罐、木制罐、竹制罐的，多双层盖。形状有圆、方、椭圆、扁圆、六角、八角等；规格有 50g、100g、125g、

200g、250g 等。袋装一般采用多层铝箔复合袋，有的还采用抽真空或抽气充氮包装。目前单独的袋装名优茶出售已不多见，通常在袋子外面加套精美的外包装盒。

运输包装俗称大包装，起保质作用，同时也便于搬运和仓贮。大包装方式有箱装、袋装、篓装等多种。箱装主要有木板箱、胶合板箱和牛皮纸箱 3 种。一般外套麻袋或席包，茶箱内壁衬 60g 和 40g 的牛皮纸，中间用 0.014mm 的铝箔裱糊，起防潮作用。袋装茶用麻袋和纸袋装，内衬塑料袋（或塑料麻袋）防潮。采用这种做法时最好先装精梗毛衣或废弃茶叶，消除塑料异味后再使用。用麻袋做外包装，内衬的聚乙烯薄膜袋厚度不应小于 70μm，内袋尺寸要适当大于外袋，这样内袋才不易破裂。

长期以来我国出口茶叶大包装的外包装箱多采用夹板材料。从 20 世纪 90 年代以后，由于进口国拆箱和回收利用困难，同时出口国因木材资源日益匮乏，已逐步被纸板箱所代替。茶叶是一种国际间流通的商品，包装也必须符合国际贸易管理，同时要重视国际化标准。目前国际上集装箱运输发展迅速，茶叶的出口运输已采用标准茶箱、标准托盘、标准集装箱的集合包装。外销茶的纸袋包装尺寸已有国际标准，并与国际上通用的托盘相匹配。这种纸袋用 5 层牛皮纸组成，中间隔有 9μm 铝箔和无毒高分子材料，纸袋规格为 720mm×1 120mm，每袋可装茶约 50kg，相当于一只 400mm×500mm×600mm 的板箱装茶量。20 只茶叶纸袋装一托盘，然后组装成集装箱。整个包装过程基本实现了机械化作业。

（3）按包装所用材料分类　可分为纸包装、布袋包装、麻袋包装、纸板包装、木箱包装、胶合板包装、金属包装、陶瓷包装、玻璃瓶包装、塑料材料包装、复合材料包装、竹篾包装等。

（4）按销售方式分类　可分为出口包装和内销包装。

（5）按贮运方式分类　可分为集合化包装和托盘包装。

（6）按包装层次分类　可分为内包装和外包装。前者是茶叶的内层包装，主要是容纳茶叶，防止茶叶与外界接触，防潮、防水、防异味，保护茶叶的品质；后者为内包装外的包装，是为了便于运输和贮藏，或者为了便于装潢设计，提高茶叶包装的整体美感。

(7) 按保质方法分类　可分为真空包装、充氮包装、无菌包装、除氧包装等。

(8) 按包装使用次数分类　可分为一次性包装和耐用性包装，或可回收包装和不可回收包装。一次性包装是不回收的，耐用性包装可多次使用，是可回收包装（如木箱、铁桶等）。

(9) 按包装繁简程度分类　可分为简易包装和精包装。简易包装一般只有一层的普通包装。精包装都有多层的复杂包装，外层包装讲究美术效果，注意文字及图案色彩。

(10) 按包装形状分类　可分为箱装、袋装、盒装、瓶装、罐装、桶装、篓装等。

### (四) 茶叶包装的影响因素

茶叶包装的最主要功能是保证茶叶的品质良好，因此要防止外界环境因素对茶叶造成不利影响。影响包装茶叶的环境因素主要有：

(1) 水分　茶叶是一种干燥的农产品。食品学理论认为：绝对干燥的食品因各类成分直接暴露于空气，易受空气中氧气的氧化，而当水分子以氢键和食品成分结合，呈单分子层状态时，似在食品表面蒙上一层保护膜，食品得到保护，使氧化进度变缓。许多研究表明，当茶叶中的含水量在3%左右时，茶叶成分与水分子几乎成单层分子关系，能对脂质与空气中氧分子起较好的隔离作用，阻止脂质的氧化变质。但当水分含量超过一定数量后，情况大变，不但不能起保护膜作用，反而起溶剂作用。容积的特性是使溶质扩散，加剧反应。当茶叶水分含量超过6%，或外界大气相对湿度高于60%以上时，会使茶叶中的化学变化十分激烈，如叶绿素变性、分解，色泽变褐变深；茶多酚、氨基酸等物质迅速减少；组成新茶香气的二甲硫、苯乙醇等芳香物质锐减，而对香气不利的挥发性成分大量增加，导致茶叶品质变劣。因此，成品茶的含水量必须控制在6%以下，超过此限度则要复火烘干，才能保存。

(2) 氧气　大多数物质发生化学变化都是在氧气参与条件下进

行的。在平常空气中大部分分子态氧，其氧化反应并不很强，一旦与其他物质相结合，特别是有促进反应的酶存在，其氧化反应可以变得很激烈。茶叶贮藏包装不当，氧气侵入，会加快茶叶中易氧化物的氧化作用。再如儿茶素的自动氧化，维生素C的氧化，茶多酚残留酶催化的茶多酚氧化，茶黄素、茶红素的进一步氧化聚合，以及酯类氧化产生陈味物质等，都是在氧气的参与和作用下发生的。

（3）光线　光的本质是一种能量。茶叶在光线的照射下，可以加速各种化学反应的进行，诸如使叶绿素有色物质分解褪色。有些成分还会因发生光化学反应而产生不良气味，如日晒味等。研究表明，茶叶贮藏过程中，受光与不受光相比较，茶叶中1-戊烯-3-醇、戊醇、辛烯醇、庚二烯醛、辛醇及四种未知成分明显增多，这些成分中除通常因变质增加的成分外，戊醇、辛烯醇及三种未知成分被认为是光照条件下产生的特有的陈味特征成分。

### （五）茶叶包装材料选用及保鲜包装

茶叶包装应选用避光性能好、阻氧性能强、防潮性能优、保质性能佳的材料。保质性能在一定意义上说，是包装材料防潮、避光、阻氧性能的综合反映，所以防潮、避光、阻氧是评价茶叶软包装材料性能的主要依据。硬包装材料应注重包装体的牢固性和防潮性，出口茶叶还应考虑符合集装箱装运和销售国的要求。另外，废弃包装材料作为城市垃圾的一员，占有很大份额，因此包装材料的绿色环保性已一跃成为包装材料选择的重要依据。目前，包装材料主要有以下几类：

（1）布袋　布袋装茶，捆扎方便紧结，运输方便，入库易堆垛，使用周期长。缺点是防潮差，茶叶易断碎，对仓贮的环境条件要求高。适于毛茶包装。

（2）麻袋　内衬乙烯袋，成本低，坚固耐用，取材方便，可用麻绳封口，拆袋方便。缺点是麻丝容易脱落混入茶内，不再加工的商品茶不宜用麻袋装。

（3）塑料薄膜材料　此类材料包括聚乙烯薄膜、聚丙烯薄膜、聚酯薄膜、尼龙薄膜、复合薄膜等，其中聚乙烯薄膜根据制造方法不同，又可分为高密度聚乙烯薄膜、中密度聚乙烯薄膜和低密度聚乙烯薄膜三种；聚丙烯薄膜根据制造方法的不同可分为拉伸和非拉伸两种；复合薄膜是根据使用要求，有选择地把两种或三种以上的薄膜叠加、复合而成的，可以弥补单层薄膜的不足之处，从而提高茶叶的保鲜效果，延长茶叶贮藏时间。单层塑料薄膜的特性如表6－1所示，表6－2为部分复合膜的结构与特性比较表。

**表6－1　单层塑料薄膜的特性比较***

| 材料 | 耐水性 | 防潮性 | 阻气性 | 透明度 | 印刷性能 | 热封性 | 食品卫生 |
|---|---|---|---|---|---|---|---|
| 低密度聚乙烯（LDPE） | 优 | 优 | 差 | 尚可 | 差 | 良 | 优 |
| 高密度聚乙烯（HDPE） | 优 | 优 | 差 | 差 | 差 | 良 | 优 |
| 非拉伸聚丙烯（CPP） | 优 | 优 | 差 | 良 | 尚可 | 尚可 | 优 |
| 双向拉伸聚丙烯（OPP） | 优 | 优 | 差 | 优 | 差 | 差 | 优 |
| 聚酯（PET） | 良 | 良 | 良 | 优 | 良 | 差 | 优 |
| 拉伸尼龙（NY） | 良 | 尚可 | 良 | 良 | 良 | 差 | 优 |
| 普通玻璃纸 | 差 | 差 | 良 | 良 | 良 | 差 | 优 |
| 防潮玻璃纸 | 差 | 良 | 良 | 良 | 良 | 良 | 优 |

* 徐正炳主编．中国名优茶加工技术．北京：金盾出版社，2001：85.

**表6－2　部分复合膜的结构与特性比较***

| 结构 | 防湿性 | 阻气性 | 防油性 | 防水性 | 透明性 | 遮光性 | 成形性 | 热封性 |
|---|---|---|---|---|---|---|---|---|
| OPP/PE | 优 | 良 | 良 | 优 | 优 | 差 | 良 | 优 |
| OPP/CPP | 优 | 良 | 优 | 优 | 优 | 差 | 良 | 优 |
| PET/PE | 优 | 良 | 优 | 优 | 优 | 较差 | 良 | 优 |
| NY/PE | 良 | 良 | 优 | 优 | 优 | 差 | 良 | 优 |
| PE/AL/PE | 优 | 优 | 优 | 差 | 差 | 优 | 差 | 优 |
| PET/AL/PE | 优 | 优 | 优 | 优 | 差 | 优 | 良 | 优 |
| PT/AL/纸/PE | 优 | 优 | 良 | 差 | 差 | 优 | 差 | 优 |

* 徐正炳主编．中国名优茶加工技术．北京：金盾出版社，2001：87.

（4）纸质包装　纸板是我国商品包装的主要材料，经常使用的有箱板纸、瓦楞原纸、牛皮纸、白板纸、铜版纸、胶版纸、有光纸盒过滤纸等。其中，箱板纸的纸质坚挺而富有韧性，具有耐压、抗张、耐戳穿、耐折叠性能，纸面有一定的手滑度和表面强度，是制纸箱、纸盒以及各种衬垫的主要材料；瓦楞原纸具有一定的耐压、抗张、抗戳穿、耐折叠的性能，可制茶箱、茶盒和包装容器衬垫；白板纸具有较好的挺力强度、表面强度、耐着度和印刷适应性能，适用于做折叠盒、衬板及吸塑包装底托；铜版纸平滑度高，防水性强，可多色套版印刷，色彩鲜艳，可印商品茶的包装纸、盒面纸和商标；牛皮纸有一定的抗水性和较强的耐破度，可用于直接包装成品茶或在茶箱内作衬纸；过滤纸具有一定的机械强度和良好的滤水性能，主要用于袋泡茶过滤纸。

（5）金属包装材料　金属材料有铁、铝、锡等，具有牢固、抗压、密闭、不碎、可焊接和防潮等性能，其中锡罐具有较好的保持茶叶品质的性能，但价格昂贵，多做为商品陈列之用；铁、铝质罐都有较好的遮光、防水、防潮及一定的阻气性能，能较好地保护名优茶的外形，有良好的印刷性能，可以附加精美的装潢用做高档名优茶的包装，但其成本也同样比较高。

（6）竹（木）盒　多用作礼品包装，容器通常造工精细，表面印有美轮美奂的图案，具有良好的装饰性。目前使用较普遍的是木制包装，木制包装古色古香、造型独特，雕刻、镶嵌、书法等多种艺术手段应用其中，其间不乏名家之作，极富中国传统文化气息，与中国茶共同诠释中国文明，有较强的市场感染力，有一定的收藏价值。竹（木）盒主要缺点在于密封效果差，不利于茶叶的长期保存，因而常采用铝箔覆膜袋作为内包装，或在木盒的内包装上采用锡箔等，或将茶叶先装于罐内，再用竹（木）盒做外套，以尽可能地保证茶叶的密封性。竹（木）盒价格相对较贵也是阻碍其推广的原因之一。

（7）其他　玻璃瓶、陶瓷罐等。

以上介绍的包装材料各有优缺点，在实际应用中应根据产品要求，同时结合不同包装材料的特性，有针对性地选择适合的材料，表 6－3 列举了部分包装材料的可用性，以供参考。

**表 6－3　部分包装材料的可用性***

| 材料名称 | 代号 | 特点 | 适用 |
|---|---|---|---|
| 聚乙烯 | PE | 透明、价低、热封性好，但防潮、阻氧、保鲜极差 | 低档茶临时包装 |
| 高密度聚乙烯 | HPDE | 半透明，保鲜比低，密度比聚乙烯好 | 纸盒茶内袋包装 |
| 聚丙烯/聚乙烯 | OPP/PE | 价格适中，保鲜尚可 | 中上档茶包装 |
| 聚丙烯/非拉伸聚丙烯 | OPP/CPP | 价格适中，保鲜尚可 | 中上档茶包装 |
| 聚酯/聚乙烯 | PET/PE | 价格较高，保鲜很好 | 名茶包装，可放除氧剂 |
| 聚丙烯/铝箔/聚乙烯 | OPP/AL/PE | 价格较高，保鲜很好 | 名茶包装，可放除氧剂 |
| 聚酯/铝箔/聚乙烯 | PET/AL/PE | 价格高，保险特好 | 名茶包装，可放除氧剂 |
| 尼龙/聚乙烯 | NY/PE | 价格和保鲜尚可 | 中档茶 |
| 玻璃纸 | PT | 透明，防潮一般 | 纸盒茶外包装 |
| 纸复合罐 | | 保鲜效果接近铁罐 | 高档茶短时期包装 |

* 沈培和等主编．茶叶审评指南．北京：中国农业大学出版社，1998：160.

虽然各类包装在食品行业被广泛应用，但由于各种原因，包装中可能会有一些杂质、细菌和某些化学物质，给食品安全带来影响。各类包装中有害物质的来源及对食品安全的影响主要在以下几个方面：

一是包装制造原料本身带来的污染。例如原料中的农药残留，回收原料存在的铅、镉、多氯联苯等有害物质；树脂中未聚合的游离单体、裂解物、降解物及老化产生的有毒物质等。二是包装制造过程中的添加物。如生产过程中添加的稳定剂、增塑剂、着色剂和其他添加物等。三是包装印刷所用油墨中含有的甲苯、二甲苯等对食品的污染。四是贮存、运输过程中受到的灰尘、杂质及微生物的污染。

综上所述，在选择包装材料时应注意避免或降低包装材料对茶叶的有害作用，做到趋利避害。

（8）保鲜包装　保鲜包装多用于名优茶贮藏包装，可以体现更大的经济价值。主要有充气包装、真空包装、脱氧包装、防潮包装和生物保鲜。

充气包装采用惰性气体，用二氧化碳或氮气置换包装袋内的空气，取代高活性的氧气，严密封口，阻滞茶叶化学成分与氧的反应，从而防止名优茶的陈化劣变。惰性气体也具有抑制微生物生长繁殖的功能，达到保鲜的目的。此法的不足之处，一是充入惰性气体后，包装容器略为膨胀，体积增大，增加了外包装箱的体积，且膨胀包装袋承受重压易破裂漏气，失去保鲜作用。

真空包装是通过真空包装机将袋内空气抽出后立即封口，使包装袋内形成真空状态，保持茶叶袋内较低的氧含量，阻滞茶叶氧化变质。缺点是真空状态的包装袋收缩成硬块状，对茶叶的外形完整产生一定影响。

脱氧包装是采用气密性良好的复合膜容器，装入茶叶后加入一小包脱氧剂，再封口。脱氧剂是经特殊处理的活性氧化铁，该物质在包装容器内与氧气发生反应，消耗容器内的氧气。

防潮包装是选择防潮性能良好的包装材料和并加入干燥剂，防止茶叶水分增加的包装方法。常用的防潮包装有聚酯/聚乙烯、玻璃纸/聚乙烯、尼龙/聚乙烯等。干燥剂通常采用硅胶或特制纯度较高的石灰。茶与硅胶的比例是10∶1，茶与石灰的比例是3∶1左右。

生物保鲜即向茶叶包装容器中加入一种蜡样芽孢杆菌，生成一种具有阻导性能的生物膜进行生物保鲜。此种保鲜方法在一定程度上可以起到保鲜效果，但是否符合绿色食品包装要求，还需要进一步研究验证。

综上所述，各种保鲜技术各有优缺点，实际应用中可根据不同的侧重点选择不同的方式或组合。名优茶的保鲜效果方面，以脱氧包装、充氮包装冷藏的效果最好，其次是真空包装、石灰除潮贮存和防潮包装。若将脱氧包装、充氮包装、真空包装、防潮包装与低温贮藏结合起来，效果最佳。应用方式方面，低温贮藏或石灰除湿贮存技术比较适合大中型名优茶生产或经营单位大量保鲜贮藏，即在生产期间至销售期间的保险贮存。脱氧包装、真空包装、充氮包装和防潮包装较适合于流通过程中小包装的保鲜，随着流通过程的各个环节，始终保持茶叶新鲜状态。使用成本方面，脱氧包装、防潮包装、真空包装、石灰除湿保鲜的成本较低，而充氮包装、低温冷库贮存的使用费用较高。

### （六）绿色包装

21 世纪是一个绿色的世界，绿色包装是包装产业的最终走向，世界各国正在不断地推出针对绿色包装或环保包装而设计的法律法规和制度。我国在环境标准制定实施及资金投入、环境技术水平等方面与欧美发达国家存在较大的差距，绿色壁垒对我国出口商品的阻碍作用不断增强。因此，绿色包装技术及其产品开发研究有重大现实意义和战略意义。

绿色包装材料和技术的创新可以从代木包装、无污染包装以及回收包装与处理技术及装备三个方面着手进行研究。代木包装技术主要是要求有节制地使用木材，可以在纸质包装及其组合技术、竹质包装及其组合技术、纤维压膜包装技术和纤维发泡技术等方面进行创新。无污染包装技术是目前绿色包装技术中研究的热点，涉及学科广，运用的技术手段和知识水平相应较高。该技术主要涉及纳米改性技术、包装用后自动降解技术和包装制造及废弃物处理无污染技术。回收包装与处理技术及其装备包括自动分选分类技术、自动回收清洁处理技术、废弃包装综合利用技术和回收处理生化技术等技术及相关设备。

## 二、茶叶贮藏

茶叶是一种质地疏松和多空隙的饮料商品，容易受周围环境因素的影响，具有强吸湿和易染异味的特点。同时，茶叶从生产到消费，有一个较长的贮藏、流通过程，如果贮藏和包装不当，在短期内就会发生质变，失去茶叶应有的风味。

## （一）茶叶贮藏过程中品质成分的变化及其影响因素

讨论茶叶贮藏化学，必须区分茶叶后熟作用和陈化的概念。一般来讲，陈茶是不受欢迎的，但也有的茶叶越陈越好，如普洱，“陈香”是其最佳品质。一般茶叶都有后熟作用。后熟作用是指茶叶品质从略生变为良好的这段过程的品质变化，主要表现在“生青气”消失，显现正常茶香，茶汤浓度增大，滋味越显醇和，叶底变得明亮。

**1. 茶叶吸附**

茶叶的吸附性是由它的植物学特性和生化特性决定的。茶叶海绵组织相当发达，鲜叶含水量高，干燥后的茶叶孔隙率高，质地疏松而分散，是一种疏松而多孔隙的结构体，不但有外表的形态结构，而且有错综复杂的内表面微孔结构，这些孔隙贯通整个茶叶，由于外界相通，其管道内壁的表面加起来，总有效面积很大，这些固体表面的“空悬键”对密度比它小得多的气体具有很大的吸引力，这就决定了茶叶具有很强的吸湿和吸收异味的特征。另外，茶叶之所以能成为一种良好的吸附物质，与茶叶内所含的某些化学物质亦有关。茶叶中含有相当量的柔水胶体，如淀粉和蛋白质，都容易吸附水分，茶叶中多酚类物质、咖啡碱等主要品质成分，也是水溶性很大、吸湿性很强的物质。脂肪族中的棕榈酸、萜烯类和邻苯二甲酸二丁酯等化学成分均属高沸点物质，能吸附并固定空气中易挥发性的气体物质。

按照固体表面分子或原子与气体分子结合力本质的不同，固体吸附可以分为物理吸附和化学吸附两种，鉴于两者的区别，可以认为茶叶贮藏过程化学吸附的可能性较小，一般以物理吸附为主。物理吸附决定了茶叶吸附的无选择性和可逆性。茶叶能吸附水汽、香气、臭气以及汽油、烟气、农药气味等各种异味物质，既能吸附非极性分子，也能吸附极性分子。

**2. 茶叶贮藏过程中品质成分的变化**

（1）叶绿素变化　叶绿素是绿茶色泽的主要成分，包括干茶色泽和叶底色泽。它是很不稳定的物质，遇光褪色，遇热分解，其中紫外线对叶绿素褪色的作用更最为强烈。叶绿素还会转化成脱镁叶绿素，使绿色减退，褐色成分增加。据测定，绿茶中叶绿素转化为脱镁叶绿素的转化率在40%时，茶叶色泽影响不大，但脱镁叶绿素比例达70%以上时，就会出现明显的褐变。

（2）多酚类物质变化　多酚类物质是构成茶叶滋味的主要成分，与氨基酸、糖等呈味成分相互协调、配合，使茶汤滋味浓醇、鲜爽，并富有收敛性，尤其与红、绿茶滋味的浓度和收敛性有很大关系。有研究表明，茶多酚与红碎茶品质的相关系数高达0.92。适宜的茶多酚含量有助于增进茶汤滋味的浓度和鲜爽度，若茶叶贮藏不当，茶多酚含量下降，致使滋味变淡，失去鲜爽性。茶叶中茶多酚在贮藏过程中的变化，主要是非酶性的自动氧化，即在一定的湿度和温度下发生的缓慢氧化，这种氧化虽然没有像酶促氧化那样激烈，但随贮藏时间的延长也会变得显著，尤其是含水量高的茶叶，贮藏中茶多酚含量的减少更为明显。贮藏环境温度高，茶多酚含量下降幅度会加大。

多酚类物质中儿茶素的变化，首先是脱氢形成醌，进一步氧化聚合形成褐色物质。儿茶素及其氧化中间产物还会与氨基酸、蛋白质等结合，形成暗色的高聚化合物，进而破坏茶汤滋味结构的相互协调，使茶汤滋味变得淡薄而缺乏收敛性和鲜爽感，茶汤色泽变深、变暗，从固有的本色逐渐向橙黄、红和褐色方向转化。

绿茶和红茶多酚类变化趋势略有不同。有研究表明，绿茶贮藏12个月期间，起初茶叶多酚类物质呈现明显下降趋势，贮藏至第四个月，含量开始回升，然后稳定在一个水平上，三个月后又逐渐缓慢下降，呈单峰曲线变化。而红碎茶贮藏过程中多酚类物质总总体呈下降趋势，贮藏开始的三个月下降幅度相对较小；贮藏至第六个月，含量急剧下降，随后基本稳定在一个相同的水平，逐渐缓慢减少，至12个月贮藏结束。茶黄素是多酚类物质的初级氧化产物，也是红碎茶品质的重要指标，与汤色明亮鲜黄程度、滋味强度密切相关。另有进一步研究表明茶黄素含量剧增的月份，恰是多酚类物质含量剧减时期，说明红碎茶保留的多酚类物质在贮藏过程中能自动氧化生成茶黄素，从而说明短期贮藏有利于红碎茶品质的转化。

（3）氨基酸变化　氨基酸是茶叶鲜味的主要成分，同时与茶多酚物质混合在一起，能使茶味“鲜爽”。但在贮藏过程中，茶叶中氨基酸能与茶多酚的自动氧化产物醌类结合形成暗色聚合物，影响绿茶的色泽和茶汤的明亮度；在红茶中氨基酸能与茶黄素、茶红素作用形成深暗色的聚合物。另外，氨基酸在一定温、湿度条件下自身会发生降解和转化，如对茶汤鲜爽味其主要作用的茶氨酸易水解生成乙胺和谷氨酸，从而使游离氨基酸的含量不断减少。

有研究表明绿茶贮藏过程氨基酸的变化呈波浪形曲线。贮藏开始的两个月，含量明显上升，但4个月后含量则明显回落，以后始终呈高低起伏的变化状态。研究认为，贮藏前阶段，由于茶叶自身含水量的急剧增高和空气温湿度的升高，在氨基酸氧化、降解的同时，部分水溶蛋白质也开始水解，且后者的转化速度明显高于前者，使游离氨基酸积累增加，出现回升现象。随贮藏时间的延长，水溶蛋白质水解速度逐渐减缓，而游离氨基酸本身的氧化降解速度则逐渐加强，使氨基酸的回升势头趋于减弱。在贮藏的最后两个月（11、12月份），由于贮藏环境的相对干燥和茶叶自身含水量的减少，氨基酸的降解速度减缓，至贮藏结束，氨基酸含量仍达到2.15％。同样，氨基酸也是构成红碎茶滋味鲜爽度的主要成分，其含量基本上是随着贮藏时间的延长而减少。

此外，值得一提的是茶氨酸是游离氨基酸中的主要氨基酸，对茶汤的滋味品质具有特殊意义。在贮藏过程中呈直线下降趋势。

（4）抗坏血酸（维生素C）的变化　维生素C在绿茶中含量较为丰富。在茶叶贮藏过程中，会因发生氧化还原、水解、褐变等一系列化学反应而减少，从而降低茶叶的营养价值。维生素C氧化产生的2,3－二酮古罗糖酸极易与氨基酸发生羰氨反应，同时，

2,3-二酮古罗糖酸脱水、脱羧后会产生褐色的羟基糖醛聚合物，从而使茶汤褐变。褐变的绿茶干茶色泽和茶汤色泽变深、变暗，丧失茶叶应有的新鲜感，茶叶品质降低。贮藏过程中维生素C含量虽随着品质的下降而减少，但由于其化学特性很不稳定，还原性强，较茶叶中其他品质成分更易变化，因此贮藏过程中保留量的下降率大于品质下降率，两者之比不是一个定值，有研究显示，只有在维生素C保留量下降率达到10%～15%以上时，感官才能辨析出品质的变化，所以贮藏过程维生素C含量的变化并不一定能直接反映品质变化情况。

（5）香气物质　随着贮存时间的延长，茶叶香气逐渐减弱，鲜爽度逐渐丧失，陈味开始显露，直至品质完全劣变、陈化、失去饮用价值。茶叶中含有较多的脂类物质，特别是游离不饱和脂肪酸，是构成茶叶香气的重要化学基础，但又是一些很不稳定的成分。在温度较高和有氧条件下，脂类会发生水解生成游离脂肪酸。研究表明，绿茶在贮藏当中，正壬醛、顺-3-己烯己酸酯以及一些未知成分的含量明显减少，其中尤以正壬醛减少幅度最大，这些物质都是新茶香的成分，尤其是正壬醛是一种有愉快的玫瑰香和杏子香的成分。与此相反，在贮藏过程中，新产生了戊烯醇、庚二烯醇、辛二烯酮以及丙醛等成分，这些成分大都是不愉快气味物质，在新茶中不存在的，随着贮藏时间的延长而产生，且含量不断增加，致使茶香劣变。红茶贮藏过程香气变化更为复杂，随着脂类物质的水解和自动氧化，除了一些陈味物质的含量增多外，红茶中很多具有花香和果味的香味物质如苯乙醇、橙花菽醇以及对品质有利的异丁醛、异戊醇、芳樟醇等物质的含量显著减少，使茶叶呈现陈味和酸败味。

并非所有茶叶经贮藏后都产生香气劣变，如普洱茶正是因其贮藏时间之久而产生特征香气。研究显示，普洱茶在贮藏过程中，萜烯类物质结构发生变化，形成大量的同分异构体，使贮藏不同时间的普洱茶具有独特香型。

（6）其他　脂类置于空气中时，与空气中的氧会发生缓慢氧化作用，形成不饱和脂肪酸，产生腐臭气味。阿南丰正等研究了绿茶贮藏中类脂化合物含量的变化，结果表明贮藏在25℃条件下绿毛茶中类脂含量均有不同程度的减少，特别是二酰基甘油类脂及其化合物，随贮藏时间延长含量下降。另据G.V.Stogg测定，红碎茶在贮藏过程中游离脂肪酸的含量不断增加，且贮藏温度越高，游离脂肪酸含量增加的速度越快。游离脂肪酸含量增加后，不仅香味陈化，汤色也会加深变暗，茶叶品质下降。

类胡萝卜素类是茶叶中的黄色色素，在不良贮藏条件下也易氧化，产生异味。另外，咖啡碱也是茶叶中的一种重要滋味物质，在贮藏过程中含量逐渐递减，但变化趋势较为平缓。

**3. 影响茶叶贮藏过程中品质变化的因素**

茶叶变质、陈化是茶叶中各种化学成分氧化、降解、转化的结果。对其影响最大的直接环境条件有温度、水分、氧气、光线及其之间的相互作用。茶叶包装是影响茶叶变质的间接因素，对茶叶色、香、味、形的影响也较大。若茶叶贮藏保管不当，在水分、温度、湿度、光线、氧气等因子的综合作用下，会引起不良的生化反应和微生物的活动，导致茶叶质量劣变。

（1）温度　茶叶在贮藏过程中品质的变化，是茶叶内质成分发生化学反应的结果，温度越高，反应越快，变化越激烈。温度对茶叶的香气、汤色、滋味、形态均有很大的影响。试验表明，温度每升高10℃，茶叶色泽褐变速度增加3～5倍。若在10℃条件下存放茶叶，可以较好地抑制茶叶褐变进程，若能在－20℃条件中冷冻贮藏，则几乎能完全达到防止陈化变质效果。因此，要使茶叶不变或减少变质，应采用低温或恒温贮藏。研究证明，茶叶贮藏最佳温度为0～5℃。夏季炎热气温，对茶叶保存不利。茶叶极易吸收水分，特别在气温较高、湿度较大的条件下，茶叶很多内含物氧化、分解，最终引起发霉变质，不堪饮用。研究还认为，红茶中残留多酚氧化酶和过氧化物酶活性的恢复与温度呈正相关。因此，在较高温度下贮放茶叶，未氧化黄烷醇的酶促氧化和自动氧化、茶黄素和茶红素的进一步氧化、聚合速度将大大加快，加速新茶的陈化、茶叶品质的损失。

（2）水分　食品理论认为，绝对干燥的食品中因各类成分直接暴露于空气，容易遭受空气中氧气的氧化。水分子以氢键和食品内含成分结合，呈单分子层状态时，就好像给食品成分表面蒙上一层保护膜，从而使受保护物质得到保护，氧化进程变缓。研究认为，当茶叶水分含量在3%左右时，茶叶成分与水分子几乎成单层分子关系，可以较好地把脂质与空气中的氧分子隔离开来，阻止脂质的氧化变质。但若水分含量超过这一水平，水分不但不能起到保护膜的作用，反而起溶剂作用。特别是当茶叶中水分含量超过6%时，会使化学变化变得相当激烈。溶剂特性之一是使溶解后的物质浓度左右扩散，使反应加剧，变质加速。变质主要表现之一是叶绿素迅速降解，茶多酚自动氧化和酶促氧化、进一步聚合为高分子进程大大加快，使色泽变质的速度直线上升。同时，茶叶含水量的增高，为霉菌繁殖提供了适宜环境条件，加速变质。理论上，绿茶含水量应为3.4%，红茶含水量应为4.9%，最低限度茶叶含水量不得超过6%。

（3）相对湿度　茶叶贮运过程中内含成分氧化、霉菌发生及霉菌发生后的变化与湿度密切相关。茶叶是吸湿性极强的物质，贮藏环境相对湿度过高，茶叶会迅速吸湿还潮，越干的茶叶吸湿越快。有研究表明，在相对湿度越低，茶叶越干燥；反之，相对湿度越高，茶叶含水量也越高。在相对湿度40%的环境中贮放茶叶，茶叶的平衡含水量仅约5%；相对湿度60%的环境中贮放茶叶，茶叶含水量上升到约10%；相对湿度为80%的环境中贮放茶叶，茶叶的水分含量上升至15%左右。

（4）氧气　在没有酶促作用情况下，物质受分子态氧的缓慢氧化作用，称为自动氧化。茶叶在贮藏过程中的变质主要以自动氧化作用为主。茶叶中儿茶素的自动氧化、维生素C的氧化、茶多酚残留酶催化的茶多酚氧化以及茶黄素、茶红素的进一步氧化聚合，均与氧存在有关。此外，脂类氧化产生陈味物质也有氧的直接参与和作用。受氧化的茶叶，质量发生劣变，汤色变红，甚至变褐，茶汤失去鲜爽滋味。茶叶暴露在空气中越久，氧化越严重，质量也变得越差。实践证明，高温无氧环境下贮藏茶叶，外观也发生褐变，虽与上述褐变不同，但内质并无显著变化。这一结果表明，高温与氧比较，氧对茶叶质量的影响更为明显。茶叶贮藏中用到的真空法和氮气法就是防氧化的有效措施。

（5）光线　光不仅是一种热能，也是一种化学能，茶叶对光较敏感。贮藏过程中，茶叶色素和脂类等物质会因受光的照射而发生光化学反应，绿茶逐渐失去绿色变为暗褐色。玻璃容器或透明塑料薄膜袋中贮放的茶叶受光照射后，日光中的紫外线使空气中的部分氧气形成臭氧，茶叶挥发出不愉快的“日晒味”，臭氧也会氧化茶叶中的某些物质成分，影响茶叶品质，生成“日臭气”。特别是高档茶叶，对光的反应更为敏感，贮藏中受光影响更大。资料显示，绿茶采用透明容器包装，在透光环境下放置10d，维生素C减少10%～20%。在25℃环境中用1 700lx照度的荧光灯照射30d，茶叶颜色变褐，香气、滋味明显劣变，维生素C全部消失，氧化物含量增加，“日臭气”显露。另有香气分析表明，光线照射使沉香醇大量氧化、减少，同时与日光臭有关的未知新成分增加。因此，贮藏茶叶要求包装材料不透光，并应避免强光和光线直射。

（6）微生物　茶叶贮藏过程保管不当，严重时会引起茶叶霉变。霉变的茶叶含有霉菌等微生物生长、繁殖的代谢产物，即各种毒素，有害人体健康。引起茶叶霉变的微生物大致有细菌、霉菌和酵母菌三类。水分、温度、氧气、营养物质是微生物赖以生存的基本条件。霉变茶叶微生物的污染主要来源于三个方面：一是温、湿度适合的空气中飞散的大量霉菌孢子，一经落到茶叶上，形成新的霉菌细胞，即以群体构成絮状或绒毛状的有色菌丝。二是有时包装容器存放时间过久，包装材料潮湿，产生陈霉味，装茶后陈霉味会带至茶叶中。三是茶叶的加工方法与霉菌污染有一定关系，炒青茶实行高温炒制，高温下霉菌孢子基本都能杀死；晒青茶由于在日光下晾晒，容易受空气中微生物污染；花茶在窨花过程中茶叶含水量升高，也容易遭受微生物污染。另外，茶叶加工、包装车间等由于环境卫生和操作人员个人卫生等原因，也会造成茶叶受霉菌污染。可见，茶叶贮藏运销过程中污染和带菌是十分普遍的现象，是影响茶叶品质不可忽视的因素。

（7）茶叶包装　茶叶贮藏流通过程中品质变化的程度受包装材料影响较大。绿茶在相同环境条件下不同包装材料包装的试验比较，贮藏一年的品质鉴评和化学成分测定结果表明，铝、塑复合袋包装的成茶品质变化相对较小，色泽绿润、汤色黄绿，香味尚清纯醇和；其次是白铁桶装；聚乙烯袋由于密闭性差、透氧、透湿性大，贮藏过程中品质变化最大，成茶色泽黄暗，香气平淡，滋味欠纯，品质显著下降。不同包装材料对绿茶贮藏前后品质成分的影响如表 6－4 所示。

**表 6－4　不同包装材料对绿茶贮藏前后品质成分的影响***

| 项目名称 | | 水分（%） | 茶多酚（%） | 氨基酸（%） | 咖啡碱（%） | 水浸出物（%） | 品质总分 |
|---|---|---|---|---|---|---|---|
| 复合袋 | 贮前 | 2.15 | 24.99 | 1.44 | 3.18 | 42.58 | 100 |
| | 贮后 | 4.13 | 23.04 | 1.44 | 3.00 | 34.62 | 86.70 |
| 白铁筒 | 贮前 | 2.15 | 24.99 | 1.44 | 3.18 | 42.58 | 100 |
| | 贮后 | 9.48 | 22.48 | 1.35 | 2.92 | 33.98 | 70.60 |
| 聚乙烯袋 | 贮前 | 2.15 | 24.99 | 1.44 | 3.18 | 42.58 | 100 |
| | 贮后 | 10.01 | 22.39 | 1.34 | 2.88 | 30.74 | 62.80 |

*　顾谦，陆锦时，叶宝存．茶叶化学．合肥：中国科学技术大学出版社，2002：349.

包装材料与红碎茶贮藏品质的关系与绿茶包装基本相仿。常温条件下不同包装材料的贮藏比较，品质审评和化学成分测定的结果表明，以铝、塑复合袋包装的成茶品质变化较小；其次是白铁筒包装；聚乙烯袋和硬质纸盒包装效果最差。不同包装材料的红碎茶贮藏过程成分变化如表 6－5 所示。

选择合适的包装材料是保证贮藏过程中茶叶品质良好的重要条件之一。

表 6-5　不同包装材料的红碎茶贮藏过程成分变化*

| 项目名称 | | | 品质总分 | 水分(%) | 茶黄素(%) | 茶多酚(%) | 氨基酸(%) |
|---|---|---|---|---|---|---|---|
| 贮藏前 | | | 100 | 4.26 | 0.80 | 14.56 | 2.01 |
| 贮藏后 | 复合袋 | 含量 | 83 | 5.88 | 0.77 | 11.23 | 1.95 |
| | | ±% | 17 | +1.62 | −0.33 | −3.33 | −0.06 |
| | 白铁筒 | 含量 | 65 | 9.41 | 0.71 | 10.74 | 1.78 |
| | | ±% | 35 | +5.15 | −0.09 | −3.82 | −0.27 |
| | 聚乙烯袋 | 含量 | 52 | 9.51 | 0.62 | 10.28 | 1.70 |
| | | ±% | 48 | +5.25 | −0.18 | −4.28 | −0.35 |
| | 硬质纸盒 | 含量 | 49.5 | 9.80 | 0.58 | 9.70 | 1.71 |
| | | ±% | 50.5 | +5.54 | −0.22 | −4.85 | −0.30 |

* 顾谦，陆锦时，叶宝存．茶叶化学．合肥：中国科学技术大学出版社，2002：350.

## （二）茶叶贮藏法

茶叶作为普遍饮料，生产和贸易量都较大。同时，茶叶不属于一次性消费品，家庭用茶也应注意保藏。我们分两类情况进行茶叶贮藏法介绍。同时，鉴于不同茶类特性不同，又有各自不同的贮藏要点。

### 1. 大生产过程中茶叶的贮藏保管

大批量茶叶贮藏，一般在进行专业的生产贸易过程中采用。大批量茶叶成品贮放与毛茶相比，要更加注意防潮，其包装也更讲究。部分大宗名茶价值较高，批量又相对于一般大宗茶较少，贮藏时可以寻找简单易行实用的办法。

（1）毛茶贮藏　选用一般的毛茶仓库进行贮藏，注意防潮和卫生条件，贮藏室要注意避免异味杂物混入，可选用麻袋或囤箱堆放。

（2）成品茶存放　存放的茶箱或茶包要在包装内层铺衬铝箔或

塑料防潮袋，仓库内最好配有除湿机，以降低潮湿多雨季节空气中的湿度，使茶叶湿度保持在较低的水平。贮藏时若能将存茶仓库改为低温冷库，茶叶在低温、干燥的环境条件下贮藏效果更佳。

（3）石灰块贮藏法　对于价值较高但总量不大的茶叶，贮藏时可选用该方法。石灰块贮藏法是利用石灰块的吸湿性，使茶叶保持干燥，延缓茶叶变质。具体做法：①用不易漏气的陶坛作为盛具，贮放茶叶前将坛洗净、晾干；②用粗草衬垫坛底，用白细布做成袋子，内装石灰块，每袋装 0.5kg；③把待贮藏的茶叶用白软纸包好，外层包牛皮纸，做成每包约 0.5kg 重的茶包；④将茶包放入坛中，中间嵌入一至两包石灰块袋，其上用茶包覆盖；⑤陶坛装满后用厚软纸密封坛口，并压上重物以减少空气的流通。视袋内石灰的潮湿程度，每隔一定时间更换一次。用此方法存放茶叶，可使坛内保持较低的湿度，可使茶叶在一年之内基本维持原有的色泽和香气。

（4）炭贮法　原理与石灰块贮藏法相同：①将木炭燃烧后用火盒或瓦罐掩盖其上，使其无氧助燃而熄灭；②取干净的布包木炭约 100g 装袋，把其置于装茶瓦罐或小口铁皮桶中；③需要保存的茶叶用纸包好放入罐或桶中；④罐口或桶口以较软的纸张盖好，压上木板，防止茶香外泄或外界潮气进入。

（5）抽气纯氮贮藏法　该法是近年来茶叶保存比较好的方法，尤其是在小包装名茶的存放中使用较普遍。具体方法是：将欲贮藏的茶叶烘干至水分含量达 3%～5%，不超过 6%，放入镀铝复合袋中，袋口用热封口机封口，用抽气充氮机抽出袋内空气，同时注入纯氮气，将袋口加封好即可。

（6）冷藏箱柜保存法　选用较大的冷藏箱柜，将茶叶包装密封好，装入冷藏柜中保存即可。使用该方法应注意：茶叶包装要密封好，冷藏室的温度要控制好，不宜结冰（温度一般在 0～5℃，相对湿度 45%）。最后，要定期调整冷藏室中的茶包位置，以利于更好的保存茶叶。

对于名优茶，目前多采用保鲜贮藏法，即加入脱氧剂、干燥剂等，贮藏前先进行保鲜处理。茶叶保鲜处理虽成本略高，但可有效维持名优茶的良好品质，取得大的经济价值。

**2. 家庭用茶叶的贮藏保管**

（1）瓦坛贮藏法　用牛皮纸或其他较厚的纸把茶叶包好，贮藏前检查茶叶的含水量，一般不超过6%，即用手捻茶叶，易成粉末状，此时含水量视为恰当。将茶叶放入瓦坛，中间堆放石灰包，石灰包大小视情况而定。最后，用棉花或厚纸垫于坛口，以减少空气流通。石灰视吸湿程度一二个月换一次。用此方法贮藏茶叶，一般可以保存一年左右。在杭州，茶农们存放西湖龙井茶均采用此法。

（2）桶贮法　选取铁通或铁箱，在其中放入一二包干燥的硅胶，即可存茶。若是新桶或是之前存放过异味物质，在存茶前先用适量茶末置于桶内盖好，停放几天以把异味除净；也可用手压住茶末在桶内来回涂抹数次以除异味。将装好茶叶的容器置于阴凉处，无阳光直射，注意不要放置在潮湿的地方，以防锈蚀，避免茶叶回潮。

（3）塑料袋法　该法核心是选用合适的塑料袋。首先，需要用食品包装袋，之前不能装过其他异味物质；其次，要选用材料密度大、强度好、无孔洞和异味的包装袋。用柔软的纸把茶叶包好放入塑料袋内，若短时间内不饮用，可以简易地把口袋封好。

（4）家用冰箱贮藏　用包装袋或保鲜袋将茶叶包好，存放时放入家用冰箱的冷冻室或冷藏室均可。日常饮用的茶叶可放入冷藏室，如果需要长期保存，以放入冷冻室为佳，注意包装应严密。

（5）热水瓶贮茶法　热水瓶能保温，原因是双层瓶胆之间真空和胆壁上镀有反射系数很高的镀层。用新热水瓶来保存高档名优绿茶经济、实惠、方便，即把茶叶装进热水瓶，尽量装满，盖好塞子。当时不饮用的茶叶，可以用石蜡或不干胶封口。这样保存数月乃至一年的茶叶，仍如新茶。

**3. 不同茶类的贮藏**

我国传统有六大茶类，各类茶有各自不同的品质特征，因此各自对贮藏条件的选择也有所不同。典型的有绿茶、红茶和乌龙茶贮藏。

(1) 绿茶贮藏 一般消费者对绿茶的嗜好，多偏重于新鲜香味，要求绿茶具有新茶香。贮藏时应尽可能保持绿茶的新鲜茶香，冷藏温度以0～5℃为宜。

高档名优绿茶保鲜要满足4个条件，即防潮、隔氧、低温、避光。鉴于此，贮藏时可加入石灰、木炭、硅胶等干燥剂，抽气充氮兼以冷藏。另外，名优绿茶产后大包装材料一般选用麻袋内衬塑料袋或涂塑料麻袋，其防潮效果好，但要避免挤压；贮藏方式以冷藏为主。另外，冷藏后提香已成为提高经济效益的重要途径。工业化生产中冷藏库冷藏后，不同外形的绿茶有不同的提香方式。扁形茶和单芽茶用龙井电炒锅手工辉炒提香效果最佳，也可以用多功能机、理条机进行加温辉炒或用吹风式901型或951型名茶烘干机烘焙。毛峰类茶叶干茶表面都覆有茸毫，只能用名茶烘干机烘焙。珠形茶最好在50型曲毫机内复炒提香，也可以用中小型瓶式炒干机滚炒或用名茶炒干机复火。家庭冰箱冷藏茶饮用前，取出在室温条件下存放1～2小时后打开罐口，进行提香处理。提香时可以用微波炉烤出茶香或在无油腻味的锅内慢炒提香。用微波炉烘焙或用锅文火慢炒的方法，不仅可用于冷藏茶的提香，而且对略带生青气味的茶叶提香效果也较好。

(2) 红茶及乌龙茶的贮藏 红茶、乌龙茶与绿茶不同，经一定时间后熟作用，品质反而有所提高，一般采用常温贮藏法。但在高温高湿季节，茶叶易吸湿，并伴有高温气味和酸味，有的有霉陈味，所以常温贮藏的温度不宜过高，湿度不可过大，以防吸湿变质。经一年半载普通常温贮藏的红茶和乌龙茶已后熟，应以冷藏为好。

(3) 普洱茶的贮藏 普洱茶的“渥堆”加工工艺与众不同，使普洱茶具有耐贮藏的独特特性：一方面表现在经一定时间的自然后发酵，普洱茶品质得到提高（后熟作用）；另一方面是随着品质的提高其价值也会得到提升，越是年代久远的越是稀少，价值也越高。

普洱茶所需的贮藏条件：一是流通的空气；二是恒定的温度，即正常的室内温度即可，常年保持在20～30℃之间为最佳，不可被太阳直射；三是适度的湿度，人为地控制在年平均湿度为75%以下，切忌高于75%；四是忌异味。

普洱茶的贮藏方式按照环境的干燥度、茶叶的含水量及作用时间可分为干仓贮藏法和湿仓贮藏法两种方式。干仓贮藏法是云南传统的贮藏方法，是指普洱茶熟化后放置在相对干燥的周转仓使其缓慢自然陈化的贮藏方式。该贮藏方式利用了云南独特的地理优势、气候条件，同时形成子子孙孙循环往复的普洱茶文化。干仓贮藏法缺陷是需时长，不能满足日益增长的市场需要。湿仓贮藏法的重要环节是在仓贮环境中增大湿度、提高温度，营造适合自然微生物的生长环境以作用于普洱茶。按水分加入量和作用时间长短，湿仓贮藏的普洱茶又分为重度湿仓普洱茶、中度湿仓普洱茶和轻度湿仓普洱茶三种。湿仓处理最大特点是仿老茶的做法消除普洱茶的苦涩味，即普洱茶中多酚类物质的氧化、降解或聚合的结果。

## 参考文献

刘钊，杜起洪.2006. 浅谈茶叶的包装. 茶叶科学技术（2）：46-47.

毛祖法，等.2008. 茶叶采摘、加工与贮藏技术. 北京：中国农业出版社：189-204.

铁男，等.2007. 普洱大全. 哈尔滨：哈尔滨出版社：71-73.

王友平，等.2006. 种茶必读. 武汉：湖北科学技术出版社：63-66.

周斌星，等.2008. 茶叶加工. 北京：中国农业出版社：207-209.

周巨根，朱永兴.2007. 茶学概论. 北京：中国中医药出版社：84-85.

# 第七章　茶叶化学

茶叶的化学特性，特别是茶叶中所含的化学成分，是决定茶叶品质特性的物质基础。茶鲜叶中，水分约占 75%，干物质约占 25%；而干物质中，有机物占 93.0%～96.5%，无机物占 3.5%～7.0%。目前，从茶叶分离并鉴定的有机化合物有 700 多种，包括初级代谢产物蛋白质、糖类、脂肪和次级代谢产物多酚类、色素、茶氨酸、生物碱、芳香物质、皂甙等（表 7－1）。茶叶中的无机化合物主要是指存在于茶叶中的矿质元素及其氧化物，又分大量元素和微量元素。大量元素如氮、磷、钾、钙、钠、镁、硫等，微量元素如铁、锌、铜、锰、铬、硒、钒、碘等。有些元素如氟在一般植物中含量极少，但茶叶是氟富集植物，而且随着茶叶成熟度提高而增加，差异很大，变异范围 2.1～1 175μg/kg；铝的含量也有类似情况。

**表 7－1　茶叶主要化学成分分类**

| 类别 | 成分 | 占干重 % |
|---|---|---|
| 无机物 | 水溶性部分 | 2～4 |
| | 脂溶性部分 | 1.5～3 |
| 有机物 | 蛋白质 | 20～30 |
| | 氨基酸 | 1～4 |
| | 生物碱 | 3～5 |
| | 茶多酚 | 20～35 |
| | 糖类 | 20～25 |
| | 有机酸 | 约 3 |
| | 类脂类 | 约 8 |
| | 色素 | 约 1 |
| | 芳香物质 | 0.005～0.03 |
| | 维生素类 | 0.6～1.0 |

# 一、茶叶品质化学

本章所描述的品质是指产品形成过程中所达到的品位等级及产品质量等级，主要通过色、香、味、形等方面考核和评价。茶叶品质化学是指与茶叶感官品质密切相关的化学特性。影响茶叶感官品质的因素包括茶叶主要化学成分的含量和组成及其对感官品质的影响和作用等。研究表明，影响茶叶感官品质的主要化学成分包括茶多酚、氨基酸、咖啡碱、芳香物质等。

## （一）茶叶香气与化学成分

### 1. 茶叶香气的化学组成

茶叶中不同浓度的芳香物质对嗅觉神经产生作用，使人觉察到的茶叶特有的气味，即为茶叶香气。茶叶的芳香物质是由性质不同、含量微少且差异悬殊的众多挥发物质组成的混合物。目前经鉴定的茶叶香气物质的种类在 700 种以上，但主导成分仅为数十种。其中，构成鲜叶香气的芳香物质约有 100 种，绿茶约有 300 多种，红茶约有 400 多种，乌龙茶约有 300 多种。随着分析检测技术的不断发展，新的香气物质还在不断地被人们所发现。茶叶中香气成分种类虽然众多，但其含量却微乎其微，鲜叶中仅占 0.03%～0.05%（占干物），绿茶中仅占 0.005%～0.01%（占干物），红茶中仅占 0.01%～0.03%（占干物）。

茶叶中的芳香物质可分为十五大类，分别为碳氢化合物、醇类、酮类、酸类、醛类、酯类、内酯类、酚类、过氧化物类、硫化合物类、吡啶类、吡嗪类、喹啉类、芳胺类和其他。茶鲜叶的香气成分种类较少，经过加工制成绿茶、红茶或乌龙茶后，香气成分的种类大量增加。这些增加的香气成分是茶叶内含物化学变化的结果，特别是红茶加工过程中的酶促化学变化，使红茶的香气种类更为复杂多样。总体而言，茶叶的香型可归纳为十种类型，其对应的化学成分见表 7－2。

表 7-2 茶叶香气的类型及主要香气成分

| 序号 | 香气性质 | 相对应的有关香气成分 |
|---|---|---|
| 1 | 嫩芽幼叶鲜爽型清香 | 顺-3-乙烯醇及其酯类，六碳醇及其六碳酯类，反-2-六碳醇与六碳酯类 |
| 2 | 铃兰类鲜爽型花香 | 沉香醇 |
| 3 | 蔷薇类柔和花香 | 2-苯乙醇，香叶醇 |
| 4 | 茉莉、栀子类甘甜浓厚花香 | β-紫罗酮及其他紫罗酮衍生物，顺茉莉酮，茉莉酮酸甲酯 |
| 5 | 果实及干果类香气 | 茉莉内酯及其他内酯类，茶螺烯酮及其他紫罗酮类化合物 |
| 6 | 木香 | 橙花萩醇等倍半萜烯类，苯乙烯（4-乙烯基苯酚） |
| 7 | 重青苦气味 | 吲哚，其他未知物质 |
| 8 | 焦糖香及烘炒香 | 吡嗪类，呋喃类化合物 |
| 9 | 陈味 | 反-2，顺-4-庚二烯醛，5，6-环氧-β-紫罗酮等 |
| 10 | 青草气和粗青气 | 正己醛，异戊醇，顺-3-己烯醛等 |

**2. 不同茶类的香气构成**

茶叶中的香气成分大致可分为两类：一类是固有型，指茶叶固有的芳香物质；另一类是转化型，由其他物质转化而来的芳香物质。如果要得到较好的香气，除固有香气以外，还需要有转化型香气来补充。

（1）绿茶香气的化学组成 绿茶的300多种香气成分中，以醇类、吡嗪类居多，因而具有醇的清香、花香以及吡嗪类的烘炒香。绿茶加工过程中杀青时间较长，具有青草气的低沸点物质大量挥发，高沸点的香气成分得到显露或转化，如3,7-二甲基-1,5,7-辛三烯-3-醇、香叶醇、苯甲醇、苯乙醇等。此外，在高温环境下，糖氨反应的降解作用使得茶叶中产生丰富的吡嗪、吡咯、糖醛等物质，使茶叶具有焦糖香。

炒青和烘青是我国绿茶的主要类型，因其加工工艺的不同，茶叶香气也各具特点，但两者绝大部分的香气组分是相同的，其所对应的含量则有所不同。炒青绿茶中含氮化合物的含量比较高。这说明炒青和烘青绿茶之间香气物质的不同配比是形成各自香型的主要原因，而干燥方式对于新香气组分的产生作用不大[①]。

蒸青绿茶由于蒸青时间较短，鲜爽型的芳樟醇及其氧化物含量较高，而具有青草气的低沸点化合物的含量也较炒青绿茶高，如青叶醇，因而表现出香气醇和持久的特征。

(2) 红茶香气的化学组成　红茶的香气成分较复杂，其中醇类、醛类、酮类、酯类等含量较高。醛类和酮类都是醇的氧化产物，是红茶加工过程中酶促氧化的产物。酯类则是由醇与酸经酯化反应生成的。中国的祁门红茶以蔷薇花香和浓厚的木香为特征，斯里兰卡的乌瓦茶则以清爽的铃兰花香和甜润浓厚的茉莉花香为特征，产生该差异的原因是祁门红茶中香叶醇、苯甲醇、2-苯乙醇等含量丰富，而乌瓦茶中芳樟醇、茉莉内酯、茉莉酮酸甲酯等化合物含量丰富。印度的大吉岭红茶富含芳樟醇、香叶醇、苯甲醇及2-苯乙醇，因而香气特征介于上述两种红茶之间。

工夫红茶的香气成分中萜烯醇及其氧化物、水杨酸甲酯等具有花香的化合物含量较高，而CTC红茶中上述成分的含量较低，脂肪酸的氧化分解产物如反-2-已烯醛等的含量较高，因此两者表现出比较明显的香型差异。工夫红茶香气馥郁，CTC红茶则具有一定程度的青草味。

(3) 乌龙茶香气的化学组成　乌龙茶以天然花果香闻名于世，其香气精油含量之高，可与花媲美。乌龙茶的主要品种有闽北乌龙(武夷岩茶、水仙、大红袍、肉桂等)、闽南乌龙茶(铁观音、奇兰、水仙、黄金桂等)、广东乌龙(凤凰单枞、凤凰水仙、岭头单枞等)和台湾乌龙(冻顶乌龙、包种、乌龙等)。乌龙茶因品种、产地和发酵程度不同而表现出各自所侧重的香气特征，尤其受到发酵程度的影响。一般来说，发酵程度重的就接近于红茶的香气特

---

① 李拥军．炒青和烘青绿茶香气的对比分析．食品科学，2001(22)：65-67.

征；发酵程度轻的，就形成包种茶的风格。如在发酵程度较轻的福建铁观音中能够检出橙花菽醇、茉莉内酯和吲哚；在发酵程度较重的台湾乌龙茶中则无法检出或只能检出极少量的此类物质，而芳樟醇及其氧化物、香叶醇、苯甲醇的含量却较高。特有的香气成分决定了乌龙茶的各种香型：橙花菽醇、吲哚、植醇、芳樟醇及其氧化物对应于肉桂香型；法呢醇、植醇、吲哚对应于玉兰香型；新植二烯、吲哚、法呢醇对应于黄枝香型；戊酸 α -甲基酐、植醇对应于芝兰香型[①]。

（4）黑茶香气的化学组成　我国的黑茶属微生物发酵的渥堆紧压茶，这类茶具有典型的陈味。萜烯醇类和发酵降解产物构成了黑茶的香气基础。萜烯醇类主要是芳樟醇及其氧化物、α -萜品烯、橙花菽醇等，发酵降解产物主要为脂肪族醛类、脂肪族醇类和酚醚等化合物。与渥堆茶相对应，日本有一种腌渍茶，如棋石茶和阿波晚茶，这两种茶都有典型的腌渍香气。它们的香气成分为顺- 3 -己烯醇、芳樟醇及其氧化物、水杨酸甲酯、苯甲醇、乙酸和 4 -乙基苯酚，其香气组成与发酵茶大致相似。湖北老青茶、湖南黑砖、四川茯砖、四川康砖、云南普洱方茶、云南竹筒茶、云南饼茶的香气构成中除酸、醛、酮、萜烯类化合物和含甲基酚类化合物以外，还有 1,2 -二甲氧基苯，1,2 -二甲氧基- 4 -甲基苯和 1,2,3 -三甲氧基苯等化合物。

**3. 香气成分的检测方法**

（1）香气成分的提取　茶叶的香气物质组成复杂、含量低、不稳定、易挥发，在提取过程中易发生氧化、聚合、缩合、基团转移等反应。因此，选择合理的提取方法尽可能保留茶叶原有香气组分，这对于茶叶香气成分的检测十分重要。茶叶香气物质的提取方法主要包括常压水蒸气蒸馏萃取法（SDE）、减压蒸馏萃取法（VDE）、顶空吸附法（HAS）、超临界二氧化碳萃取法（SFE）、

① 戴素贤，谢赤军，陈栋等. 七种高香型乌龙茶香气成分的主成分分析. 华南农业大学学报，1999（20）：113 - 117.

柱吸附法（TLA）、固相微萃取法（SPME）等。

蒸馏方法利用少量的溶剂对样品进行蒸馏提取，它是目前茶叶香气研究中最常见的方法。此方法虽然可以得到浓度很高的香气物质，但获取的香精油在感官上已与原有的茶叶香型有明显差异。这可能是由于香气提取过程中茶样经过长时间高温作用，某些物质发生变化，特别是热敏性的香气组分变化较大，如不饱和脂肪酸氧化降解生成一些脂肪族醇、香叶醇等物质，β-胡萝卜素热降解生成β-香紫罗酮等物质[①]，使提取的精油与茶叶实际香型有明显差异。

减压蒸馏萃取法（VDE）基本上能避免高温对茶叶的不良作用和影响，较好地反映了茶叶冲泡的过程，因此香气提取完后的茶汤还有茶的风味。该方法对醛类、酚类和酸类有较高的萃取比例，对酯类香气的捕获十分低，其萃取的香气总量和香气种类均不及SDE法和HAS法。

顶空吸附法（HAS）提取的香气物质在总量和种类上均不如SDE法提取的香气物质，但提取的香精油在感官上已能较好地反映出绿茶茶香。

固相微萃取（SPME）是一种绿色环保型样品分析前处理技术，已广泛应用于环境分析、药物分析、食品分析等领域。SPME具有敏感、快速、操作简便、样品用量少、不使用有机溶剂等特点，其富集的目标物能直接用于气相色谱（GC）、气—质联用（GC-MS）、高效液相色谱（HPLC）、液—质联用（LC-MS）等现代分析仪器，从而实现复杂样品检测的高通量、自动化。

超临界二氧化碳萃取法（SFE）是将处于超临界状态的$CO_2$气流流经茶样，带走大量香气物质，通过减压将被溶解的香气物质从气相中分离出来的方法。该方法萃取温度低，无溶剂残留，可保留几近全部的天然香气成分，已越来越多地应用于天然香料的制取中。

---

① 朱旗，施兆鹏，任春梅．绿茶香气不同提取方法的研究．茶叶科学，2001(21)：38-43.

柱吸附法（TLA）：茶叶用沸去离子水冲泡，过滤后，滤液冷却至40℃。滤液过 Porkapak Q 吸附柱，去离子水淋洗后，用乙醚/异丙烷（1/1）的混和溶剂洗脱。洗脱液用无水硫酸钠干燥12h，挥发除去溶剂，得到香精油。吸附柱则用乙醚、纯化甲醇和去离子水依次洗脱再生①。

（2）香气成分的定性和定量分析　茶叶芳香物质的分离鉴定技术随着气相色谱柱分离效能的不断提高而不断发展。目前主要采用 PEG-20M、OV-101、OV-17 等石英毛细管色谱柱对香精油的组分进行分析，分析时的柱温一般为 70～200 ℃，检测器为 FID 型检测器。该法可在一个样品中分离出近 100 种香气组分。质谱法、红外光谱法（IR）、紫外光谱法、核磁共振波谱法（NMR）对于有机物具有很强的定性能力，特别适用于单一组分的定性。色谱仪与上述仪器联用，使分离出的香气成分得到快速鉴定，同时结合相对保留值、比保留面积、Kovats 保留指数、程序升温指数等辅助性方法，使鉴定结果更为准确。定量分析主要采用归一法、外标法和内标法。归一法的不足之处是多样品分析，样品间无法比较而应用较少。外标法常用于气体分析。目前使用最多的方法是内标法。

准确称取样品后加入一定量的某种纯物质作为内标物，根据其对应峰面积或峰高之比，求出待测组分的百分含量。内标物的选择条件是：内标物与样品互溶，两者的峰能相互分离且尽可能接近。内标物与样品的性质相近，内标物的量亦与待测组分含量相近。常用内标物有癸酸乙酯和正乙酸乙酯。

## （二）茶叶滋味与化学成分

### 1. 茶叶滋味的化学组成及味觉特征

茶叶滋味是人体味觉器官对茶叶呈味成分的综合反应，是衡量茶叶品质的主要指标。呈味物质的种类、含量及比例决定了不同茶

① 宛晓春．茶叶生物化学．第3版．北京：中国农业出版社，2003.

类、不同等级和品质茶叶之间滋味的差异。影响茶汤滋味的物质主要有糖类、氨基酸、茶多酚及其氧化产物、咖啡碱、有机酸、茶皂素等，其中氨基酸、茶多酚及其氧化产物、咖啡碱与茶叶的滋味显著相关。

根据味觉效果，茶叶中的呈味物质可分为涩味物质、苦味物质、鲜爽味物质、甜味物质和酸味物质。茶多酚，尤其是其中的儿茶素及其氧化产物，是茶汤涩味的主要来源。鲜叶中的茶多酚占干物质的20%～35%，其中儿茶素类物质所占的比例最高。酯型儿茶素占儿茶素总量的80%左右，具有较强的苦涩味，收敛性强，是构成茶汤涩味的主体；非酯型儿茶素稍有涩味，收敛性弱，回味爽口；黄酮类有苦涩味，自动氧化后涩味减弱。咖啡碱、花青素、茶皂素是构成茶叶苦味的主要物质。茶叶的苦味和涩味总是相伴而生、协同作用，主导茶叶的呈味特征。氨基酸是构成茶叶鲜爽味的主要物质，占干物质总量的3%左右；此外，茶黄素、氨基酸、儿茶素与咖啡碱形成的络合物、可溶性的肽类和微量的核苷酸、琥珀酸等物质也具有一定程度的鲜味。可溶性糖、部分氨基酸特别是小分子氨基酸具有甜味，能在一定程度上削弱茶的苦涩味。可溶性果胶具有黏稠性，能增进茶汤的浓度和“味厚”感，使茶汤味甘醇。茶汤的酸味一部分源自鲜叶本身，一部分是在加工过程中形成的，因此发酵茶的酸味会更明显。茶汤的酸味物质主要为部分氨基酸（特别是谷氨酸、天冬氨酸等二元氨基酸及其酰胺化合物）、有机酸、抗坏血酸、没食子酸、茶黄素及茶黄酸等。

**2. 不同茶类滋味的化学组成**

（1）绿茶滋味的化学组成　绿茶一般以味感浓厚、鲜爽、回味甘甜为上品。绿茶加工过程中，鲜叶经高温杀青，酶活性被钝化，鲜叶中固有的品质成分被保留下来，这些成分是形成绿茶滋味品质的主要物质基础。研究表明氨基酸、茶多酚、咖啡碱与绿茶的滋味品质显著相关。而茶多酚、氨基酸与茶汤的苦涩味级别之间呈现出完全相反的曲线关系，即随茶多酚含量的升高，茶汤的苦涩味级别提高；随着氨基酸含量升高，茶汤苦涩味级别降低，并且茶多酚和氨基酸之间越不协调，苦涩味就越重。因此，可以用氨基酸与茶多酚含量的比值（即酚氨比）来分析绿茶的滋味品质。若茶叶中多酚类和氨基酸含量都高，且酚氨比值低时，茶汤浓而鲜爽，绿茶品质较优；若两者含量高，酚氨比值也高，茶汤味浓而涩；若两者含量低，比值高，则茶汤淡涩；若茶多酚含量低，氨基酸含量高，酚氨比低，茶汤味淡而鲜爽；若茶多酚含量高，氨基酸含量低，酚氨比高，则茶汤味浓、苦涩。

（2）红茶滋味的化学组成　红茶的制造过程中，茶叶中的多酚类物质发生了深刻的氧化反应，产生了茶黄素（TF）、茶红素（TR）、茶褐素（TB），这些物质连同未被氧化的多酚类物质是影响红茶滋味的主要成分。其中，茶黄素是使茶汤具有强烈刺激性和鲜爽味的重要成分，含量在0.4%～2%，目前已发现并鉴定的茶黄素有15种，其中茶黄素，茶黄素-3-没食子酸酯、茶黄素-3′-没食子酸酯以及茶黄素双没食子酸酯是主要的茶黄素成分；茶红素是使汤味浓醇的主要成分，刺激性较弱，含量在5%～11%；茶褐素是茶汤滋味淡薄的重要原因，含量在3%～9%；未被氧化的多酚类是形成茶汤滋味浓厚、强烈的主要物质；此外，氨基酸、儿茶素、茶黄素等与咖啡因形成的络合物具有鲜爽味，与可溶性糖的甜味、可溶性果胶的黏稠性及加工过程中形成的酸味一起丰富红茶的滋味。

红碎茶是世界茶类生产和消费的主体。不同于工夫红茶追求的滋味甜醇、红碎茶的滋味讲求“浓、强、鲜”。浓、厚的物质基础是高浓度的水浸出物，特别是茶黄素、茶红素含量要高；强烈的关键在于一定保留量的儿茶素和高含量的茶黄素；鲜爽味源自高含量的氨基酸、茶黄素和咖啡碱。工夫红茶的滋味特点是醇厚鲜爽，要求的多酚保留量相对较少，茶黄素与茶红素的比例要适当。一般情况下，红碎茶中茶多酚的保留量为55%～65%，而工夫红茶中茶多酚的保留量多数在50%以下。各种呈味物质含量适当、比例适宜、组成协调，是形成红茶良好滋味的基础。

（3）乌龙茶滋味的化学组成　乌龙茶属半发酵茶，滋味浓厚爽口。乌龙茶加工过程中，多酚类发生部分氧化，产生适量的茶黄素、茶红素及茶褐素，从而形成了乌龙茶独特的滋味品质。此外，叶绿素、可溶性糖、氨基酸等化合物的转化对于乌龙茶滋味的形成也十分重要。乌龙茶的制造过程必须确保未被氧化的多酚类与其色素之间相互协调，使茶汤色黄而不红、滋味爽而不苦（涩）。多酚类保留过多（发酵太轻，鲜叶太嫩）或氧化产物过量积累（发酵太重）都可能导致乌龙茶风味丧失和质量下降。

**3. 茶汤滋味成分的检测方法**

茶多酚和氨基酸是构成茶汤滋味最重要的物质基础。关于茶多酚、氨基酸和咖啡碱的检测方法，将在本章的最后一节分别做详细介绍。

## （三）茶叶色泽与化学成分

茶叶色泽包括干茶色泽、汤色和叶底色泽，是分辨茶叶品质优次的重要因子，因鲜叶和制造方法的不同而表现出明显的差异。构成茶叶色泽的物质主要包括黄酮、黄酮醇（花色素、花黄素）及其糖甙、类胡萝卜素、叶绿素及其转化物、茶黄素、茶红素、茶褐素等，是茶鲜叶内含物质经加工发生不同程度的降解和氧化聚合的产物。根据溶解性的不同，茶叶中的色素可分为水溶性色素和脂溶性色素两大类。

**1. 不同茶类色泽的化学组成**

（1）绿茶色泽的化学组成　绿茶的有色物质一部分是鲜叶固有的，一部分是通过加工转化得到的。其中，干茶色泽和叶底色泽主要由脂溶性色素决定，包括叶绿素及其转化产物、叶黄素、类胡萝卜素、花青素及茶多酚不同氧化程度的有色产物。叶绿素包括深绿色的叶绿素 a 和黄绿色的叶绿素 b。而在一定工艺条件下形成的叶绿素衍生物对干茶色泽也有影响，且在不同茶类之间差异很大。成品绿茶中叶绿素 b 的含量高于叶绿素 a；大叶种绿茶中 β-胡萝卜素、叶黄质的含量明显高于小叶种绿茶，而堇黄质的含量则明显低于小叶种绿茶。水溶性色素在茶叶冲泡之前也参与绿茶干茶色泽的构成，冲泡后没有完全溶解到茶汤中的部分则参与叶底色泽的构成。

绿茶的水溶性色素是构成绿茶汤色的主要物质，主要包括黄酮醇、花青素、黄烷酮和黄烷醇类的氧化衍生物等。黄酮醇及其糖甙是茶汤黄色的主要呈色物质，在茶叶中已发现20多种。黄烷酮是构成绿茶茶汤黄绿色的主要物质。在绿茶加工过程中，黄烷醇发生氧化聚合等变化（主要是非酶促氧化），其产物能溶于茶汤，呈棕色或黄色。花青素可溶于茶汤，导致汤色深暗。叶绿素虽属脂溶性色素，但对茶汤汤色也起到了一定的作用。有报道认为叶绿素以微细的胶质状或油状悬浮于茶汤之中，对茶汤色泽起了一定作用。同时，在绿茶制造过程中脂溶性叶绿素也可少量转化为可溶于水的降解产物，如叶绿素a、b在叶绿素酶的作用下，分别脱植基成为蓝绿色的叶绿酸酯a和黄绿色的叶绿酸酯b，这两种降解产物能溶于水，从而影响茶汤色泽①。

（2）红茶色泽的化学组成　红茶的干茶色泽和叶底色泽是茶叶内含物经加工发生氧化聚合所形成的有色物质的综合反应。红茶干茶色泽追求乌黑油润，这种乌黑油润度与脱镁叶绿素降解产物的形成量有很大关系。红碎茶的叶绿素降解比率不及工夫红茶大，因而成品茶中叶绿素，尤其是叶绿素b保留量较多，因此红碎茶的乌润度不如工夫红茶。水溶性的茶黄素、茶红素和茶褐素与红茶干茶色泽关系更为密切，尤其是茶红素，它具有较强的呈色能力和较高的含量，因此作用比茶黄素和茶褐素更加明显。当脱镁叶绿素与茶红素的比值较高时，则该茶的干茶色泽呈现乌黑油润；反之，当该比值较低时，则干茶色泽泛棕色。

形成红茶叶底色泽的物质基础主要是脂溶性色素和未溶入茶汤中的部分水溶性色素。研究认为红茶叶底的橙黄明亮主要是由茶黄素引起的，红亮则是由于茶红素较多所致。如果留在叶底的茶黄素和茶红素太少，叶底将主要呈现脂溶性色素及多酚高聚物的颜色，

---

① 陆松侯，施兆鹏．茶叶审评与检验．第3版．北京：中国农业出版社，2001．

使红茶叶底多呈乌条暗叶，红茶不红。

红茶的茶汤色泽主要来源于水溶性的茶黄素、茶红素和茶褐素。茶黄素的提取物为橙黄色的针状结晶体，其水溶液呈鲜明的橙黄色。茶黄素及其没食子酸酯对汤色的明亮度有极其重要的作用，茶黄素含量越高，汤色明亮度越好。茶红素呈红色，是红茶汤色红浓的主体。茶褐素呈暗褐色，是茶汤发暗的因素。茶黄素、茶红素含量越高，茶汤越红艳明亮，汤质越好；茶褐素含量越高，汤色越暗，茶汤品质越差。

**2. 茶叶和茶汤色泽的检测方法**

茶叶色泽分为茶外形色泽、茶汤色泽和叶底色泽。茶叶色泽的理化检验尚处于研究阶段，国内外通常使用的方法有三种。①分光光度法：利用茶汤在一定波长下的消光度来评价茶汤色泽品质。②色差计法：以电子计算机色差计检测茶叶色泽，用等色差表色法、亨特测色仪表色法检测干茶色泽、叶底色泽和茶汤色泽。③色卡（或比色尺）法：根据茶汤、叶底的色泽变化、依据茶叶标准样研制的直观、简便的各级茶叶汤色、叶底色卡，快速地评价茶汤品质。

### （四）茶叶外形与化学成分

各种茶类的外形都是通过一定的物理作用形成的，可分为条形、扁形、针形、圆形、片形、卷曲形等。茶叶的外形是由制茶工艺决定的，同时也取决于茶叶细胞的胞壁厚薄。通常，细胞壁薄则易弯曲做形，否则就难于做出符合人们要求的外形，而细胞壁的厚薄又与其化学成分有关。所以，茶叶外形的化学基础是细胞壁的化学组成。

细胞壁是由纤维素、半纤维素、木质素、果胶物质及其他多糖组成。茶叶中纤维素约占干重的4.33%～8.85%，且与叶片在新梢上所处的位置有关。半纤维素一般占干重的3.65%～8.37%，嫩芽中的含量在3%以下，而老叶中的含量可达9%以上。此外，茶叶的水溶性果胶含量与细胞成熟度有关，幼嫩细胞含量高，老叶量低。

一般来说，纤维素、半纤维素、木质素含量较低，水溶性果胶及可溶性糖的含量较高的鲜叶可塑性较好；反之，茶叶形状越差，如条索松泡，颗粒粗糙松散。此外，茶叶中可溶性成分的总量越高，其干茶形状一般也较好，可表现为条索紧结，有锋苗。茶叶干燥后的残留水分也是影响茶叶外形的成分之一。没有足干的茶叶因水分含量过高而松散，条索或颗粒不紧结。

区别于其他茶类，白茶因其独树一帜的加工方法，干茶形状基本保持鲜叶原有的形状。茸毛显露，叶色因水分散失而显深绿色是白茶的外形特征。

## 二、茶树栽培化学

茶树体内的化学变化不仅受遗传特性的控制，而且受到环境条件和栽培措施的影响。选用适宜的茶树良种，采用合理的栽培措施，使茶树和环境协调一致、存利除弊，可实现茶树增产、提质、高效的栽培目标。

### (一) 季节对茶叶化学成分的影响

茶树是多年生植物，各个年生长周期的情况虽然有所不同，但基本生育规律大同小异。秋冬季积累养分，春季萌发生长，经过头轮、二轮、三轮和四轮新梢（南部茶区轮次更多）的生育又进入秋冬季的相对休眠阶段。在每一个生育周期内茶树体内的化学成分随季节发生重大改变。

糖类是茶树体内最重要的贮藏物质。糖类的积累和消耗与季节变化有密切关系。每轮新梢萌发初期茶叶体内糖类含量下降，新稍成熟时开始积累。下一轮新梢开始萌发生长时，茶叶体内的糖类开始被消耗，成熟后又逐渐积累，如此反复数次，直到秋梢生长休止以后，整个茶树体内的糖类逐步开始积累，到第二年春梢萌发前，茶树体内糖类含量达到顶峰。如将一株茶树作为一个整体来观察，从秋茶后到春茶前，茶树体内的糖类是逐渐增多的，直到春茶采摘后才开始下降。

茶多酚是茶树的特征成分之一，儿茶素则是茶多酚的主要活性成分。茶树嫩梢中茶多酚和儿茶素的季节性变化主要取决于气温高低。以一芽二叶为例，春梢中茶多酚和儿茶素的含量较低，到了夏季，茶多酚和儿茶素的含量出现高峰，因而春茶滋味较醇和，二三茶较苦涩。儿茶素组分的季节性变化趋势与儿茶素总量的季节性变化趋势是一致的。一般地，夏茶期间儿茶素含量最高，春、秋茶为低谷。其中，茶叶体内（-）-EGCG 和（-）-ECG 的含量变化趋势是低—高—低，春、夏、秋三季均有高峰存在。各茶季末萌发的新梢中儿茶素［主要为（-）-EGCG 和（-）-ECG］含量均较低，各茶季中期萌发的新梢儿茶素含量较高。

含氮化合物是影响茶叶品质的又一类重要物质，主要是氨基酸和咖啡碱。一年中，春茶初期的含氮量最高，随后逐渐下降。夏茶因为气温高，氮肥供给又不如春茶，且伴随着含氮化合物在茶树体内的转化、分解等，含氮量往往较低。到了秋茶含氮量又有所回升。就氨基酸而言，春茶早期往往是氨基酸含量最高的，秋茶次之，夏茶最低。许多名茶如高级龙井、碧螺春、黄山毛峰、开化龙顶等，都是春茶早期采下的幼嫩芽叶经过精细加工制作而成的。茶氨酸是茶叶中含量最高的氨基酸，约占茶叶氨基酸总量的 40%～60%。茶树季节性变化中，茶氨酸含量的变化趋势与氨基酸总量的变化趋势是一致的。氮肥的施用与根系中茶氨酸的含量密切相关，施用铵态氮肥能促进茶氨酸含量的大幅度增加，而且根系中所合成的氨基酸可以输送到地上部的嫩芽中，因此氮肥的施用对于提高氨基酸含量是有利的。咖啡碱的生物合成主要在新梢发育早期的幼叶中进行，叶片中咖啡碱的含量春季最高，冬季最低。

茶叶中芳香物质的含量也因季节的不同而不同。一般每 100g 干重的鲜叶，春茶香精油含量为 2～8mg，夏茶为 2～4mg，秋茶为 4.0 mg。但不同种芳香物质的季节性变化并不完全一致，有的物质春茶含量高，如具有青草气或清香的己烯醛、己烯醇、戊烯醇等以及具有强烈新茶香的正壬醛和己酸己烯酯，此类芳香物质到了夏秋茶时就显著地减少；有的香气物质秋茶含量增加，如具有花香的 2-苯乙醇、苯乙醛、醋酸异戊酯等。一般来说，秋茶中含有较多的醛类和醇类，烯类物质较少，因而秋茶的花香要比其他季节的茶叶更明显。

不同季节的茶树鲜叶中叶绿素及其组分的含量存在较大差异，秋茶含量最高，夏季次之，春季最低。这是因为茶树叶片随季节逐渐成熟，叶片中叶绿素的含量逐渐增加。春、秋季成茶中叶绿素的含量与夏季成茶中叶绿素的含量存在极显著差异，这是因为夏季鲜叶中的叶绿素在加工过程中更容易被破坏，使得成茶中叶绿素的含量较低。总之，对于成茶而言，春茶叶绿素含量高，秋茶稍低，夏茶最低。

茶叶富含多种维生素，其中维生素 C、维生素 $B_1$ 和维生素 $B_2$ 的季节性变化是很明显的，春茶含量最高，此后逐渐下降。此外，维生素 $B_1$ 在各茶季初期含量较高，以后逐渐下降。不论是春茶或夏茶，叶绿素在生育期内含量均随叶片的成熟而增加。

黄酮类物质是影响绿茶汤色的重要组分。一般而言，春茶中黄酮类物质的含量比夏茶高。春茶中槲皮甙、飞燕草甙和云香甙含量较高，有利于形成明亮的黄绿色茶汤。夏秋茶中花青素的含量通常高于春茶，因而夏秋茶的茶汤更显苦味。夏茶常见的紫色芽叶就是由于花青素含量较高引起的。

果胶与茶叶的外形、色泽和茶汤“身骨”相关，其在春茶中含量为最高 4.12%；夏茶次之，为 2.76%；秋茶最低，为 2.55%。粗纤维是影响茶叶外形的重要因素，在茶树新梢的年生长周期中，粗纤维含量存在着季节性差异。春茶之后，随着气温升高，光照增强，碳代谢加强，促进粗纤维的合成。因此，头轮春茶以后的新梢芽叶，其粗纤维含量总体上呈增加趋势[①]。

### （二）新梢成熟度对茶叶化学成分的影响

茶树新梢是由营养芽生长发育而成的，是茶树地上部最活跃的部分，是制茶的主要原料。根据新梢成熟度不同，茶叶的化学成分

---

① 黄惠华，唐明德，王建国. 茶鲜叶粗纤维含量的季节变化及“嫩度”数量化的初步研究. 湖南农学院学报. 1991（17），增刊：557－560.

也有所不同。在茶树新梢的伸长过程中，茶叶体内多酚类物质变化明显。通常幼嫩组织中茶多酚含量较高，随着新梢的成熟老化，茶多酚含量递减（表 7-3）。

表 7-3　茶树新梢成熟度茶多酚、儿茶素的含量（%）

| 物质 | 芽 | 一芽一叶 | 一芽二叶 | 一芽三叶 | 一芽四叶 | 一芽五叶 |
|---|---|---|---|---|---|---|
| 茶多酚 | 26.84 | 27.15 | 25.31 | 23.60 | 20.56 | 16.39 |
| 儿茶素 | 13.65 | 14.68 | 13.93 | 13.61 | 11.92 | 10.96 |

此外，儿茶素各组分的变化趋势也与新梢的成熟度密切相关，且在新梢伸长过程中的变化趋势不完全一致（表 7-4）。

表 7-4　新梢成熟度与儿茶素的组成（mg/g）

| 儿茶素 | （—）-EGC | （±）-GC | （—）-EC+（+）-C | （—）-EGCG | （—）-EGC | 总量 |
|---|---|---|---|---|---|---|
| 芽 | 8.67 | 5.83 | 8.52 | 104.96 | 19.32 | 147.35 |
| 一芽一叶 | 15.63 | 6.20 | 9.15 | 88.93 | 30.41 | 150.32 |
| 一芽二叶 | 18.23 | 4.84 | 9.83 | 76.10 | 28.47 | 137.47 |
| 一芽三叶 | 27.37 | 6.61 | 10.29 | 65.30 | 25.20 | 134.50 |
| 一芽四叶 | 22.47 | 6.06 | 9.90 | 53.37 | 24.23 | 116.03 |

含氮化合物（主要包括蛋白质、氨基酸、咖啡碱）在幼嫩新梢中含量较高，随着新梢的伸长、老化而逐渐递减（表 7-5）。

表 7-5　新梢不同部位全氮量、咖啡碱和氨基酸总量含量（%）

| 茶季 | 新梢叶位 | 全氮量 | 咖啡碱 | 氨基酸总量 |
|---|---|---|---|---|
| 春茶 | 一芽一叶 | 6.53 | 3.50 | 3.11 |
| | 第二叶 | 5.95 | 3.00 | 2.92 |
| | 第三叶 | 5.15 | 2.65 | 2.34 |
| | 第四叶 | 4.13 | 2.37 | 1.95 |
| | 茎 | 4.12 | 1.31 | 5.73 |

（续）

| 茶季 | 新梢叶位 | 全氮量 | 咖啡碱 | 氨基酸总量 |
|---|---|---|---|---|
| 夏茶 | 一芽一叶 | 5.55 | 3.88 | 1.29 |
| | 第二叶 | 4.82 | 3.43 | 0.61 |
| | 第三叶 | 3.86 | 2.67 | 0.48 |
| | 第四叶 | 3.22 | 2.42 | 0.35 |
| | 茎 | 2.37 | 1.50 | 1.73 |

茶树新梢氨基酸中茶氨酸含量最高，其次是谷氨酸、精氨酸、天门冬氨酸和丝氨酸，其余氨基酸含量较低。新梢成熟度对氨基酸各组分的影响与对氨基酸总量的影响一致，即随叶片老化氨基酸含量递减。茶叶中的蛋白质只有少量能溶于水，且其含量与芽叶嫩度成正相关。一般地，新梢愈幼嫩，蛋白质含量愈高，随着叶片生长老化，蛋白质含量递减，茎梗上蛋白质的含量最低。

咖啡碱在茶树体内分布广泛，但各部位所含的咖啡碱含量差异很大，且与新梢的成熟度密切相关。叶片中咖啡碱的含量最高，茎梗中含量较低。咖啡碱易集中分布于新梢生长旺盛的部位，以幼嫩芽叶中含量最高，老叶含量最低。

茶树鲜叶嫩度不同，内含的芳香成分也不同。鲜叶嫩度高，内含芳香物质较多，这就是高级茶香气嫩高持久的原因之一。随着芽梢渐渐伸长、叶片逐渐长大，香气成分增加，如苯乙醇、苯乙醛、醋酸异戊酯、正己酸和香叶醇等。茶叶经过加工形成新的香型，如清香型、花香型、果香型、甜香型、烘炒的火香型等。用粗老鲜叶加工而成的茶叶具有粗老气或粗青气。这是因为老叶中香叶醇、芳樟醇的含量较低，而亚麻酸的含量又比嫩叶多；亚麻酸能够自动氧化成带有陈气的 2,4 -庚二烯酸。

新梢芽叶中叶绿素、胡萝卜素、叶黄素的含量随芽梢成熟度的变化而明显改变。通常叶绿素的含量随新梢成熟度的增加而增加，一芽三四叶或四五叶时达到顶峰，此后随着新梢的成熟老化而有所减少。胡萝卜素、叶黄素的含量以及类胡萝卜素总量随着叶片的成熟而增加。

维生素C通常是老叶（第三叶）中含量最高，其次是二叶，芽及第一叶较低，茎中较少。

氟在茶树幼嫩新梢和成熟叶片中的含量有显著差异。幼嫩新梢中氟的含量显著低于成熟叶片中氟的含量。茶树叶片中的氟主要聚集于成熟叶片，成熟叶片中水溶性氟的含量在1 150.79～3 625.11mg/kg之间，总氟含量在1 299.66～4 739.89mg/kg之间；幼嫩新梢水溶性氟含量在46.76～201.54mg/kg之间，总氟含量在47.93～213.82mg/kg。同时，茶树品种间氟的含量也存在着显著。差异。

茶树中的贮藏物质主要包括单糖、双糖、淀粉、纤维素、半纤维素和木质素等。在茶树新梢伸长过程中，这些贮藏物质逐渐积累，随叶片老化含量增加（表7-6）。

**表7-6　新梢成熟度和贮藏物质含量（%）**

| 新梢成熟度 | 单糖 | 双糖 | 淀粉 | 纤维素 |
|---|---|---|---|---|
| 一芽一叶 | 0.77 | 0.64 | 0.82 | 10.87 |
| 第二叶 | 0.87 | 0.85 | 0.92 | 10.90 |
| 第三叶 | 1.02 | 1.66 | 5.27 | 12.25 |

此外，不同茶季、不同茶树品种及不同栽培条件下贮藏物质与成熟度之间有相同的变化趋势，但绝对含量相差很大。茶树体内贮藏物质的含量与持嫩性有一定的联系。

### （三）茶树品种对茶叶化学成分的影响

品种是影响茶叶生化成分和品质的主要因素，茶树品种不同，其化学成分不同，因而制茶品质也不同。例如龙井43与龙井群体种相比，儿茶素总量增加11 mg/g，氨基酸增加16 mg/g，并且发芽早、发芽齐。在适宜地区种植的云南大叶种茶多酚含量占茶叶干重的30%左右，其中儿茶素总量和酯型儿茶素含量特别高，因此用它制成的红碎茶品质优良。此外，某些茶树品种还具有独特的优良性状，如有的品种具有花香或甜香，有的品种滋味甘甜，这对于提高茶叶品质十分有利。

**1. 不同茶树品种的主要品质成分**

良种与品质关系密切，在一定程度上品种决定了鲜叶内含成分的组成和茶品质的优次。茶树品种的适制性是反映良种与品质关系的重要指标。目前，全国范围内被列入国家良种的茶树品种有95个，各个品种之间鲜叶的化学成分差异很大，变化也很复杂（表7-7）。

**表7-7 部分茶树良种主要品质成分**

| 品种名 | 咖啡碱（%） | 氨基酸（%） | 茶多酚（%） | 儿茶素总量（mg/g） | 酚/氨比 | 适制性 |
|---|---|---|---|---|---|---|
| 海南大叶种 | 4.40 | 2.20 | 35.36 | 207.62 | 15.64 | 红 |
| 黔眉419 | 3.40 | 1.40 | 36.03 | 229.90 | 25.73 | 红 |
| 英红1号 | — | 2.22 | 42.15 | 250.41 | 18.98 | 红 |
| 碧云 | 3.69 | 3.30 | 17.12 | 160.37 | 5.05 | 绿 |
| 翠峰 | 3.72 | 3.43 | 28.21 | 144.92 | 8.22 | 绿 |
| 安徽7号 | — | 3.53 | 24.38 | 99.11 | 6.90 | 绿 |
| 龙井43 | 4.00 | 3.71 | 18.51 | 120.84 | 4.98 | 绿 |
| 宜兴种 | 3.74 | 2.91 | 29.11 | 172.68 | 10.0 | 绿 |
| 紫阳种 | 4.22 | 3.57 | 23.28 | 129.26 | 6.52 | 绿 |
| 湄潭苦茶 | 4.92 | 2.56 | 27.08 | 181.27 | 10.57 | 绿 |
| 黄山种 | 4.43 | 4.98 | 27.37 | 138.04 | 5.49 | 绿 |
| 上梅州种 | 5.53 | 3.24 | 19.40 | 130.23 | 5.98 | 绿 |
| 凌云白毛茶 | 4.91 | 3.36 | 35.60 | 182.92 | 10.59 | 红绿兼制 |
| 福丁大毫茶 | 4.33 | 3.48 | 25.71 | 184.24 | 7.39 | 红绿兼制 |
| 福安大白茶 | 3.83 | 1.81 | 28.22 | 127.06 | 15.59 | 红绿兼制 |
| 梅占 | 4.44 | 3.62 | 27.46 | 181.06 | 7.58 | 红绿兼制 |
| 毛蟹 | 4.05 | 2.95 | 20.08 | 158.19 | 6.80 | 红绿兼制 |
| 勐海大叶种 | 3.87 | 1.62 | 37.99 | 225.98 | 23.45 | 红绿兼制 |

（续）

| 品种名 | 咖啡碱（%） | 氨基酸（%） | 茶多酚（%） | 儿茶素总量（mg/g） | 酚/氨比 | 适制性 |
|---|---|---|---|---|---|---|
| 宁州种 | 4.63 | 3.02 | 26.58 | 176.25 | 8.80 | 红绿兼制 |
| 祁门种 | 4.04 | 3.51 | 29.69 | 157.58 | 5.89 | 红绿兼制 |
| 云台山种 | 4.62 | 2.85 | 22.63 | 12.76 | 7.94 | 红绿兼制 |
| 福丁大白茶 | 4.36 | 4.27 | 16.19 | 113.85 | 3.79 | 红绿兼制 |
| 早白尖 | 4.54 | 2.66 | 27.27 | 172.95 | 10.25 | 红绿兼制 |
| 宜昌大叶茶 | 4.54 | 3.17 | 22.95 | 139.82 | 7.23 | 红绿兼制 |
| 黔湄 502 | 3.04 | 1.13 | 37.72 | 230.54 | 33.38 | 红绿兼制 |
| 安徽 1 号 | — | 3.51 | 25.60 | 112.76 | 7.29 | 红绿兼制 |
| 安徽 3 号 | — | 3.26 | 23.40 | 98.80 | 7.17 | 红绿兼制 |
| 迎霜 | 3.97 | 2.54 | 30.52 | 157.54 | 12.01 | 红绿兼制 |
| 劲峰 | 3.73 | 2.62 | 27.35 | 156.77 | 10.43 | 红绿兼制 |
| 浙农江 | 3.62 | 3.81 | 24.61 | 159.88 | 6.45 | 红绿兼制 |
| 菊花春 | 3.43 | 1.70 | 22.79 | 174.9 | 13.40 | 红绿兼制 |
| 政和 | 3.95 | 2.37 | 24.86 | 121.40 | 10.48 | 红、白茶 |
| 铁观音 | 4.12 | 3.56 | 22.14 | 121.88 | 6.21 | 乌龙茶 |
| 黄棪 | 3.34 | 4.64 | 14.70 | 105.04 | 3.16 | 乌龙茶 |
| 福建水仙 | 4.12 | 2.58 | 25.06 | 165.83 | 9.71 | 乌、红、绿 |
| 本山 | 3.36 | 1.60 | 9.81 | 106.78 | 12.38 | 乌龙 |
| 大叶乌龙 | 4.16 | 4.21 | 21.37 | 122.62 | 5.07 | 乌龙 |
| 勐库大叶种 | 4.06 | 1.66 | 33.96 | 182.16 | 20.33 | 红、普洱、滇绿 |
| 风庆大叶种 | 3.56 | 2.90 | 30.19 | 134.19 | 10.41 | 红、普洱、滇绿 |
| 乐昌大白茶 | 4.06 | 2.26 | 32.77 | 181.72 | 14.50 | 红、普洱、滇绿 |
| 凤凰水仙 | 4.80 | 3.19 | 24.31 | 129.05 | 7.62 | 乌、红 |
| 云杭 10 号 | 4.57 | 3.23 | 34.95 | 135.74 | 10.82 | 红、普洱、滇绿 |

适制红茶的茶树品种茶多酚或儿茶素的含量较高，且酚氨比也较高，适制绿茶的茶树品种则较低，氨基酸含量较高。

### 2. 优质茶树种质资源及其相关的品质成分

茶树种质资源是育种的物质基础，正确选用优良种质是提高育种成效的关键技术之一。中国茶树种质资源的种类和数量为世界之最。茶树种质资源的品质成分是育种工作者选材的依据之一。表7-8罗列了14份优质资源的品质成分组成，可作为进一步单株选育和杂交育种的亲本或诱变育种的原始材料。

表7-8 部分优质茶树资源主要品质成含量（%）

| 品种名 | 茶多酚 | 含氮量 | 氨基酸 | 茶氨酸 | 水浸出物 | 咖啡碱 | 儿茶素总量 | 适制性 |
|---|---|---|---|---|---|---|---|---|
| 坝子白毛茶 | 34.16 | 5.43 | 3.89 | 1.81 | 48.50 | 4.79 | 21.96 | 红 |
| 龙脊大叶茶 | 38.27 | 5.19 | 3.08 | 1.47 | 46.46 | 5.19 | 17.87 | 红绿 |
| 茴香茶 | 28.11 | 5.48 | 3.62 | 1.81 | 46.11 | 4.61 | 16.87 | 红绿 |
| 早-1 | 22.74 | 5.61 | 3.13 | 1.38 | 39.06 | 3.92 | 13.87 | 红绿 |
| 监山古茶 | 27.49 | 5.76 | 2.88 | 0.75 | 44.28 | 4.54 | 17.59 | 红 |
| 观叶山红碎茶 | 31.81 | 4.63 | 3.15 | 1.35 | 48.26 | 4.87 | 27.70 | 红绿 |
| 车古茶 | 31.67 | 4.85 | 2.77 | — | 47.19 | 4.82 | 24.07 | 红 |
| 南-1 | 22.79 | 5.80 | 2.67 | 1.16 | 37.53 | 4.08 | 14.53 | 红 |
| 芽己茶 | 29.18 | 5.23 | 2.80 | 1.31 | 43.28 | 4.85 | 12.51 | 绿 |
| 薄川大折浪茶 | 30.75 | 5.59 | 2.46 | 1.06 | 49.00 | 5.20 | 27.87 | 红 |
| 文字塘大叶茶 | 35.08 | 4.82 | 2.80 | 1.11 | 53.81 | 4.69 | 17.86 | 红 |
| 温泉原头茶 | 33.96 | 5.03 | 3.55 | 1.06 | 45.55 | 4.79 | 19.35 | 红 |
| 易武绿芽茶 | 31.01 | — | 2.88 | 1.47 | 48.50 | 5.10 | 24.81 | 红 |
| 水大叶茶 | 34.93 | 4.78 | 3.24 | 1.72 | 50.04 | 4.91 | 26.73 | 红 |

### 3. 品种的特征性与化学成分的关系

茶树品种的特征性主要包括树型（乔木型、小乔木型、灌木型）、叶型（长叶、圆叶等）、叶色（深绿、绿、黄绿、黄等）、发芽早晚（早生、中生、晚生）等。茶树品种的这些特征性虽然会受到环境条件、肥培管理水平的影响，但各个品种还是顽强地表现出自身拥有的特性。

乔木型品种通常含有丰富的茶多酚，尤其是酯型儿茶素含量特别高；灌木型茶树茶多酚含量较乔木型低，糖向多酚类转化的比率相对减少，而氨基酸含量较高。叶片大小与茶多酚含量呈正相关，叶片较大的品种，茶多酚、儿茶素的含量较高，制得的红茶品质较好；叶片较小的品种，茶多酚、儿茶素含量较低，制得的绿茶品质好。叶色与茶叶化学成分之间的关系也很密切。黄绿色芽叶品种往往含有较多的茶多酚和儿茶素，深绿色芽叶品种则正好相反，茶多酚、儿茶素的含量往往较低。此外，深绿色叶片中叶绿素含量较高，黄绿色叶片中叶绿素含量较低，紫色芽叶中往往含有较多的花青素、较低的叶绿素，尤其是叶绿素 a 的含量显著减少。叶质的柔软程度和持嫩性与化学成分也有一定的相关性。持嫩性强的品种，纤维素含量少，氨基酸含量较高。早生种茶树体内形成和积累的含氮化合物较多，氨基酸、咖啡碱的含量较高，而茶多酚含量却往往不如晚生种高。

### （四）栽培地域对茶叶化学成分的影响

茶叶的化学成分除因品种不同而有所差异以外，还与其所处的环境有关。生态环境的变化往往会引起茶树体内代谢的变化。因此，选择一个适宜茶树栽培的地域是十分重要的。

**1. 茶园土壤与茶叶化学成分**

土壤对茶树生长发育的影响很大，土壤的类型、酸碱度、水分状况、肥力，质地和结构、土壤厚度，等等，都会不同程度地影响茶树生长。

茶树在沙壤土、壤土、黏壤土上都能良好生长，但就茶叶品质而言，在含腐殖质较多的沙质壤土上生长的茶树，通常鲜叶中氨基酸的含量较高，而生长在黏质黄土上的茶树，鲜叶中往往含有较多的茶多酚。缺肥时，茶叶中叶绿素、糖类、总氮量、氨基酸的含量会大大减少。

土壤酸碱度对茶树的生长影响很大。茶树生长最适的土壤 pH 值为 5.0～6.0，以 pH 5.5 为最佳。pH 低于 4 和高于 6.5 都会影响叶绿素的生成。当土壤 pH 处于 5～6.5 时，茶叶中茶多酚、儿茶素和氨基酸、水浸出物含量较高；当 pH 低于 5 或高于 6.5 时，这些物质的含量较低。在土壤 pH 处于 5.0～6.0 时，茶树对矿质元素铝、锰、钙、钼、硼的吸收最为有利。只有在适宜的土壤 pH 值下，茶树才能旺盛生长，积累更多的品质成分。

不同土壤 pH 值下，茶叶中氨基酸组成也各不相同。pH6～6.5 时，茶氨酸含量最高，当 pH 低于 4.5 时，谷氨酸含量增加，茶氨酸含量降低（表 7－9）。

**表 7－9 土壤不同 pH 值时茶叶中氨基酸含量的变化**（mg，以 100g 计）

| pH | 茶氨酸 | 谷氨酸 | 其他氨基酸 | 氨基酸总量 |
|---|---|---|---|---|
| 4～4.5 | 69.28 | 225.16 | 103.92 | 398.40 |
| 5～5.5 | 170.74 | 236.41 | 131.34 | 538.50 |
| 6～6.5 | 426.88 | 278.40 | 301.60 | 1 007.00 |
| >7 | 58.77 | 41.14 | 52.89 | 152.80 |

**2. 海拔高度和纬度与茶叶化学成分的关系**

我国的茶区大致从北纬 18°的海南岛到北纬 38°的山东，有 18 个省份产茶，气候条件差异较大。这种地域性的差异对茶树生育和茶叶品质都有很大的影响，远远超过了栽培技术和制茶技术带来的影响。

不同纬度对茶叶品质的影响主要源自不同的气候条件。一般来说，纬度较低的南方茶区，年平均气温较高，日照强，有利于茶树体内碳环化合物、多酚类物质的合成，因而长期生长在南方的茶叶品种，鲜叶中往往含有较多的茶多酚，适宜制红茶。而生长在纬度较高的北方茶区的茶树，因年平均气温较低，茶多酚的合成和积累较少，有利于含氮化合物的合成和积累，氨基酸、咖啡碱等含氮化合物含量较高，适宜制绿茶。即使是同一品种生长在不同的纬度地区，其化学成分的差异也是很显著的。众所周知的云南大叶种，北移至纬度较高的地区后不仅越冬困难，而且茶多酚、儿茶素的含量比原产地低。又如同样是槠叶种，生长在云南渤海的槠叶种鲜叶中茶多酚、儿茶素的含量都比生长在杭州的低。纬度不同导致茶叶品质的不同，这是一个客观规律，因此在发展茶叶生产制定茶叶区划的过程中必须遵循这一规律，扬长避短，保证茶质量。

海拔高度对茶叶品质的影响，实际上就是气温的影响。随着海拔高度的变化，气温随之改变，海拔每升高 100m，气温降低 0.5℃。不同海拔高度下，一芽二叶鲜叶中茶多酚、儿茶素、氨基酸的含量也不相同（表 7－10）。

**表 7－10 不同海拔高度对鲜叶化学成分的影响**

| 海拔（m） | | 茶多酚（%） | 儿茶素（%） | 茶氨酸（%） |
|---|---|---|---|---|
| 江西庐山 | 300 | 32.73 | 19.07 | 0.729 |
| | 740 | 31.03 | 18.81 | 1.696 |
| | 1 170 | 25.97 | 15.40 | — |
| 浙江华顶山 | 600 | 27.12 | 16.11 | — |
| | 950 | 25.18 | 14.29 | — |
| | 1 031 | 23.56 | 10.40 | — |

一般认为，海拔高度在 500～800m 的范围内是产优质茶的地方，但高度超过 800 m 后，多酚类含量会随着海拔的升高而降低，影响茶叶品质。而氨基酸（如茶氨酸）则正好相反，随海拔升高而增加。另外，某些鲜爽、清香型的芳香物质在海拔较高、气温较低的条件下形成较多。生产优质名绿茶的高山茶园一般气候温和、雨量充沛、云雾较多、湿度较大、昼夜温差较大，茶园附近森林茂密，植被良好，土壤腐殖质含量高，肥力足，生态条件优越等。茶树在这些生态条件下有利于含氮化合物和某些芳香物质的合成和积累，蛋白质、氨基酸等含量较高，苦涩味较重的茶多酚物质含量较低。同时，茶树生长势旺盛，芽叶肥壮，持嫩性好，纤维素合成速度减慢，从而为制造优质绿茶提供了良好的物质基础。海拔高度对茶叶香气成分与组成的影响如表 7－11。

许多香气独特的名优茶均出自于高海拔的生态环境中，如黄山毛峰、庐山云雾等，而仍有不少名茶出自低地丘陵或江河湖海之滨。究其共同之处是气候适宜，土壤肥沃，生态条件好，内含成分的生成量恰到好处，茶树品种优良，如西湖龙井、洞庭碧螺春等。

**表 7-11 同一品种不同海拔高度鲜叶固定样香气成分比较**

| 海拔（m） | 高含量香气成分 |
| --- | --- |
| 500～700 | 2-戊酮、反-2-己烯-1-醇、顺-3-己烯-1-醇己酸酯、顺茉莉酮、β-紫罗酮、反-2-己烯醇丁酸酯 |
| 900 | 己醇、苯乙醛、辛烯醛、α-雪松醇 |

海拔 500～700m 高度鲜叶固定样中萜烯类、醇类、酯类和酮类比例较高，香气相对较好。但不同海拔高度鲜叶固定样香气成分差异无一定规律，脂肪酸含量水平随海拔高度降低而略有增加。

**3. 栽培地域的光照与化学成分**

光照是茶树光合作用的必要条件，对茶树生育、茶叶产量、内含化学成分影响显著。茶树冠层对太阳辐射能有较高的截留系数、较低的透过系数和反射系数。

茶树起源于我国西南部的大森林。在长期的系统发育过程中，茶树适应在漫射光多的条件下生长，所以云南大叶种等原始类型的茶树对光照强度要求低，光照过强反而不利于生长。在夏季，如果茶树每天有 6～10h 暴露在高于其光饱和点数倍的强光下，茶叶品质就会下降。

光对茶叶化学成分的影响主要来自光量和光质两个方面。大量实验证明光照直接影响儿茶素总量或多酚类化合物的组成。凡在光照强度和日照量大的环境下，茶叶中儿茶素含量明显增加。在光质方面，黄色光有利茶树生育，蓝色光和紫色光对茶树生长发育不利。然而 EGCG 的含量与光照强度的关系并不密切。研究表明在重度遮光条件下，EGCG 的含量高于不遮光时的含量，而以中度遮光含量最高。茶叶中氨基酸的含量与光照强度有关，过强和过弱的光照对于氨基酸的组成和总量都十分不利（表 7-12）。除去蓝紫光后的太阳光有利于茶鲜叶叶绿素、全氮、氨基酸的积累（表 7-13）。

表 7-12 光照对茶叶中氨基酸组成、含量的影响（mg）

| 氨基酸 | 春茶 | | 秋茶 | |
|---|---|---|---|---|
| | 自然光照 | 遮光处理 | 自然光照 | 遮光处理 |
| 茶氨酸 | 1 140.6 | 1 956.4 | 310.0 | 486.0 |
| 谷氨酸 | 246.4 | 277.4 | 123.0 | 152.6 |
| 天门冬氨酸 | 151.8 | 251.8 | 83.4 | 130.8 |
| 精氨酸 | 123.0 | 463.2 | 25.4 | 61.8 |
| 丝氨酸 | 154.2 | 225.2 | 61.8 | 79.6 |
| 其他氨基酸 | 65.8 | 203.2 | 56.0 | 96.2 |
| 基酸总量 | 1 881.8 | 3 377.2 | 659.8 | 1 007.0 |

表 7-13 不同光照对一芽三叶氨基酸含量的影响（mg）

| 氨基酸 | 自然光 | 除去紫蓝光 | 除去黄绿光 | 除去橙红光 |
|---|---|---|---|---|
| 天门冬氨酸 | 60.31 | 89.61 | 60.04 | 76.20 |
| 丝氨酸 | 27.04 | 43.92 | 23.03 | 35.32 |
| 茶氨酸 | 313.20 | 460.21 | 223.36 | 341.80 |
| 谷氨酸 | 97.10 | 146.81 | 98.65 | 123.90 |
| 其他氨基酸 | 44.04 | 73.68 | 39.98 | 55.26 |
| 氨基酸总量 | 545.95 | 834.83 | 445.06 | 649.72 |

#### 4. 栽培地域的气温与化学成分

茶树生长最适温度为 20～30 ℃，极端低温为－6～15 ℃，持续 30℃以上的高温，生长减缓，超过 35℃，发生枯焦落叶现象。

气温对茶树品质的影响，最明显的就是茶叶内含成分的季节性变化，其中以茶多酚和氨基酸与气温的关系最为密切。一般地，从 4 月到 9 月份，茶多酚含量随气温升高而增加，4～5 月份较低，7～8 月份最高。氨基酸含量随气温增高而减少，4 月份含量最高，7～8 月份最低。因此，就绿茶产区而言，往往春茶品质最好，秋茶次之，夏茶最差。但对于红茶而言，有时夏秋茶的品质并不差，甚至超过春茶。

气温对茶叶香气的影响也十分显著。如具有清香的戊烯醇、己烯醇及萜烯醇等在气温较低时形成较多，气温较高时形成较少；具有花果香的2-苯乙醇、苯乙醛等在秋季形成较多，含量较高。

**5. 土壤水分状况与化学成分**

茶树有耐荫喜湿的习性，凡生长在风和日暖、风调雨顺、时晴时雨环境中的茶树，生长发育好，茶叶品质好。若水分充足，茶树生长好，正常芽叶多，叶质柔软，持嫩性好，制茶色泽一致，油润。在干旱或茶园土壤供水不良的情况下，茶树生长受阻，叶子瘦小，茶树体内淀粉含量减少，蛋白质、茶多酚含量急剧下降，单糖和双糖增加，叶质硬，纤维素含量增加。在干旱环境下，茶叶化学成分的变化是十分明显的（表7-14）。

**表7-14　干旱情况下新梢和叶片主要内含物的变化**（%）

| 成　分 | 嫩梢 | 未焦叶 | 半焦叶 | 全焦叶 |
|---|---|---|---|---|
| 含水量 | 68.8 | 58.5 | 48.5 | 17.0 |
| 含氮量 | 4.5 | 3.4 | 3.9 | 3.9 |
| 氨基酸 | 0.12 | 0.74 | 0.15 | 0.11 |
| 儿茶素 | 11.38 | 7.49 | 5.41 | 3.26 |
| 单　糖 | 0.89 | 1.08 | 1.11 | 2.26 |
| 双　糖 | 3.97 | 5.00 | 3.56 | 2.26 |
| 叶绿素 | 0.207 | 0.587 | 0.351 | 0.139 |

一般年降雨量在1 500mm左右、生长季节的月降雨量在150mm以上，茶树生长良好，茶叶的内含化学成分积累较丰富。

## （五）栽培技术对化学成分的影响

栽培茶树的目的是获得高产优质的制茶原料，人们采取的各种行之有效的栽培措施，将深刻影响茶树的生长发育和茶树体内的化学物质组成。

**1. 施肥与化学成分**

施肥能引起茶叶内含成分的组成和比例的变化，这与肥料的种类、配合比例、施肥技术等有关。

茶树是多年生叶用的经济作物，长期生长于同一处土壤。茶树每年采摘30～40次左右，需要消耗大量的养分，特别是N、P、K、有机质及Mg、Fe、S、C、F等29种微量元素。据测试，每采100kg鲜叶，大约要从土壤中带走0.625kg氮、0.125kg磷、0.375kg钾。因此，高效的肥培管理是保证茶园高产、优质、高效益的关键。

氮、磷、钾是茶树不可或缺的元素。施用氮肥可增加茶叶中总氮和氨基酸的含量。磷、钾对茶树骨架的形成十分重要。磷、钾肥可提高茶多酚的含量。氮、磷、钾三者配合施用时，茶多酚和氨基酸的含量都可兼顾。氮肥施用过多，茶多酚含量减少，含氮量和氨基酸成倍增加。施用复合肥后，茶叶中茶多酚、氨基酸、咖啡碱和水浸出物的含量一般都比单施磷酸铵的高。

氮肥对茶叶化学成分的影响因品种而异。增加氮肥除影响儿茶素的含量、组成和茶黄素的含量外，还有助于增加茶鲜叶中叶绿素、咖啡碱的含量。此外，茶氨酸、天冬氨酸、丝氨酸和谷氨酰胺的含量随磷肥施用量的增加而减少。以磷、钾肥为基础，增施氮肥对不同土层活动性锰、硼、锌的含量有一定影响（表7-15）。

**表7-15　氮肥用量对氨基酸含量的影响（%）**

| 亩氮肥用量（kg） | 天门冬氨酸 | 苏氨酸 | 丝氨酸 | 谷氨酸 | 茶氨酸 |
|---|---|---|---|---|---|
| 10 | 0.362 | 0.053 | 0.169 | 0.612 | 0.733 |
| 20 | 0.405 | 0.055 | 0.150 | 0.646 | 1.072 |
| 40 | 0.455 | 0.064 | 0.177 | 0.724 | 1.081 |
| 80 | 0.453 | 0.063 | 0.173 | 0.667 | 1.016 |

不同种类的氮肥对于茶叶化学成分的影响不完全一致。一般来说，施用铵态氮肥可以增加叶绿素的含量，同时提高氨基酸、咖啡碱等的含量，尤其是茶氨酸和精氨酸含量会显著增加；而施用硝态氨，上述含氮化合物的含量下降，但茶多酚含量变化不大。重施硫

铵可提高嫩叶和老叶中叶绿素的含量（表7-16）。

**表7-16 氮肥形态对茶叶化学成分的影响（%）**

| 铵态氮：硝态氮 | 全氮量 | 氨基酸 | 叶绿素 | 茶多酚 | 儿茶素 |
|---|---|---|---|---|---|
| 10：0 | 4.86 | 1.67 | 0.120 | 13.96 | 12.29 |
| 5：5 | 4.99 | 0.88 | 0.101 | 15.00 | 12.77 |
| 0：10 | 4.16 | 0.36 | 0.076 | 17.27 | 13.13 |

施用铵态氮肥时，茶氨酸的含量随施用量的增加而提高，但施用硝态氮肥和磷、钾肥时，茶氨酸的含量随肥料浓度的提高而减少。其他氨基酸也有类似趋势。增加肥料的含氮比和施肥频度，或者施用氮、磷、钾比为20：10：10的肥料能降低红茶中的钼含量，增加不饱和脂肪酸的含量。

施用有机肥对茶叶化学成分也有一定的影响，多施有机肥，可提高水浸出物的含量和茶氨酸的比率。茶园铺草不仅能保水防旱，而且也增加肥效，铺草的茶园能显著增加氨基酸的含量。土壤追肥加根外追肥，不仅能提高总氮量，而且可提高叶绿素含量。

此外，增施钾肥能使茶园钙吸收量减少。当每公顷的施钾量从100kg增加到300kg时，120d后，茶树地上部的钙吸收量减少1.5倍，叶子减少1.94倍。茶树有机体钙的分布是随土壤含钾量的增加而变化。一般认为，在无缺钾症状的茶园中增施钾肥最佳月份为10～11月，氧化钾（$K_2O$）的最佳用量为100kg/hm$^2$。

钼是茶树生长发育所必需的矿质营养元素。茶园一般用钼酸铵作为根外追施的钼肥。钼有利于茶苗叶DNA和蛋白质的合成，但RNA的合成有所下降。1.00～2.00 μg/kg钼可促进茶苗氨基酸、咖啡碱和儿茶素的合成，但抑制了磷的吸收。增施硫肥可明显提高新梢中游离氨基酸和咖啡碱的含量，降低茶多酚的含量。茶氨酸，精氨酸、天门冬氨酸、丝氨酸含量增加，茶叶香气成分中醛类物质降低，萜烯醇类、酮类增加。

**2. 灌溉与化学成分**

灌溉能使茶树获得充足的水分，提高酶（如多酚氧化酶）活性和茶叶持嫩性，减少粗纤维含量，提高氨基酸、茶多酚含量（表7－17）。

表 7－17 灌溉对茶叶化学成分的影响（%）

| 处理 | 氨基酸 | 咖啡碱 | 茶多酚 | 儿茶素 |
| --- | --- | --- | --- | --- |
| 喷灌 | 2.36 | 2.86 | 23.40 | 15.82 |
| 对照 | 2.10 | 2.55 | 22.20 | 12.03 |

### 3. 修剪与化学成分

修剪一方面是剪去顶梢，抑制顶端优势，促进侧枝发育；另一方面是调节茶树体内的碳氮比。一般情况下，碳水化合物的合成与积累和含氮化合物的合成与积累呈负相关。碳水化合物积累过多，含氮化合物积累较少，反之亦然。碳氮比过大的茶树经修剪可降低全株碳水化合物的总量，使碳氮比减少。

初冬修剪能使茶叶氨基酸和含氮量增多。幼梢的脂肪酸含量在修剪后随时间的延长而减少。刚修剪过的茶树上采下的鲜叶所制成的茶叶，香气比接近下次修剪茶树上采下的鲜叶制成的茶叶要好。台刈可显著增加茶多酚、水浸出物等的含量（表7－18）。

表 7－18 台刈对鲜叶化学成分的影响（%）

| 处理 | 茶多酚 | 水浸出物 | 灰分 |
| --- | --- | --- | --- |
| 未台刈的老茶树 | 18.60 | 47.67 | 5.97 |
| 台刈当年的新茶树 | 20.28 | 47.80 | 5.30 |
| 台刈次年的新茶树 | 20.36 | 47.92 | 5.54 |

### 4. 采摘与化学成分

采摘的标准、程度和方式不仅影响产量，而且影响内含化学成分。采摘标准为一芽二、三叶，鲜叶中茶多酚、氨基酸，儿茶素等成分含量都较高。同时采摘标准因茶树年龄、生长期、茶类的不同而不同。

养老采摘，当批产量较高，但内含成分减少，品质下降。幼嫩的对夹叶内含物较高，应及时采下，否则内含物会大大减少，既影响继续萌发，又消耗养分和水分，对下轮新梢的品质不利。合理采摘有利于增进茶叶品质。一般情况下，自然生长的茶树内含物不丰富，如茶多酚不到20%，而采摘茶园中茶多酚的含量可达25%。生长势强的可多采，弱的应少采。夏茶应留叶采摘，利用夏天光照强，气温高，积累更多的碳水化合物，留叶采后的下一轮新梢氨基酸含量较高。

另外，采摘间隔期延长，一芽二叶茶梢比例减少；采摘间隔期缩短，茶黄素及咖啡碱含量增加，茶红素变化不显著。六碳酸、醛随采摘间隔期的延长而增加，其他大分子芳香物质随间隔期的延长而减少，不饱和脂肪酸总量随茶叶成熟程度的增加而增加。

对于品种混杂、发芽不整齐、采摘面不平整、肥培条件较差的茶园。机采鲜叶中化学成分的含量较手工采摘低。

**5. 耕作与化学成分**

耕作可分为浅耕和深耕两种。浅耕可保水保肥，除去杂草，防止深层土壤水分蒸发；深耕可改善土壤物理性状，调节土壤空气和水分状况，有利于增进土壤的保肥和供肥性能。但深耕不当会影响茶树的正常生长。深耕过迟，断根过多，新梢茶叶中氨基酸含量减少，含氮量明显降低。

**6. 种植密度与化学成分**

适当密植的茶园，土壤保水性和保湿程度都较好，且能够相互遮蔽，有益于茶树的生长发育。种植密度增加，茶多酚、儿茶素含量有所降低，氨基酸含量有所增加（表7-19）。

**表7-19 不同种植密度对茶叶化学成分的影响**（秋茶）*

| 处理 | 茶多酚（%） | 氨基酸（%） | 儿茶素（%） |
|---|---|---|---|
| 单条栽 | 29.38 | 1.38 | 20.66 |
| 双条栽 | 29.22 | 1.37 | 20.35 |
| 三条栽 | 27.46 | 1.53 | 19.58 |
| 四条栽 | 26.75 | 1.56 | 19.83 |

* 为苔茶四年生茶树一芽二叶分析结果

从儿茶素的组成来看，随着种植密度的增加，酯型儿茶素比例有所减少，简单儿茶素比例却逐渐增加。但过密的种植方式对茶树个体发育不利，对品质成分的形成也无多大好处。

## 三、茶叶加工化学

茶叶加工过程中，茶鲜叶内含成分发生深刻的热物理化学变化和生物化学变化。不同茶类的加工程度和方式是不同的，因而各茶类的化学成分组成与含量相差较大，风格各异。我国制茶技术精湛，能通过多种工艺改变化学反应进行的方向和程度，制造出各种类型的茶叶，堪称世界之最。

### （一）绿茶加工与化学成分

绿茶加工有多种工艺，但有一个共同点，就是利用高温杀青使酶钝化，然后再捻揉、干燥。这样制成的茶叶能够基本保持绿色，具有清汤绿叶的特点。鲜叶在杀青—揉捻—干燥的过程中，其内含成分发生一系列的变化。

**1. 钝化酶的活性**

杀青的主要目的是钝化酶的活性，但各种酶对温度的敏感性差异较大，如过氧化物酶在 35 ℃以上开始钝化，而多酚氧化酶在 65 ℃才开始钝化。绿茶要获得清汤绿叶的特征，必须抑制茶多酚等物质的酶促氧化。若杀青温度较低，杀青时间较短或杀青不匀、不透，多酚氧化酶得不到完全钝化而发生氧化聚合，会使茶叶产生红梗、红叶。

杀青过程虽然经历时间很短，但由于是处在热处理过程中，酶钝化前仍有一段时间是属于酶催化的生化过程。如何适当利用酶钝化前期的酶催化过程，是提高制茶品质的一条重要途径。

**2. 叶绿素的变化**

叶绿素在绿茶初制过程中含量不断减少，减少幅度根据工艺不同而有所不同，一般为 40%～60%，而且以杀青和初干过程中减少最多，揉捻足干时减少较少。

杀青过程中 pH 值的下降促使叶绿素水解等转化成脱镁叶绿素等物质，高含量的水分及酶促作用也会使叶绿素转化成叶绿酸和叶绿醇。

**3. 茶多酚的变化**

绿茶初制过程中茶多酚因部分氧化、热解、聚合和转化，总含量减少。茶多酚的减少幅度因工艺和茶类不同而有所不同，一般为15%左右，其中以杀青和干燥阶段减少较多。茶多酚的适量减少和转化可增进绿茶的色、香、味。

但是，茶多酚的含量不宜减少太多。茶多酚氧化降解数量过大，形成的产物过多，会引起叶色偏黄，滋味变淡，茶叶品质下降。

**4. 蛋白质、氨基酸的变化**

绿茶初制过程中由于高温高湿，一部分蛋白质水解后形成游离氨基酸。因此，制成绿茶后蛋白质含量有所减少，氨基酸含量有所增加。绿茶初制过程中氨基酸含量的增加，茶多酚含量的适量减少，调整了茶多酚和氨基酸的比值，使茶叶滋味趋于鲜醇。

此外，某些氨基酸在热作用下经氧化作用转变为某些香气物质，例如亮氨酸氧化后生成异戊醛，苯丙氨酸氧化后生成苯乙醛等，这有利于增进绿茶香气。

**5. 糖类的变化**

绿茶制造过程中，湿热条件下部分淀粉发生水解产生可溶性糖，从而使成品绿茶中糖的含量增加。此外，杀青温度、干燥方法不同，糖的变化也有差异，同样的鲜叶原料，制成烘青时茶叶含糖量只相对增加 10.5%，而制成炒青则相对增加 50.8%。

茶叶经烘焙，热炒后会使其中一部分的糖类物质发生脱水作用形成各种香气物质。常见的板栗香、甜香就是由于糖的热作用形成的。

糖类与氨基酸发生的糖胺反应，维生素 C 的热解，都会形成香气成分，同时生成有色物质。

**6. 香气成分的变化**

通过绿茶加工工艺，成茶的香气成分会比鲜叶固有成分增加数十种到近百种，尤其是绿茶特殊的香气，通常就是由加工形成的。绿茶初制过程中香气成分的变化主要表现为大部分低沸点青臭气成分的散失，高沸点物质的显露与迸发，以及绿茶清香和烘炒香成分的生成。

茶鲜叶青草气的主要成分为脂肪族醇、醛、酸。鲜叶经杀青香气成分发生了根本性变化，大量青草气物质尤其是青叶醇的大量挥发。热与杀青初期的酶促作用大大增加了香气成分的种类，因而充分利用杀青初期的酶促作用有利于芳香物成的形成。绿茶杀青方法不同，其香气成分的增减也不同。蒸青茶采用蒸汽杀青，酶在30s内失活。由于蒸青时间短，低沸点青气成分保留较多，因而茶叶香气不高、常带有青气。炒青茶杀青时间较长，大部分低沸点青草气物质得以挥发，高沸点香气成分如沉香醇、沉香醇氧化物、香叶醇、α-苯基乙醇、苯甲醇、橙花菽醇等含量较高。从表7-20可以看出，炒干叶芳香物质的种类和数量与鲜叶、杀青叶相比有明显变化。这是由于茶叶内含物在炒干过程中发生了萜烯类物质的环化、脱水和异构化，使得炒干叶中萜烯醇类的含量比鲜叶增加很多，尤以芳樟醇、橙花醇、香叶醇增加最多。酯类物质的大量形成则是炒干工序中香气成分发生重大变化的另一重要因素。

**表7-20　不同制品挥发性成分的组成**

（峰面积百分比，以20g干样计）

| 样品 | 脂肪族醇、醛、酮、酸 | 脂类 | 芳香族化合物 | 萜烯类 | 吡嗪类 |
|---|---|---|---|---|---|
| 鲜叶 | 77.38 | 3.61 | 1.76 | 2.54 | — |
| 杀青叶 | 6.84 | 4.63 | 4.94 | 10.68 | 1.57 |
| 炒干叶 | 3.63 | 8.30 | 13.48 | 21.43 | 5.07 |

**7. 其他成分的变化**

绿茶制造过程中果胶、维生素C、咖啡碱等物质也发生了一定程度的变化。一部分果胶水解成水溶性果胶，从而增进了茶汤的浓度。维生素C受热发生氧化，含量不断降低，下降至38.5%左右。咖啡碱可受热升华，含量稍有减少，如鲜叶中咖啡因的含量为

2.97%，制成绿毛茶后为2.44%。

## （二）红茶加工与化学成分

不同于绿茶的高温杀青钝化酶活性，红茶则是通过萎凋增强酶的活性。以茶多酚的酶促氧化反应为中心，通过揉捻发酵使茶叶发生一系列的生化变化，最后形成红汤红叶的品质特征。红茶制造过程中各种化学物质的变化比绿茶更为激烈和复杂。

**1. 茶多酚的变化**

茶多酚的氧化产物与红茶的色、香、味密切相关。茶鲜叶中茶多酚的含量与红茶内质呈正相关。一般地，茶多酚含量下降，红茶品质下降。茶多酚在红茶加工过程中因酶促氧化和自动氧化反应，含量会显著减少。

红茶制造过程中茶多酚的减少幅度与红茶的种类和制茶工艺有关。红碎茶要求茶多酚氧化量不宜过大，通常保留量为55%～65%；工夫红茶要求发酵充分，茶多酚保留量在50%以下。茶多酚的保留量因制茶工艺不同而差别很大，如萎凋程度、揉切时间长短、发酵程度、干燥温度等对茶多酚及儿茶素的氧化量影响很大，尤以揉切程度和发酵时间影响最大。发酵时间越长，茶多酚氧化量越大，(－)－EGCG和(－)－EGC下降幅度最大，其次是(－)－ECG，其他儿茶素氧化量较小。

茶多酚在红茶制造过程中发生氧化而不断减少，大部分形成茶黄素、茶红素等可溶性红茶色素，还有一部分与蛋白质结合形成不溶于水的物质存于叶底。

**2. 红茶色素的形成与转化**

有氧条件下，儿茶素在多酚氧化酶的催化下发生氧化聚合产生茶黄素，茶黄素进一步氧化产生茶红素，茶红素进一步氧化并与氨基酸等物质聚合，形成茶褐素。儿茶素的氧化聚合使物质颜色逐步加深，儿茶素为无色，茶黄素为橙黄色，茶红素为红色，茶褐素为暗褐色。儿茶素的氧化聚合反应在氧气充分、温湿度适宜的条件下非常迅速。

发酵一段时间以后，叶子开始转为嫩绿黄色时，儿茶素开始发生氧化聚合。发酵初期，揉捻叶变成红铜色，茶黄素和茶红素相继生成。发酵期间，茶黄素含量直线上升，至后期达到顶峰，随后向茶红素转化，含量下降。揉捻、降低发酵温度和pH值可促进茶黄素的生成。茶红素进一步聚合生成茶褐素，这使茶红素含量逐渐降低。茶褐素不断积累，直至多酚氧化酶活性降低，可用的茶黄素、茶红素越来越少，茶褐素的积累速度才开始减慢。茶黄素、茶红素是形成红茶汤色和滋味的重要物质。茶褐素含量高时，汤色发暗，滋味淡薄。掌握茶黄素生成的高峰时间，对于保证红茶的优良品质至关重要。红茶汤色和滋味的鲜爽度与茶黄素含量的变化趋势一致。

茶黄素、茶红素、茶褐素各自代表一大类物质。不同儿茶素的氧化聚合可形成大量不同的茶褐素。在品质较好的红茶中，茶黄素单没食子酸酯A和B的含量可达1.0%～1.5%，茶黄素双没食子酸酯的含量为0.8%～1.2%，茶黄素a、b、c为0.2%～0.8%。

除儿茶素在加工过程中发生变化外，黄酮类物质也能够在多酚氧化酶的作用下氧化聚合，氧化产物呈橙黄至棕红色，对红茶汤色、滋味有一定影响。

红茶叶底色泽是茶黄素、茶红素、茶褐素与蛋白质结合形成的。此外，茶黄素与脱镁叶绿素间的比例对成茶外形、色泽影响较大。冷后浑是茶黄素与咖啡碱络合产生的。除此之外，儿茶素氧化时的中间产物可与氨基酸发生偶联氧化，形成香气物质。

**3. 酶活性的变化**

红茶制造过程中，多酚氧化酶的活性变化是很大的。萎凋时，随着鲜叶水分的散失，多酚氧化酶活性逐步增强，并伴随着新的多酚氧化酶生成；适度萎凋后，叶子经过揉切，酶活性稍有提高，但随着发酵的进行而逐渐降低；直到干燥工序开始，当叶温达70℃以上，酶才彻底变性。红茶制造过程是一个以酶促氧化为主、热物理化学作用参与的复杂过程，很多种酶同时发生催化作用。但可以明确的是，红茶的酶促氧化以多酚氧化酶催化茶多酚尤其是儿茶素的氧化聚合为主。

茶叶在自然萎凋过程中，苯丙氨酸解氨酶的活性高峰出现在采摘后12h。在福鼎大白茶中该酶活性的上升幅度为鲜叶的1.58倍，云南大叶种为鲜叶的1.28倍，而在发酵期间，该酶的活性仅为鲜叶的1/2左右。此外，苯丙氨酸解氨酶和肉桂酸4-羟化酶活性的变化是相伴随的，后者活性的高峰期为鲜叶采摘后8h。

**4. 氨基酸、蛋白质的变化**

红茶制造过程中，蛋白质逐步发生水解，形成各种游离氨基酸，其含量逐渐减少。萎凋和揉捻促使蛋白质缓慢水解，发酵过程中一部分蛋白质与多酚类氧化产物结合，并在干燥过程中发生热分解。

在萎凋过程中，氨基酸的变化最为显著。随叶片失水和萎凋时间的延长，氨基酸增加较多。但就氨基酸组成而言，大部分氨基酸都有不同程度的增加，而非蛋白质氨基酸如茶氨酸则因分解作用而减少。揉切发酵后，大部分氨基酸含量下降，但仍有些许氨基酸含量有增高趋势，如天冬氨酸，谷氨酸。

**5. 糖类的变化**

萎凋过程中多糖和糖甙的水解使茶叶可溶性糖含量增加，干燥阶段的高热使多糖裂解，增加可溶性糖的数量。

经过萎凋，原果胶在原果胶酶的作用下发生水解，生成果胶素等水溶性果胶。茶叶中原果胶含量减少，水溶性果胶增加。但发酵和干燥过程会使水溶性果胶分解，含量有所减少。

**6. 色素的变化**

红茶色泽要求“红汤红叶”，红茶的制茶技术以破坏叶绿素、促进多酚类的氧化，形成茶黄素、茶红素等有色物质为目的。萎凋温度是影响化学物质转化的重要因素。萎凋温度一般不宜超过35 ℃，因为过高的温度将会导致茶多酚的大量损失，茶黄素的形成量减少，从而影响茶汤色泽，并且萎凋失水过快，不利于红茶干茶乌润色泽的形成。在红茶加工过程中，叶绿素的破坏十分显著，其产物主要为暗绿色的脱植基叶绿素、褐色的脱镁叶绿酸、黑色的脱镁叶绿素。茶多酚的氧化产物、果胶物质等也是红茶干茶色泽的主要成分。

类胡萝卜素在红茶加工过程中含量减少，其中β-胡萝卜素在发酵和干燥过程中可以分解为β-紫萝酮、α-紫萝酮、茶螺烯酮和二氢海葵内酯等芳香物质，增进茶叶的香气。

**7. 芳香物质的变化**

红茶加工过程中芳香物质的变化是非常复杂的，到目前为止已检出300多种，但含量很低，仅为0.03%左右。

红茶香气一部分是鲜叶固有的，大部分是加工过程中其他物质转化而来。萎凋、发酵过程中部分醇类的氧化，氨基酸和胡萝卜素的降解，有机酸的酯化，亚麻酸等脂肪酸的氧化降解，异构化作用，糖的热转化等都会促使新芳香物质的产生。萎凋时间延长，反-2-已烯醛类减少，芳香酸等有所下降，但香气指数得到改善。高温干燥阶段，低沸点物质大量挥发，形成红茶特有的香气。

**8. 咖啡碱的变化**

虽然咖啡碱含量在萎凋过程中随时间的延长而增加，但红茶的加工过程使咖啡碱的含量有所下降。咖啡碱可与茶多酚的氧化产物络合形成多种颜色，这是咖啡碱含量下降和红茶汤色变化的主要原因。此外，红茶萎凋过程中维生素C的含量也在不断下降，可减少到81.5%左右。

## （三）乌龙茶加工与化学成分

乌龙茶闻名中外，有“茶中明珠”之美称。乌龙茶冲泡之后，有一股浓郁的如梅似兰的幽香，滋味醇厚回甘，其特有的花香、果香和喉润感受与它独特的加工工艺有关。叶底绿叶红镶边是乌龙茶特有工艺所形成的半发酵特征。乌龙茶的加工过程较红、绿茶的加工过程更为复杂。

**1. 萎凋与化学成分**

萎凋的主要目的就是减少鲜叶含水量，同时增加水解酶的活性。水解酶可以促进叶片中大分子不溶性物质的降解，使之分解成小分子可溶性物质。萎凋过程中同时还伴随着一定程度的氧化反应，使鲜叶中可溶性物质增多。低沸点青草气物质的挥发和芳香物质的转化使萎凋叶产生新的芳香物质。叶绿素的组成与含量的变化以及茶多酚氧化产物的适量形成，使得萎凋叶从富有光泽的鲜绿色逐渐转变为缺乏光泽的暗绿色。

**2. 做青与化学成分**

做青是乌龙茶品质形成的关键工序。萎凋叶在做青阶段水分继续减少，通过走水，使梗、叶各部位均匀失水。做青阶段伴随着甙类物质的水解和其他物质的降解转化，使茶叶的化学组成发生深刻的变化。以茶氨酸为主的氨基酸、儿茶素为主的茶多酚从梗脉向叶面分布，使叶面儿茶素，氨基酸组成发生变化，增大了物质转化的可能性，有助于茶多酚在做青阶段的水解、氧化等。酯型儿茶素向简单儿茶素转化，儿茶素向邻醌，茶黄素、茶红素、茶褐素转化，以及儿茶素氧化产物与蛋白质的结合，使做青叶所含的多酚类在一定程度上减少，茶汤涩味减弱，茶汤橙黄明亮。制造过程中，多酚类的转化速度、转化程度及产物的比例对茶叶品质影响较大。此外，做青阶段蛋白质、酯类、原果胶、多糖等的降解使水溶性物质增加。这些降解产物和类胡萝卜素等的氧化，还产生了一系列的芳香物质，使乌龙茶香气明显高于其他茶类。由于做青叶中叶绿素发生降解、脱镁、氧化等，使得叶片叶绿素含量下降。做青叶由青绿色转变成黄绿色，而叶缘损伤部分由于多酚类的剧烈氧化，生成较多的氧化产物，因而显出红边的特征，呈现出乌龙茶叶底“绿叶红镶边”的特征。低沸点物质的挥发，呈香反应的不断进行使乌龙茶的芳香成分在量和质上均发生了显著的变化，尤其是高沸点物质的增加，使得做青叶的香气类型由青臭气向清香、花果香转变。

**3. 杀青与化学成分**

杀青过程主要是热物理化学变化，可巩固做青叶的品质特征，提高茶叶品质。杀青叶水分的进一步减少有利于揉捻成形。杀青前期的酶促作用使蛋白质进一步降解为氨基酸，多糖降解为可溶性糖，氨基酸和可溶性糖的含量继续增加。如武夷岩茶，做青叶的氨基酸含量为0.40%、初炒叶为0.46%，做青叶的可溶性糖含量为1.90%，初炒叶为2.32%。茶叶中多酚类的含量因氧化作用而减少。就武夷岩茶而言，做青叶的儿茶素含量为92.0 mg/g，炒青叶为76.3 mg/g，这些成分的增加或减少，有助于乌龙茶香气、滋味、色泽的形成。

此外，原有芳香成分中低沸点物质进一步散失，高沸点花果香成分显露，在热作用下，还形成了不少新的芳香物质。

**4. 揉捻、干燥与化学成分**

揉捻过程中，杀青叶搓揉成条，揉挤出茶汁，这有利于内含物的充分混合接触，促使其进行转化，有利于乌龙茶色、香、味、形的形成。

干燥过程不仅排除水分，而且巩固和发展了乌龙茶前几道工序形成的品质特征，使干茶品质臻于完善。

干燥过程中随叶温的提高，残余酶活性被破坏，酶促反应被终止，并且还伴随着热化学变化，这都有利于发展和完善乌龙茶的品质。多酚类尤其是儿茶素含量和组成发生了一定程度的变化，(—)-EGCG有所减少，叶内大分子物质进行热解转化，氨基酸的含量有所增加；多糖发生降解和转化，含量降低，呈味、香气成分有所增加；叶绿素的破坏及酯类的热解，有助于干茶色泽的形成；芳香成分中低沸点青臭气的散失纯化了香气；多酚类、氨基酸、类胡萝卜素、有机酸及其他化合物的相互转化形成了新的芳香物质。如氨基酸脱氨、脱羧后形成醛类，氨基酸与糖反应形成明显的蔷薇花香物质，可溶性糖的焦糖化产生了焦糖香，类胡萝卜素降解形成紫萝酮、茶螺烯酮、二氢海葵内酯等高香成分。因此，干燥过程进一步增强了乌龙茶的香气特征。

## （四）其他茶类加工与化学成分

**1. 黄茶加工与化学成分**

黄茶是我国特有的茶类。按鲜叶老嫩程度可分为黄大茶和黄小茶，其共同的品质特征是黄叶黄汤。黄大茶在加工过程中较其他黄茶氧化程度深，汤色呈深黄色至橙黄色。

在黄茶加工过程中的热作用引起叶绿素转化，使茶叶绿色减弱，黄色显露。黄大茶在各工序中叶绿素的含量（mg/g）为：鲜叶 11.93，杀青叶 10.10，揉捻叶 9.16，初烘叶 6.53，堆闷叶 5.23，拉毛火 5.01，拉足火 4.75，制成毛茶后破坏率达 60%以上。茶多酚尤其是儿茶素在制造过程中变化十分显著，毛茶所含儿茶素总量较鲜汁减少一半以上，其中（－）-EGCG 减少 2/3 以上，尤以堆闷过程中减少最多，（－）-EGC 在堆闷过程中也大量减少，占减少部分的一半以上。然而茶多酚总量变化并不明显，从鲜叶的 23.46%减少到 22.74%，仅减少了 0.72%。热裂解作用使酯型儿茶素减少，简单儿茶素相对增加。另外，糖类和氨基酸含量变化也较明显，可溶性糖总量减少，游离氨基酸总量增加，组成茶香的挥发性醛类增加，低沸点的青草气成分因挥发而减少，异构化产物增加，维生素 C 含量不断下降。

**2. 黑茶加工与化学成分**

黑茶追求汤色橙黄，香气纯正，滋味醇厚不涩，叶底黄褐均匀。

黑茶杀青过程中因热作用失水，但失水率一般仅为 10%左右，远低于绿茶杀青的散水率。杀青阶段，酶被钝化，使黑茶保持绿茶的部分色泽，茶多酚总量（%）逐渐减少，各道工艺变化趋势为：鲜叶 15.24，杀青叶 14.51，揉捻叶 14.04，渥堆叶 12.22，黑毛茶仅 11.96。茶多酚主要酶解为茶黄素、茶红素、茶褐素，叶绿素与叶绿酸酯减少较多，叶绿素主要降解为脱镁叶绿素、β-胡萝卜素，叶黄素和花黄素也有一定的下降，咖啡碱一般减少 10%左右。揉捻时，残余酶活性增加，失水较少。混堆时间增加，叶温渐升，水分渐减，茶多酚变化幅度较小，复杂儿茶素降解较多，茶多酚的部分氧化使黑茶内质醇和不涩，汤色橙黄。渥堆过程中，有机酸含量增加，pH 下降，过氧化氢酶催化碳水化合物成过氧化物；供氧不足时渥堆使糖分解为乙醇、有机酸、蛋白质水解成氨基酸，具有辣味的酪氨酸与组胺含量增加，有机酸脱羧氧化生成的酮、醛量增加，渥堆中的多酚类总量减少，花青甙及其衍生物等也有所减少，叶绿素含量由鲜叶的 2.10 mg/g 减少到渥堆叶的 0.88 mg/g。此外，渥堆后期还形成了其他茶类还未发现的未知色素。茶多酚氧化产物茶红素与茶黄素的生成以及胡萝卜素、叶黄素、花黄素等的变化构成了黑茶所特有的色泽品质。烘焙过程中，多酚类含量少量下降，由渥堆叶的 0.88 mg/g 降到毛茶的 0.28 mg/g。水浸出物在渥堆和干燥过程中变化最大，绝对含量较鲜叶下降 8.44%。成茶中维生素 C 的含量比鲜叶中少得多。在整个加工过程中，氨基酸总量呈下降趋势，茶氨酸、谷氨酸急剧下降，赖氨酸、苯丙氨酸等有明显增加，咖啡碱含量变化不大，茶叶碱、可可碱有所提高，维生素 E 呈下降趋势，由每 100g 鲜叶 298.6mg 下降到 22.5 mg（毛茶）。

普洱茶在加工过程中，微生物分泌酶的氧化作用使茶多酚氧化产生茶黄素、茶红素、茶褐素，深度发酵的加工工艺使上述三种成分在茶叶中具有特定的含量和比值，确立了普洱茶独特的品质风格。

**3. 白茶加工与化学成分**

白茶制法特异，不炒不揉。成茶满披白毫，呈白色，第一泡茶汤清淡如水。

鲜叶萎凋时，叶片失水，叶态变化，叶绿素在叶绿素酶的作用下水解，使叶绿素 a、b 的比例、细胞液酸度发生变化。叶绿素转化成衍生物，使叶色转暗绿；干燥时叶绿素继续遭到破坏。此外，胡萝卜素、叶黄素的变化及茶多酚氧化产物的形成，相互协调，构成了白茶特殊的颜色。萎凋过程中，淀粉和蛋白质分别水解成单糖、氨基酸，为白茶的香气和滋味奠定了基础。萎凋中后期，茶多酚发生缓慢轻微的氧化缩合，使茶汤滋味醇和，汤色呈杏黄色。萎凋后期，酶活性降低，茶多酚与氨基酸，糖和氨基酸相互作用产生茶香物质。干燥时，可溶性氧化物增加，儿茶素总量减少，其中以（—）-EGC 和（—）-GC 减少最多。儿茶素的自动氧化和较弱的酶促氧化是白茶品质形成的重要机制。

#### 4. 花茶加工与化学成分

花茶是我国独特的茶叶品类，它用清高芬芳或馥郁甜香的香花窨制而成，是一种畅销于我国北方的再加工茶类，近年来外销量也有所增加。我国花茶种类繁多，有茉莉花茶、珠兰花茶、玉兰花茶、玳玳花茶、柚子花茶等，其中以茉莉花茶为主。高档花茶香气鲜灵、浓厚清高，滋味浓醇鲜爽，汤色清澈、淡黄、明亮，叶底幼嫩、匀亮。窨制花茶的毛茶主要为绿茶，其次是乌龙茶，还有少量红茶，以烘青数量为最多。

（1）花茶的化学品质特征　茉莉花茶的滋味成分与茶坯大体相同，但香气成分差异较大，而且含量高出茶坯很多倍，因此花茶的品质取决于茶坯和着香效果。然而茶坯的着香是花茶加工的特殊工序，花茶的窨制是花茶加工的关键工艺（表 7－21）。

**表 7－21　茉莉花茶化学成分分析结果**

| 化学成分 | 茶坯 | 花茶 |
| --- | --- | --- |
| 水浸出物（%） | 44.53 | 47.25 |
| 茶多酚（%） | 27.40 | 27.30 |
| 氨基酸总量（%） | 1.95 | 2.18 |
| 咖啡碱（%） | 4.15 | 4.23 |
| 香精油含量（mg，以 10g 计） | 0.98 | 16.50 |

不同等级的茉莉花茶主要组分级别越低，含量越低，香气的变化幅度就越大，因而香气与品质等级的关系就更为密切（表 7－22）。

**表 7－22　不同等级茉莉花茶化学成分含量比较**

| 化学成分 | 一级 | 二级 | 三级 | 四级 | 五级 |
| --- | --- | --- | --- | --- | --- |
| 水浸出物（%） | 43.50 | 43.76 | 43.52 | 43.52 | 42.60 |
| 茶多酚（%） | 25.71 | 25.31 | 25.66 | 25.68 | 25.10 |
| 氨基酸总量（%） | 2.73 | 2.76 | 2.70 | 2.65 | 2.51 |
| 咖啡碱（%） | 3.84 | 3.85 | 3.69 | 3.64 | 3.54 |
| 香精油含量（mg/g） | 1.96 | 1.79 | 1.48 | 1.30 | 1.23 |

（2）花茶的窨制与化学成分　花茶的窨制主要影响香气的组成与含量。茶叶表面为多孔结构，能吸附鲜花中挥发性香气成分和水分。茶叶吸附的花香成分基本与鲜花本身所含的芳香成分相同，头窨茶香精油主要来自吸收的花香，窨次多、配花量大的香精油总量高。茶坯含水量为10%～15%时，有利于提高窨制花茶香味。

茉莉花茶香气挥发油含量至少在0.06%以上，最高可达0.4%，供窨制用的茶坯挥发油仅0.005%～0.01%。在我国茉莉花茶香气成分中，含量最高的是乙酸-顺-3-己烯酯、青叶醇、芳樟醇、苯甲酸甲酯等，含氮化合物很少。珠兰花茶香气中，顺-茉莉酮酸甲酯、反-茉莉酮酸甲酯、芳樟醇、橙花菽醇含量较高。柚子花茶香气中醇类占83%，其中萜烯醇占60%，含量较高的芳香物质有芳樟醇、橙花菽醇等。

## 四、茶叶主要品质成分分析法

### （一）茶多酚检测——福林酚（Folin-Ciocalteu）试剂比色法

**1. 原理**

茶叶磨碎样中的茶多酚用70%的甲醇在70 ℃水浴上提取，福林酚（Folin-Ciocalteu）试剂氧化茶多酚-OH基团并显蓝色，最大吸收波长λ为765 nm，用没食子酸作校正标准定量茶多酚。

**2. 试剂与仪器**

本标准所用的水均为重蒸馏水，除特殊规定外，所用试剂为分析纯。

乙腈：色谱纯。

甲醇水溶液（体积比）：7+3。

10%福林酚试剂（现配）：将20 ml福林酚试剂转移到20ml容量瓶中，用水定容并摇匀。

7.5% $Na_2CO_3$（质量浓度）：称取37.50g±0.01 g $Na_2CO_3$，加适量水溶解，转移至500 ml容量瓶中，定容至刻度，摇匀（室温下可保存1个月)。

没食子酸标准贮备溶液(1 000 μg/ml):称取0.110g±0.001g没食子酸(GA,相对分子质量188.14),于100ml容量瓶中溶解并定容至刻度,摇匀(现配)。

没食子酸工作液:用移液管分别移取1.0,2.0,3.0,4.0,5.0 ml的没食子酸标准贮备溶液置于100ml容量瓶中,分别用水定容至刻度,摇匀,浓度分别为10,20,30,40,50 μg/ml。

仪器:分析天平(感量0.001g)、水浴(70℃±1℃)、离心机(转速3 500r/min)、分光光度计。

**3. 测定步骤**

(1)供试液的制备

母液:称取0.2 g(精确到0.000 1g)均匀磨碎的试样于10ml离心管中,加入在70℃中预热过的70%甲醇溶液5ml,用玻璃棒充分搅拌均匀湿润,立即移入70℃水浴中,浸提10min(隔5min搅拌一次),浸提后冷却至室温,转入离心机在3 500r/min转速下离心10min,将上清液转移至10ml容量瓶。残渣再用5 ml的70%甲醇溶液提取一次,重复以上操作。合并提取液定容至10ml,摇匀,过0.45μm膜,待用(该提取液在4 ℃下可至多保存24h)。

测试液:移取上述母液1.0ml于100ml容量瓶中,用水定容至刻度,摇匀,待测。

(2)测定 用移液管分别移取没食子酸工作液、水(作空白对照用)及测试液各1.0ml于刻度试管内,在每个试管内分别加入5.0ml的福林酚试剂,摇匀。反应3~8min内,加入4.0 ml 7.5% $Na_2CO_3$ 溶液,加水定容至刻度、摇匀。室温下放置60min。用10mm比色皿在765nm波长条件下用分光光度计测定吸光度(A)。

根据没食子酸工作液吸光度(A)与各工作溶液的没食子酸浓度,制作标准曲线。

(3)结果计算 比较试样和标准工作液的吸光度,按公式

(7.1) 计算：

$$茶多酚含量(\%)=\frac{A\times V\times d}{SLOPE_{Std}\times m\times 10^6\times m_1}\times 100 \quad (7.1)$$

式中：$A$——样品测试液吸光度；

$V$——样品提取液体积，10ml；

$d$——稀释因子（通常为1ml稀释成100ml，则其稀释因子为100）；

$SLOPE_{Std}$——没食子酸标准曲线的斜率；

$m$——样品干物质含量，%；

$m_1$——样品质量，单位为克（g）。

（4）重复性　同一样品的两次测定值，每100g试样不得超过0.5g，若测定值相对误差在此范围，则取两次测定值的算术平均值为结果，保留小数点后一位。

（5）注意事项　样品吸光度应在没食子酸标准工作曲线的校准范围内，若样品吸光度高于50μg/ml浓度的没食子酸标准工作溶液的吸光度，则应重新配制高浓度没食子酸标准 工作液进行校准。

## （二）儿茶素类组成分析——HPLC法

**1. 原理**

茶叶磨碎试样中的儿茶素类用70%的甲醇溶液在70℃水浴上提取，儿茶素类的测定用$C_{18}$柱、检测波长278nm、梯度洗脱、HPLC分析，用儿茶素类标准物质外标法直接定量，也可用儿茶素类与咖啡碱的相对校正因子$RRF_{Std}$（ISO国际环试结果）来定量。

**2. 试剂与仪器**

本标准所用水均为重蒸馏水，除特殊规定外，所用试剂为分析纯。

乙腈：色谱纯。

乙酸。

甲醇水溶液（体积比）：3∶7。

乙二胺四乙酸（EDTA）溶液：10mg/ml（现配）。

抗坏血酸溶液：10mg/ml（现配）。

稳定溶液：分别将 25mlEDTA 溶液、25ml 抗坏血酸溶液、50ml 乙腈加入 500ml 容量瓶中，用水定容至刻度，摇匀。

液相色谱流动相：流动相 A：分别将 90ml 乙腈、20ml 乙酸、2 ml EDTA 加入 1000 ml 容量瓶中，用水定容至刻度，摇匀。溶液需过 0.45 μm 膜。流动相 B：分别将 800 ml 乙腈、20 ml 乙酸、2 ml EDTA 加入 1000 ml 容量瓶中，用水定容至刻度，摇匀。溶液需过 0.45μm 膜。

标准贮备溶液：咖啡碱贮备溶液：2.00 mg/ml；没食子酸（GA）贮备溶液：0.100 mg/ml；儿茶素类贮备溶液：＋C 1.00 mg/ml，＋ EC 1.00 mg/ml，＋ EGC 2.00 mg/ml，＋EGCG 2.00 mg/ml，＋ECG 1.00 mg/ml。

标准工作溶液：用稳定溶液配制。

标准工作溶液的浓度：没食子酸 5～25μg/ml、咖啡碱 50～150μg/ml、＋ C 50～150μg/ml、＋ EC50～150μg/ml、＋ EGC 100～300 μg/ml、＋ EGCG100～400μg/ml、＋ ECG 50～200μg/ml。

仪器：分析天平（感量 0.000 1g）；水浴（70℃±1 ℃）；离心机（转速 350 0r/min）；混匀器；烘箱；烘皿；干燥器；高效液相色谱仪（HPLC）：包含梯度洗脱及检测器（检测波长 278nm）；数据处理系统；$C_{18}$ 液相色谱柱（粒径 5μm，250mm×4.6 mm）。

**3. 测定步骤**

（1）干物质含量测定　按照 GB/T 8303 的规定，称取 5g（准确至 0.00 1g）试样于已知质量的烘皿中，置于 103℃±2℃干燥箱内（皿盖斜置皿上）。加热 4h，加盖取出，于干燥器内冷却至室温，称量。再置干燥箱中加热 1h，加盖取出，于干燥器内冷却，称量（准确至 0.001g）。重复加热 1h 的操作，直至连续两次称量差不超过 0.005g，即为恒重，以最小称量为准。

（2）供试液的制备

母液：称取 0.2g（精确到 0.000 1g）均匀磨碎的试样于 10ml 离心管中，加入在 70℃中预热过的 70％甲醇溶液 5ml，用玻璃棒充分搅拌均匀湿润，立即移入 70℃水浴中，浸提 10min（隔 5min 搅拌一次），浸提后冷却至室温，转入离心机在 3500r/min 转速下离心 10min，将上清液转移至 10ml 容量瓶。残渣再用 5ml 的 70% 甲醇溶液提取一次，重复以上操作。合并提取液定容至 10ml，摇匀，过 0.45μm 膜，待用（该提取液在 4℃下可至多保存 24h）。

测试液：用移液管移取母液 2～10ml 容量瓶中，用稳定溶液定容至刻度，摇匀，过 0.45μm 膜，待测。

（3）色谱条件

流动相流速：1ml/min；柱温：35℃；紫外检测器：λ=278nm；

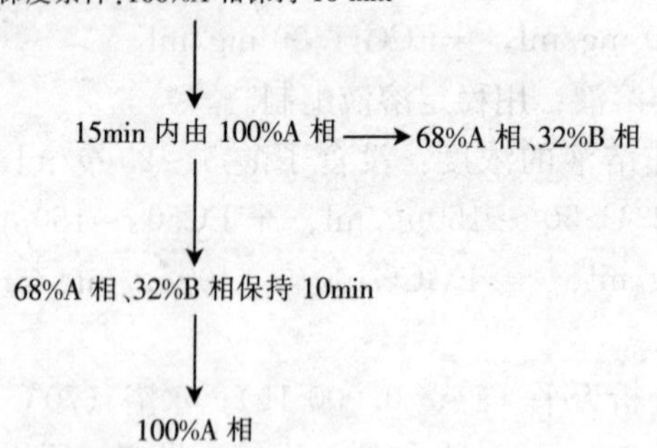


测定：待流速和柱温稳定后，进行空白运行。准确吸取 10μl 混合标准系列工作液注射入 HPLC。在相同的色谱条件下注射 10μl 测试液。测试液以峰面积定量。

（4）结果计算　以儿茶素类标准物质定量，按式（7.2）计算：

$$儿茶素含量（\%）=\frac{A\times f_{Std}\times V\times d}{m_1\times 10^6\times m}\times 100 \quad (7.2)$$

式中：$A$——所测样品中被测成分的峰面积；

$f_{Std}$——所测成分的校正因子（浓度/峰面积，浓度单位 μg/ml）；

$V$——样品提取液的体积，单位为毫升（ml）；

$d$——稀释因子（通常为 2ml 稀释成 10ml，则其稀释因子为 5）；

$m_1$——样品称取量，单位为克（g）；

$m$——样品的干物质含量，%。

以咖啡碱标准物质定量，儿茶素类相对咖啡碱的校正因子见表 7-23，根据公式（7.3）计算：

表 7-23 儿茶素类相对咖啡碱的校正因子表

| 名称 | GA | +EGC | +C | +EC | +EGCG | +ECG |
|---|---|---|---|---|---|---|
| $RRF_{Std}$ | 0.84 | 11.24 | 3.58 | 3.67 | 1.72 | 1.42 |

$$\text{儿茶素含量（\%）}=\frac{A\times RRF_{Std}\times V\times d}{S_{Caf}\times m_1\times 10^6\times m}\times 100 \quad (7.3)$$

式中：$RRF_{Std}$——所测成分相对于咖啡碱的校正因子；

$S_{Caf}$——咖啡碱标准曲线的斜率（峰面积/浓度，浓度单位 μg/ml）。

儿茶素类总量计算公式见式（7.4）。

儿茶素类总量（%）=EGC 含量+C 含量+EC 含量+EGCG 含量+ECG 含量　　（7.4）

（5）重复性　同一样品儿茶素类总量的两次测定值相对误差应≤10%，若测定值相对误差在此范围，则取两次测得值的算术平均值为结果，保留小数点后两位。

## （三）氨基酸总量和组成分析——茚三酮比色法

**1. 原理**

α-氨基酸在 pH8.0 的条件下与茚三酮共热，形成紫色络合物，用分光光度法在特定的波长下测定其含量。

**2. 试剂和仪器**

所用试剂应为分析纯，水为蒸馏水。

pH8.0 磷酸盐缓冲液：配制 1/15mol/L 磷酸二氢钠和 1/15mol/L磷酸二氢钾溶液。然后取 1/15mol/L 的磷酸氢二钠溶液

95ml 和 1/15mol/L 磷酸二氢钾溶液 5ml，混匀。

2%茚三酮溶液：称取水合茚三酮（纯度不低于 99%）2g，加 50ml 和 80mg 氯化亚锡（$SnCl_2 \cdot 2H_2O$）搅拌均匀。分次加少量水溶解，放在暗处，静置一昼夜，过滤后加水定容至 100ml。

茶氨酸或谷氨酸标准液：称取 100mg 茶氨酸或谷氨酸（纯度不低于 99%）溶于 100ml 水中，作为母液。准确吸取 5ml 母液，加水定容至 50ml 作为工作液（1ml，含茶氨酸或谷氨酸 0.1mg）。

仪器：分析天平（感量 0.001g）；分光光度计。

**3. 测定步骤**

（1）试液的制备　称取 3g（准确至 0.001g）磨碎试样于 500ml 锥形瓶中，加沸蒸馏水 450ml，立即移入沸水浴中，浸提 45min（每隔 10min 摇动一次）。浸提完毕后立即趁热减压过滤。滤液移入 500ml 容量瓶中，残渣用少量热蒸馏水洗涤 2～3 次，并将滤液滤入上述容量瓶中，冷却后用蒸馏水稀释至刻度。

（2）测定　准确吸取试液 1ml，注入 25ml 的容量瓶中，加 0.5mlpH8.0 磷酸盐缓冲液和 0.5ml2%茚三酮溶液，在沸水浴中加热 15min。待冷却后加水定容至 25ml。放置 10min 后，用 5mm 比色杯，在 570nm 处以试剂空白溶液作参比，测定吸光度（A）。

（3）氨基酸标准曲线的制作　分别吸取 0.0，1.0，1.5，2.0，2.5，3.0ml 氨基酸工作液于一组 25ml 容量瓶中，各加水 4ml、pH8.0 磷酸盐缓冲液 0.5ml 和 2%茚三酮溶液 0.5ml，在沸水浴中加热 15min，冷却后加水定容至 25ml，测定吸光度（A）。将测得的吸光度与对应的茶氨酸或谷氨酸浓度绘制标准曲线。

（4）结果计算　茶叶中游离氨基酸含量以干态质量分数表示，按式（7.5）计算：

$$\text{游离氨基酸总量（以茶氨酸或谷氨酸计）(\%)} = \frac{\frac{C}{1\,000} \times \frac{L_1}{L_2}}{M_0 \times m} \times 100 \qquad (7.5)$$

式中：$L_1$——试液总量，ml；

$L_2$——测定用试液量，ml；

$M_0$——试样量，g；

C——根据测定的吸光度从标准曲线上查得的茶氨酸或谷氨酸的 mg 数；

m——样品的干物质含量，%。

（5）重复性 同一样品的两次测定值之差，每 100g 试样不得超过 0.1g，若测定值相对误差在此范围，则取两次测定的算术平均值作为结果，结果保留小数点后一位。

## （四）咖啡因分析

### 1. 高效液相色谱法

（1）原理 茶叶中咖啡因经沸水和氧化镁混合提取后，经高效液相色谱仪、$C_{18}$ 分离柱、紫外检测器检测，与标准系列比较定量。

（2）试剂与仪器

主要试剂：甲醇为色谱纯，水为重蒸馏水，氧化镁为分析纯。

高效液相色谱流动相：取 600ml 甲醇倒入 1 400ml 重蒸水，混匀，脱气。

咖啡碱标准液：称取 125mg 咖啡碱（纯度不低于 99%）加乙醇：水（1：4）溶解，定容至 250ml。使用时，待标准液至室温后，取 2ml 加水至 100ml 作为工作液。

仪器：高效液相色谱仪；紫外检测器：检测波长 280nm；分析柱：$C_{18}$（ODS 柱）；分析天平（感量 0.000 1g）。

（3）测定步骤

试液制备：称取 1.0（准确至 0.000 1g）磨碎茶样，置于 500ml 烧瓶中，加 4.5g 氧化镁及 300ml 沸水，于沸水浴中加热，浸提 20min（每隔 5min 摇动一次），浸提完毕后立即趁热减压过滤，滤液移入 500ml 容量瓶中，冷却后，用水定容至刻度，混匀。取一部分试液，通过 0.45μm 滤膜过滤，待用。

色谱条件：检测波长：紫外检测器，波长 280nm；流动相：水：甲醇的体积分数为 7：3；流速：0.5～1.5ml/min；柱温：40℃；进样量：10～20μl。

测定：准确吸取制备液 10～20μl，注入高效液相色谱仪，并用咖啡碱标准液制作标准曲线，进行色谱测定。

结果计算：比较试样和标准样的峰面积，按式（7.6）计算：

$$咖啡碱（\%）=\frac{C_1\times\frac{L_1}{L_2}}{M_1\times m_1\times 1\,000}\times 100 \qquad (7.6)$$

式中：$C_1$——测定液中咖啡碱含量，μg；

$L_1$——样品总体积，ml。

$L_2$——进样体积，μl；

$M_1$——试样的质量，g；

$m_1$——试样干物质含量，%。

重复性：同一样品的两次测定值之差，每 100g 试样不得超过 0.2g，若测定值相对误差在此范围，则取两次测定的算术平均值作为结果，结果保留小数点后一位。

**2. 紫外分光光度法**

（1）原理　茶叶中的咖啡碱易溶于水，除去干扰物质后，用特定波长测定其含量。

（2）试剂和仪器　所用试剂应为分析纯，水为蒸馏水。

碱式乙酸铅溶液：称取 50g 碱式乙酸铅，加水 100ml，静置过夜，倾出上清液过滤。盐酸：0.01mol/L 溶液，取 0.9ml 浓盐酸，用水稀释 1L，摇匀。

硫酸：4.5mol/L 溶液，取 250ml 浓硫酸，用水稀释至 1L，摇匀。

咖啡碱标准液：称取 100mg 咖啡碱（纯度不低于 99%）溶于 100ml 水中，作为母液，准确吸取 5ml 加水至 100ml 作为工作液（1ml 含咖啡碱 0.05mg）。

（3）测定步骤

试液制备：称取 3g（准确至 0.001g）磨碎试样于 500ml 锥形瓶中，加沸蒸馏水 450ml，立即移入沸水浴中，浸提 45in（每隔 10min 摇动一次）。浸提完毕后立即趁热减压过滤，滤液移入 500ml 容量瓶中，残渣用少量热蒸馏水洗涤 2～3 次，并将滤液滤入上述容量瓶中，冷却后用蒸馏水稀释至刻度。

用移液管准确吸取试液 10ml，移入 100ml 容量瓶中，加入 4ml0.01mol/L 盐酸和 1ml 碱式乙酸铅溶液，用水稀释至刻度，混匀，静置澄清过滤，准确吸取滤液 25ml，注入 50ml 容量瓶中，加入 0.1ml4.5mol/L 硫酸溶液，加水稀释至刻度，混匀，静置澄清过滤。用 10mm 比色杯，在波长 274m 处，以试剂空白溶液作参比，测定吸光度（A）。

咖啡碱标准曲线的制作：分别吸取 0、1、2、3、4、5、6ml 咖啡碱工作液于一组 25ml 容量瓶中，各加入 1.0ml 盐酸，用水稀释至刻度，混匀，用 10mm 石英比色杯，在波长 274m 处，以试剂空白溶液作参比，测定吸光度（A）。将测得的吸光度与对应的咖啡碱浓度绘制标准曲线。

结果计算：茶叶中咖啡碱含量以干态质量分数表示，按式（7.7）计算：

$$\text{咖啡碱（\%）}=\frac{\frac{C_2\times L_3}{1\ 000}\times\frac{100}{10}\times\frac{50}{25}}{M_2\times m_2}\times 100 \quad (7.7)$$

式中：$C_2$——根据试样测得的吸光度（A），从咖啡碱标准曲线上查得的咖啡碱相应含量，mg/ml；

$L_3$——试液总量，ml；

$M_2$——试样用量，g；

$m_2$——试样干物质含量，%。

重复性：同一样品的两次测定值之差，每 100g 试样不得超过 0.2g，若测定值相对误差在此范围，则取两次测定的算术平均值作为结果，结果保留小数点后一位。

### （五）总氮含量分析——微量凯式定氮法

**1. 原理**

含氮有机质（包括其他有机质）与浓硫酸共热被氧化为 $CO_2$、水和氨、氨与硫酸结合，形成硫酸铵，使之与碱作用产生氨，并蒸馏使它与一定量已标定的酸结合，再用标定过的碱滴定酸的用量，即可计算出氮的含量。反应中用硫酸铜、硫酸钾作催化剂、加速消化作用。

**2. 试剂与仪器**

试剂：所用试剂应为分析纯，水为蒸馏水。浓硫酸（比重1.84）；硫酸铜（$CuSO_4 \cdot 5H_2O$）；硫酸钾；过氧化氢。

40％aOH 溶液：称 40gNaOH 加水溶解定容至 100ml。

甲基红溶液：称 0.2g 甲基红＋95％酒精 60ml＋50ml 水。

0.1NNaOH 标准溶液：取 4.5gNaOH 溶于无 $CO_2$ 的蒸馏水中定容至 1L。

0.1 硫酸标准溶液：0.1N$H_2SO_4$ 准确吸取 3ml 硫酸，徐徐注入 50ml 水中，边注入边搅拌，冷却后加水定容至 1L。

仪器：分析天平（感量 0.000 1g）；凯氏烧瓶；量筒；洗瓶；微量定氮仪；微量滴定管；电炉。

**3. 测定步骤**

（1）标准碱溶液的标定　准确称取琥珀酸 200mg，放入 250ml 的三角瓶中，加水 50ml，溶解后加入酚酞指示剂 2 滴，用配制好的 NaOH 溶液滴定，至出现微红色，即达终点，碱浓度按式（7.8）计算：

$$\text{NaOH 溶液浓度（N）}=\frac{m}{\frac{M}{2\,000}\times V} \qquad (7.8)$$

式中：m——琥珀酸量，mg；

M——琥珀酸分子量；

V——NaOH 体积数，ml。

取配制的 0.1N 硫酸标准溶液 10ml，加 2 滴酚酞指示剂，用已经标定的 0.1N 氢氧化钠溶液滴定至浅红色出现，30s 不褪色止。按 $N_1V_1=N_2V_2$，公式算出硫酸液浓度。

（2）消化　用减量法精确称取茶样 2.0～2.5g（湿样 6～10g）（精确至 0.001g），放入 50ml 硬质玻璃长颈的定氮烧瓶中，并加入浓硫酸 5～6ml。硫酸铜 1.5g，硫酸钾 2.5g，开始加热消化（初以小火，特别注意其泡沫溅出），待泡沫发生停止后，可以强火力使其微微地沸腾，当消化液有些褪色时取下待稍冷却之后，再加入一滴过氧化氢，力求得到完全无色的溶液。达到溶液完全无色或淡绿色时，待冷至室温后，转入 50ml 的容量瓶中定容，每次吸取 10ml 进行蒸馏，这样分次蒸馏测定，取其平均值，可避免产生误差。

（3）蒸馏　用微量定氮仪进行蒸馏，每次蒸馏吸取消化液 10ml，加入 10%NaOH 于蒸馏瓶中，并在 50ml 的三角瓶中加 0.1N$H_2SO_4$10ml 或硼酸溶液，接取氨气，并加入甲基红数滴做指示剂，蒸至氨完全释出为止，约 20min。

（4）滴定　最后用 0.1NNaOH 标准溶液滴定三角瓶中的酸液，求其与氨结合的用量。1ml 标准的 0.1$H_2SO_4$ 相当于 0.0014g 氮量。

（5）结果计算　测定氮时，应作对照，将对照中测得的氮减去本试验中的氨。对照试验，除不称取茶样外，取试剂的量与试验中相同。

全氮量百分率按公式（7.9）计算：

$$全氮量（\%）=\frac{(aT_1-bT_2)\times 0.001\,4}{m_1\times K} \quad (7.9)$$

式中：$a$——标准硫酸毫升数；

$b$——标准 NaOH 毫升数；

$T_1$——酸液校正数；

$T_2$——碱液校正数；

$m_1$——茶样干物量（g）；

$K$——消化液用量/消化液总量。

### （六）挥发性香气物质分析——GC-MS 法

#### 1. 原理

利用 SDE 法提取茶叶中的挥发性香精油，将所得茶叶总精油样用气相质谱联用进行鉴定和分析。

**2. 试剂与仪器**

试剂：所用试剂应为分析纯，水为蒸馏水。乙醚；癸酸乙酯；无水硫酸钠。

仪器：分析天平（感量 0.000 1g）；SDE 法萃取装置；GC-MS。

**3. 测定步骤**

（1）SDE 法提取茶叶中挥发性香精油　蒸馏-萃取法（SDE 法）是目前提取茶叶中挥发性香精油最常见的方法。该方法能捕集较多的低沸点香气成分。

将 5g 磨碎茶样和 250ml 沸蒸馏水置于 500ml 圆底烧瓶中，并加入 100$\mu$l 癸酸乙酯（0.2g/$\mu$l）作为内标，在 250ml 萃取瓶中装入 30ml 乙醚，与 SDE 装置连接，两瓶分别水浴加热，至茶汤微沸时，开始计时，连续萃取 60min，回收乙醚并加入一定量的无水硫酸钠脱水 20h，然后过滤、浓缩至 1.0ml，供 GC－MS 分析增行。

（2）GC－MS 分析条件

气谱条件：色谱柱：HP-INNOWax30mm×0.32mm×0.5$\mu$m 毛细管柱；载气：高纯 He（99.999%），流速为 1.0ml/min；柱压：50kPa；程序升温：50℃保持 5min，以 3℃/min 升温速率上升至 210℃，再以 5℃/min 上升至 230℃，保持 5min；进样口温度为 250℃。质谱条件：离子源温度为 230℃，电离方式为 EI，碎裂电压 100V，扫描范围为 10～500amu；进样方式为不分流进样；采样延迟时间为 5min；进样量为 1.0$\mu$l。

（3）香精油组分定性和定量方法　茶叶香精油经 GC－MS 分析，各组分质谱数据进行 NIST 库检索，对照拟合指数，同时结合参考文献进行定性，根据各组分峰面积与内标癸酸乙酯峰面积之比进行定量。

# 参 考 文 献

陈岱卉，叶乃兴，邹长如. 2008. 茶树品种的适制性与茶叶品质. 福建茶叶（1）：1-5.

董鸿竹，曾昶芬，高大方，杨崇仁，张颖君，江鸿建. 2009. 云南红茶化学成分的初步分析. 茶叶科学技术（2）：14-17.

窦宏亮，李春美，乔宇，顾海峰，周丽明. 2008. 炒青绿茶香气成分的 GC-MS 分析. 食品科学（28）：258-261.

潘根生，顾冬珍. 2006. 茶树栽培生理生态. 北京：中国农业科技出版社.

唐晓波，刘晓军，师大亮，王小萍. 2009. 茶叶中叶绿素含量的季节性差异研究. 浙江农业科学（3）：502-503.

叶国注，江用文，尹军峰，袁海波，张瑞莲，王志岚，沈丹玉，汪芳，陈建新. 2009. 板栗香型绿茶香气成分特征研究. 茶叶科学（29）：385-394.

袁海波，尹军峰，叶国注，许勇泉，汪芳. 2009. 茶叶香型及特征物质研究进展（续）. 中国茶叶（9）：11-13.

张凌云，张燕忠，叶汉钟. 2007. 采摘时期对重发酵单枞茶香气及理化品质影响研究. 茶叶科学（27）：236-242.

郑挺盛，张凌云. 2006. 不同采摘季节对重发酵单枞茶香气品质影响研究. 现代食品科技（23）：11-15.

# 第八章　茶叶机械

随着科技的发展、劳动力成本的不断增加以及消费者对茶叶质量要求的不断提高，茶叶生产机械化已成必然趋势。茶叶生产中的机械主要包括加工机械、茶园田间作业机械以及包装和深加工机械，等等，其中加工机械又可分为初制机械和精制机械。

## 一、茶叶初制加工厂的设计与设备配置

采收后的鲜叶必须经过加工后，才能形成具有一定色、香、味、形特征的干茶。茶叶采收后初加工除了少部分在茶农家中手工炒制外，大部分主要在初制厂加工成毛茶。由于茶叶生长季节性很强，而且采收的鲜叶不耐贮藏，必须及时付制，因此茶叶加工厂必须按照一定原则进行合理设计和生产设备配置，才能既满足生产的量的需求，又能最大限度节省资金。加工设备应根据生产茶类的要求、日生产加工量以及质量控制要求等进行选配。

### （一）日生产加工量的确定

茶叶初制厂日生产加工量，直接关系茶厂的设计规模、年加工能力和建厂投资。一般需要先根据茶场或基地面积和单位面积产量，估算全年茶叶产量，并以全年茶叶产量的5%作为最高日生产加工量，然后进行茶机选配和厂房设计。例如某茶场茶园面积为10hm$^2$，估计每公顷干茶产量平均为1 800kg，其中名优茶约占16%～18%。10hm$^2$的年生产量为18t干毛茶（按4kg鲜叶制1kg干毛茶计），则茶叶初制厂的日生产加工量$M_0$可按公式（8.1）计算。可见，应建立一个最高日加工量为3 600kg鲜叶

的茶叶初制厂。如果加工厂所属茶场中幼龄茶园比例较大时，还需估计今后三年产量的增幅，并根据增幅适当加以修正。

$$M_0 = Y \times A \times 4 \times 5\% = 3\ 600\text{kg} \quad (8.1)$$

式中 $M_0$ 为日生产加工量；Y 为单位面积干茶产量；A 为茶园面积；4 为鲜叶与干茶的换算系数；5%为全年产量与最高日生产加工量的转换系数。

## （二）茶叶初加工机械配置

根据最高日加工量配置茶机数量，既能及时加工，确保制茶质量，又能高效低耗。配备茶机，先要合理选型，然后确定茶机的配置量。优质制茶机器应具备制茶性能优良、操作保养方便、生产效率高、能耗少等优点。选型时，还应注意使各工序单机之间的生产能力匹配，以避免工序之间的脱节和臃肿。在生产规模一定的条件下，每道工序单机的台时产量越高，需配置的茶机数量就越少。单机机型确定后，可按公式（8.2）计算需配置的茶机台件数 n。

$$n = M_i / (20\eta)\ (\text{台}) \quad (8.2)$$

式中 $M_i$ 代表某工序每天所需加工的在制品量（kg）；$\eta$ 代表单机的额定台时产量（kg/h）。

以面积为 $10\text{hm}^2$ 年产 18t 干毛茶（15t 大宗绿茶，3t 名优绿茶）的茶场为例，说明生产线茶机具体配置方法。首先根据工艺要求（图 8-1），按照干物质相等的原理，以公式 Eq03 计算各工序在制品数量（表 8-1）。然后按照所选设备的台时产量，以公式（8.3）计算所需要的台件数 n，并按四舍五入取整数（表 8-1）。比如，本例中，在杀青工序中选择了 6CSZ-60 型锥式滚筒杀青机，其额定台时产量为 150～180kg/h，那么根据公式（8.3）计算得到的台件数 n=3 000/（20×150）=1；选用的 6CR-55 型揉捻机，其台时产量为 60～160kg/h，那么，需要台件数n=1 875/（20×60）≈2；其他工序茶机配置以此类推。

A.鲜叶 —杀青→ 杀青叶 —揉捻→ 揉捻 —炒二青→ 二青叶 —炒三青→ 三青叶 —辉干→ 毛茶

B.鲜叶 —杀青→ 杀青叶 —揉捻→ 揉捻叶 —烘干→ 烘二青 —提香→ 名优茶成品

图8-1 绿茶工艺流程

A. 大宗绿茶 B. 卷曲形名优绿茶

**表8-1 生产线在制品数量和茶机配置**

| 工序名称 | 在制品（$M_i$） | 在制品含水率（$W_i$/%） | 大宗茶在制品数量（kg） | 名优茶在制品数量（kg） | 大宗茶工序茶机台件数（台）* | 名优茶工序茶机台件数（台）** |
|---|---|---|---|---|---|---|
| 贮青 | 鲜叶 $M_0$ | $W_0$/75 | 3 000 | 600 | | |
| 杀青 | 杀青叶 $M_1$ | $W_1$/60 | 1 875 | 375 | 杀青机/1 | 杀青机/1 |
| 揉捻 | 揉捻叶 $M_2$ | $W_2$/60 | 1 875 | 375 | 揉捻机/2 | 揉捻机/2 |
| 干燥 | 二青叶 $M_3$ | $W_3$/35 | 1 154 | 230 | 瓶炒机/2 | 烘干机/1 |
| | 三青叶 $M_4$ | $W_4$/18 | 915 | | 炒干机/2 | |
| | 毛茶 M | W/5 | 790 | 158 | 辉干机/1 | 烘焙机/1 |

* 选用浙江上洋机械有限公司的6CSZ-60型锥式滚筒杀青机（150～180kg/h）、6CR-55型揉捻机（60～160kg/h）、6CSP-110型瓶式炒干机（40～50kg/h）、6CCQ-84型双锅炒干机（35～40kg/锅）、6CBH-110八角辉干机（40～50kg/h）；

** 选用浙江上洋机械有限公司的6CST-30型滚筒杀青机（25～35kg/h）、6CR-25型揉捻机（12～20kg/h）、6CH-3.0型烘干机（15～20kg/h）、6CHP-60型名茶烘焙机（10～15kg/h）。

$$M_i = M_0\ (1 - W_0\%)\ /\ (1 - W_i\%) \qquad (8.3)$$

式中 $M_i$ 代表某工序的在制品数量；$M_0$ 代表鲜叶量；$W_0$ 代表鲜叶含水率；$W_i$ 代表在制品含水率。

根据以上设计和计算，一座年产18t干毛茶（即日加工能力为3t鲜叶）的绿茶初制厂，应配置包括6CSZ-60型锥式滚筒杀青机1台、6CR-55型揉捻机2台、6CSP-110型瓶式炒干机2台、6CCQ-84型双锅炒干机2台以及6CBH-110八角辉干机1台的大宗茶生产线一条，以及包括6CST-30型滚筒杀青机1台、

6CR-25 型揉捻机 2 台、6CH-3.0 型烘干机和 6CHP-60 型名茶烘焙机各 1 台的名优绿茶生产线一条。

## （三）厂房规划与 QS 要求

### 1. QS 认证要求

2005 年我国对全部 28 大类食品（包括茶叶）全面实行 QS 认证制度，并规定从 2007 年 1 月 1 日起，无 QS 标志的食品将严禁生产和销售。QS 认证即为食品质量安全认证。它是依据《中华人民共和国产品质量法》、《中华人民共和国标准化法》、《工业产品生产许可证试行条例》等法律法规以及《国务院关于进一步加强产品质量工作若干问题的决定》的有关规定制定的对食品及其生产加工企业的监管制度。它是一项食品质量安全市场准入制度，带有明显的行政色彩。食品市场准入制度的核心内容主要包括以下三个方面：一是对食品生产企业实施食品生产许可证制度，即只对具备基本生产条件、能够保证食品质量安全的企业发放《食品生产许可证》，准予生产获证范围内的产品；二是对企业生产的出厂产品实施强制检验，即只有经过检验的合格产品才能出厂销售；三是实施食品质量安全市场准入标志管理，即产品必须有 QS 标志。

根据国务院关于《加强食品质量安全监督管理工作实施意见》及食品质量安全市场准入审查指南的有关规定，食品生产加工企业保证产品质量必备条件包括环境卫生要求、生产资源要求、原辅材料要求、生产加工和过程要求、产品要求、人员要求、检验要求、贮运要求、质量管理要求及包装和标签标识要求。在这 10 个条件中，与 QS 环境卫生和生产资源要求直接相关的即为生产场所，包括茶厂厂房规划布局、茶机设备配置等。

### 2. 茶厂厂房选址要求

QS 认证规定，茶厂应建立在无有害气体、烟尘以及有其他扩散性污染物的地区，远离垃圾、畜牧厂、医院、粪池及农药厂、化肥厂和电镀厂等排放“三废”的工业企业。

茶厂选址除了要满足 QS 要求外，还应充分考虑交通、能源、水源、地势等与生产效能发挥有关的因素。为了充分发挥茶厂功能，厂址选择应具备以下条件：

（1）交通便利 茶厂每日需输入大量的原料，生产出大量的产品，燃料消耗量也较大。因此，厂房应建立在机动运输车容易到达和进出的地方，当然也不宜建在重要交通干线附近。

（2）供电要方便 目前，茶厂的各类加工机械设备大多采用电机转动，且各种名优茶微型茶机还部分采用电供热，因此厂址应尽可能选在电网经过的地方，以便利供电并减少建厂投资。

（3）位置要适中 茶叶生产季节性强，为便于鲜叶及时运送和集中加工付制，茶叶初制厂应设在茶园相对集中的中心位置，也可与其他农副产品加工厂联合兴建，以利综合利用能源，节约开支。

综上所述，茶厂厂址宜选地势较高、平整开阔、交通供电方便、茶园相对集中的位置。

**3. 生产厂房规划**

茶叶初制加工厂的整体规划应符合方便生产和管理的原则，要求生产区、生活区和办公区之间既相对隔离，又互相衔接，互不干扰。厂区内水、电、气、排水和排污管道等设施齐全，道路能适应设备、鲜叶原料和成品茶的运输，厂区绿地面积一般不应少于厂区总面积的 30%，厂内的锅炉房、厕所应设在厂区的下风向，特别要强调厕所的建造一定要考虑食品加工场所的卫生要求，避免其气味污染生产区的空气。

QS 认证规定，生产区除应能满足生产需要的生产车间外，还应有防尘、防鼠、防蝇的设备，以及更衣、洗手、消毒设施；生产车间厂房面积应不少于设备占地面积的 8 倍，地面应平整、光洁（至少是水泥地面）；此外，还应有清洁、明亮、干燥、无异味的原辅料、半成品、成品库房等。

规模较大的茶叶初制厂生产车间一般由贮青间、杀青车间、揉捻车间、干燥车间、名优茶制作间、烧火间、包装间、茶叶仓库等组成。对于中小规模茶厂来讲，部分车间可以合并。一个年产 18t 绿茶的初制厂，厂房车间面积规划可参考表 8-2。

**表 8-2 年产 18t 绿茶加工车间的厂房面积规划**

<table>
<tr><th rowspan="2">车间</th><th rowspan="2" colspan="2">工序</th><th rowspan="2">机器配置量（台）</th><th colspan="2">厂房面积（m²）</th><th rowspan="2">备注</th></tr>
<tr><th>机器占地面积</th><th>设计面积</th></tr>
<tr><td rowspan="7">大宗茶车间</td><td colspan="2">贮青</td><td>—</td><td>贮青槽</td><td>30.00</td><td rowspan="14">①按照表 8-1 中茶机选型和配置；<br>②大宗茶单位面积摊青量以 100kg/m² 计，名优茶单位面积贮青以 8 kg/m² 计（采用抽屉式立体摊青）；<br>③设计面积以机器占地面积的 8 倍计；<br>④烧火走廊面积未计算在内。</td></tr>
<tr><td colspan="2">杀青</td><td>1</td><td>3.68</td><td>29.44</td></tr>
<tr><td colspan="2">揉捻</td><td>2</td><td>3.32</td><td>26.56</td></tr>
<tr><td rowspan="3">干燥</td><td>二青</td><td>2</td><td>5.95</td><td>47.60</td></tr>
<tr><td>三青</td><td>2</td><td>6.28</td><td>50.24</td></tr>
<tr><td>辉干</td><td>1</td><td>2.98</td><td>23.84</td></tr>
<tr><td colspan="2">合计</td><td>—</td><td>—</td><td>207.68</td></tr>
<tr><td rowspan="7">名优茶车间</td><td colspan="2">贮青</td><td>—</td><td>简易贮青</td><td>75.00</td></tr>
<tr><td colspan="2">杀青</td><td>1</td><td>1.01</td><td>8.08</td></tr>
<tr><td colspan="2">揉捻</td><td>2</td><td>0.76</td><td>6.08</td></tr>
<tr><td colspan="2">烘干（毛火）</td><td>1</td><td>2.00</td><td>16.00</td></tr>
<tr><td colspan="2">烘焙（足火）</td><td>1</td><td>1.19</td><td>9.52</td></tr>
<tr><td colspan="2">合计</td><td>—</td><td>—</td><td>114.68</td></tr>
</table>

生产车间布置应符合制茶工艺和生产流程要求，同时也应注意各类茶机特点和安装要求。茶叶初制厂生产车间通常采用平房建筑结构，一般年产 20t 左右干茶的茶厂宜采用一字形，年产在 50t 以上的可采用二字或 T 字形为好。大宗茶车间一般宽度为 10～12m，开间为 6m，车间高度应不低于 5m，烧火间的宽度为 2.5～3.0m；名优茶车间宽度一般为 8～10m，高度应不低于 4.5m，烧火间宽度为 2.0～2.5m；如此布局，车间深度可安装两列茶机。厂房内光线应充足（500lx 以上），并要求空气流通，车间顶部应开设气楼，特别是杀青和干燥车间开设气楼，可以促进对流通风，排出大量水汽、烟气等以改善劳动条件，提高劳动生产率。

因此，对于年产 18t 的茶场，其主生产车间的面积约 325m²，再加上 15m² 的衣帽间、80m² 的烧火间、20m² 的包装间、60m² 成品库房（按 300kg/m² 堆放），生产区厂房面积合计约 500m²。

## (四) 初加工车间平面布置

车间平面布置主要根据生产线工艺流程确定茶机的排布。茶类不同，制茶工艺也不同，生产线的布置也就不同。车间的平面布置应尽量做到流水作业、工序合理、避免迂回、便于生产操作、有利于降低劳动强度和提高生产安全性。

根据绿茶工艺要求，车间的平面布置应按摊青、杀青、揉捻、干燥等顺序布置，具体方法为：

(1) 计算厂房间数　按厂房规划面积除以每间的面积即可。如前例中多数茶机设计面积在 30m² 左右，因此其间数为 450/30=15 (若有小数可取其整数)。目前，除了生产要求差异特别大的工序 (比如贮青、杀青、包装、烧火间以及仓库) 外，一般相互关联的工序可安排于贯穿的大间中，这样利于工序衔接和在制品流转。

(2) 茶机布置　首先将每台茶机的占地面积 (长×宽) 按一定比例 (如 1∶100) 剪成小块纸板 (茶机小样)，每台一块，然后根据流水作业的原则，把茶机小样排列在比例相同的车间平面图上。不同型号茶机占地面积等参数可参照表 8-3 和表 8-4。

**表 8-3　绿茶初加工机械性能主参数**

| 产品型号名称 | 台时产量 (kg/h) | 所需功率 (kW) | 占地面积 [(长×宽) m²] |
|---|---|---|---|
| 6CSZ-40 型滚筒杀青机 | 78～85 | 0.55 | 2.2×0.7 |
| 6CSZ-50 型滚筒杀青机 | 90～150 | 0.75 | 3.8×1.0 |
| 6CSZ-60 型滚筒杀青机 | 150～180 | 1.10 | 4.6×0.8 |
| 6CST-60 型滚筒杀青机 | 150～180 | 0.75 | 4.2×1.0 |
| 6CST-70 型滚筒杀青机 | 200～250 | 1.10 | 5.1×1.1 |
| 6CST-80 型滚筒杀青机 | 250～300 | 1.10 | 4.6×1.1 |
| 6CSF-500 热风杀青机 | 300～500 | 9.12 | 1.0×5.0 |
| 6CSP-60 型杀青炒干机 | 45～50 (杀青)<br>30 (炒干) | 14.05 (电)<br>0.55 (煤) | 1.6×0.8 |

（续）

| 产品型号名称 | 台时产量（kg/h） | 所需功率（kW） | 占地面积［（长×宽）m²］ |
|---|---|---|---|
| 6CSP－110 型杀青炒干机 | 120～160（杀青）<br>35～45（炒干） | 1.47 | 1.9×1.4 |
| 6CZS－150 型汽热杀青机<br>6CZS－300 型汽热杀青机 | 100～150<br>220～320 | 4 | 2.9×0.8+4.7×1.4 |
| ORW20S－2C 微波杀青机 | 120～150 | 20 | 10.3×0.8 |
| CS－84 型单锅杀青机 | 40 | 0.6 | 1.6×1.4 |
| 浙茶绿 265 型揉捻机 | 80～180 | 4.0 | 2.0×1.8 |
| 6CR－35 型揉捻机 | 22～35 | 0.55 | 1.1×1.0 |
| 6CR－40 型揉捻机 | 80～100 | 1.1 | 1.2×1.1 |
| 6CR－45 型揉捻机 | 90～120 | 1.1 | 1.2×1.1 |
| 6CR－55 型揉捻机 | 60～160 | 2.2 | 1.4×1.2 |
| 6CR－65 型揉捻机 | 80～180 | 4.0 | 1.9×1.8 |
| 6CJS－60 型解块筛分机 | 150～200 | 1.1 | 2.2×0.9 |
| 6CJW－40 型解块机 | 140～150 | 0.35 | 0.7×0.5 |
| 6CJW－50 型解块机 | 400～500 | 0.75 | 0.8×0.8 |
| 6CH－10 翻板式烘干机 | 40～60 | 0.55 | 4.6×1.7 |
| 6CH－16 翻板式烘干机 | 80～100 | 0.55 | 5.2×1.7 |
| 6CH－20 翻板式烘干机 | 100～120 | 0.55 | 5.2×2.2 |
| 6CH－30 翻板式烘干机 | 160～180 | 0.55 | 6.4×2.2 |
| RFL－25 金属热风炉 | — | 4.65 | 0.7×0.7 |
| FP－50 金属热风炉 | — | 6.25 | 2.2×2.6 |
| FP－100 金属热风炉 | — | 9.00 | 2.4×3.0 |
| 6CH－10 链板式烘干机 | 55～65 | 6.8 | 4.6×1.7 |
| 6CH－16 链板式烘干机 | 95～105 | 6.8 | 5.6×1.7 |
| 6CH－20 链板式烘干机 | 110～130 | 8.8 | 5.2×2.1 |
| 6CH－25 链板式烘干机 | 140～160 | 9.15 | 5.9×2.1 |
| 6CCP－100 型瓶式炒干机 | 20～30 | 1.47 | 1.9×1.4 |

（续）

| 产品型号名称 | 台时产量（kg/h） | 所需功率（kW） | 占地面积［（长×宽）m²］ |
| --- | --- | --- | --- |
| 6CBH－110 型八角炒干机 | 40～50 | 1.5 | 1.9×1.6 |
| 6CSP－60 型瓶式炒干机 | 20～30 | 0.63（柴）<br>14.13（电） | 1.5×0.8 |
| 6CSP－90 型瓶式炒干机 | 30～40 | 1.12 | 1.8×1.1 |
| 6CSP－110 型瓶式炒干机 | 40～50 | 1.47 | 1.9×1.3 |
| 6CSG－50 双锅炒干机 | 6～10 | 0.55（柴）<br>8.79（电） | 1.80.7 |
| 6CCQ－84 双锅炒干机 | 35～40/锅 | 1.5 | 2.7×1.2 |

## 表 8－4　名优茶主要茶机的机械性能主参数

| 产品型号名称 | 台时产量（kg/h） | 所需功率（kW） | 占地面积［（长×宽）m²］ |
| --- | --- | --- | --- |
| 6CFJ－70 型名茶鲜叶分级机 | 100 | 0.37 | 1.9×0.9 |
| 6CSB 单锅扁茶成型机 | 0.6～0.8（干茶） | 5.1 | 1.4×0.7 |
| 6CSB－3 三锅扁茶成型机 | 0.5～1.5（干茶） | 12 | 2.4×0.7 |
| 6CG－65D 型电炒锅组 | 15kg/d | 3.0 | 0.8×0.8 |
| 6CST－30 型滚筒杀青机 | 25～35 | 0.37 | 1.9×0.5 |
| 6CST－40 型滚筒杀青机 | 75～95 | 0.55 | 2.4×0.8 |
| 6CZS－50 汽热杀青机 | 30～60 | 3.76 | 5.7×0.6 |
| ORW6S－3C 微波杀青机 | 25～30 | 9 | 5.9×0.8 |
| ORW8S－3C 微波杀青机 | 30～40 | 12 | 8.0×0.8 |
| ORW12S－3C 微波杀青机 | 50～60 | 18 | 8.5×0.8 |
| 6CMD－40/5 槽多用机 | 5～12 | 7.37（电）<br>0.97（气） | 1.5×0.6 |
| 6CMD－40/7 槽多用机 | 7 | 12.55（电）<br>0.55（气） | 1.2×0.5 |
| 6CDY－60 名茶多用机 | 杀青 4～10<br>理条 2～5 | 0.55 | 1.7×0.8 |

（续）

| 产品型号名称 | 台时产量（kg/h） | 所需功率（kW） | 占地面积［（长×宽）m²］ |
| --- | --- | --- | --- |
| 6CDY-6011 名茶多用机 | 8～20 | 0.55 | 3.3×0.8 |
| 6CLZ-60/11 槽振动理条机 | 20 | 8.55（电）<br>0.55（气） | 1.7×0.8 |
| 6CCQ-50 型双锅曲毫炒干机 | 8～12 | 8.15（电）<br>0.55（柴） | 2.1×0.8 |
| 6CR-15 型揉捻机 | 3～5 | 0.25 | 0.5×0.5 |
| 6CR-25 型揉捻机 | 12～18 | 0.37 | 0.67×0.6 |
| 6CR-30 型揉捻机 | 20～30 | 0.55 | 1.1×0.9 |
| 6CH-3.0 翻板式烘干机 | 15～20 | 0.55 | 2.8×0.7 |
| 6CH-6.0 翻板式烘干机 | 30～40 | 0.55 | 4.2×1.2 |
| 6CHB-3 手拉百叶式烘干机 | 20～30 | 0.63 | 1.5×0.8 |
| 6CHB-5 手拉百叶式烘干机 | 20～30 | 14.13 | 1.7×1.1 |
| 6CHB-8 手拉百叶式烘干机 | 30～40 | 1.12 | 1.8×1.1 |
| 6CHP-60 型名茶烘焙机 | 10～15 | 0.37 | 2.0×0.6 |
| 6CHP-80 型名茶烘焙机 | 25～35 | 1.5 | 4.2×0.9 |
| 6CHP-80-2 型名茶烘焙机 | 50～70 | 3.0 | 5.1×2.3 |
| 6CHP-941 型茶叶烘焙机 | 三斗 8～10<br>五斗 12～15 | 三斗 0.55<br>五斗 0.75 | 2.0×0.6 |
| 6CHPY-0.2 圆斗名茶烘焙机 | 1.5～2（柴）<br>2～5（电） | 0.12（柴）<br>1.2（电） | 1.0×0.5（柴）<br>0.5×0.4（电） |
| 6CHPY-0.4 圆斗名茶烘焙机 | 3～4 | 0.18（柴）<br>9.16（电） | 1.0×0.5（柴）<br>1.0×0.7（电） |
| 6CHPY-0.6 圆斗名茶烘焙机 | 5～6 | 0.58（柴）<br>22.95（电） | 2.0×0.5（柴）<br>2.7×0.6（电） |
| 6CHPY-0.8 圆斗名茶烘焙机 | 6～8 | 0.78（柴）<br>23.95（电） | 2.7×0.5（柴）<br>3.3×0.6（电） |
| 6CHPY-941C 圆斗名茶烘焙机 | 8～10 | 0.78（柴） | 3.3×0.5 |

（续）

| 产品型号名称 | 台时产量（kg/h） | 所需功率（kW） | 占地面积 ［（长×宽）m²］ |
|---|---|---|---|
| 6CTH－2.0 电提香机 | 5～9kg/次 | 2 | 0.6×0.6 |
| 6CTH－3.0 电提香机 | 8 kg/次 | 4.87 | 1.1×0.9 |
| 6CTH－6.0 电提香机 | 16 kg/次 | 6.37 | 1.1×0.9 |
| 6CTH－12.0 电提香机 | 32 kg/次 | 12.74 | 1.1×0.9 |
| 6CTX－3 箱式提香机 | 5～6 | 3.37 | 1.1×0.8 |
| 6CTX－6 箱式提香机 | 1012 | 4.87 | 1.1×0.8 |
| 6CXH－6 型红外线提香烘干机 | 提香 150 烘干 30 | 0.37 | 2.3×0.9 |
| 6CLH－60 型六角辉干机 | 25～35 | 0.55（柴）<br>14.05（电） | 1.3×0.8 |

(3) 方案确定　排列出一字形、T 字形、二字形等多个方案，通过分析比较，选出一个合理方案，绘制出车间平面布置图。供车间施工或提供给建筑设计部门参考。

在车间平面布置图上，应标注出机器的名称、位置、数量、外廓尺寸，以及操作、烧火、在制品摊晾、搬运和机器检修保养的位置等，并按一般建筑要求，标明厂房形状、门窗、墙壁和隔离设施的位置和尺寸。按前例年产 18t 的厂房规划设计，其大宗茶车间平面布置可参考图 8－2。

## (五) 初加工机械的安装

绿茶初制机械种类较多，各有特点，但安装步骤有其共同性。目前生产上使用的初制机械大体上有两种类型：一类是机器本身已装配好的，如揉捻机、解块筛分机、烘干机及小型名优茶机等。这类机器安装时比较简单，定位后进行整体安装浇灌混凝土即可。另一类是机器本身没有装配好的，如杀青机、烘干机、瓶式炒干机等。这类机器安装较为繁杂，需一边打灶，一边安装和装配。

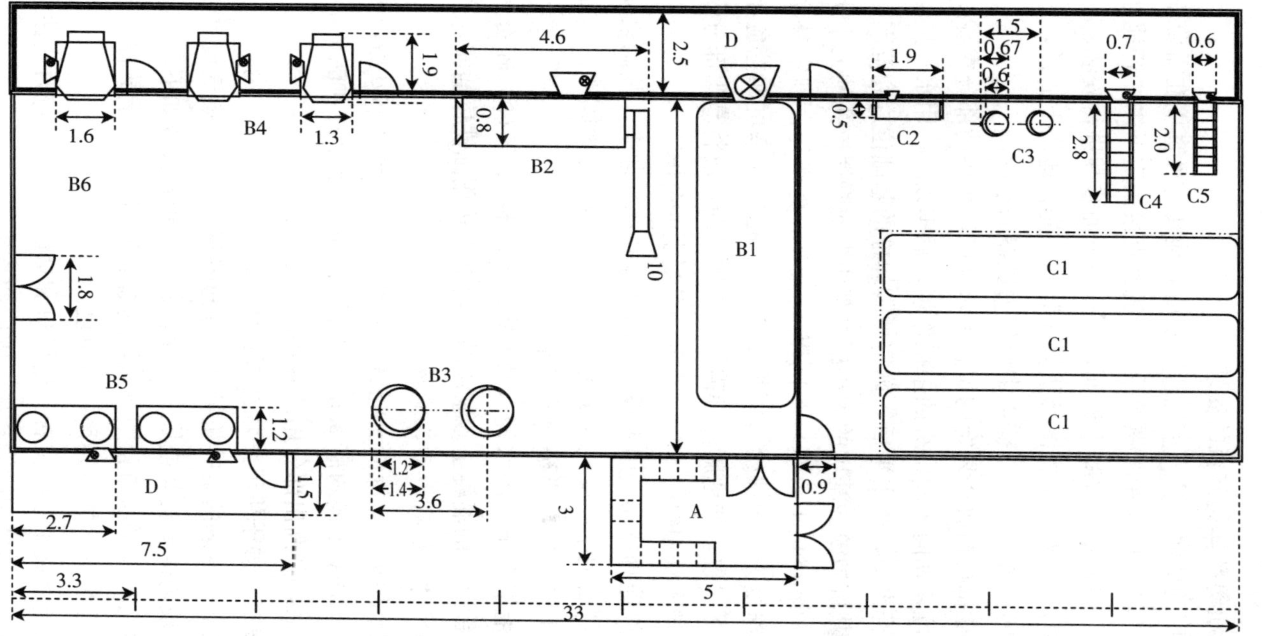


图 8-2 产年 18t 毛茶的茶叶加工厂车间平面布局图 （未包括包装间和仓库）

A.衣帽间 B.大宗茶车间(B1.贮青 B2.杀青 B3.揉捻 B4.炒二青 B5.炒三青 B6.辉干）

C.名茶车间(C1.贮青 C2.杀青 C3.揉捻 C4.毛火 C5.足火) D.烧火间

**1. 揉捻机等整体类茶机的安装**

若加工厂的地面已经为水泥混凝土或者地转，可直接在需要安装的位置上放样，打入膨胀螺丝后，将机器直接固定下来。若地面混凝土不够牢固或是非混凝土地面，可按照下面步骤进行安装。

（1）根据车间平面布置图及机器安装图，先在地面上放样，划线确定机器的位置。一般以揉盘中心作为机器的基准。

（2）将揉捻机抬放在划定的位置上，使电动机传动部分靠墙壁一侧，出茶位置朝向车间中央的主操作带，搁牢以后，用水平尺测量揉盘边是否水平，待水平后，确定地脚螺栓的基础位置和范围。

（3）挖基坑做模。基坑的大小根据基座上地脚螺栓孔的大小决定，在孔径 16mm 以下，基坑范围以 8～10cm 为半径，划定基坑大小。基坑深度为地脚螺栓长度再加 10cm。挖好的基坑四壁应平直，坑孔上下一致。如地脚基础需要高出地平的，应将高出部分做成和机器地脚形状相似的木模，圈定浇混凝土的范围。

（4）安放地脚螺栓。用木板或砖将揉捻机搁架起来，其搁架高度一般为粉刷后地平高度或高于地平 5～10cm。放好地脚螺栓，加放垫圈，旋上螺母后，要精确校对水平。

（5）浇灌混凝土。用水泥（425 标或 525 标）、黄砂、碎石三者比例为 1∶3∶5 的混凝土砂浆浇灌。边浇灌边用细铁棒插实，边检查水平和尺寸，如有走动，应及时纠正。

（6）初干后拆模，混凝土浇后，浇水保养。一般 2～3d 后，可拆模（混凝土完全干燥约需 28d）。拆模后，需经半个月才能试车。待地平浇平后，其高出部分用细砂水泥浆修饰。

**2. 杀青机、炒干机等炉灶类茶机的安装**

除了以电源供热的茶叶机械外，通过燃煤、燃柴、燃气提供热量的茶机一般均需要安装或堆砌炉灶。其安装步骤大致如下。

（1）根据车间平面布置图及机器的总装配图在地面上放样，划定机器的平面位置，并在四角打定位桩。

（2）确定滚筒中心线位置、通风口和烟囱位置。定位时应注意烟囱的位置，如与屋架横梁相碰，则应调整机位。

（3）砌通风洞及灶脚。挖好通风洞以后，根据装配图砌平全机灶脚，安放好炉栅，再在炉栅上划定出滚筒轴中心线、滚筒中心位置及炉膛底的范围。

（4）砌烟囱地脚基础，并将烟囱单独砌上，使以后修理炉灶时不必拆砌烟囱。

（5）砌炉膛（回火道）及火门。根据装配图要求砌炉膛（回火道）及火门直至桶面，砌时注意留出安装传动机架的地脚螺栓水泥墩位置，长 30cm，宽 12cm，高约 30cm。

（6）安装滚筒、桶轴及传动机架。安装时应保证筒轴水平，杀青机、炒干机等机具倾斜角度应按照机械说明。滚筒和轴的位置定好后，再安放传动机架。安装时注意机架水平、齿轮啮合对准。

（7）浇灌混凝土。滚筒、筒轴及传动轴机架三者位置基本确定后，先将滚筒用瓦片垫好，用泥浆刮平，以免下滑。再在轴上装好轴承、地脚螺栓，圈好水泥墩浇灌范围。可同样用水泥∶黄砂∶砂石＝1∶3∶5 的水泥混凝土砂浆浇灌，边浇灌，边插实，边检查，尤其要注意筒体与周边支持物之间的间隙要合适。

（8）砌好炉灶后，安装其他的一些附件如电源和开关等。

## 二、眉茶精加工设备配置

眉茶是我国最重要的出口茶类之一，是长炒青毛茶经过筛分、拣剔、车色和拼配等工艺制成的精茶。毛茶精制过程不同于初制，差异较大。绿毛茶初制过程主要是通过高温钝化酶活力、蒸发水分，并形成一定的色、香、味、形特征；而精制主要是将毛茶按照大小、长短、轻重等特点进行分类整形，然后再根据商品要求进行拼合，精制后茶叶更加整齐、匀净。由于工艺的不同，眉茶精加工的设备与初制有很大差异，而且配置相对复杂。在精制过程中，按功能可将茶机分成干燥车色设备、筛分设备、滚切设备、拣剔设备和拼配设备等，如表 8－5。

**表 8-5 眉茶精制设备的机械性能参数**

| 产品型号名称 | 台时产量 (kg/h) | 所需功率 (kW) | 占地面积 [(长×宽) m²] |
|---|---|---|---|
| 6CCS-110 型车色机 | 50～60 | 1.5 | 2.7×1.2 |
| 6CZS-120 车色机 | 40～60 | 1.87 | 2.7×1.2 |
| 6CZC-140 车色机 | 80 | 1.1 | 2.7×1.2 |
| 6CGC-120 炒车机 | 500 | 11 | 3.2×3.2 |
| 6CBYS-90 型平面圆筛机 | 90～120 | 0.37 | 1.8×1.2 |
| 6CYS-73 型平面圆筛机 | 400 | 0.55 | 1.6×1.0 |
| 6CYS-76 圆筛机 | 400～750 | 0.75 | 2.3×0.9 |
| 6CYS-82B 圆筛机 | 500～900 | 1.1 | 2.5×1.0 |
| 6CSY-40 平面圆筛机 | 800～1 000 | 0.75 | 1.3×1.1 |
| 6CSY-766 型平面圆筛机 | 1 000～1 300 | 1.12 | 2.4×3.4 |
| 6CSD-767 双层抖筛机 | 100～200 | 1.0 | 3.7×1.2 |
| 6CDS-76S 抖筛机 | 150～200 | 1.2 | 4.3×1.2 |
| 6CDS-76B 抖筛机 | 250～350 | 1.5 | 3.0×1.1 |
| 6CED-767 双层抖筛机 | 250～350 | 1.1 | |
| 6CFPS-120 型抖筛机 | 260～360 | 1.35 | 4.4×1.2 |
| 6CDS-45L 抖筛机 | 300～400 | 1.5 | |
| 6CFX-30 型风选机 | 50～100 | 0.75 | 1.3×1.2 |
| 6CFX-40C 风选机 | 150～220 | 1.10 | 3.2×0.6 |
| 6CFX-35 型风选机 | 200～300 | 1.1 | 4.9×0.9 |
| 6CFX-1 型风选机 | 200～300 | 0.75 | 2.5×0.5 |
| 6CFX-40B 风选机 | 200～350 | 1.28 | 4.1×0.8 |
| 6CEF-40 风选机 | 250～400 | 1.5 | 5.5×0.8 |
| 6CFX-500 型风选机 | 300～350 | 0.75 | 2.2×0.6 |
| 6CQP 切片机 | 100 | 1.5 | 1.3×0.5 |
| 6CZQ-110 型齿辊式切茶机 | 200～250 | 0.55 | |
| 6CCQ-50 切茶机 | 250～300 | 1.5 | 1.1×0.7 |
| 6CGQ-26 滚切机 | 300～350 | 1.1 | |

（续）

| 产品型号名称 | 台时产量（kg/h） | 所需功率（kW） | 占地面积［（长×宽）$m^2$］ |
|---|---|---|---|
| 6CLG－26 型螺旋滚切机 | 300～400 | 1.1 | 1.7×0.7 |
| 6CJT－82 阶梯式茶叶拣梗机 | 80～120 | 0.55 | 1.8×1.0 |
| 6CJJ－82A 阶梯式拣梗机 | 90～120 | 0.55 | 1.6～1.8×1.0～1.2 |
| SS－B120MCCH 茶叶色选机 | 120～360 | 3.0 | 1.9×1.6 |
| PUBU－18A 茶叶色选机 | 500～800 | 27 | 2.0×2.0 |
| CCD－CY4 茶叶色选机 | 300～500 | 3.5 | 2.1×2.0 |
| J6－茶叶色选机 | 1 000～4 000 | 2.3 | 2.1×1.3 |
| 6CGC－120F 糊泵 | 射程 3m | 2.2 | 0.7×0.7 |
| 6CYD－（20－35）T 匀堆机 | 容量 20～35t | 10 | 1.2～1.7×0.7 |

### （一）干燥车色设备（复火、车色）

从初制厂收购来的毛茶经过贮运，水分增加，条索变松。在精制开始时，需要对毛茶进行复火滚条，再干燥；同时，经过不同路径精制后的筛号茶，补火后上车色机，随滚筒的转动而翻动，使茶条紧结、光滑、色泽绿润起霜，外形更加美观，内质也可以得到改善。复火和车色设备主要有 6CZS－120 型车色机、6CGC－120 型炒车机和 6CZC－140 型茶叶车色机等，其台时产量约 40～500kg/h，占地面积约 2.7×1.2～3.2×3.2$m^2$（彩图 8－1）。

### （二）筛分设备

经过复火的毛茶一般进行筛选工序，眉茶精制中筛分有三类茶机，主要包括根据茶条长短筛分的圆筛机、根据茶叶粗细筛分的抖筛机以及根据身骨轻重筛分的风选机。在精制过程中，毛茶通常先经圆筛机，再经抖筛机，最后经风选机进行筛分归类。目前，市场上圆筛机包括 6CBYS－90 型、6CYS－73 型、6CYS－76、6CYS－82B 型、6CSY－40 和 6CSY－766 型等型号，台时产量

90～1 300kg/h，机具占地面积从 1.3×1.1 $m^2$ 到 2.4×3.4 $m^2$ 不等；在抖筛机中有 6CSD－767、6CDS－76S、6CDS－76B、6CED－767、6CFPS－120 型和 6CDS－45L 等型号，台时产量 100～400kg/h，占地面积 3.0×1.1～4.4×1.2$m^2$；风选机型号有 6CFX－30、6CFX－40C、6CFX－3、6CFX－1、6CFX－40B、6CEF－40 和 6CFX－500 等，台时产量在 50～400kg/h 之间，占地面积约 1.3×1.2～5.5×0.8$m^2$（彩图 8－2）。

## （三）滚切设备

经过筛分产生的“抖头”需要进行切碎，然后再行筛分。粗大的茶叶切碎一般由齿切机、滚切机切碎，其型号主要有 6CQP、6CZQ－110、6CCQ－50、6CGQ－26 和 6CLG－26，台时产量在 100～400kg/h 之间，占地面积较小，1.3×0.5～1.7×0.7$m^2$（彩图 8－3）。

## （四）拣剔设备

茶叶中的茎梗需要通过专门拣剔设备将其挑出。现有的拣剔设备有阶梯式拣梗机和电脑色选机，其中市场上常见的阶梯式拣梗机型号有 6CJT－82 和 6CJJ－82A，其台时产量为 80～100kg/h，占地面积约 1.6～1.8×1.0～1.2$m^2$；电脑色选机是新近研制的全电脑自控式选别设备，可去除茎梗和杂色物质，而且工作效率很高，其台时产量为 100～800kg/h，占地面积约 2×2$m^2$（彩图 8－4）。

## （五）拼配设备

茶叶精制的目的不是获得各种型号的筛号茶，而是将不同型号的筛号茶重新拼配复原成商品茶。获得的筛号茶将按照一定的比例由匀堆机进行拼配。其型号通常以机器的容积来命名，比如 6CYD－20T、6CYD－25T、6CYD－30T 和 6CYD－35T 等型号的匀堆机容积分别为 20t、25t、30t 和 35t。

### (六) 眉茶各路茶的设备配置

眉茶精制加工厂将从不同初制厂收购来的毛茶按一定加工要求进行拼合、定级，并进行复火，然后分路付制。通常情况下，精制加工可分为本身路、圆身路、长身路、筋梗路等。其中圆筛 4 孔以下（包括毛茶头第一次切、圆筛后的 4 孔茶）或毛抖 6 孔筛下的在制品经本身路进行加工，其主要设备有炒干机、圆筛机、抖筛机、风选机、拣梗机、车色机等；经过一次轧切后毛茶头、切抖头和长身路的抖头进入圆身路，其主要设备除了本身路的配置外，还需要切茶机专门等；各种撩头以及毛茶头经切抖、穿过抖筛筛网的筛底茶进入长身路加工，其设备与圆身路类似；切抖抽出的筋、拣梗后拣头、筋里筋进入筋梗路，之后也经过适当轧切再加工，设备配置与圆身路类似；毛剖、清风的子口进入轻身路（子口路），也需要经筛分和拣剔设备配置的生产线再加工。

在精制加工过程中，有些工序或设备虽然相同，但是其筛网规格差异很大，必须根据不同原料按照操作规程进行合理配置。

在加工厂布局上，与初制不同，精制厂通常设计成错综复杂的立体结构，而且各工序之间的衔接也较初制厂紧凑，此外，还需配置更多的传送、通风和除尘设备。

## 三、茶园机械的使用与保养

茶园作业机械主要包括耕作机、修剪机、采茶机、喷雾设备等。由于在室外应用，所以茶园机械多数采用汽油或柴油动力系统。

### (一) 茶园耕作机的使用与保养

茶园耕作机由茶园拖拉机和配套机具两部分组成，其型号主要有浙江嘉善县拖拉机厂的 C－12 型、浙江临海金晨机械厂的 JC－15 型、宁波培禾农业科技股份有限公司的 PEIHE－4 型和浙江武义白洋茶机厂的6CS2-150型等（彩图8-5）。为适应条播茶园耕作，C-12型耕作机断面采用凸型履带式行间作业的结构形式，重心低，稳定性好，驱动力大，坡地适应力强。采用液压提升机构带动深耕机和中耕机进行作业，可满足茶园深耕松土、浅耕除草的耕作要求。

**1. 使用前的准备**

（1）三角胶带松紧的调整　掀开机罩头，松开发动机底座横梁上的4个M12固定螺栓，转动框架前端中部的M12调节螺栓。调整三角胶带的松紧程度：用手压胶带中部，当压下20～30mm时，松紧适宜。调整后反向作业旋紧固定螺栓，并对机罩头上的启动手柄支撑板作相应调整，保持其重心与发动机轴孔对正，以避免损坏发动机启动轴。

（2）离合器间隙的调整　将离合器踏板置于“合”的位置，松开锁紧螺母，拧动调整螺母，使分离杠杆头与分离轴承之间的间隙为0.3～0.5mm（用附带专用工具厚薄规测量）。调整合适后，用锁紧螺母予以锁紧。

（3）履带松紧度的调整　拆除履带机构中调整螺母上的锁定压板（用附带专用工具），拧动调整螺母进行调整，使履带下垂度保持在10mm左右。调整完毕后，装上拆除的锁定压板。调整时应注意使张紧机构预紧力保持一定，不管机器使用时间长短，其张紧弹簧压缩至280mm，即可使履带保持一定的张紧预紧力。此外，启动前必须检查“三油”（机油、齿轮油、柴油）和水是否符合规定，检查各部连接是否紧固可靠。并认真执行驾驶员机务安全规则。

（4）磨合试运转　新的和大修后的机子，都应进行磨合试运转。先进行空机磨合：启动发动机低速（800r/min）运转5min，然后逐步提高至额定转速，倾听是否有不正常的声音，检查有无“三漏”（漏水、漏机油、漏柴油）和机油压力指示阀是否被顶起。在确认发动机工作正常后，才可进入液压提升机构的磨合，即装上配套的深耕机或中耕机。发动机在额定的转速下（2 000r/min），操纵升降手柄，使升降机构均匀升降 10min，升降次数不少于 20 次。最后作整机负荷磨合，一般可配合中耕机试耕进行。其耕深在 50mm 左右下的轻载工作不少于 12min。

磨合完毕，趁热车后放出齿轮箱和最终传动箱的润滑油，用适量的柴油清洗，并用Ⅱ挡和Ⅱ倒挡前后行驶 2～3min 后，立即放净柴油，再按规定注入新的润滑油。同时，趁热车后放出发动机的机油，亦用柴油清洗干净，然后加新的发动机机油，随即仔细检查各部位联结螺栓，并复拧固紧。

**2. 使用技术**

(1) 茶园耕作机驾驶技术

启动：将主变速杆手柄置于空挡位置，工作机升降手柄置于“下降”位置，按发动机使用说明启动发动机。启动时，先打开减压机构，供油量放在中速位置上，用 C－12 启动手柄摇车，当要到比较高的转速时，立即关上减压机构，即可启动。先开慢车 3～5min，然后逐渐加大供油量至额定转速。

起步：先提升配套机具，将农具升降手柄置于“中立”位置。踩下磨合器踏板，将变速手柄置于“工作”挡上（如挂不上，可瞬时放松踏板，随即踩下，再行挂挡，如此重复，直至挂上为止），适当加大油门，然后平顺地放开离合器踏板，机子即可起步。

换挡：踢下离合器踏板，操纵主变速手柄，迅速从原挡位退出，平缓地挂入所需速度挡，缓慢放松离合器踏板，机子则按所需速度前进。工作时，遇到负荷增大，应该挂低一挡。严禁长时间把脚半搁不搁地搁在离合器踏板上，以免增加不必要的磨损，影响工作性能。

转向：转换方向是靠两根转向拉杆来实现的。向左转应拉动左边转向杆，向右转拉右边转向杆。若在地头掉头转向时，则应将拉杆一拉到底，可以原地转向调头换行。

急刹制动：需制动时，必须立即减少油门，分离离合器，将左右转向拉杆同时一拉到底，其动作应按顺序迅速而协调。

停车：减少油门，踢下离合器踏板，把主变速手柄置于“空挡”位置，并将农具升降手柄从“中立”位置渐渐拉至“下降”位置，使农具缓缓降至地面，最后关闭油门，使发动机熄火。

（2）中耕作业技术　适用于松土和除草。旋耕机配有左、右弯犁刀各8把。其安装方法不同，旋耕后土面较平整；如果是内装法，则土面中间凸起；外装法则土面中间下凹。应根据中耕作业要求，采用不同的安装方法。由于旋耕机旋转方向已定，所以安装犁刀时，应使犁刀的刃口朝向入土方向。旋耕转速有高、低二挡。顺时针旋转农具变速手柄为高速挡（230r/min）；逆时针旋转为低速挡（183r/min）。

中耕深浅的调节：中耕时，旋耕机趋于浮动状态，是靠中耕传动箱下面的限位板支撑于地面而保持一定深度的，所以调节限位板的安装位置，可直接控制中耕深度。

（3）深耕作业技术　锄齿挖掘变速方法与旋耕机相同，其高速挖掘次数为166次/min；低速挖掘次数为132次/min。深翻土壤作业耕深可达200mm以上，可根据具体情况进行深浅调节。如需要增加耕深时，先改变锄齿安装的位置，增加锄齿入土深度，如需继续增加深度，再调节限深轮的安装位置。在土质坚硬、地表不平整或多石块土壤中工作，宜用“前进Ⅰ挡”速度。在土壤较松、土面平整的茶园中工作，则可采用“前进Ⅱ挡”来工作。耕作开始时，应缓慢放下深耕机，使锄齿由浅入深，逐渐插入土中。

**3. 保养技术**

（1）茶园耕作机的保养和润滑　可按表8-6中所述进行。

**表8-6　茶园耕作机润滑部位表**

| 润滑部位 | 润滑方法 | 润滑油 |
|---|---|---|
| 1. 每班进行 | | 夏用HC-11柴油机油 |
| （1）曲轴箱 | 压力润滑，检查油面，不足添加 | 冬用HC-8柴油机油 |
| （2）离合器分离爪 | 向油孔滴油 | 机油 |
| （3）各操纵杆铰链处 | 用油壶滴油 | 机油 |
| （4）液压提升箱 | 检查油面，不足添加 | HC-11柴油机油 |
| （5）深耕机摆杆二端 | 用油壶滴油 | 机油 |

（续）

| 润滑部位 | 润滑方法 | 润滑油 |
|---|---|---|
| 2. 每工作 100h 进行 | | |
| （1）中耕机左支承套 | 黄油枪注入 | 黄油（钙质） |
| （2）深耕机连杆轴承 | 黄油枪注入 | 黄油（钙基） |
| （3）中耕机犁刀轴左轴承 | 黄油 | 黄油（钙基） |
| 3. 每工作 500h | | |
| （1）导向轮 | 清洗，换油 | 齿轮油 |
| （2）支重轮 | 清洗，换油 | 齿轮油 |
| （3）齿轮箱 | 清洗，换油 | 齿轮油 |
| （4）各传动箱 | 清洗，换油 | 齿轮油 |

每班技术保养：清除机组外部及行走机构积泥、挠草；检查并固紧各部分连接螺栓；检查润滑部位，按润滑表进行润滑。

一级技术保养（每工作 100h 进行）：做好班保养全部内容；检查并调整三角胶带的松紧度；检查并调整离合器系统的各个项目；检查并调整履带张紧度；检查并调整转向与制动机构的工作灵敏度和可靠性；检查并调整油门机构可靠性；按润滑表进行润滑。

二级技术保养（每工作 500h 进行）：做好一级保养全部内容；清洗液压提升箱，更换液压油；拆下离合器、制动器的摩擦片进行检查，严重磨损的应更换。特别是注意油封的及时更换，按润滑表进行润滑。

（2）茶园耕作机的保管　按发动机使用说明要求，封存发动机；清洁整台机子；拆下三角胶带，另外封存；各活动部位未涂漆金属表面都应涂以防锈油；离合器踏板置于“合”的位置，变速手柄置于“空挡”位置；停放在干燥、通风、清洁的场所。

## （二）采茶机的使用与保养

采茶机有单人采茶机和双人采茶机两种，两者切刈装置的工作原理相同，为双动往复切刈。单人采茶机由背负动力、减速传动装置、切割装置和集叶装置等组成；双人采茶机由动力减速机构、集叶装置、切刈装置、机架等组成（彩图 8－6），其主要参数见表 8－7。

**表 8－7　各类采茶机参数**

| 机型 | 单人采茶机 | | | 双人采茶机 | | | 乘用型采茶机 |
|---|---|---|---|---|---|---|---|
| | AM－110V | NF－600 | NV60H | 139F | V8NEWZ2 | SV100－120HL | KJ10C2 |
| 发动机型号 | 1E34F | 1E40F－5 | NE231 | 1E139F | 3.0PS | T320 | 汽油机 |
| 发动机排量（cc） | 26 | 42.7 | 22.6 | 31.0 | | 49.4 | 1498 |
| 功率（kW/rpm） | 1.03/8 000 | 1.25/6 500 | 0.8/ | 1.5/7 500 | | 2.2/ | 22.4/2 600 |
| 割副（mm） | 525 | 500 | 600 | 1 000 | 1 000～1 210 | 1 000～1 200 | 2 215（可变） |
| 重量（kg） | 10 | 10.4 | 6.2 | 13.0 | 12.3 | 14 | |

**1. 使用前的准备**

检查各部件的固定螺栓和螺母是否松动并扭紧。检查冷却空气通道是否堵塞，并清理疏通。检查油箱燃油是否足够，应加足 20∶1 的汽油与机油的混合燃油。检查空气滤清器，如果过脏，应采用汽油清洗后，再装好拧紧。检查火花塞，如有积炭，应进行清洗。拉动启动装置，观察传动和压缩是否正常。拉动启动绳，听听汽油机转动声音是否正常。装好集叶袋，将集叶袋口的松紧带挂在采茶器的挂钩上，松紧带的松紧度应使袋口每处都与机器贴合，以免漏叶。

**2. 机器的启动、工作和停车**

打开油箱开关，置中、小汽化器油门，微开或全闭风门。用强力、高速、沿切线方向拉动启动绳。启动后立即半开风门并空转 2～3min。工作前加大油门，全开风门，当机器运转正常，达到 4 000～5 000rpm 时，开始工作。工作时保持转速稳定，不可忽高忽低；机器的推进速度控制在 0.5m/s 左右，要匀速前进，注意采摘质量，换行和换袋出叶时，要关小油门，低速运转 2～3min，关闭油箱开关，关闭油门，熄火停车。

单人采茶机系两人操作，一人背负动力，手提机头在前采茶；一人拉集叶袋在后协助。机头前进时，拉袋者要将袋随机前进，机头后退空行时，拉袋者要将袋随机后退，相互配合，以保证采茶质量和采摘功效。两人可定时轮换操作。

双人采茶机由主机手和副机手以及一二名辅助人员扶集叶袋共同配合操作。田间的操作如彩图 8－7 所示。机器与茶行垂直线成 15°～20°角。主机手后退，面对采茶器，以掌握采摘高度，保证采摘质量。副机手向前进，行走速度均匀，步子一致，不可忽快忽慢，扶集叶袋的人应随机前进，保证集叶袋在采后的茶丛面上轻松滑移，配合机手工作。集叶一定数量后，在换行时及时出叶。

双人采茶机一般来回一次，完成一行的采茶。蓬面少于 1m 的一次完成。

工作时注意运转状态，如发现有不正常时，应立即检查。尤其是刀片的螺钉，如有松动必须及时停车紧固。严禁手、足、衣服等接近刀片，以防人身事故发生。

茶树修剪机的使用与保养和采茶机基本相同。

### （三）喷灌设备的使用与保养

固定式喷灌系统由水源机埠（电动机和水泵）、蓄水池增压机埠（电动机和增压水泵）、管道系统和喷洒部件（喷头或微喷头）组成。移动式喷灌机由柴油机、自吸水泵、担架机架、水管和喷头等组成。

**1. 水泵的安装技术**

水泵的安装高度在雨季最高静水面应不超过水泵底座；干旱季节，水泵的进水滤头保证能在枯水面以下，使水泵在水源紧张的情况下仍能正常工作。所以，水泵安装的高度应是水泵轴心离可能达到的最低水面的垂直高度。

固定水泵应修筑水泥墩地基，要求水泵底座比地面高 15cm，比水泵的机座大 10～20cm。水泵和电动机用联轴器联接时，应保证两轴严格同心，不允许有偏斜，用胶带传动的应严格保证两轴平行，皮带通角对正。

安装进水管应密封不漏气，进水管水平或向下倾斜，不可上翘。水泵进水口前任何部分都不得高于进水口，以免开车前灌水使管内的空气跑不尽而抽不出水。

进水滤头应垂直悬在水中，下部和四周必须保证有大于滤头直径的空间。

水泵出水管的安装应牢固，出水口下沿应与蓄水池最大蓄水量高度相平。

移动式喷灌机使用前的安装：在靠近水源平坦而坚实的面上，放平担架机架，用三角形石块止住行走小轮。安装好进水管，将进水管接头旋入自吸泵进水口，旋入时应垫放密封橡胶垫圈，并旋紧不漏气，软质进水管滤头在抛入水源时，应用畚箕保护。检查三角胶带的松紧程度，以用手压下胶带中间，达到10～20mm为合适。安装好喷头组件，喷头可采用扇形喷洒和圆形喷洒，喷洒范围可达30～40m；喷头射程为15～25m。根据需要在茶园中选定位置，安装喷架，喷架呈三角鼎立，三只脚用钢钎钉入土中，接好出水管，出水管放置不可折叠、铰结。

**2. 水泵使用前的准备**

（1）检查动力机是否和水泵转向一致。电源线路接通后，采用点动的形式，对照泵上转向箭头是否一致。无转向牌的蜗壳式水泵，可以从泵的外面判断泵的转向，泵的出水口在左边则为顺时针方向，在右边则为逆时针方向。

（2）检查联轴器的同心度和间隙，转动是否灵活，叶轮是否有摩擦声。新安装的水泵，因填料没有磨合，一般较紧但能用手转动。

（3）检查轴承的润滑油是否充足。

（4）检查各部分螺栓是否有松动现象。

（5）检查吸水池是否清洁，有无漂浮物；吸水滤头淹没的深度是否足够或阻塞。

（6）开车前灌水，除自吸泵外，其他离心泵均应灌水，灌水的方法除人工挑担外，可采用充水装置。在泵水时，预先通过充水开关贮备一大桶水，然后关闭充水装置，在下次启动时只要打开充水开关即可冲水，使进水管内完全充满水，才可启动。

（7）关闭出水口阀门。凡装有出水口阀门的应将阀门关死。

**3. 水泵的使用**

（1）启动。启动电动机，立即打开出水口阀门，旋开真空表和水压表，观察指示位置是否正常，如无异常，即可慢慢地将水管路上的阀门开到最大位置，完成启动。

自吸泵启动时，只需在柴油机发动之前，在自吸泵壳内充入少量水，保证叶轮浸没水中即可。柴油机发动后，自吸泵随即转动，在达到正常转速后 2～3min，即可自动完成冲水过程，并达到正常供水的压力。

（2）在运转过程中，检查各仪表是否正常和稳定。特别注意电动机的额定电流，过大和过小都应立即停车检查，找出原因，加以处理。

（3）经常检查水泵填料处是否发热，滴水是否正常。水泵填料处漏水应一滴一滴不成串才正常，完全不漏水也不行。当填料处发热，又不滴水，则可能是填料压得太紧，应将填料盖放松一点。如果填料处漏水很多或进气，则是填料盖压得过松，应紧压，否则填料处漏气，就压不上水。

（4）检查水泵和管路各部分有无漏水和进气。

（5）检查吸水池的水位和进水口是否堵塞。如果水位太低或进水口堵塞，吸水管的淹没深度不够，都严重影响泵的正常工作。

（6）停车。在停车前先关出水口阀门再停车，以减少振动。停车后应把泵和动力机表面的水和油渍擦干净。

（7）冬季停车后，立即将水放完，以防泵壳被冻裂。

（8）长期停用时，应把泵拆开，把水擦干，涂上防锈油保养。

**4. 喷洒部件的使用**

（1）固定喷灌系统的竖管下应有镇墩，保证竖管垂直而不晃动，以免喷头旋转不正常，影响旋转可靠性及水量分布的均匀性。

移动式喷灌机组的喷头支架应平稳、牢固，防止在喷头反坐力作用下倾倒而影响工作。

（2）摇臂式喷头，主要有喷头体（包括喷管、稳流器、喷嘴等）、旋转机构（包括摇臂、摇臂弹簧、摇臂轴）和换向机构（包括左、右限位环、拨杆、换向块等）组成。

根据作业要求，随意改变限位环位置，达到所需要的扇形喷洒范围。需用圆形喷灌时，可拆去限位环。

正向转速调整，拧紧或放松摇臂弹簧，以改变水速甩开摇臂的角度和返回冲击力，从而改变摇臂喷头的转动速度。

喷头转速的调整，在不产生地表径流的前提下，尽量放慢转动速度，一般喷转一周的时间，小型喷头为1～2min，中喷头为3～4min，大喷头为5～7min。

喷头的射程和压力对喷灌均匀程度有很大影响，应按喷头的说明要求掌握。一般观察喷头射出的水束，刚离开喷嘴是应有光滑透明的圆形密实段，然后才逐渐变白（即掺气）并粉碎。在无风的情况下射程与其标定值之差不应超过15%，水滴降落时雾化良好。

（3）全射流喷头也有大、中、小三种形式，扇形喷洒同样采用限位环来控制扇形喷洒范围，圆形喷洒时，可拆去换向机构。由于结构简单，喷洒均匀，喷洒效果较好。

（4）微喷头一般安装在茶树根部附近，喷洒面积小，耗水量少，喷灌效率高，在冬季蓬盖茶园应用较好。但微喷头管道系统复杂，喷头数量大，安装使用不够方便，大生产中应用较少。

**5. 喷灌系统的保养**

（1）在灌水季节开始前，要对喷灌系统和喷灌设备进行一次全面检查，各部件是否齐全，技术状态是否良好，并进行试运转，发现问题及时纠正。

（2）在灌水季节要及时检查，及时维修和保养，每次喷灌完毕后都要把喷头、动力机和水泵擦洗干净，需要防锈的部位都应加上合适机油或防锈油。

（3）经常拧进拧出的螺栓如填料盖螺旋、灌水堵头等，最好用合适的固定扳手，不能用钳子拧。

（4）用机油润滑的，每使用一个月应更换一次新油。水泵应加钙基脂，两者不能错用，经常保持润滑良好。

（5）避免抽含泥沙多的浑水，否则，叶轮、检漏环、填料的轴都容易磨损。

（6）在整个使用过程中，要始终注意安全。

### （四）背负式植保多用机的使用与保养

目前茶叶植保机械主要有三种，即传统的手动喷雾器、汽油动力喷雾喷粉机、静电喷雾器（彩图 8-8）。这三种器械在价格、使用效率和喷雾效果等方面均存在一定差异。手动喷雾器结构简单，使用方便，价格便宜，但是雾滴粗，用水多，劳动强度大，工作效率低；汽油动力喷雾喷粉机结构复杂，价格相对较贵，但雾滴细，劳动强度低，工效高；而静电喷雾器采用蓄电池驱动，使用方便，雾滴较细并带电，喷雾效果好，但是目前价格较高，工效较汽油动力低。

WFB-18 型及其改进型（如 WFB-18AC 型、WFB-18G 型和 WFB-18V 型）背负植保多用机，可进行低量喷雾（弥雾）、超低量喷雾、短管喷粉等，效率高，效果好，在规模较大茶场使用比较普遍（表 8-8）。

**表 8-8　WFB-18 型背负植保多用机主要技术参数**

| 序号 | 项目 | | 单位 | 规格 |
|---|---|---|---|---|
| 1 | 配套动力型号 | | | IE40F 型汽油机 1.15kW；5 000r/min |
| 2 | 外形尺寸（长×宽×高） | | mm | 380×555×680 |
| 3 | 机具净重 | | kg | 14.5 |
| 4 | 药箱容量 | | 1 | 11 |
| 5 | 风机 | 转速 | r/min | 5000 |
| | | 风量 | $m^3/s$ | 喷粉 0.184；喷雾 0.142 |
| | | 风速 | m/s | 喷粉 60；喷雾 75 |

（续）

| 序号 | 项目 | | 单位 | 规格 |
|---|---|---|---|---|
| 6 | 喷量 | 喷粉 | kg/min | 4 |
| | | 喷雾 | kg/min | 1.7 |
| | | 超低量喷雾 | ml/min | 60～180 |
| 7 | 射程 | 喷雾 | m | 水平 9；垂直 7 |
| | | 喷粉 | m | 水平 30；垂直 16 |
| 8 | 雾粒平均直径 | | μm | 弥雾 105；超低量喷雾 15～75 |
| 9 | 生产率 | | $hm^2/h$ | 喷粉 0.1～0.2；弥雾 0.1；超低量喷雾 0.3～0.6 |

WFB-18 型背负植保多用机采用 IE40F 型汽油机为动力，其工作部件由离心风机部件、供药部件、喷洒部件三部分组成，其主要技术参数见表 8-9。

**表 8-9　两种型背负式植保多用机技术参数**

| 型号 | WFB-18V 型 | WFB-18 |
|---|---|---|
| 药箱容量 | 13～19L | 11L |
| 发动机型号 | IE54F | IE40F（A） |
| 功率 | 3.9kW/6 500r/min | 1.18kW/5 000r/min |
| 净重 | 14.6kg | 11.5kg |
| 射程 | 22m 水平/19m 垂直 | 9m 水平/7m 垂直 |

**1. 使用前的准备**

（1）供药部件的装换　喷雾时，药箱内改装加压附件。将过滤网组件（由进气塞、软管和滤网组成）的进气塞插入药箱底进气胶圈内，滤网放在药箱口盖处。并在药箱出口处将输液管出水塞接头与药箱联接，另一端与出液开关相连，由出液开关控制供药量。喷粉时，药箱内换装吹粉管，药箱出口处换接输粉管，由粉门体开关控制供粉量。

（2）喷洒部件的换装　喷粉时，将喷管组件（由弯头、软管、直管和弯管组成）与风机出口相接，并用弹性卡扣固紧。喷雾时，喷管组件根据不同作业要求，可改换为迷雾喷头，超低量喷头，并同时改装供药部件。

（3）汽油机的使用准备、工作和停车　同于采茶机使用和保养。

（4）试喷　在使用前应发动汽油机，待转速达到额定值（5 000r/min），进行试喷，观察是否漏水，漏气。检查管路是否通顺。

**2. 使用技术**

（1）药液不可加得太慢，以免药液从过滤网顶端气孔漏入风机壳，使风机壳很快腐蚀损坏。

（2）药箱盖要盖得严密，以免影响压力输液。

（3）喷雾（超低量喷雾）时，不可将喷头直对作物，应来回摆动，防止产生药害，并随作物高低，调整弯道管高度及方向。

（4）喷粉作业时，粉剂应干燥，不结块。加粉后盖好药箱盖，打开风阀，当发动机转速达到额定值后，开启粉门开关，控制喷粉量进行作业。

（5）长薄膜管喷粉时，将弯头转 90°再装好，以便于行走，并使长薄膜喷管小孔朝地或斜后方为宜。作业时应经常挥动长薄膜管带，以保持下粉均匀。作业时经常注意喷雾压力和喷粉质量。

（6）作业结束后，应倒尽机内剩液或药粉，并清洗各部件和管路。使用强腐蚀性药剂后，应先用碱水冲洗，再用清水冲洗。

（7）注意安全用药。工作人员应熟悉药剂和防治知识，检查机具防护用品有无损坏、漏液、漏粉。工作时，应按顺序操作。在作业过程中严禁喝水和进食。作业后，用肥皂把手和脸洗净后，才能进食。

有研究发现，静电喷雾由于雾滴带同种电荷，不易凝聚，分散性好，穿透力强，而且极易吸附到茶叶的正反面和枝丫间，施药效果好。静电是由静电喷雾器的静电发生器产生的，其电压可达到 3 000V。在静电喷雾器使用的过程中，操作人员一定要按照器械使用说明，要及时充电，并注意安全。

## 四、茶厂机械的使用与保养

### （一）初加工机具的使用与保养

#### 1. 滚筒杀青机的使用与保养

（1）使用前的准备　使用前对传动部件和润滑系统进行检查和加油。滚筒杀青机采用三级减速，电动机经无级变速器变速，带动传动和链轮减速，使两只主动托轮和滚筒之间以摩擦传动方式带动滚筒转动。滚筒转速在23～34.5r/min之间可调。无级变速器底座调节手柄处和活动带轮处各有一只油杯。应在检查传动部件运转是否正常时加注黄油。上叶输送机由单独的电动机经无极变速器和蜗轮减速箱减速，再由链传动带动主动轴，使上叶输送带转动而上叶。输送带线速度在28～30m/min之间可调。在检查传动部件运转时，先应加足蜗轮减速箱内20号机油，并检查使用黄油的各滚动轴承。检查和除净储叶斗、上叶输送带、投茶漏斗和滚筒内的残叶和焦叶。开动机器试运转，如发现不正常现象应停机检修。生火升温，同时将鲜叶盛满储叶斗。生火后，应立即使滚筒转动，但不上叶。但在炉箅上方一段筒体呈暗红色时，方可上叶。

（2）使用技术　当筒体达到制茶工艺需要的温度时，开始上叶，先把上叶输送带无级变速器手柄扳到快挡位置增加投叶量，同时开动吸湿风机。当筒体开始出叶，杀青质量符合要求时，立即将无极变速器手柄扳回到正常工作位置。

在正常工作情况下，依鲜叶含水量高低，其投叶量、杀青温度、杀青时间、筒体温度、滚筒转速和排湿装置的调风碟门等各因子的控制也有所不同。滚筒杀青机操作中改变投叶量，可通过上叶输送带无极变速器手柄，改变输送带的线速度，或者通过匀叶轮调节输送带上的叶层厚度；改变鲜叶杀青时间，可转动滚筒无极变速器手柄，使滚筒转速变慢，杀青时间即可延长。使滚筒转速加快，可缩短杀青时间；改变筒体内水汽状况，可通过排湿管内的碟形调节门调节开启程度，或者停止排湿风机调节筒体内的通风性能。在一般情况下，6CST－80 型滚筒杀青机的投叶量，以控制在 250～300kg/h，滚筒出口端略感烫手为宜。经常检查杀青叶质量，如杀青不足，炉温又正常，则应适当减少投叶量。杀青过度或出现焦叶，应适当增加投叶量，并适当压火。作业过程中如遇异常事故（如停电等）应立即退火，并以人工摇动大带轮上的备用手柄，使滚筒继续转动出叶，避免茶叶受损失。

杀青临近结束时（鲜叶剩留约为 25kg 左右），可先退火。杀青全部结束后，应先停止上叶输送带并退尽炉火，炉温下降至 100℃以下，再停主机，并除净筒内剩叶、焦叶，清扫机器的工作面积周围环境。

（3）保养技术　除经常性班前检查保养、班后清理外，在每一茶季结束后，均应对全机做一次检查和保养。对传动部分中链轮传动轴上的两只双列向心球面球轴承、滚筒主动托轮轴及后托轮轴上的单列圆锥滚子轴承和滚筒压轮轴上的单列向心球轴承需每年拆检一次，各链轮每季应涂黄油一次。挡托轮和滚筒的摩擦传动产生较大噪音时，允许在托轮上加点机油，切忌加油量过多，以免造成滚筒运转时打滑。对上叶输送带上无级变速器的一只滚动轴承和主、从动轴上的双列向心球轴承，每年茶季结束后应进行拆检，并更换黄油一次。此外，在每年茶季结束后，应修整炉灶一次。

**2. 揉捻机的使用与保养**

揉捻机由揉盘、出茶门、揉桶、三角架、加压机构（自动加压机构）、减速箱和电动机等组成。现以 6CR－65 型揉捻机为例加以说明。

（1）使用前的准备　取出减速齿轮箱上的油标尺，检查油面位置是否符合油尺刻度，润滑油不足应加齿轮箱润滑油（30 号机械油），各润滑点应加润滑油。润滑点的部位、使用油类及保养要求见表 8～10。随即检查各部件联接螺栓是否紧固、地脚螺母有否松动、电动机座的固定销有否松脱等。检查三角胶带的松紧度。处于松紧适度的三角胶带，在静止状态时，用手按下胶带中段，三角胶带低于原位置 20～30mm 为宜。过松或过紧应先松开电动机地板上的调节螺母，将电动机调至恰当位置，然后固紧。清除揉盘、揉桶及机器上遗留工具和杂物，并搬动三角胶带，使机子转动，检查有否卡阻现象。合上闸刀开关，试运转 2min。

**表 8－10　6CR－65 型揉捻机的润滑点**

| 序号 | 润滑部位 | 使用油类 | 保养要求 |
|---|---|---|---|
| 1 | 减速齿轮箱 | 30 号机械油 | 每年秋茶结束后拆洗更换 |
| 2 | 揉盖轴承处 | 黄油 | 每年秋茶结束后拆洗更换 |
| 3 | 丝杆轴端轴承处 | 黄油 | 每年秋茶结束后拆洗更换 |
| 4 | 丝杆与螺母配合处 | 机油 | 8h 加一次 |
| 5 | 手轮轴轴承处 | 机油 | 8h 加一次 |
| 6 | 曲臂轴承座 | 黄油 | 每年秋茶结束后拆洗更换 |
| 7 | 齿轮箱输出轴轴承 | 黄油 | 每年秋茶结束后拆洗更换 |
| 8 | 手轮传动锥齿轮 | 黄油 | 每年秋茶结束后拆洗更换 |

（2）使用技术　试运转后，关闭出茶门，摇动操纵手轮，使揉桶盖高出揉桶，拉起副立轴顶部的定位销，推开揉桶盖，上叶，揉桶装叶量 40～60mm。关上揉桶盖，倒转操纵手轮，使揉桶盖进桶 10mm 左右。合上闸刀开关，使机器运转。揉捻的操作工艺，一般应先行 3～5min 预揉，然后加压。揉捻时间控制在 20～30min，嫩叶轻揉，老叶重揉，在揉捻结束前 2～3min，转动控制手柄使揉桶盖松压。揉捻结束即可打开出茶门卸叶清扫，再行第二次揉捻。

（3）使用注意事项　开机前，机器上应无遗留杂物，开动时需先发信号，以防三角架等运转伤人；机器工作时，发现有不正常的冲击或杂音，应立即停车检查，排除故障后再开机工作；注意观察减速箱、电动机、运转臂轴承的发热情况，一般减速箱不得超过 80℃，电动机温升不得超过 65℃，滑动轴承、滚动轴承的温度分别不得超过 65～75℃；注意和保持电气设备的完好和安全。

（4）保养技术　班保养可在使用前或使用后进行，其保养项目同使用前准备。季度保养在春茶及夏茶结束后进行。保养内容有：清除揉盘、揉桶、揉桶盖、出茶门上的积茶（茶末、茶浆、茶污）；对立柱、压力杆、出茶门轴承处、丝杆和螺母连接处加注机油防锈；检查各部件联接螺母等是否松动或损坏，并及时固紧和更换。最好加防护罩（尼龙薄膜或油布）保护。年度保养，即600h保养。在年加工结束后，进行年度保养。其内容除包括班保养和季度保养的全部内容外，应清洗更换减速箱内机油。拆洗运转臂轴承、减速箱输出轴轴承、加压装置上的锥齿轮及加压盖上轴承，并更换黄油，放松三角胶带，清理干净后撒涂适当滑石粉。

**3. 烘干机的使用与保养**

翻板式烘干机系列产品有6CH－10、16、20和30型（表8－3）。基本结构相同，由上叶输送装置、烘箱、传动变速装置、送风装置及热风发生炉等部件组成。现以6CH－16型为例加以说明。

（1）使用前的准备　加足各润滑点的油脂。润滑油采用20号机油，润滑脂采用钠质润滑脂；检查风机转型是否与指示牌标识的相符，如转向相反，则将三相交流电中任意调换其中两相即可。主机不能倒转，否则会打坏百叶板。在检查传动变速装置的电动机转向时，现将变速装置输出端的主动链条拆下，再试转向。在电动机转向确认正确后，再接好主动链条；检查各部件接件是否紧固；清除烘箱内杂物及遗留的工具；试运转，观察风机的运转是否正常，有无擦碰声音。观察商业输送装置百叶板是否居中，若有侧偏表明烘箱安装未达水平或牵引链链轮轴不相平行，应设法校正。试运转时，一般可调节变速装置的调节手轮，慢速、快速各运转1h；热机试车时，要观察有无漏烟现象，发现漏烟要仔细检查出热风发生炉的漏烟部位，并用耐火泥等加以填堵；使用前，必须再一次清机，清除杂物、灰尘、污物等。

（2）使用技术　烘干机的热风发生炉的发火时间一般为40min，因此应当在所需要的上烘时间前40～60min开始发炉。发炉时，先烧旺块柴，然后平整柴禾，不可使柴禾过于架空，再加一层煤待旺后再加煤。注意应使整个炉箅都旺。加煤约三四次，即可达到上烘所需的温度。

当热风炉升温到烘茶所需的温度时，先开动鼓风机，预热烘箱，并观察温度表。毛火或烘二青则温度可高些，足火或精制复火温度按制茶工艺要求而定。

开动主机，开始上叶。上叶要均匀，不宜过厚，一般以薄摊快速烘干为好。摊叶厚度，可转动调节手轮，调节上叶输送带上的匀叶轮控制带上的叶层厚度。全程烘干时间是由传动变速转动装置调速手轮来控制的。其调节范围在6.5～24分之间无级变速。烘箱进口温度应稳定在100～110℃，如果温度过高，应打开鼓风机进风管上的冷风门。烘箱热风进口处的活动风门手柄应处在能吹进漏茶的位置为好。工作时，上叶输送装置的回茶斗以微开为好，并定时开启清理。

烘干作业完毕，待热风温度下降到60℃以下关闭风机，除净炉中余火。待烘箱内残存茶叶出净后，停止主机运转，清理烘箱底部漏叶，清扫干净。

（3）保养技术　班保养除使用前准备工作外，应在套筒滚子链上涂抹机油，并检查减速箱内的油位。运行中如发现不正常的冲击噪音，应停车检修，并经常检查电机、减速箱及各传动部件轴承的发热情况，风机升温不应超过100℃，其他各轴承不超过65℃，减速器不超过60℃；及时检查火管烧蚀及炉壁等情况，以保证热风炉的正常运行和防止漏烟；经常检查链条的松紧度及压紧轮的工作情况，不符合要求的及时调整；定期检查各传动件及易损零件的工作情况，发现隐患及时排除。

**4. 瓶式干茶机的使用与保养**

瓶式炒干机一般由瓶体、炉灶、传动减速装置和机架组成。主要用于炒二青和辉干。瓶体中间大，两端小，有圆锥形和八角锥形两种。由于八角瓶式炒茶机的透炒性能较好，也用于杀青作业。现以6CCP－100型瓶式炒干机为例说明其使用和保养。

（1）使用前的准备　检查瓶体内有无工具和杂物，加以清除，以避免运转时发生故障；检查胶带是否符合松紧度要求；检查各润滑点是否有润滑油脂，以防止运转中失油摩擦而发热；检查排风扇是否完好；检查电气设备是否完好；检查易松连接件是否紧固。各部件经检查，确认无误后，进行点动运转，观察瓶体上挡烟环与炉壁是否有严重摩擦声，对轻微摩擦声经空运转一段时间即可消除。

（2）使用技术 在出茶口放置盛茶具；在使用前半小时起火生炉，发火后立即启动机器，以避免瓶体局部受热而变形；温度达到制茶工艺要求后，投入茶叶，杀青温度掌握在 280～320℃，一手掌放在筒口感觉烫手为度，投叶量 40～50kg；用作二青其温度掌握在 180～200℃，以手掌放在筒口略有烫手感为度，投叶量以 20～30kg 为宜，由于揉捻叶表面茶汁较多，投叶时应先少量慢投，最后一起投叶，以免茶叶粘贴筒壁；用作辉干作业，温度可低些，一般掌握在 90～105℃，投叶量为 40～50kg，如投叶量过多，超负荷运转，主轴下弯而引起挡烟环严重擦壁，同时对茶叶的香气和色泽也有不利影响；茶叶干燥程度按制茶工艺要求，一般二青炒20～30min，辉干炒 40～60min，温度先高后低，要求匀火、文火，不可忽高忽低。风扇的转动或停止应适当掌握，以免因排湿不良而影响毛茶的香气和色泽；干燥程度达到工艺要求后，变换倒顺开关，先停再换至倒转位置，以免筒体受力过猛而损坏部件，倒转后，筒体反转而出叶。

（3）保养技术 随时检查电机、减速箱和轴承的发热情况，电机升温不超过 65℃，减速箱油温不得超过 80℃，滚动轴承温度不得超过 70℃，如发现过热或有不正常的冲击、噪音等，应及时停机排除；滑动轴、开式外露齿轮、离合器等转动部件，每班应加注机油两次；齿轮箱内的机油应保持油面线高度，经常检查连接处螺栓螺母有无松动，若有松动应及时拧紧；每班作业完毕，应清洁机器内外的遗留茶叶、茶末及杂物。茶季结束后，用柴油清洗开式齿轮，涂上黄油保护。

**5. 锅式炒干机的使用与保养**

锅式炒干机在机械组成、工作原理和操作步骤上与锅式杀青机基本相同，由炉灶、炒叶腔、炒手、传动装置和机架组成，因此在使用中可以按炒干或杀青各自的工艺要求进行。两种茶机的使用和保养可以相互参考，现以6CSG-50型双锅曲毫炒干机为例加以说明。

（1）使用前的准备　按车间布置安装好茶机后，首先检查和调整炒手与锅面的间隙是否符合要求。炒干机炒手的形式很多，有炒刷、弧板形炒手、弧面形炒手、曲板形炒手、齿形炒手、角铁形炒手等，但炒手与锅面之间的间隙要求是一致的，必须保证炒手在炒动茶叶的方向上，炒手间隙越来越大。一般炒手间隙在前锅沿为2～4mm，锅底为4～6mm，锅后沿为8～10mm，以保证炒手有较好的造型能力，使条索紧结，减少碎茶。检查电气设备是否安全可靠；检查减速箱及轴承的润滑情况；检查所有紧固件是否拧紧，特别是炒手固定及炒手杆上的螺栓，必须紧固，以免炒茶时松动、扭转，造成事故，损坏机器；清除机器上的杂物和工具，炒茶锅面有铁锈时，应用砂纸磨去，并清扫干净，涂上炒茶专用油，在锅中加入一定量的砻糠，炒1～2h（试运转时进行），再清扫干净，启动机器进行试运转，观察运转情况，如有不当应停车维修。

（2）使用技术　加热至锅温达110～120℃，锅式炒干机的着火位置对紧条有内在关系；着火不应满锅旺也不应过偏前，在锅心偏后一点，因茶叶在此位置受力最大，受热柔软而塑性变形也最大，有利于茶叶造型。

开动机器，开始作业。曲毫炒干机的炒干作业，一般分两次进行，先是将含水率在35%～40%的烘二青叶炒至含水率为12%～14%，出锅后适当摊晾，再上锅炒干。炒三青投叶量掌握在15～20kg/次，辉干为二锅并一锅。待茶叶炒至所需要的干度后，扭动倒顺开关，使其反转出叶。出茶干净后再扭动开关，使其正顺，准备再炒。此外，应经常注意机器运转情况，发现问题，立即停车检查。

（3）保养技术　使用前检查轴承和减速箱的润滑油情况，轴承中的润滑油脂每两年清洗更换一次；减速箱润滑油每使用500h清洗更换；经常注意各处螺栓、螺母的紧固情况；每个茶季结束，全面检查一次，炒手如有弯曲变形，应拆下按原来式样重新修复，并检查炒手间隙。锅式炒干机因受高温变形下凹，如超过 10mm 则应将锅更换。对易损件发现磨损超过规定范围的也应及时更换；每年茶季结束，要清除机器上的尘灰茶末，保持清洁。传动装置应保持干燥，以免生锈。

## （二）精加工茶机的使用与保养

精加工茶机包括烘干机、炒车机、平面圆筛机、抖筛机、切茶机、风选机、拣梗机、车色机及匀堆装箱机等。茶叶精制加工的工艺路线，视茶类不同而异，同一茶类，各精制茶厂亦不尽类同。但是，不论采用何种具体工艺流程，均需经过筛分、切细、风选、拣梗及辉干和车色等作业，达到精制加工的主要目的，形成品质划一的规格化产品，满足市场的需要。

### 1. 精加工茶机的一般保养技术

精加工茶机一般由工作部分、动力部分和减速传动部分组成。工作部分是直接实现工艺动作的部分。各种精加工茶机其工艺要求、实现工艺动作的结构及其工作原理是不同的。但动力传动系统均由电动机、减速箱组成，因此对动力传动系统及工作部分中运动构件的保养都基本相同。

（1）电动机的保养技术　新安装或停机 3 个月以上未使用的电动机，在使用前应进行下列检查。

绝缘电阻的检查。电动机的绝缘电阻，一般用 500V 的摇表（兆欧表）测量。电动机的 3 个绕组在机壳内部链接成星形，可测量总绕组和机壳的绝缘电阻。当电机有 6 个接线头时，应先全部拆成 6 个单独的接头，然后分别测量每相绕组对机壳的绝缘电阻和绕组各相之间的绝缘电阻。500V 小功率电动机的绝缘电阻不得少于 1 兆欧。如测得绝缘电阻数值太低，则必须先让电动机干燥后，才可运行；如绕组各项之间或对机壳间有短路现象，则必须找出原因，消除后才能运行。

电源电压及电动机接线的检查。检查电动机铭牌上的额定电压和电源电压是否相符。电动机绕组的接法与铭牌上规定的接法是否相符。一般三相异步电动机为星形接法。

接地情况的检查。电动机外壳的接地线是否中断，接地螺钉有无松动、脱落等。

转动情况的检查。用手转动电动机应灵活自如，并仔细听内部有无定子和转子相互摩擦的杂音。对已用过的电动机还应观察轴承装备情况和润滑油是否清洁和足够。接线后应采用点试决定电动机转向是否正确。

启动准备和运行情况检查。电动机所带动的工作机，必须准备完毕后才能启动。运行中应对机温、轴承和电源电压等进行监视。用手背接触电动机机壳，判断温升状况，当机壳发热到手不能忍受时，表明已超过允许值，应查明原因，采取措施，降低机温。运行中心必须注意轴承的工作情况，如滚珠轴承轧碎后，则有冲击声；润滑油不足则有丝丝声并严重发热。电源电压一般应限制在额定值的±10%范围。此外，电动机在工作时，应保持周围环境的清洁，防止杂物尘粒卷入；定期清除电动机上的污垢和灰尘；中小型电动机每运行 1 000h 后，需更换润滑油一次。润滑油用量一般不宜超过轴承内空容积的 2/3，对于高速电动机（2 000r/min 以上）则应减少到 1/2。若运行时产生绝缘材料过热的焦气味，应立即停机检查原因。

（2）减速箱的保养技术　常用的减速箱有齿轮减速箱和涡轮减速箱。在外观上齿轮减速箱的输入轴和输出轴是平行的，一般为2～3级齿轮传动。但涡轮减速箱的输入轴和输出轴是呈空间交叉的，且均为一级涡轮涡杆传动。

检查润滑油：减速箱内一般都采用机油作润滑剂，特别是涡轮减速箱，其机油不仅要定量而且要求一定标号。说明书中没有规定的，一般用 20 号机油。打开通气孔，取出油标尺，先用干布擦干净油标尺，然后按旋入的方向直插入箱体内，取出来观察油面印迹是否在规定的标格之内。无标尺者则用其他丝棒插入通气孔，取出观察一般有油印即可。

减速箱的初运转及机油的定期更换：新机应进行试运转，检查运转是否正常。新机正常工作一周后，应调换机油一次，因为这时减速箱是处于磨合阶段，会有大量金属屑沉入机油中，使机油中杂质量增加，如不及时清除，不仅会使机油变质而且大量金属屑反而加速传动件的磨损。调换时，可在机器运转半小时后停机进行，松开减速箱底部的出油螺栓，机油流出后，用柴油冲洗1～2次，使齿轮箱底部金属屑清除干净。再按规定加入新机油，旋紧出油螺栓。在正常情况下，润滑油应每年调换一次机油。

机油渗漏检查：机油渗漏会污染茶叶，因此在使用中要注意检查密封圈或密封垫片是否损坏或添加机油过多。发现漏油严重应找出原因，加以纠正。

此外，应经常保持箱体清洁，及时清扫残叶、茶尘、茶灰，并对发热情况进行检查，涡轮减速箱内的油温不得超过80℃，滚动轴承的最高温度也不得超过80℃，滑动轴承和齿轮减速箱体不得超过70℃，否则应检查原因，加以排除。

**2. 精加工茶机的使用技术**

（1）瓶式车色机　该机有八角瓶式筒体、传动减速装置、罩壳及机架组成。适用于各种条形茶的滚条和车色。

车色通常与前面的烘干复活等工序相衔接。下烘的复火茶温度较高，叶质柔软，立即进行滚条和车色，能使条索更加紧结。6CZC-140型瓶式车色机，每筒装量为80kg，一般车色时间为50～90min，根据茶叶品种、花色、品质等级等不同情况灵活掌握。操作时，先在进茶斗处衔接好输送装置，按规定量将茶叶倒入输送装置的贮茶斗，然后，先按正转按钮，滚筒正转，再开动输送装置送茶完毕，停输送装置。到规定时间可按反转按钮，卸下茶叶。出茶完毕后，可重复前述操作，继续工作。每年制茶结束后，进行更换润滑油和润滑油脂的全面养护。

（2）平面圆筛机　平面圆筛机载精加工工艺中有两种不同作业，用作分筛作业的圆筛机，其转速为185r/min左右，用作撩筛作业的转速为220r/min。一般采用更换三角胶带轮的大小加以改变；也可向茶机厂作配套购买。

检查各层筛面，是否根据制茶工艺要求配置筛网，茶机厂出厂均配有筛网 8～10 面，筛孔规格一般为 4、5、6、7、8、10、12、16、18、20、24、32、60、80 孔。配置筛网时可根据作业不同要求，进行配置。

平面圆筛机分筛的质量指标用筛净率和误筛率表示。实践证明，随着分筛时间增加，晒面上叶层厚度下降，其筛净率增加，误筛率叶增加，喂入量增大，筛净率和误筛率都降低。因此，合理确定喂入量是保证筛分质量的重要手段，大型平面圆筛机台时上茶量在 1000kg/h 以上，中型为 800～1 000kg/h，小型为 800kg/h 以下。

使用时，先开动主机，然后再开动输送带，入茶后调节输送量为适度，立即将输送带贮茶斗上出茶门的控制杆固定，以后只需向贮茶斗倒茶即可，筛床各出茶口应及时更换接茶箱。加工完毕，先停输送带，然后再停主机。

（3）双层斗筛机　由筛床、传动机构、机架、升运装置组成。用于加工作业中的抖头抽筋、紧门以及窨花茶的筛花作业。

4～7 孔筛号茶都要进行抖头抽筋，以斗去过粗的条茶和圆头，抽出极细的筋梗。通过抖筛后，要求茶坯粗细和净度初步符合各级茶的规格要求，做到抖头要净，粗细均匀，基本不含细筋梗。双层斗筛一般配置四面筛网（表 8－11）。

**表 8－11　双层斗筛筛网配置**

| 原料等级 | 4 孔茶 | 5 孔茶 | 6 孔茶 | 7 孔茶 |
|---|---|---|---|---|
| 一级毛茶 | 7 7 (1/2) 12 14 | 7 7 (1/2) 14 14 | 7 (1/2) 8 16 16 | 8 8 (1/2) 18 18 |
| 二级毛茶 | 7 7 (1/2) 12 12 | 7 7 (1/2) 14 14 | 7 (1/2) 8 16 16 | 8 8 (1/2) 18 18 |
| 三级毛茶 | 7 7 (1/2) 12 12 | 7 7 (1/2) 14 14 | 7 (1/2) 8 14 16 | 8 8 (1/2) 18 18 |
| 四级毛茶 | 6 (1/2) 7 11 12 | 6 (1/2) 7 12 12 | 7 7 (1/2) 14 16 | 7 (1/2) 8 18 18 |
| 五、六级毛茶 | 6 (1/2) 7 11 12 | 6 (1/2) 7 12 12 | 7 7 (1/2) 14 16 | 18 20 |

使用时，上茶量应适当，防止流量过多，抖不净影响取坯。筛网容易堵塞，工作中要经常敲刮筛网，多敲小刮，保持筛孔畅通，减少碎茶。一般 7 号抖头并入 6 号茶复抖，6 号茶并入 5 号茶复抖。4、5 号茶头交圆身路，各孔的抖筋交筋梗路处理。加工完毕，先停输送带，然后再停主机，并进行清机。

（4）切茶机 包括齿切机和滚切机，一般由切茶装置、传动机构、机座和贮茶斗组成。用于各种头子茶的切细，如分筛的筛头，本身茶 4、5 口抖头，4～5 孔前紧门头。

齿切机具有剖分粗大茶头的作用，在圆头少、不取贡熙的工艺时，效果较好。操作使用原则以松口多切，先松后紧，切次合理，流量得当，停止紧口重切。齿辊和齿形刀之间的切口深浅，可通过手轮移动齿形刀予以调节。调节行程为 25mm 左右，以适应不同茶类不同筛头的需要。机器一般设有切刀安全装置，当茶叶中夹有硬质杂物（小石块、螺母、圆钉等），则齿形刀会自动让刀待杂物掉下后，可自动恢复原位。开动机器后，目测茶叶的切细情况，调节行程大小。一般掌握以 1/3 的量被切细而可通过 4 号或 5 号筛网为宜。

（5）风选机 由分茶箱、离心鼓风机、叶栅导风管、电磁振动喂料器（曲柄抖动喂料器）、输送装置等组成。用于剖扇和清扇，分清茶叶优次（轻重）定级取料。

为了充分发挥原料的经济效益，应以取足本级，兼顾下级，按质取料，级级站牢，力求做到不合格茶叶不取，合格茶叶不漏，分清老嫩，级别分明。为了风力平稳，进料均匀，应尽量使用大风门。在风力掌握上应是剖扇轻，清扇重；低级茶轻，高级茶重；下段茶较轻，上段茶较重。

先开风机，风力调整适当后，再配合调节分茶箱内分茶隔板的位置和角度，再开输送带上茶风选。电磁振动喂料器的进料以呈帘状下落为宜。喂料盘的振动强弱，可旋动调节线圈电流的旋钮，并观察其喂料情况进行调整，输送带上茶量不宜过多，否则喂料盘上的茶叶堆积量过多，不仅影响下料的均匀性，而且喂料盘使用寿命也将缩短。

（6）阶梯式拣梗机　由拣床、传动机构、进茶装置和机架组成。用于拣出各筛号茶中较长的粗筋梗，以提高茶坯净度。

在拣床上，多槽板呈阶梯状，每一槽板都配有一固定或转动的小轴，利用茶叶和茶梗的长度、弯曲度和重心位置的差异，在通过槽板和小轴之间的间隙时予以分离。因此，槽板和小轴之间间隙的大小以及间隙的均匀性，对茶叶间隙拣净率影响很大，验收茶机时，应当特别注意间隙的调节是否灵活，其各个位置间隙的大小是否一致。拣床应平衡、稳定，以免在工作时发生茶叶偏流或漏茶。根据不同筛号茶的要求，可通过调节手柄来调整，一般掌握第一层间隙较大，使最长的茶梗先拣出，以净梗为主，以后间隙都比第一层要小，以净茶为主，反之，亦可采用第一层间隙控制较小以后逐渐放宽，逐层拣梗。操作时，上茶要均匀，流量适当。以茶叶在滑槽内少棵直线滑行为好。防止流量过多、茶叶重叠、竖横俱下而造成拣梗不净、茶条流失过多，影响品质和经济效益。

（7）高压静电拣梗机　由高压静电发生器、分离机构、进茶机构、传动机构及机架组成。用于吸出茶梗、黄朴、黄筋黄、尖头黄等次质茶以及非茶类的夹杂物，以提高面张茶的净度，尽量减少付手拣的数量。开机前应特别注意机壳接地。付拣的筛号茶要控制含水率7%～8%。付拣的茶叶温度以复烘后降至室温即可，不可搁置太久。电拣的效果和付拣茶叶质量、含水率高低、车间的绝对湿度和温度等多种因素有关。高级茶、重质茶、含水率低的茶叶电压宜高，反之宜低；车间环境温度低和绝对湿度高，电拣效果较差，反之则较好。应根据具体情况调节电压（20～30kV）、正负极滚筒间距、分离板远近，寻求最好的拣剔效果。上茶量要适当，使茶叶分布薄而均匀。电拣应反复多次，当拣头中出现乌条较多时，可不再拣剔，一般过拣滚筒数次以6～9次为宜。操作各种调节器时，动作要缓慢，用力不可过猛，以免产生电压冲击和损坏机器。当连续出现跳火时，应立即停机调整或检修。每日工作完毕，应打开前门，用带有绝缘手柄的细软物打扫机框内部，以免茶尘堆积，影响电场强度。要特别注意安全用电，必须按规定的操作程序操作。

（8）色选机 电脑茶叶色选机是最近几年开发出来的急拣梗新产品，是一种应用电脑技术和色差测定技术相结合而完成茶叶拣梗作业的高技术、高精密度设备。主要由送料器、茶叶摄像用彩色CCD镜头、用于去除茶梗等异物的摄像镜头、荧光灯、电磁送风和吹气系统、茶梗和茶叶出料口、机架与罩壳和控制系统等组成，市场上已有多种型号（表8-12）。

**表8-12 各种茶叶色选机主要参数**

| 型号 | CCD-CY3 | CCD-CY4 | J6 | J7 | SS-B120MCCH |
|---|---|---|---|---|---|
| 溜板配置 | 3×2 | 4×2 | | | |
| 产量（kg/h） | 2 00～4 00 | 3 00～5 00 | 1 000～4 000 | 1 000～5 000 | 120～360 |
| 电源电压（V） | 220V 50Hz | 220V 50Hz | 220V 50Hz | 220V 50Hz | 220V 50Hz |
| 主机功率（kW） | 3.0 | 3.5 | 2.3 | 2.3 | 3.0 |
| 气源压力（MPa） | ≥0.6 | ≥0.6 | | | 0.6 |
| 气源消耗（L/min） | 800～1 500 | 1 000～1 800 | | | 1 200～3 000 |
| 机器重量（kg） | 1 000 | 1 180 | 900 | 900 | 1 000 |
| 外形尺寸 $mm^3$ | 1 985×2 000×2 873 | 2 085×2 000×2 873 | 2 100×1 290×1 775 | 2 100×1 290×1 775 | 1 900×1 550×2 500 |

在进行绿茶拣梗时，其色差测定系统对茶叶色泽组成参数进行测定，从而得出茶叶色泽偏绿或偏黄的程度。一般茶条色泽绿翠，而茶梗色泽偏黄。茶叶会被装有绿色色彩信号色差感应系统的茶叶摄像用彩色CCD镜头所捕捉，并进行摄影，然后将所摄影像输入计算机，通过计算，发出指令，使茶叶通过茶叶通道进入第二次拣梗或排出机外。而茶梗易被装有黄色色彩信号的高精度的色差感应系统捕捉和收集，并输入计算机，由计算机彩色CCD镜头发出信

号指令，对茶梗进行摄影，同样将所摄影像输入计算机，通过计算发出指令，使控制送风机运转的电磁阀接通，送风机运转，高压空气通过管道和喷嘴吹出强风，把茶梗从含梗的茶叶中吹出，通过茶梗通道和茶梗出料口排出机外，从而完成拣梗作业。

使用时，先开启空压机，当压力达到要求时（0.6Mpa 以上），开启冷干机、稳压电源（220V）和提升机。接通色选机电源并确认进入色选机的空气压力值（0.3Mpa），电压值是否正确。下料前，请依据原料选择不同的色选模式，确认荧光灯按照该模式的亮灯方式点亮。进行简单清扫后，确认滑槽及下料口无异物方可。为了达到最佳色选效果，色选机预热 15min 左右，轻触显示屏上的“启动初选”、“启动复选”键，当“启动初选”、“启动复选”键变为红色时，表示色选机振动器已打开并进行色选，然后根据需要在控制面板上的“模式”、“产量”和“灵敏度等通过上下箭头可以修改数值，确认后即可进料拣梗。当暂时停止生产（如半小时），可先后按一下触摸屏上的“关闭初选”和“关闭复选”键，使其停止落料，不必关机。继续生产时，再按一下这两个键既可。长时间停止生产（如 2h），则应完全关机。此时，按触摸屏上的“启动初选”、“启动复选”键使设备先停止下料，再按一下触摸屏上的“关闭系统”键，并等待 1min 左右，设备会自动关机。停机后用气枪对设备内部进行简单的清扫（如滑槽、光学室玻璃、良品口、喷射口等部位）和将过滤器里面的压缩空气以及水分放掉。色选机关机后，再关闭空压机、冷干机、稳压电源和提升机等附属设备。

值得注意的是，切不可在设备进行落料时直接按触摸屏上的“关闭系统”键，不可重复多次按“电源开关”键，更不可以通过切断、拨掉电源的方式直接关机，这样可能会对设备造成损坏。

### （三）微型名优茶机械的使用与保养

20 世纪 90 年代以来，名茶、优质茶发展迅速。其工艺精湛，制作考究。相继出现了各种名优茶的微型茶机，包括扁形（龙井、旗枪）、眉形（毛尖）、球螺形（碧螺春）、松针形（雨花茶、碧峰茶）等各种成套的微型名茶加工机械。这些茶机工艺性能较好，有较好的灵活性和适应性，在较大程度上能满足各种名茶工艺特点。熟悉和掌握微型名优茶机械的机械结构、工作原理、安装调试、操作使用、故障排除和维修保养，是制好名优茶的重要环节。

**1. 微型滚筒杀青机的使用和保养**

微型滚筒杀青机有燃煤（柴）式和电热式两种，由滚筒、贮叶盘、供热装置、机架和传动机构组成。所有部件安装在机架上形成整体式结构，无需安装且移动方便。

（1）使用前准备　检查所有紧固件是否紧固可靠、电气设备是否安全、传动件润滑是否符合要求、机器上（特别是滚筒内）有无遗留残叶及杂物。涡轮减速箱内润滑油应达到蜗轮中心平面，链轮传动应添加适量的润滑机油。滚筒的托轮轴承加足润滑脂，但严禁在主动托轮与滚筒箍套之间添加油脂，以避免减少摩擦力，造成传动失效，无法使滚筒转动。检查完毕后，按电动机铭牌规定接通电源，机器的空运转至少需要 1h，使机器的传动机构运行正常、平稳，无卡阻现象和无异常声响。滚筒的工作转速应保持在 22～25r/min。为了掌握杀青时间和程度，用调节机架前端的微调手轮，改变滚筒的水平倾斜度，以适应不同嫩度和季节的鲜叶。一般春茶杀青时间为 1min 至 1min10s，夏茶为 50s 至 1min。

（2）使用技术　杀青点火或通电加热时，务必先滚筒会运转，否则滚筒会变形，影响作业和机器寿命。

投叶杀青前，应掌握升温情况，不可过热，也不可过低，当达到杀青温度时应及时投叶杀青。开始时适当多投，以便充分吸收筒壁贮存的热量，切勿少投，以免产生焦叶。出叶后立即检查杀青质量，如手感柔软，闻有清香，叶色暗绿，无焦边爆点，表明杀青适度，可继续投叶。如叶子卷曲、严重干硬，表明杀青偏老、失水过多，可适当增加投叶量或降低炉温、用脚踏低机架出茶端使叶子迅速出来等进行调整。如叶子新鲜、折梗易断，说明杀青太嫩，一方面要减少投叶量，另一方面应迅速提高炉温。

杀青时一般一人投叶，一人司炉和检查杀青质量，司炉人员要加强责任心，要经常注意炉温变化，保持火苗分布均匀而稳定，投叶人应力求投叶量均匀一致。只有炉温正常，投叶均匀，才能保证杀青匀透，翠绿适度，取得较好的效果。

杀青叶出筒后，要及时摊晾降温，最好用电风扇吹散水蒸气，使叶温迅速降低，保持翠绿清香，且无堆积，避免泛黄。每批鲜叶杀青完成前 3min 退去旺火，以免结束产生焦叶。杀青完成后约 1min 左右，用脚踏下机架的出叶端，使滚筒向出口端急剧倾斜，快速排出杀青叶，保证杀青质量。

杀青结束，尽快除净余火或切断远红外线电热管电源，但需继续保持滚筒转动。当筒内空气温度降至 50℃以下时，方可停机，停机后应清除筒内残留叶片，清理机器外表，保持设备清洁。

**2. 6CZS－50 型汽热杀青机的使用和保养**

该机能满足各种鲜叶的蒸汽杀青工艺要求，对夏、秋茶的杀青效果较好，不仅能有效地保持茶叶完整、叶底翠绿、汤色嫩绿明亮，对除去苦涩味效果也好，能明显提高夏秋季名优茶的品质，是名优绿茶杀青的新机种。全机由网带、蒸汽水槽、机架和传动机构组成。

（1）使用前的准备　检查网带松紧是否适当、有无偏斜。检查进水管有无水源，接通进水管后能自动供水，如发现停水，则应采取补救措施。检查 U 形电热管是否完好无损，接通电热管电源后，电热管水槽中会发出水泡和咕嘟的声音，表明电热管完好，全面检查无误后，开车试运转。测试网带工作段（蒸茶箱）通过时间。该机采用无级变速器调节蒸青时间，一般蒸青的时间（即网带通过工作段时间）为 75～90s，其网带线速度在 0.72～0.86cm/s。试运转时，观察网带通过工作段的时间是否符合要求；水槽内自动注水，到达一定水深后，即会自动停止供水。接通电热管电源，加热水温，同时预热蒸茶箱。出茶口下放置盛茶器具。

（2）使用技术　当网带的工作段（蒸茶箱）蒸汽温度上升到 90℃以上，即可开启机器，开始投叶。先期投叶量宜少，待温度稳定后，再按工艺要求正常投叶，继续杀青。无压蒸汽杀青，蒸汽的穿透能力差，摊叶要薄、匀、不重叠，才能达到理想的杀青效果。

杀青叶出口处，杀青叶流入盛茶器具时，虽有电风扇吹散热量和蒸汽，但仍要及时摊晾，并进行及时除烘至含水率为55%～60%，才能投入揉捻或整形。

当蒸汽水槽内的水位下降到一定程度时，就会向槽内自动注水，由于注入的是冷水，蒸茶箱内温度会明显降低，所以在加水时，要停止投叶或尽量减少投叶量，以免造成杀青不透，影响品质。杀青完毕，即可断电停机，放尽蒸汽槽内的水，清除机器上的残叶，清扫场地。

**3. 微波杀青干燥机使用和保养**

利用微波炉腔内的磁控管产生高频微波，对鲜叶内部的极性分子进行激化，加速分子间的相互碰撞，并在短时内产生巨大的摩擦热量，钝化鲜叶中的酶，并使鲜叶失水而变软，从而达到良好的杀青效果。微波杀青具有时间短，操作方便，不需预热，即开即用，对环境无污染，加热均匀性较好等优点，适用名优绿茶的杀青。目前市场上的微波杀青干燥设备型号很多，但结构和组成基本相似，主要包括微波发生装置和腔体、传送装置、支架等（彩图8－9）。

（1）使用前的准备　由于微波杀青机用电量大，容易受电压影响，对于山区农村用电电压不稳的情况，建议配置稳压设备。微波杀青对鲜叶匀度有一定要求，采摘标准一致的无性系良种芽叶比较适用。使用前应检查设备各部分部件是否完好；通过点试，检查传送带是否运转正常；通过调节传送带的速度，预设杀青时间。

（2）使用技术　开启机器后，将鲜叶薄摊在传送带上，叶层厚度一般掌握在3～4cm。过厚不利于杀透杀匀，因为微波的穿透能力有限；过薄容易导致能源浪费，增加工作量。杀青后的在制品温度高，应薄摊并立即吹风散热，以免叶片被闷黄，影响茶叶的品质。目前，市场上已经有微波杀青与快速冷却装置联用的成套设备，可以保证杀青质量。杀青后的在制品应采用复炒提香工序，更有利于香气的形成，提高茶叶的品质。

**4. 名优茶揉捻机的使用和保养**

名优茶揉捻机的种类很多，依揉桶的大小分15型、20型、25

型及30型等，依揉盘形状不同有圆盘形和方盘形等，但其工作原理和组成基本相同，由揉桶、揉盘、加压装置、机架和传动机构等组成，目前以25型揉捻机应用较为广泛。现以6CR-25型圆盘揉捻机为例作一介绍。

（1）使用前的准备　按名茶车间平面布置要求装好揉捻机，检查揉桶的回转方向。揉桶的回转方向应与揉盘上的棱骨弯曲方向相反。可采用点动方法测试，如果回转方向错误，将三相电的其中两相对调线头即可。检查电动机三角胶带松紧度是否适当。用手按三角胶带中部能使胶带下凹一指（3～4mm）即可。检查加压装置的杠杆转动是否灵活，配重块移动是否活动自如。合上闸刀开关，使机器运转，确认无误后方可投入正常使用。

（2）使用技术　严格按安全操作规程和工艺要求进行。先关闭出茶门，放好盛茶器，把滑块移至"0"刻度，提起杠杆，并拧松杠杆立柱下端螺钉，将立柱和加压部件一起转动90°，使压盖离开揉桶，投叶后再反向操作，并拧紧立柱固定螺钉。

投叶量应符合规定要求，一般15型为0.8～1.0kg；20型为1.5～1.8kg；25型为2.5～3.0kg；30型为4.5～5.0kg。投叶量过多或过少，都不利于揉捻运动和搓揉卷曲力，不利于卷曲成条。

开动机器，按照制茶工艺要求控制加压压力。一般揉捻2～3min后，移动滑块进行轻压5～8min，再揉捻5～6min，待茶叶成条即可下叶。名优茶采摘细嫩，汁水多，经杀青后叶质柔软，容易成条，加上名优茶对芽叶组织破坏率的要求较低，因此揉捻中应掌握成条的程度为主，要求组织破坏程度为次。打开出茶门，使茶叶漏入盛茶器中，待出茶完毕，先停机，移开揉桶压盖，清扫揉盘和揉桶壁上的残存茶叶。

**5. 6CH系列微型烘干（烘焙）机的使用和保养**

6CH系列烘干机（表8-4）的结构有两种，一种是以柴（煤）为燃料的热风炉和烘干机配套的热风烘干机，另一种是以电能作热源的电热烘干机。其烘干机的工作原理基本相同，主机结构由箱体及内部的三层不锈钢筛网制成循环运输网带、传动减速装置和电热管或热风炉组成。

（1）使用前的准备　烘干机安放好后，首先进行用前检查和电机转向点试，如电机转动而烘干机不动，表明电动机转向有误。电动机转向正确则可进行试运转。空机试运转应不少于1h，观察网带转动方向、网带运转有无卡阻现象和异常声音。在试运转时，可从进茶口投入一块小厚纸片，测定到出茶口流出的时间决定烘程，并依名茶类别和烘干作业工艺调整烘程时间，一般控制在10～12min及控制传动减速装置中的棘爪推动棘轮的齿数为3～4齿，但各型号设计参数不同，调整的齿数也有差异。需调整时，应先将该曲柄摆杆——棘轮机构中的曲柄上燕形螺栓的螺母松开，再将燕形螺栓向曲柄中心移动，移动量的大小即可改变棘爪推动棘轮的齿数，从而改变烘程的时间。这种调整，可以用手转动电动机主动轮来观察改变的齿数。调整好以后，应将燕尾螺栓拧紧才可试车，几次测试后确定烘程时间。

烘干机配备热风炉时，应进行热车调试，一般采用无热管热风炉，安装好后要有10d以上的保养期，才能使用。电热烘干机的热车调试，可用半导体测温仪，测定烘箱温度，如预温15h时，箱体温度能达到符合工艺要求，运转正常即可进行烘茶。

（2）使用技术　热风炉点火升温一段时间以后，一般预热时间为20h，当热空气温度达到烘干工艺要求、毛火温度在110～120℃、足火温度90～100℃（表8-13），即可开机作业。

**表8-13　毛、足火温度及烘时比较**

| 工艺名称 | 温度（℃） | 棘爪齿数（齿数/次） | 烘干时间（min） | 摊叶厚度（cm） | 烘干要求 |
|---|---|---|---|---|---|
| 毛火（二青） | 120 | 14 | 4 | 1.5 | 高温薄摊快速 |
| 足火（提香） | 90 | 3～4 | 14～16 | 2.5～3 | 低温厚摊慢速 |

人工摊叶应做到摊叶均匀稳定，避免摊叶量忽高忽低、左右不匀。热风炉的司炉，加煤既要力求匀、勤、少，又要尽量减少开门次数，以免大量热能从炉门泻出。经常注意观察输送带的正常工作

位置，发现偏斜和爬行，应及时停车调整输送网带两端的滚筒调距座，使两滚筒之间平行和保持网带张紧度一致。

每班作业完毕后，应撤尽燃料，打开炉门，当热空气温度降至50℃以下时，方可开闭风机，清除网带上的残叶，拭抹机器外表面，保持机器清洁。

烘网（网带）的更换。当烘网断裂、破损，应及时更换新网或修复。更换方法是先将拟更换层的烘网主动端链轮卸下，在机左侧将该层烘网主动滚筒轴和被动滚筒轴端盖上的螺栓拧下，抽出主、被动滚筒轴，打开观察门将烘网链条一起取出箱体，放入新网。注意新网上应有6～8根托网杆，并用不锈钢丝将烘网与托网杆绕紧后，才能放入。然后按卸下的反向步骤安装、调试。务必特别注意主、被动滚筒轴，保持平行和烘网紧度一致。

**6. 扁茶成型机的使用和保养**

名优绿茶中的扁形茶包括龙井、旗枪、大方、千岛玉叶、竹叶青等。利用扁茶成型机制成的名茶，不仅外形扁平、光滑、挺直，而且色泽翠绿、清香高纯、味鲜甘醇、汤色清亮、符合传统扁形茶的品质风格。目前扁型茶成型机种类较多（表8－4），可以单独使用，也可以和微型滚筒杀青机联用，以提高效率。以6CSB－3三锅扁茶成型机（彩图8－10）为例说明其使用方法。

（1）使用前的准备　机器安装完毕后，检查炒手与锅的距离，以使茶叶能够顺利在三口锅中进出。开启电源，设定三个锅温。一般地，若不与滚筒杀青联用，第一口锅的温度可设定为350℃左右，第二和第三口锅温度分别为300℃和280℃。设定完后打开加热电源，待温度达到要求后，在三口锅中投入少量炒茶油和树叶或废茶，进行打磨，使锅面平滑。

（2）使用技术　调试完机器后，即可进行扁型茶生产。将温度设置到需要的值，开启加热电源，待第一口锅温度达到设定点后，投入摊凉的鲜叶，进行杀青，炒制1～3min后，杀青完成，并打开该锅与第二锅之间的出茶门，让杀青叶进入第二锅压扁。因为杀青叶水分比较高，炒手压力适当小些，以免茶叶色泽变乌，炒制

3～5min 后，茶叶基本成型，打开第二锅与第三锅之间的出茶门，将适当压扁的茶叶转入第三锅继续压扁、磨光，此时炒手压力可适当大些，炒制 3～5min 后，可出锅。在该过程中第一锅出叶后，即可再投叶杀青，可完成连续作业，一般该机台时产量（干茶）约 0.5～1.5kg/h。在炒至鲜叶只剩下最后一锅时，可先关闭加热电源，再投叶炒茶，待出锅后，锅温适当降低后，关闭总电源，并使炒手朝上。

**7. 茶叶提香机的使用和保养**

茶叶提香机是适用于名茶生产过程中最后干燥和提香工序的专用机械（彩图 8－11）。目前市场上型号较多（表 8－4），下面以 6CTH－6.0 电提香机为例说明方法。

（1）使用前的准备　该机适用于含水率 10%左右在制品的烘干和提香。将该机放置于工艺流程适宜的位置，并连接电源，打开风机电源，检查风向是否正确，风机运行是否平稳。打开电热开关，检查仪表盘温度是否上升，设定一个较低的温度和较短的时间，看机器是否到了设定点有正常的响应。清理箱体中的杂物碎屑，并将温度设定至 80～100℃，烘烤 1h，并打开排风门以排除异味。

（2）使用技术　打开总电源，将温度和时间设定至需要的位置，先开启风机，再开加热电源。待设定温度到达后，将事先准备的茶盘架连同叶盘推入箱体，进行加热提香。在该过程中，应视茶叶的水分，适当调节排风门，以利水汽散发。提香结束后，应先关闭加热开关，10min 后再关闭风机开关和总电源，待箱体温度接近室温时，清理箱体内碎末。

**8. 名茶多用机的使用和保养**

该机适用于高档条形茶杀青、理条和整形作业，有燃煤、燃气和电三种供能方式。由锅槽、传动机构、机架、加压机构等组成（彩图 8－12）。下面以 6CMD－40/7 电式槽多用机为例说明适用方法。

（1）使用前的准备　检查各项安装措施是否到位，螺栓有无松动，清除锅槽内杂物，并用布擦拭干净。在连杆、滑动部件上加注润滑油。接通电源空转 30min，观察是否异常碰撞或卡阻，并调节使之运作正常。

（2）使用技术　开启电源，加热锅子，在锅子升温时启动运动部件。转动变速手轮做慢速运动，手感锅温达到要求时，用专用制茶油涂抹锅面，待青烟冒净后，用干净布擦拭。将锅运行速度调快，1min 后每锅投入 1kg 鲜叶，待茶叶失水 20%左右后，停机提起手柄，使茶叶迅速排出锅外。之后可进行第二投叶。该机可与烘干（焙）机或辉干机联用，以提高茶叶品质和生产效率。

## 参考文献

丁勇，廖万有．2009. 茶叶色选机的技术特性与应用．茶叶，35（1）：33－36.

方世辉，李胜文，胡绍德，周天山，过慈妹．2006. 绿茶微波杀青工艺研究．中国茶叶加工（2）：17－18.

昆山奥星包装机械厂网站．http：//www.ksaopack.com/.

吕帆，吴春梅．2009. 茶产业 QS 认证制度的实施与改进．安徽农业科学，37（21）：10215－10216，1022.

南京澳润微波科技有限公司网站．http：//www.orientmw.com/channel/2651196.

权启爱．2009. 茶叶色选机的工作原理及选用．中国茶叶（1）：28－29.

嵊州市三界茶机厂网站．http：//sanjiecj.cn.alibaba.com.

王金焕，邹华旭，华少滨，李道成，李佐平．2004. 微波杀青在银毫茶加工中的应用．广东茶业（1）：20－21.

吴碎典，吴尚敏，张美仙，吴宏航．2005. 加快茶厂优化改造迎接茶叶 QS 认证．茶苑（3）：21－22.

浙江川崎茶业机械有限公司网站．http：//www.zjcqcj.com/cpzs.asp.

浙江落合农林机械有限公司网站．http：//www.zjochiai.com/products02.php.

浙江上洋机械有限公司网站．http：//www.cn－syjx.com/index.asp.

浙江省武义华帅茶叶瓜子机械有限公司网站．http：//www.nongjx.com/st1590/index.html.

浙江武义万达干燥设备制造有限公司网站．http：//www.dryequipment.com/.

# 第九章　茶的综合利用

随着茶园面积的扩大和产量的增加，世界茶叶产、供、需矛盾日渐突出。茶的综合利用成为了进一步促进茶叶消费，提高茶产业经济效益的重要途径。茶的综合利用就是运用现代加工工艺将茶鲜叶、成品茶，乃至茶叶加工过程中的附产品以及茶树附属资源（茶花、茶籽、茶枝或茶树根）等制成饮料、保健食品、药品等的过程，尤其是以茶叶功能成分提取为基础的功能成分的应用。

## 一、含茶食品

茶具有消暑解渴，提神醒脑之功效，为世界各地人们所喜爱。茶的饮用是茶叶消费的主要方式，但随着食品加工技术的不断成熟以及人们对生活品质的追求，茶的消费不再局限于传统的饮用方式，出现了多款茶叶饮料、固态茶以及含茶食品，如茶叶点心、茶叶菜肴、茶叶糖果等。茶叶能够有效去除食物中的油腻和腥味，使食物口感更细腻，更丰富，而茶叶的自然清香，让人食用后唇齿留香，顾盼神怡，因而各类含茶食品深受人们的喜爱。

### （一）茶叶点心和茶叶菜肴

#### 1. 绿茶龙珠饺

皮原料：澄面 200g，生粉 100g，菠菜 500g。

馅原料：瘦肉 50g，虾仁 25g，咸蛋黄 1 个，味精 3g，猪油 10g，胡椒粉 2g，白砂糖 5g，盐 3g，香油 5g，绿茶适量。

制法：菠菜榨成汁，将澄面和生粉用开水烫熟成澄面皮，分成两份：其中一份加入菠菜汁，成绿色面皮；将另一份澄面皮搓成圆条形，用蔬菜汁皮卷好，切粒，压扁成薄皮。其他原料拌匀成馅。将薄皮包入馅料，捏成三角龙珠形，在顶端沾上咸蛋黄，蒸熟即可上碟。

制作诀窍：蒸时火力不要过猛，否则会烂，影响外观①。

**2. 荔枝步步高**

原料：炼奶 100g，马蹄粉 500g，白糖 1 000g，荔枝红茶叶 5g。

制法：将荔枝红茶泡成茶汤，用一半的茶汤开 250g 马蹄粉，另外一半茶汤加白糖煮溶，将白糖浆慢慢冲入马蹄粉浆中，成半生的茶汤糊。用上述方法将余下的马蹄粉用清水煮糖撞浆，加入炼奶成奶糊。将一小勺茶汤糊放入已扫油的方盘内抹平，用中火蒸熟，再放入一小勺奶糊放在茶汤糊的上面，抹平，蒸熟。依此法把马蹄糊一层层蒸熟。放凉后用模具印成图案即可。

制作诀窍：撞浆时生熟粉要控制得宜，过生会使粉沉淀，过熟难以铺平。

**3. 茶叶粥**

原料：绿茶 10g，粳米 50g，白糖适量。

制法：将绿茶煮成浓茶汁 100ml 并去渣，粳米洗净，加入茶汁、白糖及水 400ml，文火熬成稠粥。

食法：每日二次。凡精神亢奋，不易入眠者，晚餐勿服。茶叶粥能治急慢性痢疾、肠炎、急性肠胃炎、阿米巴痢疾、心脏病水肿、肺心病和过于疲劳等症。

**4. 鸡茶饭**

原料；鸡胸肉八小片，鸡蛋一个，小麦粉 100g，粳米饭、食盐、干紫菜丝、绿茶末等适量，酒 20ml。

制法：将鸡肉纵切成丝，用刀背轻轻敲打，撒上精细食盐和黄酒，放置 4～5min。鸡蛋打入碗中，加冷水 150ml，调入小麦粉，迅速用力搅匀成蛋糊。鸡肉丝蘸上蛋糊，在热油中炸熟，捞出放在粳米饭上，撒以绿茶末，细盐及干紫菜丝即成。

---

① 茉莉，关伟强．茶点，面点，点点用心．中国烹饪，2008（1）：104－107.

食法：工余假日服用鸡茶饭，可增进食欲，有助健康。

**5. 龙井蛤蜊汤**

原料；蛤蜊 250g，龙井茶 10g，生姜，调料适量。

制法；温水冲泡龙井茶，备用。将蛤蜊和生姜丝一同放入锅中，加少量沸水煮片刻，待蛤蜊张开，倒入龙井茶再烧开，然后适当调味，装碗即成。

食法：作佳肴食用。汤清味醇，茶香浓郁。

**6. 龙井虾仁**

原料：新鲜活河虾 100g（约 250 只左右，大小均匀），龙井新茶（特级）1g 或鲜茶叶（一芽二叶）约 5g，鸡蛋一个，味精 2.5g，绍酒 15g，精盐 3g，湿淀粉 40g，热猪油 1000g（约耗 75g）。

制法：将虾去壳，挤出虾肉，将虾肉用清水反复洗至虾仁雪白，盛入碗中，放入精盐和鸡蛋清，用筷子轻轻搅拌至有黏性时加入湿淀粉、味精，拌匀，静置 1h，使油料渗入虾仁，待用。将龙井茶用 50ml 沸水冲泡 1min 后，弃茶汤 30ml，茶叶及剩汁待用。鲜叶用法大致如此。

将炒锅置中火上烧热，滑锅后下猪油，至四成熟时，倒入虾仁，迅速用筷子划散，待虾仁至玉白色，倒入漏勺滤去猪油，暗葱炝锅（即用葱炒油锅，用时去葱，留其葱香而不见葱），再将虾仁倒入油锅，迅速把茶叶及汁一同倒入，烹入绍酒，抖动几下，出锅装盘，即成一盘虾仁白玉、鲜嫩，茶叶碧绿、清香，色泽雅丽，风味独特的龙井虾仁。

食法：作佳肴食用。

**7. 清蒸茶鲫鱼**

用料：活鲫鱼一条，绿茶 10g。

制法：活鲫鱼去鳞、肠、腮后洗净，将绿茶塞入鲫鱼腹内，置盘中上锅清蒸，约 40min 即可。

食法；不用食盐，每日一次。一个疗程为 3～5d。适用于脾肾虚弱所至的（如糖尿病）烦渴病症。

**8. 龙井肉片汤**

用料：猪腿肉 150g，龙井茶 1.5g，四川涪陵榨菜 10g，鲜汤 1 000ml，鸡蛋一个，调料少量。

制法：将腿肉切成薄片，加绍酒、细盐、味精、胡椒粉、蛋清和干淀粉拌匀，置半小时待用。龙井茶用沸水冲饱，沥去水分，再用开水 100ml 冲泡，待用。榨菜切丝，待用。将腿肉片下开水锅余熟后捞出。鲜汤中加入调料，再加菜汁及茶叶，煮沸后加榨菜丝，最后倒入肉片即成。

食法：作菜肴食用。

## (二) 茶叶糖果

目前我国生产的茶叶糖果有红绿茶奶糖、红绿茶夹心糖、红绿茶饴、绿茶胶母糖、红茶巧克力和红绿茶颗粒硬糖等。茶糖的加工，主要是利用糖果工业的设备和工艺，将茶叶提取液或者茶叶粉末与糖、奶、果汁、巧克力、淀粉、维生素和各种带有保健性的植物添加剂混合在一起，形成独特的风味，使人们在享受糖果美味的同时品尝到茶叶的滋味。这种茶叶糖果符合现代人追求健康生活的心理，具有一定的保健作用。制作茶糖的茶叶添加方式可分为添加浓缩茶汤和直接添加茶粉两种，前者制得的茶糖滋味浓厚香醇，色泽亮丽，唯须先萃取茶汤；后者制得的茶糖茶味浓厚，色泽较暗黑，且所用的茶粉须研磨得非常细致，否则成品会带砂质感，口感欠佳①。

茶糖的品质主要取决于茶提取液或茶粉所占的比例及含糖量。加工过程中要注意茶叶提取液或茶粉的用量、茶叶提取物进入糖胚中的时间和温度。掌握合适的温度和时间，可防止茶叶可溶物在高温下变质，这是制造茶糖的关键。如果茶糖中茶多酚含量过少，则糖无茶味；过多，则易产生苦涩味。通常，茶糖中茶多酚的含量为

---

① 李晓文．茶叶深加工产品开发研究进展．中南林业调查规划，2001 (3)：62－64.

1～1.5mg/g。茶糖的加工工艺和配方使茶糖造型整齐，表面平整，质地均匀，软硬适中，具有良好的韧性和弹性，不黏牙，茶味适中爽口。

### （三）茶叶饼干

目前我国的茶叶饼干主要有红绿茶鲜汁奶油饼干、红绿茶夹心饼干、绿茶饼干等。在饼干中添加茶提取物可以有效减少饼干的甜腻，使饼干口感更加细腻柔和，且清香怡人。

茶叶饼干的加工，一般采用中下档茶叶或鲜叶。茶叶先经粉碎提汁，使用鲜叶则要进行粉碎、压榨、发酵制成红茶汁，或经杀青处理制成绿茶汁。然后将提取液配以面粉、白糖、奶粉、油脂和调味剂，经均匀搅拌后达到干湿适度，再经成型、烘烤而成。影响茶叶饼干品质的主要因素有配方比例、成型好坏、烘烤温度，以甜度对茶叶的风味影响最大。茶叶饼干制造中要求原料配比适当，加糖适量，干燥温度和时间合理，这样才能使产品的色、香、味得到充分的发挥。茶叶饼干外形色泽鲜艳，入口松脆，茶香萦绕。通常，茶叶饼干含茶多酚 840～1 520mg/kg，维生素 C11.96～17.32mg。茶叶既是饼干的营养强化剂，又是天然色素，还是调味剂和疏松剂。

### （四）茶叶面条

茶叶面条是指将红、绿茶研成细粉末后与面粉混合，加入适量调味品制成的茶叶挂面、茶叶方便面、茶叶空心面、茶叶蛋奶面等。根据烹制方法又可将茶叶面条分为茶叶汤面、茶叶炒面和茶叶凉拌面等。茶粉和面粉充分搅拌，可做出各种茶点，如绿茶长寿面、上汤绿茶水饺等，虽然茶味不是很浓，但面粉上的点点茶末色泽鲜绿，非常吸引人，同时还起到了去除油腻的作用。

### （五）茶叶冷饮

茶叶冷饮具有消暑解渴之功效，受到了众多消费者的欢迎。国内市场上存在的液态茶主要有以下几种：

**1. 茶汤饮料**

习惯上称之为纯茶饮料，是以茶叶及其提取物为原料，少添加或不添加糖，保持原茶风味的茶饮料。代表产品有三得利无糖（或低糖）乌龙茶，统一、康师傅的无糖（或低糖）绿茶、乌龙茶，铁观音，旭日升的天之情系列茶饮料、天与地的茉莉花茶等。

**2. 果味茶饮料**

果味茶饮料是以茶水为主体，添加糖、香精香料、酸等调和而成的饮料。目前柠檬口味的果味茶饮料最为普遍，如康师傅的柠檬红茶，统一的冰绿茶、冰红茶等。欧、美等地区则以桃味茶饮料销售形势最好，国内也有苹果、青梅等风味的茶饮料面市。

**3. 果汁茶饮料**

果汁茶饮料是指以茶水为主体，添加果汁、糖、香精香料、酸等调和而成的饮料，目前市场上并不多见。惠尔康的早茶族系列如添加梅汁的梅子绿茶和梅子红茶应属此类。

**4. 碳酸茶饮料**

将速溶茶粉（浓缩茶汁）、糖、香精香料、酸等辅料溶解调配后，再充入碳酸气制成的茶饮料，其加工工艺借鉴了传统碳酸型饮料的加工方式，结合了茶饮料独特风味特征。旭日升冰茶是该类型茶饮料的典型代表。

**5. 含乳茶饮料**

添加茶、奶、糖、香精香料的茶饮料，将奶的香味、茶特有的苦涩味揉合在一起，如统一阿萨姆奶茶、统一麦香奶茶、娃哈哈呦呦奶茶等。

**6. 其他茶饮料**

包括添加了各种中药成分的茶饮料和添加谷物风味的茶饮料，如菊花茶、金银花茶、八宝茶、大麦红茶、人参乌龙茶等。广东的王老吉凉茶以“预防上火”为宣传口号，一经面世，就深受消费者的欢迎。该凉茶添加了菊花、金银花、夏枯草、甘草等中草药，具有消暑解困、除湿清热的功效，满足了人们追求健康的心理。

**7. 茶叶棒冰**

茶叶棒冰是一种用不同配料制成的固相液体饮料，通过冷冻定型冻结成长方形或其他形状的块状物。在夏季，这是一种销售面很广的饮料。茶叶棒冰的加工工艺为：50kg 沸水冲泡 1.5%～2.0% 的茶叶，过滤除渣后，加入 3%～4%的生粉、12%～15%的白糖，混合在锅内煮沸杀菌，冷却后灌入冰盒，在冷库内结冻，形成固体，包装后贮于冷库或冰箱中。

**8. 茶酒**

茶酒是一种含低度醇的碳酸饮料。在传统的茶叶提取液中加入增甜剂、增酸剂和酒基直接配制；或者在茶叶提取液中加入酒母，进行发酵处理，产生酒香后滤去沉淀物，再按配方加入其他配料。成品具有芬芳甘冽的香槟风味，酒精度一般在 2°～5°，糖度 8°～9°，酸度 0.2°～0.8°，具有色泽明亮，香味明显，甜酸适中，酒体协调，杀口感强等特点。

目前，我国的茶酒主要有绿茶汽酒、健尔康茶露、乌龙茶酒、文君系列茶酒、庐山云雾茶酒以及陆羽茶酒等。这些茶酒由于添加了不同的风味剂而各具特色。

（1）茶汽酒　主要方法是将炒青绿茶用 90～95℃水冲泡，过滤除渣，然后将冷糖浆、酒基与茶叶提取液混合，再配以增甜剂、酸味剂等，将混合液作为绿茶汽酒的基本原液，然后按一定比例将原液和碳酸水混合灌装，即得到黄绿色或淡咖啡色的茶汽酒。其品质特征：清澈透明，有细白泡沫，杀口感强，带有绿茶味。

（2）健尔康茶露　茶提取液采用 40%绿茶、40%嫩梗、30%乌龙茶的混合提液。糖浆是将白糖溶解于 40℃水中，升温到沸腾，待温度下降到 40℃时，再按顺序加入相关辅料，达到每 100ml 含原糖 100g。酒基采用的是食用酒精，加软水稀释到 60°，脱臭除杂后静止 24h，过滤后将上述茶提取液、糖浆、酒基按配方比例混合配制，将混合液过滤后输入灌装机定量注入瓶中，充以无菌的低温碳酸水，压盖后即为成品。产品呈黄绿色，清澈透明，具有清香和爽快的果、酒香，滋味清爽纯甜，杀口感强。主要成分包括茶多酚、氨基酸、维生素C等。

### （六）茶叶口香糖

绿茶口香糖拥有茶树片晶莹碧绿的外观色泽和清凉爽口、甜而不腻的风味品质。以绿茶作为口香糖配料，除了能有效去除口腔异味，抑制口腔微生物繁殖之外，还具有很好的保健作用。绿茶中的茶多酚具有抗辐射的功效，能减轻电脑、手机等电子产品的电磁辐射对人体造成的伤害。目前市面上的茶叶口香糖可分为传统型口香糖和无胶基口香糖。传统型口香糖如绿箭瓶装绿茶薄荷味口香糖。无胶基口香糖可含化（咀嚼）吞咽，更具环保意义。茶爽无胶基口香糖的配料为：绿茶精华提取物茶多酚、绿豆提取物、100%木糖醇、柠檬酸、天然食用香料等，是一款新型功能性休闲食品。

### （七）茶叶固体饮料

速溶茶是固态茶饮料中最为重要的一种。随着人们生活节奏的加快，茶产品正朝着更快捷、更方便的方向发展，速溶茶也越来越受到人们的青睐。

速溶茶是以成品茶、半成品茶、茶鲜叶等为原料，通过提取，过滤，浓缩，干燥等工艺，加工成易溶于水、无茶渣的颗粒状或粉末状新型饮料。速溶茶具有冲饮、携带方便的优点，还可根据个人喜好添加牛奶、白糖、香料、果汁等，调配出不同的口味。目前，我国速溶茶的品种主要有速溶红茶、速溶绿茶、速溶花茶和调味速溶茶等。

速溶红茶以红茶为原料或在加工过程中通过转化将非红茶原料加工成具有红茶特征的速溶茶。速溶红茶的特点是汤色红亮、香气鲜爽、滋味醇厚。

速溶绿茶以绿茶和茶鲜叶为原料，经萃取、浓缩、干燥等工艺制成，具有汤色黄而明亮、香气较鲜爽、滋味浓厚的绿茶风味。

速溶花茶以各种花茶为原料，或以鲜花和茶叶为原料加工制造而成，具有汤色明亮，花香明显，滋味浓醇的花茶风味。

调味速溶茶又称“冰茶”，是在速溶茶的基础上发展而来的配制茶。多用于夏季清凉饮料，可加冰冲饮，故称冰茶。冰茶的配料除速溶茶外，还有糖、香料或果汁等，其风味可根据需要调制。

速溶茶的加工技术主要是提取、浓缩、干燥、包装等。提取是以水为溶剂萃取茶叶中的可溶物，方法主要有沸水冲泡、渗滤提取、连续提取等。前两种方法提取的浓度只有1%～5%，后一种可达15%～20%。连续提取可以较大幅度地提高浓缩和干燥的效率。提取液含有大量水分，须经过浓缩才能达到干燥工艺的要求。浓缩方法包括真空浓缩、冷冻浓缩和膜浓缩等。主要原理是利用液、固两相在分配上的某些差异，获得溶质和溶剂的分离方法，取得不同浓度的浓缩液。由于茶叶可溶物长期处于高温高热环境下会发生破坏、变性、氧化等，因此浓缩时需考虑浓缩的温度和时间。低温、短时有利于保持茶叶原有的风味，低压则更便于操作。目前速溶茶生产过程中使用最多的是真空浓缩和膜浓缩两种方法，共同特点是不加热，不蒸发水分，不存在相变过程，因而能更好地保存茶叶品质。此外，还有一种新型浓缩技术，即薄膜蒸发技术。该技术利用低温负压液体沸点降低的原理，实现低温条件下的水汽和茶液的分馏。较低的蒸发温度有利于保存产品的香气和各种有效成分，提高了产品品质。同时，浓缩液以膜状分布，蒸发面积大，缩短了加工时间，提高了生产效率①。

影响速溶茶品质的主要因素有三个，一是萃取温度和时间，二是浓缩温度和时间，三是喷雾温度和流量。实践经验证实当取三个主要因素的下限时（即温度较低、时间较短）产品的品质明显高于取其上限时的品质。然而，其对应的产出率及生产效率却正好相反。在保证工艺的前提下，进一步改进速溶茶的提取工艺，提高经济效益和产品质量，可借鉴以下三条辅助措施：一是加强冷却，萃取液注入贮液罐后，迅速放水冷却贮液罐（冷却水可循环利用）；二是缩短时间，萃取后的每一环节都要衔接紧密，尽量缩短工艺流程中所

① 蒋国滨，李华金，洪烨．速溶茶生产工艺及其改进．蚕桑茶叶通讯，2003（4）：39.

耗费的时间；三是大流量喷雾，在不结块的前提下，尽量以工艺温度的下限进行生产（进风温度为230℃，出风温度90℃）。在经济效益不受影响的前提下，以上措施能有效地提高成品品质，但还是难以从根本上解决绿茶速溶茶色泽和红、绿茶速溶茶香味变化的问题。

## 二、茶叶抗氧化剂的制备和利用

### （一）茶叶抗氧化剂的组成和抗氧化效果

茶叶富含天然抗氧化剂，包括：黄酮类及其衍生物黄烷醇类（儿茶素类，茶多酚的主体成分），如槲皮素、杨梅酮等，酚酸类，如绿原酸、咖啡酸、绿原酸的异构体等（亦属茶多酚的一部分）；含氮化合物，如咖啡碱、氨基酸等；维生素E，维生素C，抗氧化酶，如谷胱甘肽过氧化物酶、超氧化物歧化酶等。

茶多酚是茶叶中主要的抗氧化剂，由儿茶素类、黄酮甙、花青甙类、酚酸类、缩酚酸类等30多种化合物组成。儿茶素类化合物是茶多酚的主要成分，约占茶多酚的65%～80%左右，主要包括儿茶素（C）、表儿茶素（EC）、表没食子儿茶素（EGC）、表儿茶素没食子酸酯（ECg）、没食子儿茶素没食子酸酯（GCg）、表没食子儿茶素没食子酸酯（EGCg），其中EGCg约占到儿茶素类物质的40%～60%，是儿茶素类中含量最高、最具生物活性的组分[①]。

茶多酚含有两个以上的邻位酚羟基，具有较强的供氢能力，能通过捕获过氧自由基显示抗氧化性。茶多酚安全无毒，其抗氧化性优于丁基羟基茴香醚（BHA）、二丁基羟基甲苯（BHT）、叔丁基对苯二酚（TBHQ）等人工合成的抗氧化剂[②]。研究显示，将茶多酚添加入160℃的食用油，30min后茶多酚含量下降了25%，而食用油的过氧化值（PV值）几乎不变；而未添加茶多酚的食用油

① 宛晓春．茶叶生物化学．第3版．北京：中国农业出版社，2003.

② 中国食品添加剂生产应用工业协会．食品添加剂手册．北京：中国轻工业出版社，1996（12）：46-48.

PV 值增大了一倍，说明茶多酚具有很强的抗氧化作用。除此之外，茶多酚还具有抗辐射、抗突变、降血脂、降血糖、抗龋护齿、消炎抑菌等作用，在生物医药，功能食品，食品添加剂、化妆品、日用化工、轻化工等领域有着广阔的应用前景。

## （二）茶叶抗氧化剂的制备

目前，茶多酚的提取方法主要有四种：溶剂萃取法、金属离子沉淀法、树脂吸附法和超临界流体萃取法。

**1. 溶剂萃取法**

溶剂萃取法的基本原理是利用茶叶中不同化合物在不同溶剂中的溶解度差异进行提取分离，包括水提取法和有机溶剂萃取法。常用溶剂有水、乙醇、甲醇、丙酮、乙酸乙酯等。提取工艺流程见图 9-1。

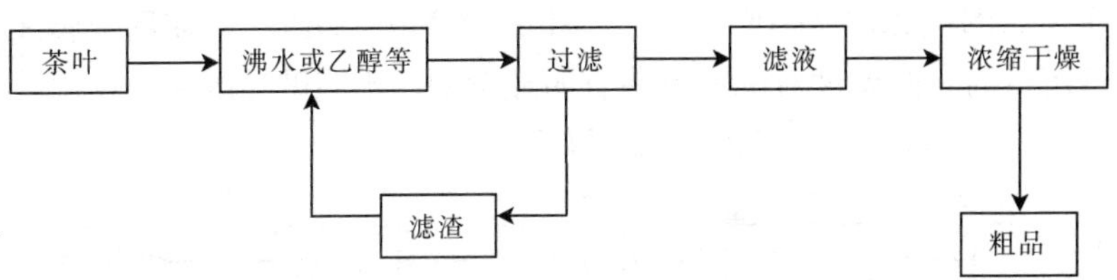


图 9-1　溶剂浸提法提取茶多酚

水提取法是以水为溶剂，通过水浴加热多次分步提取；合并提取液后，氯仿萃取脱除提取液中的咖啡因，再用乙酸乙酯多次反复萃取水相中的茶多酚；合并乙酸乙酯相并进行减压蒸馏浓缩，将浓缩液真空、冷冻或喷雾干燥得到粗品；用去离子水重新溶解粗品后重结晶得到产品。此法有机溶剂使用量少，工艺简便，成本低，产品纯度较高，但提取率低。

有机溶剂萃取法是利用乙醇或丙酮等有机溶剂反复浸提茶叶。合并滤液，减压蒸馏浓缩滤液，在浓缩液中加入适量的水后利用氯仿萃取脱除咖啡因和色素（可进一步回收咖啡因）。水层用乙酸乙酯萃取，将乙酸乙酯溶液浓缩、干燥后得到茶多酚粗品。该方法茶多酚提取率较高。缺点是操作费时麻烦，生产成本高，有机溶剂使用量大，且溶剂回收、浓缩能耗大，操作过程温度较高，易使茶多酚氧化变质，产品纯度通常只能达到50%～70%。

**2. 金属离子沉淀法**

金属离子沉淀法是利用金属离子与茶多酚在弱碱性条件下发生络合反应产生沉淀的原理，通过离心或过滤收集沉淀，再用稀酸调节 pH 转溶沉淀中的茶多酚于水相，然后用乙酸乙酯等萃取水相，进而浓缩、干燥，制得成品（图 9－2）。选择金属离子的首要条件是离子与茶多酚络合性强，且不易与咖啡碱络合；再者，用酸转溶络合物沉淀时，茶多酚较容易从络合物沉淀中游离出来。常用的沉淀剂包括：重金属式盐，如 Pb（OH）AC，Cu（OH）Ac；氢氧化物，如 Ca（OH）$_2$；其他离子，如 $Mg^{2+}$、$Al^{3+}$、$Zn^{2+}$、$Fe^{3+}$、$Mn^{2+}$、$Ba^{2+}$、$Se^{2+}$ 等。研究表明，金属离子沉淀茶多酚效果的顺序为 $Al^{3+}+Zn^{2+}>Al^{3+}>Zn^{2+}>Fe^{3+}>Mn^{2+}>Ba^{2+}$。使用金属离子沉淀时，酸碱度对沉淀效果有明显影响，不同碱性溶液的作用效果顺序为 $NaHCO_3>Na_2CO_3>NH_3 \cdot H_2O>NaOH$。

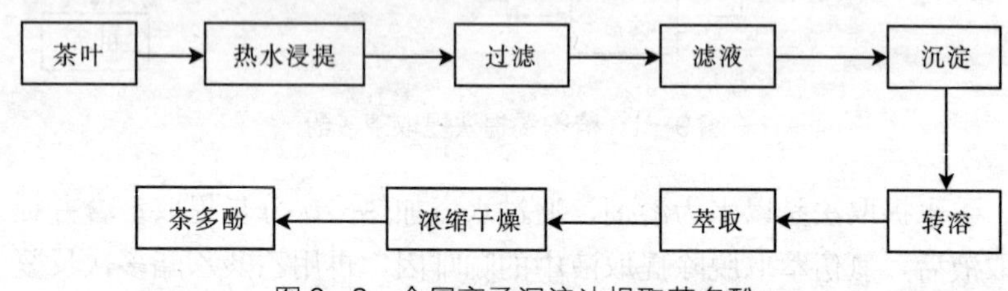


图 9－2 金属离子沉淀法提取茶多酚

利用金属离子沉淀法制备茶多酚不必浓缩浸提，这在一定程度上可降低能耗。同时由于沉淀剂的选择性较高，产品的纯度可达到95%以上。该法的不足之处在于，稀酸转溶过程中茶多酚损失较多，一些沉淀剂如 $Al^{3+}$ 具有一定的毒性；茶多酚在弱碱性环境下易发生氧化而损失，且生产过程中排放的碱液易造成环境污染。

**3. 树脂吸附法**

树脂吸附法是利用某些树脂对茶多酚的特异性吸附实现茶多酚

与其他浸提组分的分离（图 9－3）。根据树脂的不同，可分为吸附柱分离法、离子交换柱分离法和凝胶柱分离法。这三种方法虽然原理不同，但操作方法类似。大孔吸附树脂是常用的吸附柱填料，葡聚糖凝胶是常用的凝胶柱填料。

大孔吸附树脂是一类不含离子交换基团的，拥有三维空间立体孔结构的高分子聚合物，具有比表面积大、稳定性高、机械强度大、可重复利用的特点。巨大的比表面积使儿茶素与大孔吸附树脂能够充分接触，有利于物理吸附；树脂官能团中含有的 O、N 原子能与儿茶素的酚羟基形成氢键，达到富集茶多酚的效果。洗脱则是破坏大孔吸附树脂与儿茶素之间的氢键，使儿茶素聚集于洗脱剂，从而达到分离纯化茶多酚的目的。

葡聚糖凝胶拥有多孔隙网状结构，能根据分子筛原理分离各种组分。各分离组分分子大小不同，进入到凝胶内部的能力也不同。当混合物溶液通过凝胶柱时，小于凝胶孔隙的分子可以自由进入凝胶内部，大于凝胶孔隙的分子只能停留在凝胶颗粒的间隙，造成不同组分在凝胶柱中移动速度的差异。分子大的物质随移动相走在前面，分子小的物质由于孔隙内扩散而被滞留，随移动相走在后面，从而实现不同组分的分离①。

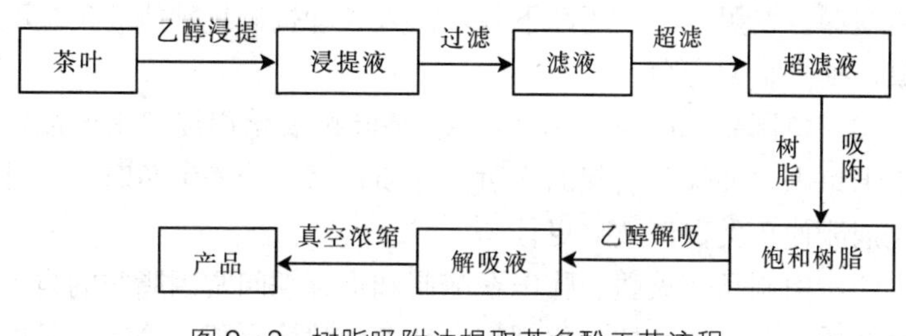


图 9－3　树脂吸附法提取茶多酚工艺流程

#### 4. 超临界流体萃取法

超临界萃取法是利用超临界流体作为溶剂进行萃取分离的方

① 杨贤强，王岳飞，陈留记．茶多酚化学．上海：上海科学技术出版社，2003．

法。超临界流体是指处于临界温度和临界压力以上，介于气体和液体之间的流体。它具有液体和气体的双重性质，密度和液体相似，黏度和气体相似，扩散系数比正常情况下的液体大100倍，因此可用于萃取一些高沸点和热敏性成分。$CO_2$是最常用的流体介质，可用于萃取儿茶素类物质，一般条件为：$CO_2$源压力20Mpa，温度50℃，分离压力5Mpa，分离温度40℃，$CO_2$流量2.5L/h，萃取时间5h。$CO_2$萃取茶多酚的得率约为9%。

$CO_2$超临界萃取方法具有安全无毒，产品纯度高的优点。利用该方法制得的茶多酚产品经简单精制纯度就可达95%，适用于医药、食品添加剂等方面的应用。缺点是一次性投资大，运行成本较高，并且目前还存在一定的技术障碍，如提取温度、压力、时间、流速等因素变化常引起提取率的变化，产量还不够稳定。

### （三）茶叶抗氧化剂的应用现状和未来发展方向

（1）动植物性油脂　在猪油、大豆油、菜籽油、色拉油和花生油中添加0.02%～0.08%的茶叶天然抗氧化剂，过氧化值和酸价抑制率在90%以上，比维生素E高5倍。

（2）油炸食品　油炸食品在贮存、炸制过程中易发生氧化，使颜色变深、发黑、品质逐渐下降，加入茶叶抗氧化剂能够延缓酸败现象，提高货架寿命。

（3）鱼制品　用300～500g/kg茶叶抗氧化剂浸渍水产品，可防止干鱼因“油烧”引起的变黄及脂质过氧；冷冻鲜鱼时，茶叶抗氧化剂能使鱼类保鲜效果更佳。

（4）肉制品　火腿、腌肉在腌制和保存期间常因脂肪的自动氧化而变质。用含茶叶抗氧化剂的酒精溶液喷涂火腿、腌肉制品的表面，可延长制品保存期。分割的火腿经茶叶抗氧化剂处理后放置30d，其氧化值比对照低20%以上。

（5）糕点　在各式月饼、花生系列糕点、麻酥糖、椒桃片中添加茶叶抗氧化剂能较好地保存糕点原有的色、香、味。

（6）医药和保健食品　茶叶抗氧化剂除了能有效抑制油脂等食

品的氧化外，还具有较强的抗辐射，抗衰老、抗血小板凝聚、抗动脉粥样硬化、降血压、抑癌作用，并对痢疾、伤寒、霍乱、金黄色葡萄球菌等有害菌具有一定的抑制作用。茶叶抗氧化剂将茶叶抗氧化剂添加于食品，制成保健食品，既能保质抗损，又能起保健作用。

（7）消臭剂　茶叶抗氧化剂可抑制大豆制品的豆腥气，去除燕麦、小麦、豆制品及乳粉等的异味，加入口香糖可消除口臭。

（8）化妆品　茶叶抗氧化剂具有抗氧化、抗辐射、抗衰老、抗菌等功效，因而越来越多地应用到化妆品中，在增强化妆品美容功效的同时，又能有效抑制化妆品的褐变。

## 三、茶氨酸的制备和利用

### （一）茶氨酸的生物活性

L-茶氨酸是茶叶中特有的非蛋白质氨基酸，占茶叶干重的1%～2%，茶树氨基酸总量的50%左右，是茶树中含量最高的游离氨基酸。茶氨酸具有焦糖香和类似味精的鲜爽味，是茶叶鲜爽味的主要呈味物质。茶叶中茶氨酸的含量与绿茶品质呈正相关，能有效消减咖啡碱和儿茶素引起的苦涩味。研究表明，茶氨酸能够影响脑内神经传达物质多巴胺的代谢，达到释放压力、减轻焦虑、松弛神经的效果。茶氨酸还具有消除疲劳[①]、增强机体免疫力、降血压[②]、减肥、保护神经细胞[③]、抵御病毒、抗肿瘤及增强抗癌药物的疗效等功效。早在1964年日本就批准L-茶氨酸可用于食品添加剂，1985年美国FDA也将L-茶氨酸确认为公认的安全物质。茶氨酸作为食品添加剂，在缓解其他食品苦味、辣味，改善食品风味的同时，还使食品具备了一定的保健功效。

---

① 王小雪，邱隽，宋宇，王朝旭，孙长颢．茶氨酸的抗疲劳作用研究．中国公共卫生，2002，18（3）：315-317.

② 陈宗懋．茶氨酸具有降压功能．中国茶叶，1997，19（2）：27.

③ Kakuda T. Neuroprotective effects of the green tea cornponents theanine and catechins. Biological & pHarmaceutical bulletin，2002，25（12）：1513-1522.

## （二）茶氨酸的制备

自然界中L-茶氨酸含量极少，需要通过各种途径制备和生产茶氨酸。主要方法包括化学合成法、微生物发酵制备法、植物组织培养法和天然茶氨酸提取分离法。

化学合成法是利用茶氨酸的合成前体L-谷氨酸供体和乙胺或乙胺供体，采用化学合成的方法备茶氨酸，包括谷氨酸的吡咯烷酮化法，通过N-取代的谷氨酸-γ-酯途径合成法，通过N-取代谷氨酸酐法。化学合成得到的茶氨酸为D型消旋体，L-型消旋体，D-型茶氨酸没有生理活性，因此需要对产品进行拆分，获得L-型产品。

微生物发酵法是利用微生物中的谷氨酰胺合成酶，模拟茶树体内环境，在ATP提供能量的条件下，将谷氨酸和乙胺催化合成茶氨酸。具体操作如下：将谷氨酰胺合成酶微生物菌株置于含有0.9%NaCl的培养基中进行培养，得到大量菌株之后，通过提纯谷氨酰胺合成酶或者直接将细菌固定化后，作用于乙胺和谷氨酸的混合物中，催化形成茶氨酸。该方法的优点是省去了对α-氨基乙胺基化的过程，副产物少，便于分离纯化，但酶活性的保持及反应条件的调控，如底物浓度、温度和pH等，对生产技术条件要求高，操作复杂，因而工业化生产难度较大。

植物组织培养法是对茶树细胞进行离体培养，或对茶树愈伤组织进行细胞培养，利用细胞中的茶氨酸合成酶合成茶氨酸，富集茶氨酸。在培养过程中可进行适当的环境调控，如pH、温度、培养液成分的调节，或是添加L-谷氨酸盐、乙胺、激素以及促进茶氨酸合成酶活性的金属离子等。

天然茶氨酸的提取分离法是从茶叶中直接提取分离纯化茶氨酸，这是生产茶氨酸最直接、有效、安全的途径。从茶叶中直接提取分离茶氨酸能保证产品天然的化学性质和功能属性。目前，天然茶氨酸的提取方法有沉淀法、离子交换树脂法和膜分离法。

**1. 沉淀法**

沉淀法是利用茶氨酸易溶于水的特性，先用热水浸提茶叶，然后在浸提液中加入醋酸铅沉淀去除茶汤中的蛋白质、多酚类和部分色素，再用 $H_2S$ 去除多余的铅，用氯仿萃取去除咖啡碱，最后在所得茶汤中加入碱式碳酸铜，形成茶氨酸铜盐，过滤收集滤渣。茶氨酸铜盐（即滤渣）经稀硫酸转溶后，加入 $H_2S$ 和适量的 $Ba(OH)_2$，抽滤除去滤渣，将滤液浓缩、精制后得到天然茶氨酸纯品，主要流程如图 9-4 所示。

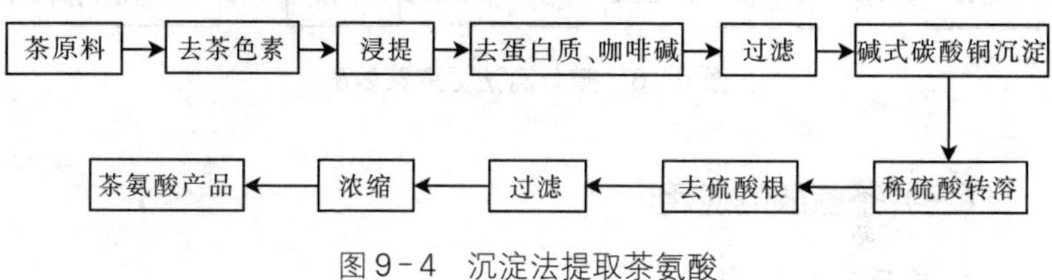


图 9-4　沉淀法提取茶氨酸

沉淀法制取茶氨酸得率较低，会引入重金属杂质 $Pb^{2+}$、$Cu^{2+}$，且工序复杂繁琐。此外，茶氨酸铜盐在稀硫酸中溶解度不大，而加入大量的稀硫酸易形成大量硫酸钡沉淀，造成茶氨酸的损失。

**2. 离子交换树脂法**

茶氨酸是弱碱性氨基酸，可采用阳离子交换树脂分离纯化茶氨酸。操作过程为：干茶样或茶多酚等工业废液经絮凝沉淀，去除蛋白质和部分茶色素，经过吸附进一步去除茶色素、多酚类物质等大分子有机物，然后滤液经过离子交换树脂，得到粗品茶氨酸，粗品再经无水乙醇重结晶，可以得到纯度达 90%以上的茶氨酸产品。工艺路线见图 9-5。

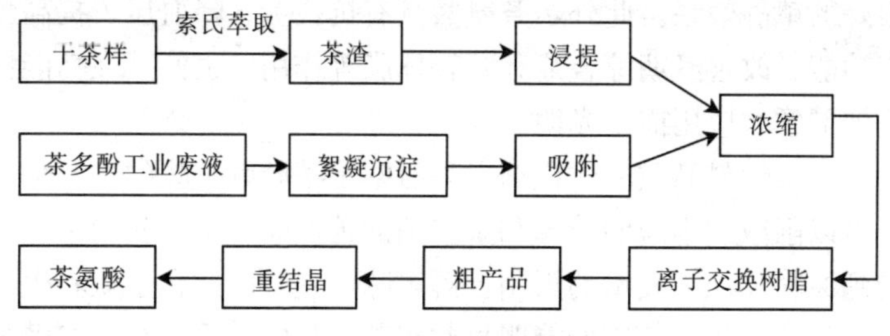


图 9-5　离子交换树脂法提取茶氨酸

**3. 膜分离法**

膜技术是近年来兴起的一项绿色、节能技术。膜法富集茶氨酸的原理就是利用膜孔径的大小实现茶氨酸与杂质的分离，从而达到富集茶氨酸和初步纯化的效果。膜法分离茶氨酸的工艺流程见图 9-6。

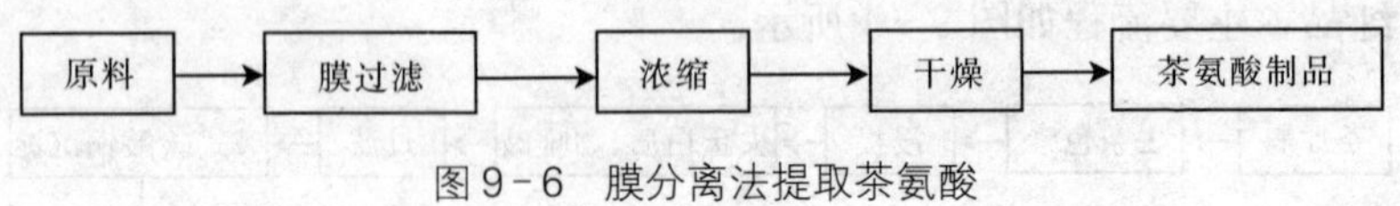


图 9-6　膜分离法提取茶氨酸

## （三）茶氨酸的应用

**1. 在医药中的应用**

茶氨酸具有多项生理功能，如防癌抗癌，抑制咖啡因引起的兴奋，促进大脑的学习和记忆功能，预防帕金森氏症、老年性痴呆、传导神经功能紊乱等，还能增加肠道有益菌群、减少血浆胆固醇、改善睡眠等，因此可开发作为治疗肿瘤的辅助药物、营养和降压安神药品。

**2. 在食品中的应用**

（1）功能食品的添加剂　人体试验证明茶氨酸能够增强大脑中 α 波的强度，使人产生轻松感，并能提高大脑记忆力。因此，茶氨酸可作为功能性成分添加到食品中，生产可以缓解神经紧张和益智的功能食品。研究证实将茶氨酸添加于糖果、各种饮料等都可以获得很好的镇静效果。此外，茶氨酸具有抗疲劳、降血压、提高免疫系统功能、改善经期综合症和减轻体脂等作用，也使其在功能性食品添加剂领域应用前景光明。

（2）茶饮料品质的改良剂　茶氨酸是茶叶鲜爽味的主要呈味成分，可以削减咖啡碱的苦味和茶多酚的苦涩味。当前我国茶饮料由于受到原料和加工技术的限制，鲜爽味较差，因此在茶饮料生产过程中添加一定量的茶氨酸能明显改善茶饮料的品质。日本麒麟公司在其“生茶”系列饮料中添加茶氨酸，改善茶饮料的口感。该产品成为日本饮料市场的热销产品。

(3) 改善食物风味的添加剂　茶氨酸不仅可以改善绿茶风味，而且还可以抑制其他食品的苦味和辣味，改善食品风味，如可可、麦茶、咖啡、人参饮品、葡萄柚饮料、啤酒等。用甜味剂调和可可、麦茶等饮料独特的苦味或辣味，会使饮料口感不调和。如果以0.01%的茶氨酸替代甜味剂，就可大大改善饮料风味。目前，茶氨酸已广泛应用于饮料、糖果、果冻、焙烤点心、冷冻点心等的加工。日本已开发出添加茶氨酸的巧克力、果冻、布丁、口香糖、保健茶和各种清凉饮料。

## 四、茶籽油的制备和利用

### (一) 茶籽的化学组成

茶籽是茶叶生产过程中数量最多的一项副产物。我国现有茶叶种植面积约 186 万 $hm^2$，每年可生产茶籽 60 万 t 左右。茶籽中含有大量可利用的成分，茶籽含油量 33.47%、淀粉 19.89%、皂素 12.38%、蛋白质 10.93%、少量单糖和双糖 2.43%、半纤维素 4.10%、纤维素 2.53%、木质素 10.76%、灰分 2.39%。我国茶籽资源若能充分利用，每年能提供茶籽油 11 万 t，茶籽饼粕 45 万 t，相当于 400 万亩油菜籽的产油量，是一项不占用耕地面积的木本油料资源。

### (二) 精炼食用油

茶籽油属于不干性油，为无色或淡黄色的油状液体，其中饱和脂肪酸、单不饱和脂肪酸、多不饱和脂肪酸比例符合人体需要，有降低低密度胆固醇、预防冠状动脉硬化等心血管疾病的作用。

**1. 茶籽油的脂肪酸组成**

我国茶籽油脂肪酸主要由油酸 (57.09±11.63%)、亚油酸 (22.86±1.22%)、棕榈酸 (占饱和脂肪酸 85%～90%) 组成，另含有少量硬脂酸、亚麻酸、豆蔻酸、棕榈油酸。与常用的食用植物油脂比较（除菜籽油外），茶籽油与橄榄油、花生油、油茶油极为相似，仅组成比例有所不同，而茶籽油比油茶油和橄榄油更富有亚油酸。

**2. 茶籽油的特性**

茶籽油与油茶油、橄榄油相似，是一种较好的食用油。

茶籽油性质相当稳定，能在常温条件下贮藏一年以上，有利于茶籽油的商品化。冷藏条件下极稳定，室温密封条件下变化不大，室温不密封一年，略有变化，但无酸败变质。

**3. 我国主要茶树品种茶籽含油量**

茶籽含油量与茶树品种关系密切，小叶种高于大叶种，灌木型高于乔木型，北方茶区高于南方茶区；含油量最高可达 30%～35%，低的在 20%以下，多数在 24%～30%。平均为24%～25%。

**4. 精炼食用油**

目前，制取茶籽油的方法主要有压榨法和浸出法两种。

（1）压榨法制取山茶籽油（螺旋榨油机） 用压榨法制取山茶籽油的工艺：

干茶籽→筛选→烘干→剥壳→仁壳分离→破碎→蒸炒→压榨→山茶籽毛油

工艺过程中主要技术参数为：原料含水≤9%，茶籽仁壳比（干重）85%～88%，茶籽入榨水分 3%～4%，入榨温度不低于 80℃。

（2）浸出法制取山茶籽油（平转浸出法） 常规平转浸出法制取山茶籽油的工艺：①茶饼→粉碎→烘干（调质）→浸出→山茶籽毛油。②茶饼→粉碎→膨化→浸出→山茶籽毛油。工艺②是根据山茶籽粕的需求而采用的工艺。也可在工艺①后，将粕膨化成粒状，但成本偏高。

浸出油可用于工业用油，而毛油必须精炼后才可食用。山茶籽油的精炼可根据原油的质量和对成品油的要求而定：①当山茶籽毛油质量较好，酸值（KOH）在 3mg/g 左右，成品油要求保持原汁原味，可采用如下工艺：山茶籽毛油→水洗→脱水→脱臭→成品油。②常规工艺：山茶籽毛油→脱酸→水洗→脱水→脱色→脱蜡（脂）→脱臭→成品油。脱蜡后脱臭是为了提高成品油的透明度。

### （三）提炼工业油脂

茶籽饼粕浸出后获得的浸出油为工业用油。浸出时所用的溶剂为工业已烷，沸程为60～90℃，无色透明液体，不溶于水，无腐蚀性，易回收，化学稳定性好。

工业用油可用于轻工、化工及纺织工业，作为生产助剂和表面活性剂的原料，经磺化可制成磺化油，用于丝绸工业，经皂化用于制皂工业和印染工业，经氢化可制食用油。

## 五、茶皂甙的制备和利用

### （一）茶皂甙的组成和生物活性

茶皂甙又称茶皂素，是山茶属植物中含有的一类天然糖甙化合物，可以从茶籽饼粕中提取得到。茶皂甙有茶籽皂甙和茶叶皂甙两类，茶籽皂甙是一类具有潜在应用价值的皂甙类化合物。茶皂甙是一类齐墩果烷型三萜类皂甙的混合物，由皂甙元（即配基）、糖体和有机酸构成。已分离出的皂甙配基有7种，糖体有4种，有机酸有当归酸和肉桂酸（茶籽皂甙为醋酸）2种。茶皂甙具有微柱状晶体结构，熔点为223～224℃，有吸湿性，味苦而辛辣，对咽喉黏膜有刺激作用。茶皂甙具有很强的起泡力和一定的溶血作用，与其他植物皂甙一样，有多种生理活性。茶籽皂甙具有祛痰消炎，镇痛止咳及抗菌等效应。茶叶皂甙的溶血指数为100 000，对冷血动物毒性较大。

茶籽皂甙水溶液与0.05%三氯化铁（含6份结晶水）冰醋酸溶液在硫酸环境下反应呈紫红色，在520nm处有最大吸收峰，素波曼—布尔卡德反应为红—红紫—红褐—褐色；与5-甲基苯二酚盐酸反应呈绿色，Legle-keller-killiani反应为阳性，其水溶液对于甲基红呈酸性；间苯三酚反应为紫色，在460nm处有最大吸收峰，该反应可用于茶籽皂甙的定量测定。茶籽皂甙可与醋酸铅、氢氧化钡形成白色沉淀。茶籽皂甙不溶于乙醚、苯、石油醚等溶剂，难溶于冷水、无水乙醇等，稍溶于含水乙醇、正丁醇、吡啶中。以含量而论，茶籽中的皂甙含量最高，且与品种、生长状况及生态条件有关。从全籽含量来看，低的在8%左右，一般在10%左右，最高可达14%以上（茶籽饼粕中为15%）。而大、中叶型茶树高于小叶型。通过14个产茶省26个主要茶树品种茶籽皂甙含量研究，以全籽计算约为10.52±1.7%，以脱脂粉计算约为23.23±2.6%。

### （二）茶皂甙的制备技术

茶皂甙的制备方法有溶剂萃取法、化学沉淀法和树脂吸附分离法。溶剂萃取法、化学沉淀法得到的产品纯度不高，树脂吸附分离法工艺路线长，成本高。

溶剂萃取法包括有机溶剂提取法和水提法。有机溶剂提取法是用甲醇浸提茶叶，用正己烷除去叶绿素等脂溶性色素，再用聚乙烯吡咯烷酮除去多酚类物质，然后将皂甙转移到丁醇中，除去部分水溶性成分，最后过葡聚糖凝胶LH-20柱，可得到褐色的粗茶叶皂甙。提取率约为干茶重量的3.6%。水提法是直接用水浸提茶叶，然后将茶叶皂甙转移到正丁醇中，除去大部分水溶性成分，浓缩干燥后，加环己烷除去色素等成分，最后再过葡聚糖凝胶LH-20柱，提取率为干茶重1.1%左右，必要时还可以将粗茶叶皂甙进一步纯化精制。

以茶籽饼粕为原料提取茶籽皂甙时，先将茶籽饼粕粉碎，加入2.5倍体积80℃热水浸提1.5h，趁热过滤，滤液置于加热皿中加热至90℃，再加入2%的明矾，继续加热1h，静置；将上清液在100℃下蒸发浓缩，趋干时加入3%碳酸钠，然后继续加热浓缩至干，将干燥后的块状物用粉碎机粉碎，得到黄色粉末，即为粗茶籽皂甙。通过进一步纯化，可得到白色结晶纯品。

### （三）茶皂甙的应用

茶皂甙是一种非离子型的表面活性剂，临界胶囊浓度范围在

0.5%左右，不受水质硬度的影响，起泡力大于油茶和皂荚皂甙。茶皂甙的泡沫稳定性好，但与温度关系密切。茶皂甙的湿润性好，因而常应用于去污剂、农药、洗涤剂、石蜡、乳化剂的生产以及洗理香波等日用化学工业。

对虾养殖业中，池内及换水带入的鱼类严重影响对虾的产量。为清除鱼害，以往多采用鱼藤粉作清池剂，亦有用漂白粉、农药的，但这些药剂只能用于养殖前而不能用于养殖过程中清池。鱼毒活性就是茶皂甙的生理活性之一，可作为对虾养殖的清塘剂。对虾对茶皂甙具有较高的耐受力，在没有人为充气的自然条件下，茶皂甙的使用安全浓度大于10μg/kg，茶皂甙对对虾的饲料生物——沙蚕具有一定的毒性，致死浓度大于3μg/kg，在海水中，茶皂甙的鱼毒活性约在2d内会自行降至无效。中国农业科学院茶叶研究所研制的茶皂甙Ⅰ对鲈鱼、纹缟鰕鱼、钝尖尾鰕虎鱼、梭鱼、三刺鲀及颌针鱼的全致死浓度为0.5～0.7μg/kg；茶皂甙Ⅱ对鲈鱼和纹缟鰕虎鱼全致死浓度在1μg/kg左右。两种型号的茶皂甙对鱼类、对虾及沙蚕的毒性差异很大，且能在海水中自行降解至无毒。茶皂甙不影响对虾的成活率，0、1、10μg/kg处理56d，对虾日平均生长速度为0.636、0.688、0.834mm。2.8μg/kg茶皂甙清池后15d内对虾生长最快，在一定浓度范围内尚可促进对虾生长。茶皂甙的鱼毒活性与水域的盐度、温度有关，盐度高的水域内茶皂甙的鱼毒活性更强。茶皂甙对鲫鱼的致死速度比较缓慢，低于或高于4%～10%盐度时，死亡加快。此外，这两种鱼的致死速度还随水温提高而加速。一般地，使用1～2μg/kg的茶皂甙作为对虾塘的清塘剂，可实现对虾养殖过程中的清塘，真正达到鱼死虾不死。

用茶皂甙与石蜡制成的石蜡乳化剂属水包油型乳化剂，主要用于纤维板工业中的隔水剂，其板材防水性能优于以油酸铵为乳化剂制成的板材，在加工过程中还能避免因油酸铵分解而释放出的氨气，减少环境污染。此外，茶皂甙加气混凝土稳泡剂，是茶皂甙的工业应用之一。茶皂甙能在一定程度上抑制加气混凝土所用石灰的消解，对浆料有缓调化作用，使得浇注成功率平均提高4%～5%。

茶皂甙还能分散固体微粒，减少制品上下容重差，使得加气混凝土气孔数量比原工艺制品增加两倍，气孔孔径小而密实，制品强度平均提高20%左右，改善了制品的物理性能。

茶皂甙无腐蚀，无异味，无污染，使用安全方便。化学农药制造业中，茶皂甙作为农药湿润剂是利用了茶皂甙表面活性的湿润特性，制成可湿性粉剂和乳剂农药，使药物对作物的黏着力增强，提高了药效，减少了农药污染。茶皂甙的加入量一般为1%～19%。

茶籽皂甙具有很好的去污性能。对不同质地的污布进行去污性试验，结果表明污布经过0.2%的茶籽皂甙处理后在白度及鲜度方面均超过了雷米帮A。茶籽皂甙具有丰富而持久的泡沫，不损伤织物，特别是蛋白质纤维的丝类、毛织物经过茶籽皂甙洗涤后仍具有较好的光泽及手感，且毛织物不缩绒。用茶籽皂甙制成的洗理香波，具有良好的洗涤和护发效果，洗发后，头发松、亮、软、手感好，且能有效去除头皮屑和止痒。同时，由于茶籽皂甙本身呈茶色，不需添加任何色素，因而具有天然洗涤剂的效果。

此外，茶籽皂甙还具有祛痰消炎、镇痛止咳、抗菌等作用，对治疗多种类型的水肿病有特效。茶籽皂甙对植物生长也有一定的生理活性。用茶籽皂甙处理茶苗，能刺激茶苗生长；用茶籽皂甙处理修剪后的茶丛，能加速新梢再生，促进茶叶增产。

## 六、茶籽饼粕的利用

### （一）茶籽饼粕的组分

茶籽饼粕是茶籽经过压榨或浸出提取大部分油脂后剩余的产品，也被称为茶枯、茶麸，其中压榨提油后剩余的部分叫饼，预榨浸出提油后剩余的部分叫粕。全国有油茶栽培面积约500hm$^2$，年产油茶籽90余万t，榨油后的茶籽饼粕60余万t。茶籽饼粕中富含茶皂素、茶籽多糖、鞣质（单宁）、生物碱、黄酮和植酸等生物活性物质，其中茶皂素10%～15%，鞣质2%～7%，生物碱1.5%～3%，黄酮0.2%左右。我们可利用它独特的生理功能，使茶籽饼粕变废为宝。

### （二）茶籽饼粕的利用

提取茶皂甙后的茶籽饼粕可用于制造酱油，通常使用脱毒茶籽饼粕经过原料调配和一定的工艺制造而成。将茶籽饼粕放入0.5%硫酸钠溶液中蒸煮2.5h，水解破坏茶皂甙，然后用盐调成中性，得脱毒茶籽饼粕，再以该脱毒茶籽饼粕∶大豆饼粕∶蚕豆粉∶麸皮为5∶12∶8∶5的比例，经过原料混合浸泡，蒸煮，摊凉，接种，翻曲，成曲拌水，保温发酵，翻抖，加盐水浸泡，淋油等工艺流程制成酱油。脱毒的茶籽饼粕还可喂鱼，其中含有粗蛋白11%～16%，粗脂肪5%～7%，可消化糖40%左右。用这种茶籽饼粕喂鱼，既能保膘，又能防治肠炎、烂鳃和出血等病症。作为鱼饲料，可将粉碎的脱毒茶籽饼粕按1∶1与水拌和。然后放入深与宽各0.5m的土坑内密封发酵，待颜色呈灰褐色，并有气泡出现、香味显露时，即可取出喂鱼。用这种饲料喂鱼，经济效益较好。

茶籽饼粕中含氮约2%、磷0.5%、钾2%，因而有人将茶籽饼粕作为一种营养成分全面的有机肥料。一般只需将茶籽饼粕适当堆沤发酵即可使用。

## 七、茶渣的利用

### （一）茶渣的组分

速溶茶制备或茶叶抗氧化剂提取过程中，会不可避免地产生大量废茶和茶渣。速溶茶和茶叶深加工过程中所提出的物质仅占茶叶干重的30%左右。这些被提取的成分主要是茶多酚、咖啡碱、糖分、水溶性灰分、氨基酸和维生素等。在废弃的茶渣中，仍然残留较多的营养成分：茶多酚1%～2%，咖啡碱0.1%～0.3%，粗蛋白17%～19%，粗纤维16%～18%，氨基酸中赖氨酸和蛋氨酸的组成分别为1.5%～2%和0.5%～0.7%，因而具有较高的利用价值。

## （二）茶渣的利用

茶渣的处理方法大多是采用自然堆放、填埋被丢弃或作为饲料及饲料添加剂。然而茶渣经过日晒雨淋，大量的茶叶废水流向周围的农田和河流，产生臭气，严重污染了周围的生态环境。如何有效利用这些茶渣，解决茶渣造成的生态污染，变废为宝，给企业带来一定的经济效益是亟待解决的问题。目前，茶渣的利用方式主要有以下几种。

**1. 动物饲料**

废茶和速溶茶、茶多酚天然抗氧化剂等生产过程中形成的茶渣中含有动物可消化的营养物质高达52%，其中粗蛋白17.9%，脂类0.3%，粗纤维20%～30%，果胶3%～5%。用废茶和茶渣作为动物饲料，必须经过发酵处理，使其中的粗蛋白和多糖降解。方法：茶渣或废茶烘干至含水量6%～8%，机械粉碎后，用20%的氢氧化钠溶液于100℃处理1h，除去木质素，再用果胶酯或木霉菌40℃发酵3～4昼夜，然后70℃烘干至含水量4%～5%，适当粉碎后即可包装备用。

**2. 有机肥源**

据测定，废茶含氮4.16%，五氧化二磷0.43%，氧化钾1.44%，有机碳28.10%，碳/氮比值为6.19。茶渣单独堆沤或掺以尿素堆沤30d，铵态氮和硝态氮迅速增加。把茶渣作为有机肥施入土壤，不但能提高土壤肥力和改善土壤结构，而且还能抑制硫酸铵和尿素等铵态氮肥的硝化作用，降低无机氮肥的挥发损失。

**3. 重金属离子吸附剂**

废茶是良好的重金属离子的吸附剂，如$Pb^{2+}$（铅离子）、$Cd^{2+}$（镉离子）、$Hg^{2+}$（汞离子）等，其吸附量与pH值、金属离子浓度、底物浓度及干扰离子和表面活性剂的存在有关。溴化十六烷基三甲胺严重阻止金属离子的吸附，而多孔性吸附剂Trilm（商品名）×100的干扰较弱，在少量十二烷基酸钠存在下，$Ph^{2+}$与$Zn^{2+}$（锌离子）的吸附起初是增加的，随着阴离子表面活性剂浓度的增大，吸附效应减弱，金属的浓度值吸附温曲线可用朗缪尔（Langmuir）方程描述。茶叶对于 $Ph^{2+}$、$Cd^{2+}$、$Zn^{2+}$ 的吸附能力分别为 0.38、0.28、0.18。废茶叶对金属离子的相对亲和力顺序为 Pb＞Cd＞Zn。此外，pH 值影响也不是很重要的，pH4.3 酸处理后干燥茶叶（60℃）对 $Pb^{2+}$ 的吸附率为 96.4%，对 $Cd^{2+}$ 为 63.2%。

茶灰经甲醛处理后，再用酸与碱处理成中性，可增加茶灰表面有效吸附面积，对于电镀废水中的重金属吸附效果较好，而且 pH1～5 对金（Ⅲ）和钼（Ⅱ）、pH3.6 对钒（Ⅴ）有 80%以上的吸附率，以上条件下的最大吸附量金（Ⅲ）23mg/g，钼（Ⅱ）12mg/g 及钒（Ⅴ）3.5mg/g。硝酸锌、硫酸钠、铬酸钠、8-羟基喹啉、1，10-二氮杂菲及 EDTA 钠盐对金的吸附无影响，EDTA 钠盐对钼与钒有影响，钼的吸附受 1，10-二氮杂菲抑制。甲醛处理后的茶灰对于 Cr（Ⅲ）与 Cr（Ⅵ）的吸附分离效果与离子交换树脂接近。茶灰对重金属离子的去除率与其网状结构和网孔多少直接相关，网状结构为吸附中心，茶灰吸附饱和后可以再经过处理恢复其吸附能力，再处理后的茶灰吸附能力下降幅度不大。

另外，废茶叶灰化得到的灰尘和废茶灰可被用作染料废水处理中的脱色剂，它是活性炭的最佳代用品，很容易再生，经煮沸脱色后的茶灰装柱后用 1mol 氯化钠或硫酸铵溶液和水淋洗，将待分离的酶液混合物上柱，用水淋洗，再用 1mol 氯化钠淋洗，可用于分离蛋白质，如胰蛋白酶、酪蛋白酶等；用绿茶、乌龙茶、维生素 C 或单宁酸，加上植物叶、茎或其提取物，与一种水溶性黏合剂混合，然后制成柱状，加入到含氯离子的废水中，可使氯离子含量显著下降。

**4. 除臭剂的提取与开发**

茶叶中有高含量的黄酮类物质和儿茶素类，是一种良好的除臭剂。用提取咖啡碱后的茶渣中可获得理想的除臭剂。绿茶提取剂通常采用提取法：

溶剂
↓
绿茶 ——→ 提取 ——→ 冷却 ——→ 过滤 ——→ 去除叶绿素 ——→ 减压浓缩 ——→ 精制

所得的绿茶提取物可用于口香糖、牙膏、低毒卷烟的生产。含有茶叶消臭剂的口香糖比一般的口香糖消臭力强10倍，对生理性口臭，口嚼3min就可见效。对酒臭、烟臭、蒜臭的消臭率达90%以上，并且可以维持相当长的时间，比叶绿素强22%～32%，优于熏衣草、蕺菜、柿叶、寒椿、山茶花、月桂树的提取物。

绿茶提取物与葡萄糖酸铜结合对除口臭具有协同作用，抑制口臭效果特别好。用葡萄糖酸铜1份、绿茶提取物5份、糊精14份、水100份调和，然后喷雾干燥，制成口腔除臭剂，用于配制漱口剂、口香糖、牙膏等。

用茶叶除臭剂处理纤维材料，可生产除臭纤维。方法是：将一种棉花纤维用低温等离子体在300W下处理5min，再在含0.3%茶叶提取物的水溶液中于96℃下浸泡10min，挤压，干燥即成。

**5. 洗澡用清洁剂**

将绿茶提取液与一种颗粒分散剂（甘油）加入到无水硫酸钠和黏合剂颗粒中，将这些混合物加工成颗粒。溶剂中的水分转变成硫酸钠结晶水，以便加工成粉末状的洗澡制剂。制法如下：无水硫酸钠500g、梭甲基纤维素钠20g、硬脂酸钠25g、三聚磷酸钠10g混匀，粉碎后再加入300g绿茶提取液（含25mg/L绿茶提取物）、甘油10g、一种黄绿色染料0.5g、香料12g，制成颗粒即可供洗澡用。日本已有含绿茶和茶籽壳吸附剂的洗澡用产品问市。

此外，茶渣还可以用来制作枕芯。茶渣经干燥、灭菌后制作枕芯，对医治鼻炎、高血压、神经衰弱、头晕目眩、视物模糊、感冒头痛等病症有一定的疗效。

## 参考文献

敖晓奎，罗琳，关欣，向红霞，齐选民．2008. 废弃茶叶渣对铅离子的吸附研究．农业环境科学学报（27）：372－374.

金晶．2010. 强酸性苯乙烯系型阳离子交换树脂对茶氨酸吸附性能研究．浙江大学硕士学位论文．

李敏，沈新南，姚国英．2005. 茶氨酸延缓运动性疲劳及其作用机制研究．营养学报（27）：326－329.

刘国信．2006. 速溶茶的加工工艺与技术要求．山东食品发酵（1）：43－45.

王素霞．2006. 茶饲料开发前景广阔．江西饲料（1）：22－23.

谢芬．2005. 茶饮料的生产现状与发展趋势．茶叶科学技术（2）：4－6.

杨晓丽．2008. 儿茶素类专用吸附剂的合成及性能研究．浙江大学．

叶倩，梁月荣，陆建良，梁慧玲，孙庆磊．2005. 茶渣综合利用研究进展．茶叶（31）：150－153.

张建勇，江和源，崔宏春．2009. 茶籽油的提取制备技术．中国茶业（24）：11－13.

Cho H S，Kim S，Lee S Y，Park J A，Kim S J，Chun H S. 2008. Protective effect of thegreen tea component，L-theanine on environmental toxins—induced neuronal cell death. Neurotoxicology（29）：656－662.

Crystal F，Haskell，David O，Kennedy，Anthea L，Milne，Keith A，Wesnes，Andrew B，Scholey. 2008. The effects of L-theanine，caffeine and their combination on cognition and mood. Biological Psychology（77）：113－122.

Kimura K，Ozeki M，Juneja L R，Ohira H. 2007. L-Theanine reduces psychological and pHysiological stress responses. Biological Psychology（4）：39－45.

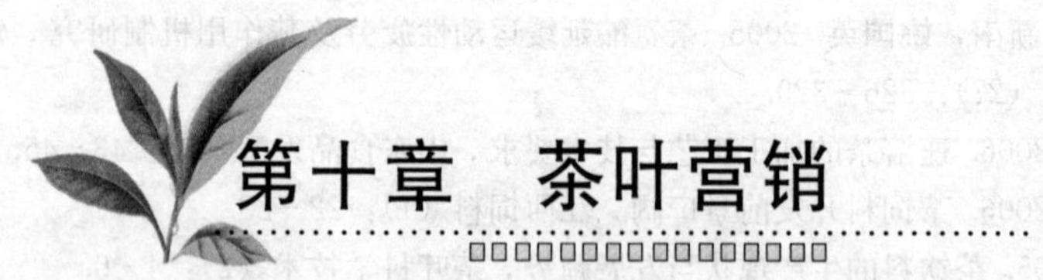

# 第十章 茶叶营销

## 一、茶叶消费概况

### （一）世界茶叶消费

#### 1. 消费量的变化

世界茶叶总消费量与总生产量基本持平。大半个世纪以来，世界茶叶消费总量有较大幅度增长（表 10-1）。消费总量在 70 年中增长了 8.56 倍，消费总量年均增长 3.21%，人均年消费量增长 1.60%。

**表 10-1 世界茶叶消费量**

| 年代 | 人口*（亿） | 消费量（万 t） | 年均增长（%） | 人均消费量（g） | 年均增长（%） |
|---|---|---|---|---|---|
| 1940 | 23.0 | 45.0 | — | 196 | — |
| 1950 | 25.1 | 51.8 | 1.42 | 206 | 0.50 |
| 1960 | 30.0 | 78.1 | 4.19 | 260 | 2.36 |
| 1970 | 37.0 | 124.3 | 4.76 | 336 | 2.60 |
| 1980 | 44.1 | 181.8 | 3.88 | 412 | 2.06 |
| 1990 | 52.4 | 253.3 | 3.37 | 483 | 1.60 |
| 2000 | 60.8 | 288.3 | 1.30 | 474 | −1.86 |
| 2005 | 64.6 | 334.1 | 2.99 | 517 | 1.75 |
| 2006 | 65.6 | 352.0 | 5.36 | 537 | 3.87 |
| 2007 | 66.1 | 366.8 | 4.20 | 555 | 3.35 |
| 2008 | 66.9 | 385.0 | 4.96 | 575 | 3.60 |
| 2008/1940 | 2.92 | 8.56 | 3.21 | 2.93 | 1.60 |

* 资料来源：ITC；Population Reference Bureau［EB/OL］. www. prb. org.

#### 2. 消费茶类的变化

伴随着茶叶生产的发展，茶叶的国际贸易也一直呈增长趋势，其中 2003/04 年度和 2004/05 年度贸易量增长较大，2005/06 年度则增长不显著。

2006 年世界茶叶总产量为 364.52 万 t，其中红茶产量为 256.5 万 t，占 70.37%；绿茶产量为 96.81 万 t，占 26.56%；其他茶产量为 11.21 万 t，仅占 3.07%。同年，世界茶叶贸易量为 157.8 万 t，其中红茶贸易量为 115.11 万 t，占 72.95%。

世界茶叶消费仍以红茶为主，但绿茶的出口与消费增长快于红茶，红、绿茶的消费比例从 20 世纪 70 年代的 9∶1 上升到现在的 3∶1 左右。

**3. 茶叶消费的地理分布及其变化**

世界上茶叶的生产主要集中在亚洲，占世界总产量的 83.39%，其次是非洲；而发展中国家的茶叶生产更是占到了世界茶叶总产量的 96.89%。

茶叶消费主要在亚洲，其次是欧洲，第三是非洲，最少为大洋洲。亚洲的茶叶出口量占世界茶叶总出口量的 67.85%，且进口量占世界茶叶总进口量的 31.33%。欧洲因为自身产茶极少，因而进口量居七大洲之首，占世界的 39.22%。其变化趋势如表 10-2、表 10-3、表 10-4 所示。

**表 10-2　世界五大洲茶叶产量变化***

| 年份 | 2001—2003 | | 2003 | | 2004 | | 2005 | | 2006 | |
|---|---|---|---|---|---|---|---|---|---|---|
| | 产量 | % | 产量 | % | 产量 | % | 产量 | % | 产量 | % |
| 世界总计 | 298.14 | 100 | 303.56 | 100 | 337.01 | 100 | 352.63 | 100 | 364.52 | 100 |
| 非洲 | 47.00 | 15.76 | 47.83 | 15.75 | 51.09 | 15.16 | 50.61 | 14.35 | 48.74 | 13.37 |
| 亚洲 | 240.12 | 80.54 | 244.82 | 80.65 | 275.46 | 81.74 | 290.66 | 82.43 | 303.96 | 83.39 |
| 欧洲 | 1.46 | 0.49 | 1.45 | 0.48 | 1.29 | 0.38 | 1.54 | 0.44 | 1.58 | 0.43 |
| 美洲 | 8.55 | 2.87 | 8.53 | 2.81 | 8.24 | 2.45 | 8.88 | 2.52 | 9.29 | 2.55 |
| 大洋洲 | 1.01 | 0.34 | 0.93 | 0.31 | 0.93 | 0.27 | 0.94 | 0.26 | 0.95 | 0.26 |
| 发展中国家 | 286.67 | 96.15 | 292.05 | 96.21 | 324.93 | 96.42 | 340.74 | 96.63 | 353.18 | 96.89 |
| 发达国家 | 11.47 | 3.85 | 11.51 | 3.79 | 12.08 | 3.58 | 11.89 | 3.37 | 11.34 | 3.11 |

* 资料来源：联合国粮农组织数据库。Committee On Commodity Problems Intergovernmental Group On Tea：Eighteenth Session［C］. Hangzhou，China，14-16 May 2008.

**表 10-3 世界五大洲茶叶出口量变化***

| 年份 | 2001—2003 | | 2003 | | 2004 | | 2005 | | 2006 | |
|---|---|---|---|---|---|---|---|---|---|---|
| | 数量 | % | 数量 | % | 数量 | % | 数量 | % | 数量 | % |
| 世界总计 | 136.06 | 100 | 137.01 | 100 | 141.66 | 100 | 153.34 | 100 | 155.10 | 100 |
| 非洲 | 41.3 | 30.63 | 41.97 | 31.2 | 44.28 | 31.26 | 44.55 | 29.05 | 40.84 | 26.33 |
| 亚洲 | 86.69 | 63.54 | 87.05 | 62.56 | 88.62 | 62.56 | 99.96 | 65.19 | 104.82 | 67.58 |
| 欧洲 | 0.89 | 0.62 | 0.85 | 0.59 | 0.83 | 0.59 | 1.12 | 0.73 | 1.12 | 0.72 |
| 美洲 | 6.30 | 4.69 | 6.42 | 5.06 | 7.17 | 5.06 | 7.10 | 4.63 | 7.69 | 4.96 |
| 大洋洲 | 0.88 | 0.53 | 0.72 | 0.52 | 0.74 | 0.52 | 0.61 | 0.40 | 0.63 | 0.41 |
| 发展中国家 | 134.31 | 98.75 | 135.30 | 98.89 | 140.09 | 98.89 | 152.04 | 99.15 | 153.75 | 99.13 |
| 发达国家 | 1.75 | 1.24 | 1.70 | 1.11 | 1.57 | 1.11 | 1.30 | 0.85 | 1.35 | 0.87 |

* 资料来源：联合国粮农组织数据库。Committee On Commodity Problems Intergovernmental Group On Tea：Eighteenth Session［C］. Hangzhou，China，14 - 16 May 2008.

**表 10-4 世界五大洲茶叶进口量变化***

| 年份 | 2001—2003 | | 2003 | | 2004 | | 2005 | | 2006 | |
|---|---|---|---|---|---|---|---|---|---|---|
| | 数量 | % | 数量 | % | 数量 | % | 数量 | % | 数量 | % |
| 世界总计 | 150.61 | 100 | 161.04 | 100 | 155.74 | 100 | 159.83 | 100 | 157.09 | 100 |
| 非洲 | 22.60 | 15.01 | 24.48 | 15.20 | 26.95 | 17.30 | 30.72 | 19.22 | 29.76 | 18.94 |
| 亚洲 | 49.39 | 32.79 | 49.15 | 30.52 | 49.62 | 31.86 | 49.60 | 31.03 | 49.21 | 31.33 |
| 欧洲 | 60.83 | 40.39 | 64.41 | 40.00 | 62.29 | 40.00 | 63.69 | 39.85 | 61.61 | 39.22 |
| 美洲 | 16.06 | 10.66 | 21.25 | 13.20 | 14.35 | 9.21 | 14.26 | 8.92 | 14.95 | 9.52 |
| 大洋洲 | 1.73 | 1.15 | 1.75 | 1.09 | 2.53 | 1.62 | 1.56 | 0.98 | 1.56 | 0.99 |
| 发展中国家 | 69.51 | 46.15 | 71.63 | 44.48 | 73.81 | 47.39 | 75.59 | 47.29 | 74.47 | 47.41 |
| 发达国家 | 81.10 | 53.85 | 89.41 | 55.52 | 81.93 | 52.61 | 84.23 | 52.70 | 82.62 | 52.59 |

* 资料来源：联合国粮农组织数据库。Committee On Commodity Problems Intergovernmental Group On Tea：Eighteenth Session［C］. Hangzhou，China，14 - 16 May 2008.

#### 4. 茶叶价格变化

表 10－5 可知，作为目前世界上主要红茶生产国的斯里兰卡，茶产量低于中国和印度，居世界第三，然而出口茶叶单价远高于其他主要出口国的价格。斯里兰卡的锡龙茶被国际质量认证委员会评为世界上最洁净的茶叶。

**表 10－5 世界主要国家茶叶出口量和出口额比较***

（单位：万美元，t，美元/kg）

| 年份 | | 1995 | 2000 | 2005 | 2006 | 2007 |
|---|---|---|---|---|---|---|
| 印度 | 出口额 | 36 722.7 | 40 653.1 | 39 240.6 | 42 022.1 | 34 742.7 |
| | 出口量 | 167 143 | 204 353 | 195 228 | 215 672 | 153 797 |
| | 单价 | 2.20 | 1.99 | 2.01 | 1.95 | 2.26 |
| 斯里兰卡 | 出口额 | 46 259.3 | 66 226.2 | 76 943.3 | 83 088.0 | 96 025.4 |
| | 出口量 | 235 036 | 280 133 | 298 769 | 314 915 | 294 254 |
| | 单价 | 1.97 | 2.36 | 2.58 | 2.64 | 3.26 |
| 中国（内地） | 出口额 | — | 34 711.4 | 59 102.7 | 53 790.7 | 60 713.3 |
| | 出口量 | 166 573 | 227 661 | 286 563 | 286 594 | 289 431 |
| | 单价 | — | 1.52 | 2.06 | 1.88 | 2.10 |
| 肯尼亚 | 出口额 | 36 570.7 | 46 071.3 | 55 545.6 | 64 499.7 | 68 562.5 |
| | 出口量 | 237 498 | 216 990 | 348 276 | 312 156 | 343 703 |
| | 单价 | 1.54 | 2.12 | 1.59 | 2.07 | 1.99 |
| 越南 | 出口额 | — | 6 960.5 | 9 693.4 | 11 158.5 | 13 083.3 |
| | 出口量 | 17 300 | 55 660 | 87 918 | 105 116 | 110 929 |
| | 单价 | — | 1.25 | 1.10 | 1.06 | 1.18 |

* 资料来源：ITC。

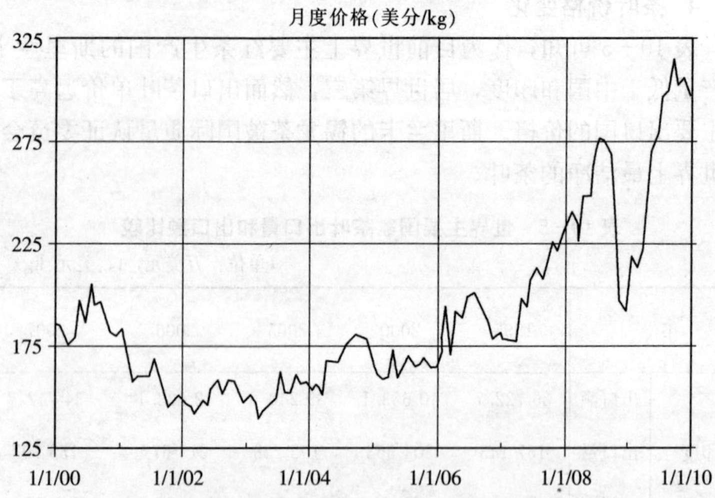


图 10-1　2000—2010 年茶叶月度价格走势图

*资料来源：世界银行；用全球制造业出口单位价值指数平减。

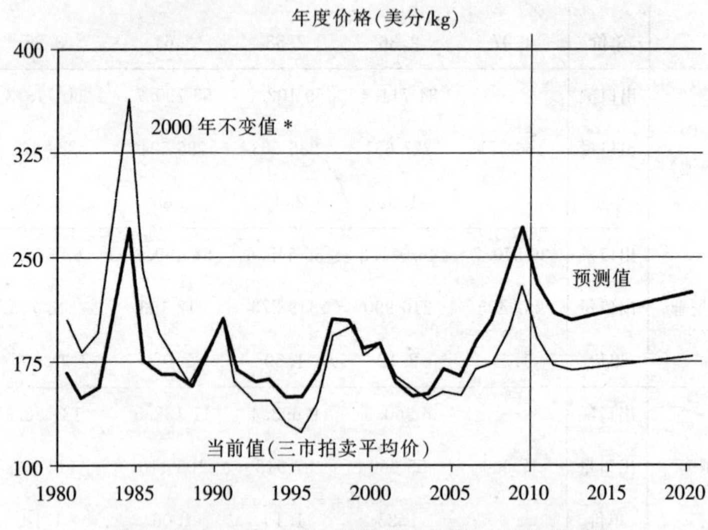


图 10-2　1980—2020 年茶叶年度价格走势预测图

*资料来源：世界银行；用全球制造业出口单位价值指数平减。

图 10-1、图 10-2 显示，2009 年茶叶价格（三市拍卖平均价格）达到了 272 美分/kg，比 2008 年上涨了 13%，远远高于 2000—2007 年间平均 172 美分/kg 的水平。茶叶价格在 2008 年第三季度大幅度下降，反映了信贷紧缩和正在发生的全球经济衰退。但在 2009 年第四季度，其名义价格急剧上涨到超过 300 美分/kg 的前所未有的高峰。

分析表明，2009 年的茶叶产量低于 2008 年，因为三个主要红茶供应国（肯尼亚、斯里兰卡、印度）的产量分别下降了 11%、7%和 4%。肯尼亚方面，因为 2008 年年初发生的内战以及作物受到历时两年干旱的影响；斯里兰卡方面，则是由于其较高的运输成本、肥料使用不足（由于较高的价格和干旱）、劳工罢工等导致茶叶减产；印度方面，消费者不断提高的购买力推动了国内需求，从而导致了出口的下降（表 10-5）。对 2009 年茶叶出口量的初步估计表明，肯尼亚的出口量下降了 8%、印度和斯里兰卡的出口量下降了 3%。虽然出口量下降了，但由于 2009 年全球茶叶价格的增长，出口额得到了进一步的增长。

与许多其他商品相比，茶叶消费受经济下行的影响较小。2010 年，茶叶的平均价格预计为 230 美分/kg。中期价格预测为 210 美分/kg，因为供应预计将对最近的高昂价格做出反应。长期来说，价格将会受到不断增长的国内需求、投入成本、对较高档茶叶和生物茶叶不断增加的需求，以及对气候变化的影响。

## （二）主要茶叶消费国

### 1. 印度

印度曾是世界上最大的茶叶生产、消费和出口国。但随着国内需求的增长，出口比重逐年下降。印度茶叶以红茶为主，印度人一般喜欢 CTC 茶。印度茶叶主要通过市场拍卖，2/3 以上茶叶以散装形式销售，其余是袋泡茶和小包装茶。出口到俄罗斯及其独联体的茶叶产量曾占印度茶出口量的 50%；2001 年初，一些针对印度茶叶出口商的优惠税收政策有所废止，逐渐削减了其在俄罗斯的市场份额。在联合国“以食品换石油”的运作下，伊拉克已成为印度第二大出口市场，其他买主为阿联酋、英国等。

**2. 俄罗斯及独联体国家**

俄罗斯（及独联体）是为数不多的传统茶叶生产和消费大国。由于国内生产不足，近年来已成为世界最大茶叶进口国。1990 年进口 25.55 万 t 创记录水平（与切尔诺贝利核泄露事件后苏联茶叶大幅度减产有关）。消费以红茶为主，其次是绿茶。印度（48%）是俄罗斯（及独联体）的最大茶叶供应国。近几年从斯里兰卡（37%）、中国（6.6%）、印度尼西亚（5.0%）、越南（2.8%）等国的进口量有所增加；进口的茶叶 90%是红茶，绿茶和其他茶类仅 10%。

**3. 英国**

英国是老牌饮茶国家，拥有三百多年的历史，视茶叶为国饮。英国是非产茶国，消费的茶叶全部依靠进口，目前是世界第二大茶叶进口国。20 世纪 50 年代茶叶年进口量曾达到 25 万 t 的创纪录水平，茶叶在饮料消费中的比例曾达 70%以上；70 年代以后由于咖啡等其他饮料的竞争，进口量和消费量开始下降，现在仍占 40%左右。英国茶叶消费绝大多数是红茶，其余是绿茶、花茶、乌龙茶等。20 世纪 80 年代以来，袋泡茶增加较快。肯尼亚（45%）、印度（14%）、印度尼西亚（10%）、马拉维（8%）和斯里兰卡（4%）是英国茶叶进口的主要来源。

**4. 美国**

美国是一个饮料消费大国，但茶叶比重不大。消费以红茶为主（约 90%），绿茶其次（约 85%），其余是乌龙茶、花茶及其他保健茶。在美国茶叶消费中，80%以上以冷饮方式饮用，即把各类茶泡好后放入冰箱冷却后饮用。这种饮用方式决定了美国人对茶叶的特别需求：一是茶水喜清忌浑，二是求价不求质，三是重茶水颜色不重茶叶外观。美国茶叶的主要进口国是阿根廷（41%）、中国（16%）、印度尼西亚（6.6%）、马拉维（6%）等。

**5. 日本**

日本既是茶叶生产大国，又是茶叶消费大国。日本主要消费绿茶，其次是乌龙茶；20 世纪 70 年代末掀起了乌龙茶热。日本茶俗以“茶道”最引人注目，但随着日本人生活节奏的加快，直接泡饮的数量有下降的趋势；80 年代开发罐装茶后，日本茶饮料消费量很大，近年来消费达 480 万 t 左右，居世界首位。

**6. 巴基斯坦**

巴基斯坦茶叶消费增加很快，进口量仅次于英国、俄罗斯，居世界第三。1971 年前，巴基斯坦茶叶需求基本上由本国东部地区（现孟加拉国）生产和供应，只进口少量斯里兰卡茶叶用于拼配内销的高档茶；孟加拉国独立后，茶叶需求完全依靠进口。茶叶消费具有明显特点：一是消费量随人口的增加而增加，二是消费的群众性。消费的茶叶 95%是红茶，绿茶和其他茶不足 5%；肯尼亚的 CTC 茶汤色浓艳，深受欢迎，逐步取代了斯里兰卡的传统茶，成为销量最大的品种。

**7. 埃及**

非洲地区阿拉伯人以食牛羊肉为主，必须借助于茶来消化食物。埃及是非洲最大的茶叶消费国，居世界茶叶进口量的第五位。非洲国家茶叶的进口关税普遍较高，大多在 50%以上；卫生标准、农残等方面目前要求不高。

## （三）中国茶叶消费

**1. 消费量及其变化**

中国消费茶叶人均水平较低，但由于人口众多，消费总量大。2008 年达到 87 万 t，占世界消费总量的 22.60%，居世界消费之首位。

按照人均消费量增长计算，中国茶叶消费量和人均消费量的增长幅度高于同期世界平均增长水平，世界茶叶消费量从 1950 年到 2008 年的近六十年间增长了 7.43 倍，中国则增长了 18.91 倍，人均消费量增长水平分别为 2.79 倍和 8.19 倍。

同时，我国茶叶消费量的增长受到供应量的影响。最近六十多年来，我国茶叶消费总量的年均增长率为 5.39%。从历史背景来看，1949 年中华人民共和国成立到 1978 年间，茶叶一直是短缺产品。为了增加茶叶出口创汇，政府对茶业确定“保证边销，适当增加内销，积极扩大外销”的方针政策，国内茶叶消费受到限制。1978 年以后，茶叶产量增长较快，内销市场逐步放开；1984 年以后，茶叶内外销市场完全放开，国内供应充足，茶叶内销量快速增长（表 10－6）。

**表 10－6　中国茶叶消费量变化**

| 年份 | 人口（万人） | 茶叶内销量* | | 茶叶消费量 | | 人均消费量 | |
|---|---|---|---|---|---|---|---|
| | | 数量（万 t） | 年均增长（%） | 数量（万 t） | 年均增长（%） | 数量（g） | 年均增长（%） |
| 1952 | 57 482 | 3.70 | | 4.60 | | 80 | |
| 1957 | 64 653 | 6.10 | 10.52 | 7.76 | 11.02 | 120 | 8.45 |
| 1962 | 67 295 | 5.00 | －4.06 | 6.06 | －5.07 | 90 | －5.59 |
| 1965 | 72 538 | 4.40 | －4.35 | 5.08 | －6.06 | 70 | －4.90 |
| 1970 | 82 992 | 6.10 | 6.75 | 7.47 | 8.02 | 90 | 5.15 |
| 1975 | 92 420 | 9.60 | 9.49 | 11.09 | 8.22 | 120 | 5.92 |
| 1980 | 98 705 | 19.57 | 10.89 | 20.73 | 13.32 | 210 | 11.84 |
| 1985 | 105 851 | 29.54 | 8.79 | 31.76 | 8.91 | 300 | 7.39 |
| 1990 | 114 333 | 34.46 | 4.01 | 42.30 | 5.90 | 370 | 4.28 |
| 1995 | 121 121 | 42.20 | 4.14 | 58.86 | 6.83 | 417 | 2.42 |
| 2000 | 126 743 | 45.56 | 1.54 | 68.33 | 3.03 | 449 | 1.49 |
| 2005 | 130 756 | 64.80 | 7.30 | 67.53 | －0.24 | 496 | 2.01 |
| 2006 | 131 448 | 74.10 | 14.35 | 74.50 | 10.32 | 564 | 13.71 |
| 2007 | 132 129 | 83.60 | 12.82 | 82.80 | 11.14 | 577 | 2.30 |
| 2008 | 132 802 | 91.06 | 8.92 | 87.00 | 5.07 | 655 | 13.52 |
| 2008/1952 | 2.31 | 24.61 | 5.89 | 18.91 | 5.39 | 8.19 | 3.83 |

*　资料来源：国际统计年鉴；马连道茶网［EB/OL］. http：//www.tea8848.com/quote/show.php? itemid＝37.2010－06－09.

**2. 茶叶出口及其变化**

与国内消费量的增长相比，最近 50 年来我国茶叶出口增长 7.37 倍，而国内消费增长 11.21 倍，表现为出口总量增长幅度小于国内消费总量的增幅（表 10－6、表 10－7）。

在出口茶类中，红茶出口量虽然有所增加，但经历了从少到多再急剧减少的过程；绿茶出口量相对处于比较稳健的增长态势，作为世界第二大绿茶出口国的日本，其出口量仅为我国的 1/6。2009 年，我国绿茶与红茶的出口量之比为 5.73∶1（表 10－7）。而且，我国出口茶叶总体价格偏低（表 10－8）。最近约 50 年间，出口总量增加 7.37 倍，而出口总额仅增加 2.21 倍。我国茶叶出口价格在 2 美元/kg 左右（表 10－8），低于印度、斯里兰卡水平。世界主要消费茶叶是红茶，而我国生产的红茶市场竞争力较弱，价格低；红茶出口量增长 2.07 倍，而红茶出口额仅增长 0.48 倍。在出口绿茶中，我国几乎近 60％的绿茶销往非洲，价格水平也不高，绿茶出口量增长高达 12.01 倍，而绿茶出口额仅增长 3.90 倍。乌龙茶等特种茶是我国的优势产品，出口增长幅度远远超过传统红茶的增长，成为目前中国茶叶出口贸易的重要组成部分。2009 年乌龙茶出口 2.41 万 t，出口金额 6 685 万美元，同比分别增长 8.34％和 8.09％。

**表 10－7　中国茶叶出口量变化***

| 年份 | 出口总量 | | 红茶出口 | | 绿茶出口 | |
|---|---|---|---|---|---|---|
| | 数量（万 t） | 年均增长（％） | 数量（万 t） | 年均增长（％） | 数量（万 t） | 年均增长（％） |
| 1957 | 4.11 | — | 1.93 | — | 1.91 | — |
| 1962 | 3.04 | －6.22 | 1.46 | －5.74 | 1.39 | －6.56 |
| 1965 | 3.79 | 7.63 | 1.91 | 9.37 | 1.62 | 5.23 |
| 1970 | 4.09 | 1.51 | 2.01 | 1.03 | 1.78 | 1.90 |
| 1975 | 6.13 | 8.43 | 2.85 | 7.23 | 2.30 | 5.26 |
| 1980 | 10.76 | 11.91 | 4.85 | 11.63 | 4.87 | 16.19 |

（续）

| 年份 | 出口总量 | | 红茶出口 | | 绿茶出口 | |
|---|---|---|---|---|---|---|
| | 数量（万 t） | 年均增长（%） | 数量（万 t） | 年均增长（%） | 数量（万 t） | 年均增长（%） |
| 1985 | 13.69 | 4.93 | 6.10 | 4.31 | 6.10 | 4.61 |
| 1990 | 20.10 | 7.98 | 9.80 | 9.95 | 9.04 | 8.19 |
| 1995 | 16.66 | −3.68 | 6.80 | −7.05 | 6.69 | −5.84 |
| 2000 | 22.77 | 6.45 | 2.94 | 15.44 | 15.53 | 18.34 |
| 2005 | 28.66 | 4.71 | 3.58 | 4.02 | 20.62 | 5.83 |
| 2006 | 28.66 | 0.00 | 3.15 | −12.01 | 21.87 | 6.06 |
| 2007 | 28.94 | 0.98 | 3.03 | −3.81 | 22.37 | 2.29 |
| 2008 | 29.69 | 2.59 | 4.00 | 32.01 | 22.30 | −0.31 |
| 2009 | 30.29 | 2.02 | 4.00 | 0.00 | 22.93 | 2.83 |
| 2009/1957 | 7.37 | 3.92 | 2.07 | 1.41 | 12.01 | 4.90 |

* 资料来源：中国海关总署。

**表 10－8　中国茶叶出口额变化***

| 年份 | 出口总额 | | 红茶出口 | | 绿茶出口 | | 乌龙茶出口 | |
|---|---|---|---|---|---|---|---|---|
| | 金额（万美元） | 年增长（%） | 金额（万美元） | 年增长（%） | 金额（万美元） | 年增长（%） | 金额（万美元） | 年增长（%） |
| 1995 | 2.75 | — | 8 933.42 | — | 11 052.02 | — | 4 740.14 | — |
| 1996 | 2.83 | 1.03 | 11 257.44 | 26.01 | 8 962.28 | −18.91 | 4 781.89 | 0.88 |
| 1997 | 3.32 | 17.31 | 12 314.89 | 9.39 | 12 441.73 | 38.82 | 4 707.60 | −1.55 |
| 1998 | 3.70 | 11.45 | 10 263.33 | −16.66 | 18 065.17 | 45.20 | 4 277.45 | −9.14 |
| 1999 | 3.38 | −8.65 | 4 657.81 | −54.62 | 18 942.95 | 4.86 | 4 744.13 | 10.91 |
| 2000 | 3.47 | 2.66 | 3 608.62 | −22.53 | 21 786.77 | 15.01 | 4 855.91 | 2.36 |
| 2001 | 3.42 | −1.44 | 4 127.53 | 14.38 | 19 952.55 | −8.42 | 5 041.12 | 3.81 |
| 2002 | 3.32 | −2.92 | 3 880.74 | −5.98 | 20 292.50 | 1.70 | 4 843.31 | −3.92 |
| 2003 | 3.67 | 10.54 | 3 631.24 | −6.43 | 24 112.26 | 18.82 | 4 338.42 | −10.42 |
| 2004 | 4.37 | 19.07 | 4 117.98 | 13.40 | 29 438.73 | 22.09 | 4 499.26 | 3.71 |

（续）

| 年份 | 出口总额 | | 红茶出口 | | 绿茶出口 | | 乌龙茶出口 | |
|---|---|---|---|---|---|---|---|---|
| | 金额（万美元） | 年增长（%） | 金额（万美元） | 年增长（%） | 金额（万美元） | 年增长（%） | 金额（万美元） | 年增长（%） |
| 2005 | 4.84 | 10.76 | 3 994.41 | −3.00 | 33 078.68 | 12.36 | 4 516.37 | 0.38 |
| 2006 | 5.47 | 13.02 | 4 245.08 | 6.28 | 39 020.24 | 17.96 | 5 188.01 | 14.87 |
| 2007 | 6.07 | 10.97 | 4 319.54 | 1.75 | 43 139.90 | 10.56 | 5 609.84 | 8.13 |
| 1995/2007 | 2.21 | 6.82 | 0.48 | −5.88 | 3.90 | 12.02 | 1.18 | 1.41 |

*　资料来源：中国海关总署。

### 3. 消费茶类

我国居民消费的茶类主要是花茶、绿茶、紧压茶、红茶和乌龙茶等。

（1）花茶　全国有 30 个省、市销售花茶，尤以东北、华北、西北地区销量最多。花茶消费曾占我国茶叶消费的 1/3 以上，然而近年来绿茶消费大幅上升，花茶的消费受到严重挑战。据调查，1990 年北京花茶市场消费比率为 90%，到 2006 年已降到 55%左右；同期绿茶从 8%上升到近 40%。

（2）绿茶　主要消费省份为浙江、安徽、湖北、湖南、云南等。随着人们对绿茶养生、防病等功能特性的了解后，绿茶消费发展迅猛，名优茶的消费更是带动了绿茶消费的增长。2007 年名优茶产量达到 43.5 万 t，产值达 200 亿，分别比 1990 年增长 15 倍和 30 倍，占茶叶总产量比重由 5%提高到 38%，占茶叶总产值比重由 24%提高到 68%。同时，绿色食品茶、有机茶在大范围内受到追捧。

（3）乌龙茶　乌龙茶消费主要在福建、广东和台湾省。近年来，乌龙茶消费的增长可谓异军突起，在茶叶总体供过于求的情况下仍以年均 8%～10%的增长率扩增。2007 年乌龙茶国内总消费量达 12.3 万 t，占市场总份额的 12%，与花茶基本相当。

（4）紧压茶　紧压茶是我国边疆少数民族不可缺少的茶类，市场需求一直很稳定。主要消费在四川、西藏、新疆、青海、内蒙古、甘肃、贵州、云南等省、自治区。然而由于紧压茶生产不被看好，近年来生产呈下降趋势。

(5) 红茶　主要在内蒙古、辽宁、广东、广西、云南、浙江、湖南等省、自治区。由于外销红茶价格低迷，内销市场又遭受绿茶、乌龙茶等茶类的竞争，使原来的红茶产区有所转产；1989 年至 2007 年，全国红茶产量年均下降 0.9%。

## 二、茶叶市场调查方法

作为茶叶企业，仅了解茶叶市场概况是远远不够的。成功的企业要从市场中获取大量信息，以解决生产经营什么、在何时生产经营等问题。这就要求企业掌握市场调查的理论和方法。

### (一) 市场调查概述

#### 1. 市场调查的含义

市场这个词有狭义和广义之分。前者指商品交易的场所，后者指商品交易活动。在茶叶市场上，所有卖方提供了各种商品茶的总和，而所有买方提出各种商品茶有支付能力要求的总和。只有在这两个总和相等时，茶叶的价值和使用价值才能全部实现，再生产才能顺利进行。反之，茶叶再生产则无法进行，社会需要得不到满足。所以市场上的买卖双方及供应和需求就构成了茶叶经营活动的主要矛盾。由于买方需求的时间、地点、品种、等级等的不同，决定了这个矛盾的运动变化情况是错综复杂的。市场调查就是要从各种不同层次（如时间层次、空间层次、品种等级层次等）上调查茶叶的供应与需求、卖方与买方这对矛盾的各个方面，找出这个矛盾运动变化的种种原因及其规律性，为市场预测和营销决策提供客观的、正确的资料。

#### 2. 市场调查的内容

(1) 茶叶需求情况调查　茶叶需求是指消费者在一定时期、一定范围内有支付能力的购买茶叶的要求。其主要内容有：调查国内外茶叶市场需求总额及其构成情况和变化趋势，调查国内外市场各种茶叶在数量、质量、品种、规格、包装、购买时间、购买地点、购买频率、购买习惯等方面的需求情况及其变化趋势。

（2）茶叶生产情况调查　生产决定消费，消费又对生产起反作用。茶叶消费量虽然增长缓慢，但生产的品种及各生产单位之间的生产量却变化较大。所以调查茶叶生产情况也显得十分重要。其主要内容有国内外茶叶供应总量及其构成和发展趋势的调查，生产单位的各种茶类生产量和变化情况的调查。

（3）茶叶流通渠道调查　宏观上主要调查各种经营形式在流通渠道中所处的地位和作用以及零售网点的变化情况，微观上主要调查企业销售渠道和进货渠道的变化情况。

**3. 市场调查的步骤**

市场调查一般分为三个阶段：

（1）调查准备阶段　着重解决调查目的、要求、调查范围和规模、调查力量的组织等问题。该阶段的重点是明确调查任务、进行可行性分析、制订调查方案和计划。

（2）调查实施阶段　这个阶段主要内容：确定调查途径，搜集原始资料（第一手资料）；组织调查人员，搜集现有资料（第二手资料）。

（3）分析总结阶段　这个阶段包括整理分析调查资料，撰写调查报告总结经验教训。

## （二）市场调查方式

市场调查方式包含普查、重点调查、典型调查和抽样调查等。在茶叶市场调查中，前三种方式应用得较少，而抽样调查方式则可进一步细分为随机抽样调查和非随机抽样调查。

**1. 随机抽样调查**

随机抽样调查是按随机原则在调查总体中抽取一定数量的样本（调查单位）进行调查，并根据样本数据来推断总体的专门调查。其适用范围是茶叶品种、需求量、生产量和库存量以及其他方面的调查。随机抽样调查又有简单随机抽样、分层随机抽样、机械随机抽样和分群随机抽样等。

（1）简单随机抽样　完全按随机原则，从总体中直接抽选出调查单位；从总体中抽取的每个可能样本均有同等被抽中的概率。如某单位有职工300名，如要在这300名职工中随机抽取15名进行调查。具体做法是：首先将300名职工编号，再做300个签，分别标上编号，然后将300个签混匀，最后从300个签中任意取出15个，与15个签上号码对应的职工就是调查对象。

（2）分层随机抽样　根据某些特定的特征（如收入高低、年龄大小、文化程度、工作性质等），将总体分为同质、不相互重叠的若干层，然后在各层中再用简单随机抽样方式抽取所需要的调查单位。此法适用于总体复杂、个体之间差异较大、数量较多的情况。

（3）机械随机抽样　又称为系统抽样、顺序抽样法，将总体中的各样本按一定标志顺序排列成无标志随机排列，再按固定顺序和间距抽取调查单位。如将上述300名职工按收入从低到高排列，并编号，然后做20（300/15）个签，从中任意取出一个签（假定是6号），后面的调查对象分别是间距20号数（如26、46、66、…、286号）的职工。此法的优点是抽样样本分布比较好、总体估计值容易计算。

（4）分群随机抽样调查　在总体中成群成组的抽取调查单位。具体做法是：首先将总体按一定标准（如地区、街道、企业等）分成若干个群组，并以每个群组为一个抽选单位；然后按照简单随机抽样或其他方式抽取若干个单位，调查抽中的每个群组内的所有样本。此法的优点是组织简单，缺点是样本代表性差。

以上几种抽样方式可以单独使用，也可以结合使用。

**2. 非随机抽样调查**

非随机抽样调查是指按调查者主观设定的某种标准来抽取样本进行调查。它又可分为任意抽样、判断抽样和配额抽样等几种。

（1）任意抽样　根据调查者是否方便来随意选取样本的一种调查（与随机抽样不同，不保证每个样本有相等的抽中概率）。如在街头拦路人，调查其对茶叶品质、包装的意见或需求量。

（2）判断抽样 凭调查者的经验和知识选定调查单位的一种抽样调查方式。判断抽样有两种做法：一种是由专家判断分析决定选择样本，一般是选取“多数型”或“平均型”的样本为调查单位。“多数型”是指从占调查总体多数的单位中挑选出来的样本，“平均型”是指在调查总体中选取代表平均水平的单位作为样本。另一种是利用统计资料判断选择样本。在判断抽样中，样本的代表性完全取决于调查者的经验和判断能力，通常在精度要求不高的情况下，茶叶企业可以根据客观资料，选取某一具有代表性的居民区进行茶叶消费调查。

（3）配额抽样 把调查总体按照一定标志划分并分配调查数额，然后由调查人员在规定分配数额范围内，主观选取调查单位的一种抽样调查方式。

## （三）市场调查方法

### 1. 访问法

访问法是指调查者通过口头、电信或书面答卷方式向被调查者了解需要的信息。常见的方法有以下几种。

（1）面谈调查法 具体做法一是由调查者用拟订好的调查项目依次向被调查者询问，二是调查者同被调查者自由交谈。该法优点是能够较深入地了解消费者的消费倾向、购买动机等，且能提高调查表的回收率；不足之处是调查力量和费用支出较大，对调查人员的业务素质，语言技巧要求较高。

（2）邮件调查法 调查者将调查表邮寄给被调查者，被调查者根据调查表内容逐项填写后寄回给调查者。该方法的主要优点是可以扩大调查区域、增加样本，节省人力财力等，也可使被调查者有充分的时间考虑、从容作答；不足之处是误解或模糊答复，以及较低的调查表的回收率会影响调查结果的代表性。

（3）电话交谈法 通过电话向被调查者询问有关调查内容。该方法的主要优点是市场信息快、时间省、回答率高；但内容不宜复杂，只适用于极为简单的调查。

（4）问卷留置调查法　调查人员将调查表当面交给被调查者，并详细说明调查表要求，由被调查者填写调查内容，调查人员约定日期收回调查表。该方法吸取了面谈调查法和邮件调查法的长处，然而调查经费仍然较高，且调查地域范围受到限制。

（5）日记调查　日记调查是指对调研点如茶叶柜台、茶叶店发给登记簿或账本，由被调查者逐日逐项记录，并由调查人员定期加以整理汇总的方法。如有目的地选择零售商店进行茶叶销售情况的调查，以获得消费者需求的情况以及茶叶的销售规律。该方法的优点是可如实反映被调查点的经营活动，且搜集的数据较为系统可靠；缺点是难以坚持到底，可能出现中断。

**2. 观察法**

观察法是调查者亲临现场直接观察、记录，以取得第一手资料的一种调查方法。其特点是调查者不直接向被调查者提出问题。该方法的优点是调查结果准确、可靠；但有时调查者会受时间、地点等的限制而无法亲临现场，且被调查者的心理活动（如购茶动机）无法洞悉。这种方法可以在以下几个方面运用：

（1）在茶叶生产情况调查中，可用于观察茶树生长状况并进行估产。

（2）在茶叶库存调查中，可用于对库存茶叶直接盘点计数，观察库存茶叶的结构和变质情况等。

（3）在茶叶零售经营调查中，可用于观察各种类型经营单位的茶叶陈列、橱窗布置、售货员接待顾客等情况。

（4）在茶叶需求调查中，可以了解消费者喜爱的茶类、品牌、花色、等级、包装等。

**3. 试验法**

试验法是在给定条件下，通过试验对比来观察分析市场经济现象中某些变量之间的因果关系及其发展过程的一种调查方法。具体方法有三种：

（1）前后连续对比试验法　在同一企业不同给定条件下，对试验对象进行不同时期的观察记载，分析自变量和因变量之间关系的一种调查方法。如某茶叶商店进行包装改进试验，记载了某种茶叶在包装改进前一个月的销售量以及该种茶叶在改进包装后一个月的销售量，然后进行对比，分析改进包装的效果。运用这种方法要注意排除因前后时间不同而可能发生的其他非试验因素的影响。

（2）对照组与试验组对比试验法　在同一时期两组给定不同条件的对比试验，一组按一定条件进行试验，另一组为对照组。例如，某茶叶公司在其所属的两个茶叶门市部进行某种茶叶包装改进试验，其中一家门市部改进茶叶包装，另一家不改进，分别记载相同时间内该种茶叶的销售量以分析试验效果。这种方法要注意两个试验单位的主客观经营条件（如地段、规模、口碑等）应基本一致。

（3）对照组与试验组前后对比试验法　这是上面两种方法结合而成的一种调查方法，即对试验组和对照组同时在试验前后不同时期内的某个经济变量（如销售量）进行的对比试验。设试验组在改进茶叶包装前一段时间内的销售量为 $a_1$，试验时相同时间内的销售量为 $a_2$，对照组在对应时间内的销售量分别为 $b_1$ 和 $b_2$。则试验效果（$E$）为：

$$E=(a_2-a_1)-(b_2-b_1) \qquad (10.1)$$

式中（$a_2-a_1$）是试验变量，它既包含了试验效果，也包含了非试验效果；（$b_2-b_1$）是由非试验效果所引起的试验变量。

## 三、市场预测

市场调查获得的信息是过去或现在的，而企业所要采取的行动是针对未来的，所以企业有必要掌握市场预测的理论和方法。

### （一）市场预测的内容和步骤

**1. 市场预测的含义**

预测是对未来不确定事件的推测。正因为事件在一定的时间和空间范围内是否发生、如何演变等往往是不确定的，因而人们希望在采取某种行动之前能把握住同自己行动有关的未来事件的演变趋势，以便在行动时避免盲目性。通过预测，就有可能将未来事件的不确定性极小化，以减少不确定性对行动带来的风险。所以，预测活动实际上就是要解决未来事件客观上的不确定性和人们主观上要求未来事件的确定性之间的矛盾。市场预测是预测的一个组成部分，是预测者对市场这个客体的未来发展趋势所作的预测。

**2. 市场预测的内容**

茶叶市场预测是经济预测的一个分支，是对未来茶叶供求关系及其变动趋势的一种推测，能为茶叶的营销决策和计划服务。茶叶市场预测的内容很广泛，茶叶企业处于不同的市场时期，预测的内容有所不同和侧重。一般而言，有如下几个方面内容：

（1）茶叶资源预测　包括茶园总面积、茶叶总产量、各茶类及其花色品种的生产量、各种茶叶的上市时间等预测。通过预测，生产厂家可从中了解本企业竞争对手同类产品的供货情况，作为经营决策的参考；经销企业可以掌握未来能够提供市场的货源情况，作为制订购销计划的依据。

（2）茶叶需求预测　包括在一定时期内，茶叶需求总量以及消费者对各茶类、规格、花色、品质、包装等的需求及变动趋势的预测，当然也包括不同季节、不同地区、不同消费者对茶叶需求及其变化趋势的预测。这是企业制订生产、经营计划的重要依据，是企业市场预测的重点。

（3）茶叶企业市场占有率预测　市场占有率是指某类茶叶销售量（额）占市场上同类茶叶销售总量（总额）的比例，其变动反映了企业经营能力和竞争能力的变化。当某地茶叶的市场容积率一定时，茶叶企业市场占有率的高低，决定了茶叶企业在市场上茶叶销售量的大小。通过市场占有率的预测，除了可以了解茶叶销售量，还可以了解竞争对手的市场经营能力和有关情况。

（4）茶叶生产经营预测　茶叶企业生产经营的成本、价格及利润的变动趋势预测。这类预测是以上述预测为基础的，通过对以上预测的分析、整合、比较各地区、各时段有关商品的质量、价格、成本、利润等指标，预测生产经营的茶叶成本、价格及利润的变动趋势。

**3. 市场预测的步骤**

为了提高预测的成功率、准确率，一个完整的预测可以按以下所述程序进行。

（1）确定预测目标，制订工作方案 预测目标是指需要预测的具体对象的项目和指标，如茶类、品种、规格等的需求变动趋势以及茶叶产量等。确定预测目标的依据是企业的经营决策和经营计划，因此预测目标不仅要规定预测的范围和内容，还要规定预测的时间期限，以保证预测的必要性、科学性、可行性和经济合理性。当预测目标确定后，应组织预测人员测算预测费用、制订工作方案，使预测工作顺利进行。

（2）开展调查研究，搜集有关资料 预测以信息为基础。只有通过调查，取得充分的市场信息，才能对市场变动的规律性和预测目标的变动趋势进行具体分析。茶叶信息既要从茶叶专著、专刊和茶叶统计资料中索取，又要从其他统计资料和有关的信息载体里取得；必要时还应开展市场调查，以取得可靠的第一手资料。

（3）选定预测方法，做出预测推断 选用什么预测方法进行预测，在资料搜集时就应考虑。不同的预测方法对资料的要求有所差异，因而搜集的资料要尽可能满足一种或几种预测方法的要求。对预测目标做出推断与预测者的经验判断以及所采用的预测方法是分不开的。对同一预测目标，运用多种预测方法可能取得基本相同的预测结果，也可能因方法、资料、假设条件的差异得出不同的预测结果，最好同时选用几种方法做初步估测，作为经营决策的后备方案。

（4）分析预测误差，评价预测方案 预测误差是预测值与实际值之间的差异，是衡量预测精度的指标。分析预测误差有两种情况，一是在选用预测模型以前，利用预测模型计算出来的理论预测值与同期实际观察值之间的差异，它为选择预测方法、建立和修改模型提供依据；二是在选定预测方案作为经营决策以后，用于追踪检查预测方案是否符合实际，分析产生误差的原因，以便改进今后的预测工作。

（5）选择预测方案，用于决策计划　决策者根据对预测方案的评价意见，从各种预测方案中择优，并作为经营决策和经营计划的依据。

## （二）经验判断预测法

经验判断预测法在我国市场预测中有广泛的应用。一般有个人经验估计法、专家意见法和集体经验判断法等。个人经验估计法是凭借个人的知识经验和认识能力，对事件未来发展趋势做出推断；该法受个人素质的影响较大。专家意见法是以匿名方式，轮番征询专家意见，最终得出预测结果的一种经验判断预没法，它在国外广泛应用，但我国应用尚少。集体经验判断预测方法有如下几种：

**1. 意见交换法**

通过对预测目标情况熟悉的人员座谈讨论、交换意见，提出预测方案的集体判断法。一般由预测主持者（如厂长、经理、部门负责人）召集有关科室、部门的专业人员召开预测会，对所需预测的问题做出定性、定量的推断。定量估计一般采用主观概率法，即根据自己的知识经验对某事件在未来出现有利或不利可能性的估计。选用主观概率法进行定量测定时，应根据期望值准则对各预测人员的各项预测值及其在相应条件下的概率予以计算，并综合成一个预测值 $Yc$。

$$Yc = \frac{X_1W_1 + X_2W_2 + \cdots + X_kW_k}{n} \qquad (10.2)$$

其中，$X_1$、$X_2$、…、$X_k$ 是各预测人员的各项预测值；$W_1$、$W_2$、…、$W_k$ 是其相应条件下的概率；$n$ 是参与意见交换的总人数。

如果根据参与预测人员在企业中的地位、作用以及各人的业务水平不同，还可分别给予不同的权数，采用加权算术平均法进行估算。

**2. 意见汇总法**

将企业内部所属各机构的预测意见汇总，再加上预测部门所掌握的资料进行综合分析判断，以确定预测方案的一种集体经验判断预测法。如某茶叶公司下属有六个经营部，该公司在编制销售计划前，要求所属各经营部根据市场需求对下一年度茶叶销售量进行预测。各经营部利用现有资料在内部采用意见交换法，分别对自己部门的销售量进行预测，并将预测结果上报公司。公司将各经营部上报的预测结果进行汇总，并根据公司已掌握的资料，对下一年度的茶叶销售形势进行分析，做出预测方案。

一般而言，下属经营部门直接接触市场，掌握第一手资料，而上级预测部门掌握宏观资料，预测能力较强。两者结合，取长补短，较易做出科学的预测。意见汇总法往往和意见交换法结合使用。

**3. 意见测验法**

向购买者、消费者征询意见，将意见综合分析并做出预测的一种集体经验判断预测法。该法可用于征询茶叶包装、质量、规格、花色品种等意见，为企业提供茶叶需求预测的依据。其具体形式有如下几种：

（1）购买者、消费者现场投票法　如为了解消费者对名茶包装材料、包装规格的需求趋向，企业可以在商店门口或闹市区摆出用不同包装材料（如铁盒、纸盒、塑料袋等）以不同规格（如 5g、10g、50g、250g 等）包装的名茶，在各材料的各规格前放上匣子，并备好筹码。预测人员邀请消费者对喜爱的包装材料、规格进行投票，经一定时间以后，就可得到各种包装材料和规格的得票数，并作为预测推断的依据。

（2）向购买者、消费者发调查表征询意见法　这种方法类似邮件调查法，是通过邮寄调查表征询购买者和消费者的意见。调查的人数、向哪些人调查等，要根据预测目的、预测内容、预测力量和预测经费等确定。主要用于征求对产品质量，包装及新产品开发价值等的预测。

（3）商品试销征求意见法　这是一种市场预测的实验方法。预测者有意识地将预测对象集中投入市场试销，通过消费者在一定时期内的现场选购，预测需求变动的趋向。例如，某茶叶公司为了掌握购买者、消费者对高档名茶的包装、规格需求情况，于新茶上市初期，在本公司一家经营部同时供应不同包装的名茶；试销结果是，购买者和消费者挑选的瓷罐包装占 40.3%、铁罐包装占 29.5%、纸盒包装占 24.4%、塑料袋包装占 5.89%。与此同时，在相同时期的另一家经营部供应塑料袋包装的不同规格包装的名茶，销售结果是：10g 包装占 65.2%、100g 包装占 28.3%、250g 包装占 6.5%。试销结果表明，销量较多的是高档包装名茶，这可能与用于礼品茶有关，而数量较少的名茶包装则要求简单，这可能与消费者从尝新和经济考虑有关。

运用这一方法应注意分析购买者和消费者的意见是否有广泛的代表性。

## （三）时间序列分析预测法

时间序列分析预测法是利用预测目标的历史时间数据建立预测模型进行外推预测的定量预测法。预测的基本假设是事件过去和现在的发展变化趋势会持续到预测期。它不分析事件发展变化的因果关系，而是将时间变量作为影响预测目标各种因素的综合反映。它包括平均法（算术平均法、几何平均法、移动平均法等）、指数修匀预测法、趋势外推法和季节指数预测法等。

指数修匀预测法如下：

**1. 一次指数修匀预测法**

该方法以预测目标的本期实际值和本期预测值作为根据，并分别给两者以不同的权数，计算出指数修匀值作为下期预测值的一种定量预测方法（表 10－9）。

（1）基本公式

$$\hat{Y}_{t+1}=aY_t+(1-a)\hat{Y}_t \qquad (10.3)$$

式中：$\hat{Y}_{t+1}$为下期预测值；$Y_t$ 为本期实际值；$\hat{Y}_t$ 为本期预测

值；$a$ 为修匀常数，其取值范围是 [0，1]。

式 10.3 可改变成式 10.4：

$$\hat{Y}_{t+1}=\hat{Y}_t+a\ (Y_t-\hat{Y}_t) \qquad (10.4)$$

这个公式的意义是：下期预测值＝本期预测值＋修匀常数（本期实际值－本期预测值）。

从公式中可以看出，当修匀常数 $a$ 接近 1 时，下期预测值中就包含了对本期预测所发生的误差作了相应较大的调整，反之，当 $a$ 趋近于 0 时，下期预测值对本期预测误差没有多大调整。若 $a=1$，就以本期实际值作为下期预测值；若 $a=0$，则以本期预测值作为下期预测值。

（2）指数修匀法的特点　指数修匀法具有两个特点，一是观察值从近到远，权数依次递减。其权数为 $a$、$a(1-a)$、$a(1-a)^2$、…、$a(1-a)^{t-1}$ 的递减等比数列；二是当实际观察值数量很大时，所有权数之和接近于 1。

（3）指数修匀法的应用　以我国 1995—2009 年茶叶出口资料为例，预测未来几年的出口量（表 10－8）。

预测步骤如下：

第一步，初始值定为 22.70 万 t，$a$ 分别选 0.2、0.5 和 0.8 作事后预测，预测结果列入③，⑤、⑦栏。如 $a=0.2$ 时，2002 年的预测值为 0.2×24.97＋（1－0.2）×22.77＝23.21。余类推。

第二步，计算平均绝对误差。绝对误差已计算列入④、⑥、③栏。

当 $a=0.2$ 时，平均绝对误差＝（2.2＋2.02＋…＋2.93）/9＝2.87；

同理，当 $a=0.5$ 时，平均绝对误差为 1.54；当 $a=0.8$ 时，平均绝对误差为 1.02。

第三步，预测 2010 年我国茶叶出口量。因 $a=0.8$ 时的平均绝对误差最小，所以选 $a=0.8$ 为修匀常数。2010 年的茶叶出口量为 30.14 万 t。

上例表明，$a$ 值大小对预测值有较大影响。一般可选若干个 $a$

值通过试算予以选定。这种方法计算工作量大，一般需借助计算机完成。此外，在选择预测模型时，应根据平均绝对误差大小决定。

表 10-9　一次指数修匀法计算表

| 年份 | 实际数 | $a$=0.2 | | $a$=0.5 | | $a$=0.8 | |
|---|---|---|---|---|---|---|---|
| | | 预测数 | \|②−③\| | 预测数 | \|②−⑤\| | 预测数 | \|②−⑦\| |
| ① | ② | ③ | ④ | ⑤ | ⑥ | ⑦ | ⑧ |
| 2000 | 22.77 | | | | | | |
| 2001 | 24.97 | 22.77 | 2.20 | 22.77 | 2.20 | 22.77 | 2.20 |
| 2002 | 25.23 | 23.21 | 2.02 | 23.87 | 1.36 | 24.53 | 0.70 |
| 2003 | 25.99 | 23.61 | 2.38 | 24.55 | 1.44 | 25.09 | 0.90 |
| 2004 | 28.02 | 24.09 | 3.93 | 25.27 | 2.75 | 25.81 | 2.21 |
| 2005 | 28.66 | 24.88 | 3.78 | 26.65 | 2.01 | 27.58 | 1.08 |
| 2006 | 28.66 | 25.64 | 3.02 | 27.66 | 1.00 | 28.44 | 0.22 |
| 2007 | 28.94 | 26.24 | 2.70 | 28.16 | 0.78 | 28.62 | 0.32 |
| 2008 | 29.69 | 26.78 | 2.91 | 28.55 | 1.14 | 28.88 | 0.81 |
| 2009 | 30.29 | 27.36 | 2.93 | 29.12 | 1.17 | 29.53 | 0.76 |
| 2010 | | 27.95 | | 29.71 | | 30.14 | |
| 平均绝对误差 | | | 2.87 | | 1.54 | | 1.02 |

**2. 二次指数修匀法**

在一次指数修匀法中，若观察数据有线性变动趋势时，$a$ 值选1，预测值仍有一定的滞后性。在这种情况下，应采用二次指数修匀法。它是在一次指数修匀值的基础上，再修匀一次获得二次指数修匀值，然后根据两次修匀值之间的滞后偏差演变规律，建立线性方程用于预测。二次指数修匀值的计算方法及 $a$ 值的选定基本与一次指数修匀值相同（表 10-10）。计算公式是：

$$\hat{Y}_t^{(2)}=a\hat{Y}_t^{(1)}+(1-a)\hat{Y}_{t-1}^{(2)} \qquad (10.5)$$

式中：$\hat{Y}_t^{(2)}$ 为 $t$ 期的二次指数修匀值；$\hat{Y}_{t-1}^{(2)}$ 为（$t$−1）期的二次

指数修匀值；$\hat{Y}_t^{(1)}$ 为 $t$ 期的一次指数修匀值；$a$ 为修匀常数，其取值范围是［0，1］。

二次指数修匀值不直接用作预测值，而是和一次指数修匀值一起用来计算线性方程的参数。用二次指数修匀法建立的线性预测方程为：

$$Y_{t+T} = a_t + b_t T \tag{10.6}$$

求参数 $a_t$、$b_t$ 的公式为：

$$a_t = 2\hat{Y}_t^{(1)} - \hat{Y}_t^{(2)} \tag{10.7}$$

$$b_t = \frac{a}{1-a}\left(\hat{Y}_t^{(1)} - \hat{Y}_t^{(2)}\right) \tag{10.8}$$

下面举例说明二次指数修匀法的应用。资料与一次指数修匀法相同（表 10－10）。

**表 10－10　二次指数修匀法计算表**

| 年份 | 实际数 | 一次修匀值 $a=0.8$ | 二次修匀值 $a=0.8$ | $a_t$ | $b_t$ | 预测值 $T=1$ |
|---|---|---|---|---|---|---|
| ① | ② | ③ | ④ | ⑤ | ⑥ | ⑦ |
| 2000 | 22.77 | 22.77 | 22.77 | — | — | — |
| 2001 | 24.97 | 24.53 | 24.18 | 24.88 | 1.40 | — |
| 2002 | 25.23 | 25.09 | 24.91 | 25.27 | 0.72 | 26.28 |
| 2003 | 25.99 | 25.81 | 25.63 | 25.99 | 0.72 | 25.99 |
| 2004 | 28.02 | 27.58 | 27.19 | 27.97 | 1.56 | 26.71 |
| 2005 | 28.66 | 28.44 | 28.19 | 28.69 | 1.00 | 29.53 |
| 2006 | 28.66 | 28.62 | 28.53 | 28.71 | 0.36 | 29.69 |
| 2007 | 28.94 | 28.88 | 28.81 | 28.95 | 0.28 | 29.07 |
| 2008 | 29.69 | 29.53 | 29.39 | 29.67 | 0.56 | 29.23 |
| 2009 | 30.29 | 30.14 | 29.99 | 30.29 | 0.60 | 30.23 |
| 2010 | | | | | | 30.89 |

预测步骤如下：

第一步，将历史数据作一次指数修匀，并将修匀值填入第

③栏，同理将二次指数修匀值填入第④栏。

第二步，根据两次修匀值计算出 $a_t$、$b_t$ 值。

第三步，根据 $a_t$、$b_t$ 建立线性方程，并计算（$t+T$）期的预测值。本例中 2010 年预测值为：

$$Y_{2010}=a_{2009}+b_{2009}\times 1=30.29+0.60\times 1=30.89\text{（万 t）}$$

若要预 2015 年，则 $T=6$，预测值为：

$$Y_{2015}=a_{2009}+b_{2009}\times 6=30.29+0.60\times 6=33.89\text{（万 t）}$$

第四步，同样，可计算出平均绝对误差。

**3. 三次指数修匀法**

在实际应用中，还有三次指数修匀法。它是用于具有二次曲线变动趋势的预测目标。三次指数修匀法是在二次指数修匀法的基础上再进行一次平衡修匀，计算公式为：

$$\hat{Y}_t^{(1)}=aY_t+(1-a)\hat{Y}_{t-1}^{(1)} \tag{10.9}$$

$$\hat{Y}_t^{(2)}=aY_t^{(1)}+(1-a)\hat{Y}_{t-1}^{(2)} \tag{10.10}$$

$$\hat{Y}_t^{(3)}=aY_t^{(2)}+(1-a)\hat{Y}_{t-1}^{(3)} \tag{10.11}$$

式中：$\hat{Y}_t^{(3)}$ 为 $t$ 期的三次指数修匀值；$\hat{Y}_{t-1}^{(3)}$ 为（$t-1$）期的三次指数修匀值；$a$ 为修匀常数，其取值范围是 [0，1]。

三次指数修匀法预测的数学模型为：

$$\hat{Y}_{t+T}=a_t+b_tT+c_tT^2 \tag{10.12}$$

求参数 $a_t$、$b_t$、$c_t$ 的公式为：

$$a_t=3\hat{Y}_t^{(1)}-3\hat{Y}_t^{(2)}+\hat{Y}_t^{(3)} \tag{10.13}$$

$$b_t=\frac{a}{2(1-a)^2}\left[(6-5a)\hat{Y}_t^{(1)}-2(5-4a)\hat{Y}_t^{(2)}+(4-3a)\hat{Y}_t^{(3)}\right] \tag{10.14}$$

$$c_t=\frac{a^2}{2(1-a)^2}\left(\hat{Y}_t^{(1)}-2\hat{Y}_t^{(2)}+\hat{Y}_t^{(3)}\right) \tag{10.15}$$

应用指数修匀法进行预测时，需要合理确定修匀系数的值。从例中可知，下期指数修匀是在本期的基础上，对下期实际值与本期指数修匀值之间的误差加以适当的调整而得。因而，当时间序列呈现较稳定的水平趋势时，应选择较小的值，一般可在 0.05～0.20

之间取值；当时间序列有波动，但长期趋势变化不大时，可选稍大的值，常在0.1～0.4之间取值；当时间序列波动很大，长期趋势变化幅度较大，呈现明显且迅速的上升或下降趋势时，宜选择较大的值，如在0.6～0.8之间，以提高预测模型灵敏度。

根据实际情况，一般考虑最近几期的误差最小为准则。误差分析指标一般采用误差标准差（SDE）和平均相对误差（MAPE），即

$$SDE = \frac{1}{n-1}\left[\sum_{i=1}^{n}(Y_i - \hat{Y}_i)^2\right] \qquad (10.16)$$

$$MAPE = \frac{1}{n}\left(\sum_{i=1}^{n}\left|\frac{Y_i - \hat{Y}_i}{Y_i}\right|\right) \qquad (10.17)$$

### （四）回归分析预测法

回归分析预测法是根据数理统计理论，将两个或两个以上变量之间的变动关系模型化，并利用模型进行预测的统计预测方法。回归分析预测法有一元回归预测法、多元回归预测法和自由回归预测法等。在市场预测中，最常用的是一元回归分析预测法。其他回归预测法在一定场合也有应用。

## 四、市场营销决策

### （一）市场营销决策概述

#### 1. 市场营销决策的含义

市场营销是指企业围绕满足消费者需求展开的总体活动。包括市场调查、市场预测、营销环境分析、消费者行为研究、新产品开发、价格制订、销售渠道选择、产品促销、售后服务等一系列活动。决策指为实现一个特定目标，在占有一定信息和预测数据资料的基础上，根据客观可能性，运用科学的方法和技巧，在对相关诸因素进行准确计算和判断后所做出的决定。市场营销决策是企业为了实现经营目标，根据市场调查和市场预测获得的信息资料，结合

企业内部条件，并考虑外部因素（政治，经济、社会，自然等方面的因素），从多种营销方案中选择一种最佳的行动方案的过程。它是企业经营决策的重要组成部分。

**2. 市场营销决策的基本内容**

市场营销决策的内容比较广泛，具体包括：

（1）目标市场选择　产品在市场上有销路，是一个企业生存和发展必须具备的基本条件。企业应在市场细分的基础上，根据自身条件，选择目标市场，制定占领目标市场的策略。

（2）产品决策　企业的经营活动是围绕如何以其产品和服务满足消费者需求这个中心进行的。企业对已经提供给市场的产品，应按产品寿命周期制订相应的策略，并做出发展、维持现状、收缩或淘汰、退出市场的决策，在此基础上确定产品在各个时期生产量和销售量指标。同时要对新产品开发和投放市场的时机做出决策，以适应市场的新需求。

（3）销售渠道决策　产品从生产者转移到消费者，必须要经过一定的销售渠道。销售渠道决策有两个方面的内容：一是销售途径，即企业对自已的产品采取直销方式还是通过流通领域的中间环节进行间接销售，以及间接销售的环节、层次和形式等的选择；二是产品运输和存储等的抉择。

（4）定价决策　企业的定价策略是市场营销组合中最活跃的因素。企业营销活动开展得如何，在很大程度上要看价格定得是否合理。定价决策包括确定定价目标、决定价格策略、价格调整和新产品定价等内容。茶叶定价应该与顾客对茶叶产品的认知价值相称。

（5）促销决策　现代企业是围绕着满足消费者需求开展总体营销活动的。为了扩大销售量，增加赢利就必须加强与购买者和消费者之间的信息沟通，即采取一系列促进销售的措施，内容包括广告宣传策略、人员推销、公共关系及销售促进等。

产品（Product）、销售渠道（Place）、定价（Price）、促销（Promote）是企业在市场上可以控制的四个主要方面，也是企业市场营销组合的四个主要因素，又称 4P 组合。营销组合各因素的决策，要根据企业经营目标和经营方针来进行，而经营目标和经营方针又要靠营销组合各因素来保证。随着市场营销理论的发展，4P组合进一步发展为5P，6P，7P，11P等。以下着重介绍7P和11P组合。

①服务营销组合——7P组合：在原有4P组合的基础上，增加了人（People）、有形展示（Physical Evidence）和服务过程（Process）。7P组合对于茶馆营销、茶叶生态观光休闲园、茶叶农家乐、茶叶培训机构等以服务为主要营销内容的服务业态茶叶企业，尤为重要。

人（People）——扮演传递与接受产品的角色，包括职员、客户、供应商、竞争对手等变量。

有形展示（Physical Evidence）——由于服务的无形性及易逝性，需要借助一些外在的有形物来传递服务信息、展现服务特色，以引导消费者对服务产生合理的期望、帮助消费者感受服务所带来的利益。包括设施（外观及配置）、色彩（装潢）、布局（陈列）、噪声级别、服务质量（主动性、应变能力、说服能力、亲和力等）等。

服务过程——客户获得产品前所必经的过程，包括流程、客户参与、客户指示等。良好服务系统运作，不仅可以提高服务效率，更能提高消费者的满意度。

②战略营销组合——11P组合：

探查（Probing）——即市场调研。以满足消费者需求为中心，用科学的方法系统地收集、记录、整理与分析有关市场营销的情报资料，从而提出解决问题的建议，确保营销活动的顺利进行。

划分（Partitioning）——即市场细分。根据消费者需要的差异性，运用系统的方法，把整体市场划分成若干个消费者群的过程。

优先（Prioritizing）——即目标市场的选择。在市场细分的基础上，选择最能发挥企业本身优势、能在最大程度上满足消费者需求的市场。

定位（Positioning）——根据竞争者的情况及消费者对产品效用的重视程度，塑造企业产品的个性，从而明晰企业自身在市场上所处的位置。

**3. 市场营销决策的程序**

市场营销决策不是一项例行性的固定手续，而是一个动态而完整的工作过程；是一种创造性的逻辑思维过程；是一个提出问题、分析问题和解决问题的过程；是一个对问题进行全面分析研究、从诸多方案中选出一个合理方案的过程。正确的决策不仅取决于决策者的经验、才能和智慧，还取决于决策程序的科学性。科学的决策程序有助于正确决策的形成。市场营销决策程序分为四个阶段；

（1）确定营销目标　要确定营销目标就必须调查企业外部环境和内部条件，以搜集情报。具体内容有营销环境和经营要素两大类。

营销环境是指与企业营销有关的外部环境，包括市场环境和非市场环境。茶叶企业的市场环境有：市场上各类茶叶及各种饮料的数量、质量和价格等，消费者对茶叶花色品种的偏好程度及其需求变化，社会商品购买力状况及其变化；茶叶生产过程所需要的原材料、燃料、动力等的供应及其价格状况，国内外竞争对手的发展动向，流通渠道的状况和变化，金融市场、技术市场、劳务市场、生产资料市场状况等。非市场因素主要有：社会环境，包括人口和文化环境；经济环境，技术环境和政治环境等。

经营要素是指企业经营的内部条件，即企业拥有的经营资源和经营手段。经营资源包括人力、物质、财政和信息资源。茶叶企业的人力资源包括领导班子和职工队伍；物质资源包括原材料、能源等劳动对象，厂房、机器设备等劳动工具，以及交通运输和贮存条件等；财政资源包括企业拥有的资金及其来源；信息资源包括信息来源及其采集、加工、传递、存贮和检索等。经营手段包括企业的技术水平、组织能力、技能和手段等，它是合理利用经营资源，达到预期经济效果的方式和方法。

企业对搜集的情报进行加工、整理、分析，并针对企业经营活动中存在的问题确定营销目标。

（2）拟订若干可供选择的可行方案　营销目标确定以后，就应该寻找达到目标的有效途径。途径是否有效，要经过比较才能鉴别。因此，要制订各种可能选择的方案。方案包括产品策略、价格策略、销售渠道策略、促销策略等方面。方案的质量和数量直接关系到最终决策方案的正确性。整个决策方案过程真正的难点就在于方案的合理拟订。

（3）可行方案的评价与选优　可行方案拟定以后，就可以从可资利用的方案中，选出一条特别行动方案。在对可行方案进行评价时，既要作定性分析，也要作定量分析；既要分析其技术上的可行性，也要分析其经济上的合理性。根据目标分析各个方案的费用和功效。分析评价的过程，要依靠决策技术，使得各种方案的利弊得以科学表达。一般是先建立各方案的数学模型，然后求得各模型的解并对各项结果进行评价，最后择优选取方案。

（4）方案的实施与反馈　在方案实施过程中，方案会由于各种因素的变化出现偏离目标的情况。这就需要对行动方案的实施情况进行跟踪检查，以便能在偏差时及时分析解决，甚至重新审定目标、另行决策。

以上四个阶段是决策的全过程，各阶段依次衔接、相互联系、缺一不可。如果目标不明确、资料信息不完全或不正确，制定方案或评价方案的准则不合理，就不可能有科学的决策；决策后不根据实际情况的变化加以控制、调整，就可能导致决策的失败或达不到预期目的。

**4. 经营思想和经营方针**

（1）经营思想　经营思想是企业从事经营活动，解决各种经营问题的指导思想。在社会主义市场经济体制下，企业应努力使自己的商品转化为货币，并从中取得赢利；这也是社会扩大再生产所需要的。所以，提高经济效益、增加赢利是企业的重要经营思想。要想使商品转化为货币，只有把商品卖出去才能实现。因此，企业应从消费者的需要出发，努力满足消费者要求，树立起为消费者服务的经营思想。消费者虽然有自己的消费方式，但这种方式会随着经济的发展、环境的变化而发生变化。随着人民生活水平的提高，追求健美的人越来越多，不少厂家因生产减肥茶而取得了良好的效益。这实际上是生产创造出了新的消费对象和消费方式。所以，企业应树立起创造市场的经营思想。

（2）经营方针　经营方针是指根据企业的经营思想，为达到企业经营目标或某种重要经营活动所应遵循的基本原则。它主要体现在经营方向、商品结构、质量与价格、市场销售等关键性的问题上。经营方向主要解决为谁服务的问题，商品结构是解决如何服务的问题，质量与价格是企业参与竞争时取得胜利的基本保证。

## （二）目标市场选择决策

目标市场是指企业所要进入并占领的市场。市场是一个庞大而复杂的整体，企业一般只能把部分市场作为目标市场。因此，企业以市场细分为基础，通过对各个子市场进行分析比较，并从中选择最适合自己进入和占领的子市场作为目标市场。

### 1. 市场细分

市场细分是指企业按照消费者的一定特性，把原有市场分割为两个或两个以上的子市场，以用来确定目标市场的过程。消费者是市场的主体，没有消费者就等于没有市场。但消费者需求的形式要受到许多因素的制约，如职业、收入、年龄、地理条件等。

在市场细分时，可以只考虑单个因素对市场细分的影响，即企业只采用一种标准进行市场细分；如按茶类可以分为花茶、绿茶、红茶、乌龙茶、紧压茶和其他茶市场等。也可以考虑多因素对市场细分的影响，即企业同时采用两种或两种以上的因素进行市场细分。如按茶类、消费者收入水平、年龄等因素细分，可以得到72（6×3×4）个子市场（表10-11），每个饮茶者都属于其中一个。

市场细分后，还应调查分析每个子市场的消费者数目，购买茶叶的时间、数量和竞争程度等。综合考虑上述情况后，估计出每个子市场的潜在价值，再结合企业自身特点，选定一个或若干个子市场作为自己的目标市场，然后选定合适的时间和地点进入市场。

**表 10-11 市场细分表**

| 收入 | <2 000 元 | | | | 2 000～3 500 元 | | | | >3 500 元 | | | |
|---|---|---|---|---|---|---|---|---|---|---|---|---|
| 年龄 | <30 | 31～45 | 46～60 | >60 | <30 | 31～45 | 46～60 | >60 | <30 | 31～45 | 46～60 | >60 |
| 花茶 | | | | | | | | | | | | |
| 绿茶 | | | | | | | | | | | | |
| 红茶 | | | | | | | | | | | | |
| 乌龙茶 | | | | | | | | | | | | |
| 紧压茶 | | | | | | | | | | | | |
| 其他茶 | | | | | | | | | | | | |

**2. 目标市场选择**

企业为有效地选择目标市场，通常采用三种不同的策略。

一是无差异市场策略。这种策略着眼于消费者需求的同质性，认为市场上所有消费者对某产品都有共同的需求和爱好，只提供一种产品，采用单一的市场营销组合来满足消费的需求。无差异市场策略的优点是有利于标准化和大规模产销，降低单位产品的成本费用；缺点是不能适应多变的市场形势，不能满足其他细分市场消费者的需求。这种策略在茶叶企业中很少采用。

二是差异性市场策略，其着眼点是消费者群需求的异质性。企业对市场进行细分，推出多种产品，采用不同的市场营销组合，来满足各个细分市场不同需求的策略。优点是：能够较好地满足不同消费者群的需求、爱好，有利于扩大产品销售总量，增强企业的市场竞争能力；不足之处是：由于品种多、批量小，导致生产成本和销售费用的增加。这种策略需要较为雄厚的财力、较强的技术力量和素质较高的管理人员，所以一般适合于大型企业采用。由于茶叶生产地域性较强，要想所有子市场都满足也并非易事，目前采用的也不多。

三是密集性市场策略。其着眼点也是消费者群需求的差异性，但重点是放在某一个或几个消费者群上，集中力量开拓、密集性开发，实行专业化生产和经验的目标。可见，其优点是：目标市场集中，有利于企业深入了解目标市场的需求和爱好，发挥自身所长，创造出有针对性的特色产品；节省营销费用，实行专门化营销，增强了企业的竞争力，相对提高了市场占有率。不足之处是市场风险较大。茶叶企业采用这种策略较为适宜，并且要随时密切关注茶叶市场动向，充分考虑企业未来可能发生情况下的各种对策和应急措施。

**3. 目标市场定位**

市场定位是指企业决定把自己放在目标市场的什么位置上。定位首先必须对竞争者所处的市场位置、消费者的实际需求、本企业的产品属性等做出正确评估，然后确定出适合自己的市场位置。小型茶叶企业在市场定位时，一般应该寻找目标市场的“空白点”，即竞争者不多的市场，率先进入市场；技术力量强的较大企业，可以在竞争激烈、需求潜力大的市场上与其他企业同坐一席，在开发新产品的基础上，搞多产品生产经营。

具体的定位策略还包括：跟进者定位，即在率先进入者之后将某个产品导入市场。为了区别于率先进入者，跟进者可以采用集团定位、比附定位、逆向定位、文化定位等。集团定位，即企业将自己描述为与最具有竞争力产品或品牌相同的第一流产品或品牌，同属于“第一”集团；比附定位，即让企业产品或品牌附着在最具影响力的产品或品牌或其他事物上，从而获得一个相近的特色；逆向定位，即将企业产品和品牌保持与第一产品或品牌完全相反的特色，这种定位能否成功关键在于能否通过分析环境找到消费者原来不在意但现在却非常在意的特色；文化定位。即注入某种文化内涵于企业产品或品牌，与其他企业的产品或品牌形成文化上的差异。

**4. 目标市场定时**

目标市场定时是指企业选择适当的时间使产品进入市场，即如何把握销售机会。一般来说，茶叶新产品会先在某一目标市场上出售，经过一段时间，当消费者已经了解并接受这种产品后，再开始大批量销售，扩大市场，直至打入国际市场。对于另一些茶产品，比如礼品茶，就要在节日前投放效果较好；而名优茶则应及时上市，以满足人们“尝新”的要求。

## （三）产品决策

在市场经济条件下，企业一般采用产品组合策略。目前在企业中采用的产品组合策略主要有收入盈亏组合策略、产品组合矩阵法、产品定位策略、最佳产品组合策略和边际效益组合策略等。

企业中，不同产品或同一产品不同等级的茶叶给企业带来的利润是不同的。收入盈亏的组合策略是根据企业各种产品的盈亏资料进行科学取舍的方法。如某企业生产销售A、B、C、……、J等十个花色品种，其销售收入和盈亏状况如表10-12。

**表10-12 花色品种销售及盈亏表**（单位：万元）

| 花色品种 | A | B | C | D | E | F |
|---|---|---|---|---|---|---|
| 销售收入 | 175.0 | 75.0 | 225.0 | 212.5 | 162.5 | 10.0 |
| 占总销售收入的% | 17.5 | 7.5 | 22.5 | 21.25 | 16.25 | 1.0 |
| 盈亏 | 70.0 | 50.0 | 40.0 | 35.0 | 30.0 | 5.0 |
| 占盈亏总额的% | 35.0 | 25.0 | 20.0 | 17.5 | 15.0 | 2.5 |

| 花色品种 | G | H | I | J | 合计 |
|---|---|---|---|---|---|
| 销售收入 | 55.0 | 12.5 | 7.5 | 65.0 | 1 000 |
| 占总销售收入的% | 5.5 | 1.25 | 0.75 | 6.5 | 100 |
| 盈亏 | −3.0 | −5.0 | −10.0 | −12.0 | 200 |
| 占盈亏总额的% | −1.5 | −2.5 | −5.0 | −6.0 | 100 |

其分析步骤如下：

**1. 列表**

按照销售收入和盈亏情况，将各花色品种进行排列，列表10-13。

表 10-13 按销售收入和盈亏排列顺序表

| 花色品种 | A | B | C | D | E | F | G | H | I | J |
|---|---|---|---|---|---|---|---|---|---|---|
| 按销售收入排列 | 3 | 5 | 1 | 2 | 4 | 9 | 7 | 8 | 10 | 6 |
| 按盈亏状况排列 | 1 | 2 | 3 | 4 | 5 | 6 | 7 | 8 | 9 | 10 |

**2. 画图**

用横坐标表示销售收入，纵坐标表示盈亏情况。将表 10-18 中所列的名次画在图中。再作甲、乙两条线，其中：甲线与横轴成 45°角，乙线为两个最后名次的联线（图 10-3）。

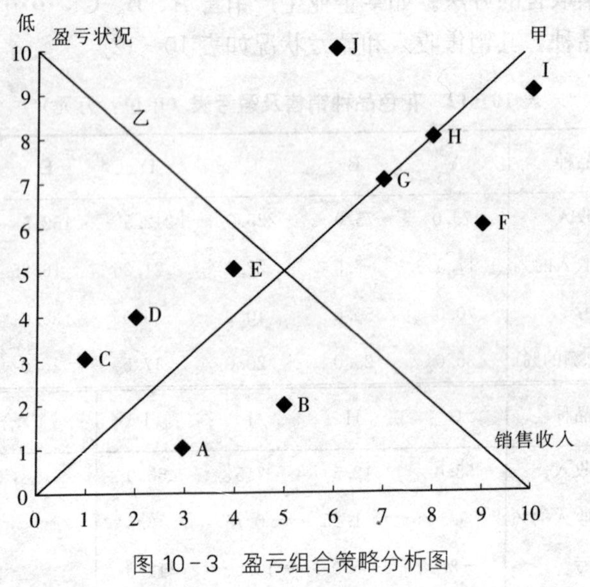

图 10-3 盈亏组合策略分析图

**3. 评价**

(1) 在甲、乙两线之下的花色品种 一般是盈利水平较好，而销售收入则要看其所处位置。如 A、B 两品种，盈利分别占第一、第二位，而销售收入为第三、第五位，说明市场需求量大，成本低而价格高。企业应加强促销工作，增加这些品种的销售量，以获得更多的利润。

(2) 甲线上乙线下的品种　一般是销售收入较高，而盈利水平则要视其所处位置而定。如C、D、E品种，销售收入列第一、第二、第四位，盈利水平位于第三、第四、第五位。说明市场需求量大，但可能是价格低而成本高。企业对这类品种应继续销售，但应努力降低成本或适当提价，以增加盈利。

(3) 乙线以上品种　从总体看不很理想，但仍应具体考虑。如F品种销量少、利润少，但盈利水平很高，达到50%。这有可能是新品种，市场尚未接受，需要加大宣传力度，促进销售；H、I品种，销售量小，且亏本比例很大，可能是品种已进入衰退期，降价或提价都没有可能，应及早有计划地撤出市场；G、J品种销售量较大，分别列第七、第六位，但出现了亏损，J品种可考虑舍去，而G品种仍应分析有无办法使其降低成本，增加盈利。

另外，还可以通过计算销售利润率、资金周转次数等来进行深入分析。

### (四) 销售渠道选择

茶叶从生产者到消费者必须经过适当的运行渠道。研究茶叶销售渠道，合理确定销售路线，选择适当的中间商，并最优地安排茶叶运输和储存，进而以最短的路线、最少的环节、最低的费用将茶叶提供给顾客，满足消费者需要，达到加速茶叶流通和资金周转，提高企业市场营销的经济效益。

**1. 茶叶销售渠道**

茶叶销售渠道是指从生产者手中转移到最后消费者手中所经过的途径。茶叶产品每经过一个直接或间接转移其商品所有权的营销机构，如批发商、代理商、零售商等，都称为一个流通环节或中间层次。在销售过程中，经过环节的多少和各个渠道的长短都需要进行决策。销售渠道按有无中间商，一般可分为下面两种：

(1) 直接销售渠道　又称直销，即由茶叶生产者直接向消费者出售茶叶。直销渠道包括：派员推销、厂办经销部、商店、邮售、博览会、展销会、交易会、订货会，以及茶叶生产者直接在市场上兜售等形式。其特点是不经过中间人比较快速。可表示为：

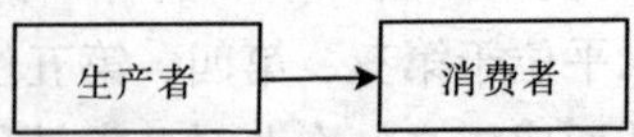


（2）间接销售渠道　由茶叶生产者经过1个或1个以上中间商再转移到消费领域的一种流通形式。中间商（Reseller）根据经营活动的范围和服务对象的不同，可进一步分为批发商（Wholesaler）和零售商（Retailer）两大类型。批发商能卓有成效地为数量众多的小型零售商和制造商提供服务；零售商则为需求多样化、购买零星分散的消费者服务。

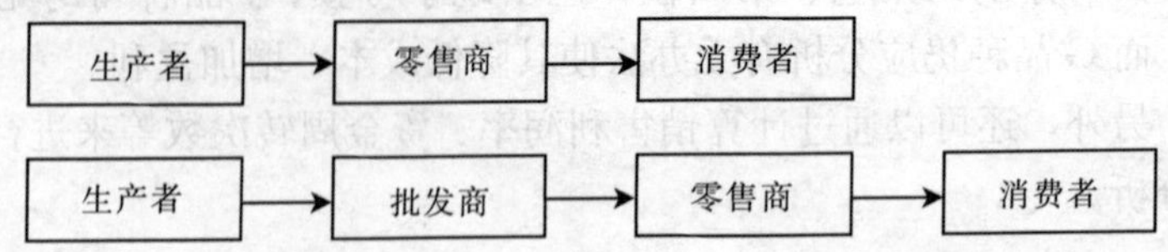


**2. 茶叶销售渠道选择**

茶叶销售渠道的选择和管理相对比较复杂，但很重要。因为茶叶产品既有跨国界的销售活动，又有国内庞大的销售市场。渠道选择不仅受国际贸易方式、国际惯例的影响，而且还受不同国家内部分销系统以及其他因素的影响。

不同的销售渠道有其不同的优缺点，如直销具有中间环节少，销售及时；减少中间环节费用；便于提供服务，便于同消费者接触，并了解他们的要求以改进生产经营；便于控制价格等。但同时也使生产者花费较多投资、场地和人力，营销管理的事务也大大增加。因此，企业必须结合本单位特点及流通规律，采取灵活、多样、有效的销售策略，选择最佳的销售渠道。一般而言，对于产量少、价格高、时间性强的名优茶和某些不易贮藏的茶制品等，应采取直接销售或较少中间环节的间接销售渠道；对于大宗茶叶，由于价格低、消费者分布广、购买次数频繁，应选择间接销售渠道，以发挥零售商店量大面广的优势。

**3. 茶叶销售渠道的维护和管理**

销售渠道成员之间的合作，是由于彼此间具有共同的利益需求，为销售更多的产品，获得更大的社会经济效益。但是，同一目标市场中的冲突和竞争也会无时不在。矛盾冲突的进一步扩大或恶化，可能造成整个渠道系统的瘫痪，甚至失去市场。

对大型的茶叶企业来说，其产品有国际和国内两大市场，销售渠道需建立专门机构，对中间商的组织形式、经营范围、业务能力、资信状况等建立档案，健全管理制度；一般性茶企业应根据不同渠道的特点，定期对渠道成员的销售指标、供货情况、服务水平、合作关系等进行考评。当发现问题时要找出原因并及时加以补救，扶植与激励中间商，以实现互利互惠、风险共担、共同发展。但由于社会环境、市场情况、企业内部等发生变化时，也要及时调整销售渠道，满足新的消费需求。

## （五）价格决策

定价是企业市场营销组合中唯一不增加成本的因素，是保证茶叶企业收益和发展的重要因素，是各茶叶企业在行业竞争的重要调节手段。制定出合理的价格绝非易事。正确的价格决策，要求采取科学的方法，综合考虑影响企业定价的多方面因素。

**1. 企业价格决策程序**

（1）选择定价目标　定价目标指产品的价格在实现以后企业应达到的目标。茶叶企业的定价目标必须服从企业的经营总目标和市场营销目标，根据当时当地的实际状况，权衡各种定价目标的利弊而加以取舍。比如，大宗茶类的花色品种，为了保持经营的稳定性和谋求合理收益，一般以稳定价格为定价目标；企业开发的新产品，市场上独一无二，企业为及时收回开发科研的投资和获取利润，可以采取最高利润的定价目标；有些新产品一上市很快就会出现竞争者，企业在竞争中求得发展，则定价目标趋向于市场占有率，实行低价市场渗透策略。总之，企业的定价目标要同企业的营销策略泪结合，要为实现企业的营销目标服务。

（2）估算成本　企业的定价是和成本直接关联的。最低价格实际上是企业的保本价格，即企业定价的下限。所以企业在定价时要估算成本，要进行盈亏分析。企业的成本费用有固定成本和变动成本两种。盈亏分析就是要确定企业在盈亏平衡时的产销量。这时，企业可以不赔不赚。

这种方法侧重于对成本费用补偿的考虑，对于那些茶类组合深度和广度较大的企业尤为重要。因为在生产经营多种茶类的情况下，不可能保证所有产品同时处于高盈利状态，一些产品盈利伴随着另一些产品微利甚至亏损的现象有时发生，企业的着眼点在于利润总水平的提高。因此，定价从保本入手显然是必要的。但是必须明确，盈亏分析不能直接用于制订价格，而只能是缩小定价范围，起着对制订合理价格的辅助作用。

（3）测定需求　市场营销理论认为，茶叶的最高价格取决于市场对茶叶的需求量，最低价格取决于茶叶的生产成本费用。可见，产品的价格同需求量有着密切的关系。一般来说，价格的提高会伴随着产品销量的下降，反之亦然。名优茶需求弹性相对较大，大宗茶叶需求弹性不大。富有弹性的产品，适当降价可增加销售收入；而缺乏弹性的产品，降价不一定会增加销量。

测定需求应计算需求的价格弹性系数（$E$）：

$$\text{需求的价格弹性系数}（E）=\frac{\text{需求增减量}}{\text{原需求量}}\Big/\frac{\text{价格增减量}}{\text{原价格}} \tag{10.18}$$

当 $E<1$ 时，需求弹性不足，此时价格变动只会引起需求量微小的变化。这类花色品种不宜采取降价策略。

当 $E=1$ 时，需求无弹性，此时价格与需求量形成等比例变化的关系。这类花色品种不论降价或提价，都不会引起总收入的明显变化。

当 $E>1$ 时，需求弹性较大，此时价格变动会引起需求大幅度变化。这类花色品种在适当降低价格后，随着需求量的大幅度增加，总收入会增加。

（4）分析竞争 企业产品价格还与竞争状况有密切联系。企业为了同竞争对手相协调，通常采取随行就市定价法，即根据本行业的平均定价水平确定价格。也可以采取比质比价来确定价格，即同一花色品种质量高于同行业的，价格定高一点，相反，则定低一点。

（5）选择定价方法 经过以上几个步骤的分析研究后，就可以考虑本企业的具体定价策略和方法。

**2. 茶叶定价策略**

茶叶的花色种类繁多，不同种类的茶叶在不同地区的销售上有较大的差异，同时茶叶的销售还涉及农、工、商三者的利益，所以定价策略比较复杂。这里主要讨论以下几种。

（1）差别定价策略 也叫价格歧视，指企业就同一产品针对不同的顾客、不同的市场制定不同的价格销售茶叶，且这种价差不反映成本费用比例。具体有以下几种：

第一，基于消费对象的差价策略。即对不同消费者制定不同的价格，这是从消费者潜在需求的可能性考虑的。对消费者今后的购买有不同的估计，比如对购买数量多、购买次数多的消费对象，价格上可以低一些，以争取更多的长期客户，吸引其潜在的购买力。

第二，基于包装的差价策略。同样产品，包装不同，人们的心理价位也不同。虽然不同包装的成本不同，但价格差异与成本差异不同步。如同样的西湖龙井，100g 听装成本 30 元，售价 40 元；盒装成本 28 元，定价 35 元。

第三，基于地区的差价策略。由于不同茶叶产品的生产存在较大的地域性，所以会出现茶叶产品运输和中转费用的差别，而且由于不同地区的茶叶市场存在着不同的消费水平和饮茶习惯，所以表现出不同的需求弹性。最为明显的是，安溪的铁观音，在珠江三角洲能以较高的价格销售，而且销量不错；但是在内地城市只能以较低的价格销售，才能维持一定的销量。可见，茶叶在市场上因地理位置不同，有不同的需求强度，可以定不同价格。

第四，基于季节的差价策略。茶叶季节性很强，尤其是名优茶，可根据上市时间的不同定不同的价格。比如茶叶企业可以采用供应旺季降价、淡季提价的策略，这样有利于调节茶叶产品的供求矛盾，维持市场的供求平衡。

（2）折扣定价策略　茶叶企业为了扩大销量、提高销量，在进行茶叶产品交易的过程中，给予消费者一定程度的价格让利的一种价格策略。主要有下面两种：

第一，直接折扣。主要有数量折扣、现金折扣、功能折扣、季节折扣等。现金折扣是指客户如提前支付货款，可按原定价格享受一定优惠；其目的是加速资金周转，扩大经营。数量折扣则是指按购买数量多少，给予不同折扣；其目的是鼓励多买。具体做法又有两类：一类是累计数量折扣，即根据客户在一定时期内购货总数计算的折扣。这种办法有利于鼓励购买者集中向一个供应者多次购买，成为可信赖的长期客户；另一类是非累计数量折扣，即根据一次性购买数量计算的折扣，它有利于鼓励购买者大量购买，

第二，间接折扣。主要有回扣和津贴。回扣是指购买者在按价格目录将货款全部付给销售者以后，销售者再按一定比例将货款的一部分返还给购买者。津贴是企业为非凡顾客以特定形式所给予的价格补贴或其他补贴。比如，当中间商为企业产品提供了包括刊登地方性广告、设置样品陈列窗等在内的各种促销活动时，生产企业给予中间商一定数额的资助或补贴；又如，对于进入成熟期的消费者，开展以旧换新业务，将旧货折算成一定的价格，在新产品的价格中扣除，顾客只支付余额，以刺激消费需求，促进产品的更新换代，这也是一种津贴的形式。

（3）心理定价策略　根据心理学原理，考虑消费者购买时的心理因素来确定价格，引导消费者购买来提高销量的一种价格策略。具体有以下几种：

第一，尾数定价。一般消费者愿意接受尾数为非整数的价格，在心理上产生一种便宜的感觉；同时，精确的标价会使消费者认为价格是经过精心认真制定的，从而产生信任感。例如，铁观音价格定在每 500g99.6 元，而不是 100 元。这种策略适用于基本生活

用品。

第二，整数定价。与尾数定价正好相反，企业有意将产品价格定为整数，以显示产品具有一定质量。对于一些喜爱名茶但又不熟悉的消费者来说，整数定价策略能迎合他们求名的心理。同时，采用这种定价方法有利于结算。整数定价多用于价格较贵的高档产品或礼品，顾客会容易产生“一分价钱一分货”的感觉，从而有利于销售。

第三，声望定价。针对消费者“便宜无好货，价高质必优”的心理，名茶如果太便宜了，反而会让消费者怀疑该茶的真假。这通常是针对消费者求名的心理动机而采取的定价策略。购买这些产品的人，真正关心的是产品能否显示其身份和地位，价格越高，心理满足的程度也就越大。另外，对品质好的名茶制定较高价格，还会进一步提升该茶的市场地位，使其具有更大的吸引力，从而使茶叶企业获得更大的利润。如西湖龙井和信阳毛尖等国内外知名度较高的名茶，价格一般比其他名茶高。

第四，习惯定价。不同的消费者对茶叶产品有着不同的习惯价格。尤其是作为日常消费品的茶叶，在消费者心中易形成自己的一套习惯性价格标准。对消费者已经习惯了的价格，不宜轻易变动：降低价格会使消费者怀疑产品质量是否有问题；提高价格会使消费者产生不满情绪，导致购买的转移。在不得不需要提价时，应采取改换包装等措施，减少抵触心理，并引导消费者逐步形成新的习惯价格。

第五，招徕定价。这是适应消费者“求廉”的心理，有目的地将几种茶叶产品价格定得低于一般市价，个别的甚至低于成本，以吸引消费者、扩大销售。采用这种策略，虽然几种低价产品不赚钱，甚至亏本，但从总的经济效益看，低价产品的销售能带动滞销茶叶产品的销售、宣传茶叶企业的品牌，企业还是有利可图的。

（4）新产品定价策略　新产品定价合理与否，不仅关系到新产品能否顺利地进入市场、占领市场、取得较好的经济效益，还关系到产品本身的命运和企业的前途。大致可分为以下几种：

第一，撇脂定价（Market-skimming Pricing），又称高价法，即将产品的价格定得很高，尽可能在产品生命初期、在竞争者研制出相似的产品以前，收回投资成本、取得相当的利润。而当竞争者纷纷进入市场时，企业则应及时转产、大幅度降价或清仓处理。该定价方法多用于产品寿命期较短的产品，如某些减肥茶等。

第二，渗透定价，又称“价格先低后高策略”。与撇脂定价相反，渗透定价建立在低价基础上，即在新产品进入市场初期，把价格定得很低，借以打开产品销路、扩大市场占有率、谋求较长时期的市场领先地位。企业将新产品价格定得低于预期价格，易于被消费者所接受。正因为其薄利多销的特性，一般用于潜在购买力较大而竞争者很容易进入的市场。老产品也可采用这种定价策略来延长其生命周期。

(5) 随行就市定价策略　又称流行水准定价法，它是指在市场竞争激烈的情况下，企业为保存实力采取按同行竞争者的平均现行价格水平制订价格。这种定价法特别适合于完全竞争市场和寡头垄断市场。茶叶企业可以在一些需求弹性不大的产品上采用这个策略。

**3. 茶叶定价方法**

定价方法是企业实现其定价目标所采取的价格定制方式。茶叶商品的价格如何制定，从微观上看，关系到茶叶商品是否能够顺利销售及企业的生存与发展；从宏观上看，关系到国民经济的发展速度、人民生活水平的提高、安定团结的政治局面的稳定。鉴于价格水平主要是受成本费用、市场需求、市场竞争三方面因素的影响。

(1) 成本加成定价法　计算茶叶单位平均总成本的基础上，加上一定单位产品利润来制订价格。可用下式表示：

单位产品价格＝单位产品总成本＋单位产品预期利润 (10.19)

＝单位产品总成本×（1＋成本加成率） (10.20)

此法优点是计算简单；缺点是，只考虑茶叶生产者的个别成本与茶叶产品的个别价值，忽略茶叶商品的社会价值与茶叶市场供求状况，缺乏灵活性，难以适应茶叶市场的竞争形势。同时，成本计算也缺乏真实性，不仅新产品的产量无法确知，老产品的未来产量也只能估计，最多只能求得近似成本。

（2）投资报酬定价法　为了确保投资，按期收回并获得利润，在产品总成本的基础上，加上按投资收益率制订的投资报酬额来制订价格。可用下式表示：

$$单位产品价格=\frac{固定成本+投资总额\times 预期投资报酬率}{计划销售量}+单位变动成本 \tag{10.21}$$

必须注意的是，采用投资报酬定价法是有条件的，即产品必须有专利权或产品在竞争中处于主导地位。否则，产品卖不出去，预期的投资收益是不能实现的。

（3）边际成本定价法　这种方法主要用来调整价格的。当企业在一定的销售量基础上再扩大销量时，就可以根据原销售量、原销售价格下的销售收入总额及边际成本来确定产品的调整价格。可表示为：

$$单位产品现定价格=\frac{原销售价\times 原销量+边际成本}{现销售量} \tag{10.22}$$

边际成本是指每增加一个单位产量（销量）所增加的成本。边际成本的变动与固定成本无关，初期呈下降趋势，低于平均成本，故导致平均成本下降；但超过一定限度，则高于平均成本，又导致平均成本的上升。因此，当全部固定成本与变动成本由现有销售量收回后，任何超过可变成本的定价均属对利润的贡献。边际成本定价，一般是在茶叶卖主竞争激烈时，为迅速扩张市场，采取较灵活的定价法。

（4）盈亏平衡定价法　亦称收支平衡定价法，即根据盈亏分界点来确定产品的最低价格。可用下式表示：

$$销售收入=销售价格\times 销售量 \tag{10.23}$$

$$总成本=固定成本+单位变动成本\times 销售量 \tag{10.24}$$

上式中，如果销售收入与总成本相等，则企业不亏不赢，此时的价格为保本价。这种方法侧重于对成本费用补偿的考虑，对那些茶类组合深度和广度较大的企业尤为重要。企业在某种产品销量难以实现时，可以采取保本经营的策略，把赢利的重点转向其他适销的茶类，以在整体上实现产品组合的优化。这种定价方法是茶叶企业在某种茶销售遇到较大困难或市场竞争过于激烈情况下的权宜之计，不适宜长期使用。

## （六）促销决策

促销（Promotion）即促进销售，是指通过传播商品信息，影响和促进顾客购买某种产品，或使顾客对企业及企业产品产生好感和信任的活动。

**1. 促销方式**

（1）人员推销　人员推销是由专职推销人员直接向顾客介绍商品以促成购买行为的活动。它是茶叶企业中用得最多、效果最好的促销方式。其优点在于：第一，策略灵活。推销人员可以根据客户对象的不同，设计不同的推销策略，并随时加以调整，还可以及时发现和开拓顾客的潜在需求；第二，容易达成交易。推销人员同顾客当面交谈介绍商品，强化了说服效果，容易促进客户的购买行为；第三，信息反馈及时。推销人员能够通过反馈及时了解到消费者的需求和其他有关市场的情报。

但是，人员推销也有具有推销人员的培训费用高，推销开支大等不足之处。

（2）营销广告　广告是市场经济体制下必不可少的。在茶叶企业中可以适用的广告媒体有如下几种：

报纸——报纸广告具有读者面广且稳定，覆盖面大，信息传播迅速，时效性强，空间余地大，信息量丰富，便于查阅，制作简易、灵活，收费较低等特点。缺点是生命力短，形象表达欠佳，内容繁杂，易分散注意力等。

杂志——杂志广告具有读者集中，对象明确，宣传效率高；保存时间较长，信息利用充分，能较好表现产品的外观形态等优点。

不足之处是发行范围小，覆盖面较窄等。一般茶叶生产机械、专用产品（如制茶专用油、茶树专用肥等）较宜采用杂志广告。

广播——广播广告具有传播信息迅速，不受交通条件和距离远近的限制，时间灵活、表现力强（可以配音乐、独播、歌唱等）、形式多样。但信息消逝快，难保存，听众选择差。一般茶叶制品可以采用这类方式。

电视——电视广告具有表现力丰富，形象生动，感染力强，信息传递快，覆盖面广，可重复宣传，加深印象等优点。但费用昂贵，信息消逝快，收看者缺乏选择等。茶叶界较少采用，但对宣传品牌有较好作用。

互联网——是指将有关茶叶的信息通过互联网向目标消费者传递。这种媒体除具有影视媒体的优点外，还具有受众空间范围广、受众选择性好、广告成本低、信息双向沟通、修改广告方便及时、可以较精确地统计出广告的收视率等优点。但广告范围和受众受互联网普及程度限制。

其他广告——除了以上介绍的，还有以下几种广告媒体形式：邮件类广告，如信函、订单、商品宣传册等；户外类广告，如广告牌板、霓虹灯广告、招贴画等；陈列类广告，如橱窗陈列、柜台陈列、货架陈列等；空中广告，如飞机广告、汽球广告等。

（3）公共关系　企业开展公共关系活动通常采用以下几种做法：

宣传报道，通过新闻媒介传播企业信息。如记者招待会、新闻发布会、企业介绍、产品报道、人物专访等。这比广告效果更好，且可节约广告费用。

公共关系广告，如节假日的志庆广告、对同行的祝贺广告、鸣谢广告、道歉广告等。

积极参与各种社会福利活动和公益活动，如赞助、捐赠；举办各种专项活动，如厂庆、知识竞赛、联欢会、联谊会等。

（4）销售促进　销售促进是一种除人员推销、广告和公共关系以外能有效刺激顾客购买、提高促销效率的活动。具体采用方法有：低价销售、现金回扣、减价优惠券、销售竞赛、价格优惠、有奖销售、展销、购买折让等。

**2. 促销组合策略**

促销组合策略是企业对多种促销方式的灵活选择、巧妙组合和综合运用。一般可根据产品的寿命周期选择对应的促销策略。产品寿命周期是一个新产品从试制成功，经过成批生产投放市场，到市场饱和，最后被市场淘汰的全部变化过程。它可以分为四个阶段，即投入期、成长期、成熟期和衰退期。

（1）投入期促销组合策略　产品处于投入期阶段，由于消费者以往的消费习惯或对茶叶新产品缺乏了解，销售量增长缓慢。企业促销的目标是使顾客认识商品，一般应选择广告方式进行强有力的宣传工作和选派推销人员深入到特定的顾客群体中去详细介绍商品，并应采用展销、示范等方法，以刺激购买。

（2）成长期促销组合策略　在这个时期，产品在市场上有很大的吸引力并已普遍被消费者接受，同时也引来大量的竞争者，出现仿造品、代替品等。所以，促销策略体现在对产品质量、性能以及包装等方面相应改进的基础上，加强宣传工作。形式仍应以广告为主，但重点应放在获得消费者进一步的信任上。具体做法是宣传厂名、牌名和商标及改进后的产品质量水平等。

（3）成熟期促销组合策略　产品进入成熟期，销售量增长缓慢，产品销量的下降，导致产品生产过剩；生产过剩又导致市场竞争更加激烈，企业间的削价战、广告战层出不穷，单位利润日益减少。这个时期的促销目标是战胜竞争对手，巩固市场。其促销策略应以提示性广告为主，并辅之以销售促进和公共关系，以提高企业声誉。

（4）衰退期促销组合策略　大部分茶叶产品进入衰退期后，销售量会下降，利润也随之下降甚至亏损。企业的促销目标是尽快甩出陈货，减少损失；其促销策略是采用降价销售、优惠销售等方法。当然，随着大部分的竞争对手也退出了市场，继续留在市场的茶叶企业也可能因此反而保持了一定规模的销售量，甚至略有增加，但总的来说，此阶段的促销费用不宜太多，以免得不偿失。

# 参 考 文 献

黄韩丹.2006. 关于我国茶叶消费特性之实证研究［D］. 浙江大学.

姜含春.2009. 茶叶市场营销学［M］. 北京：农业出版社.

李子奈，潘文卿.2010. 计量经济学［M］. 第3版，北京：高等教育出版社.

潘根生.1995. 茶业大全［M］. 北京：中国农业出版社.

# 附录

## 附录一　世界茶叶产销统计

**1-1　世界主要产茶国（地区）茶园面积（万 hm²）**

| 国家（地区）\年份 | 2000 | 2001 | 2002 | 2003 | 2004 | 2005 | 2006 | 2007 |
|---|---|---|---|---|---|---|---|---|
| 世界总计 | 234.1 | 230.7 | 231.7 | 239.3 | 255 | 256 | 275.8 | 285.6 |
| 非洲 | 23.2 | 21.1 | 21.1 | 24.3 | 25 | 25 | — | — |
| 南非 | 0.7 | 0.7 | 0.7 | 0.7 | 0.6 | 0.6 | 0.2 | 0.2 |
| 北美洲和中美洲 | 0.1 | 0.1 | 0.1 | 0.1 | 0.1 | 0.1 | — | — |
| 南美洲 | 4.8 | 4.7 | 4.6 | 4.8 | 5 | 5 | — | — |
| 阿根廷 | 0.4 | 3.9 | 3.9 | 0.5 | 4 | 4 | 3.8 | 3.8 |
| 巴西 | 4 | 0.4 | 0.5 | 4 | 0.4 | 0.4 | 0.3 | 0.3 |
| 亚洲 | 205.3 | 204.2 | 205.3 | 209.4 | 225 | 226 | — | — |
| 孟加拉国 | 4.9 | 4.9 | 4.9 | 5.4 | 5 | 5 | 5.3 | 5.3 |
| 印度 | 43.8 | 42.8 | 42.8 | 44.3 | 50 | 50 | 52.5 | 55.8 |
| 印度尼西亚 | 12.1 | 11 | 11 | 12 | 12 | 12 | 12.3 | 12.8 |
| 伊朗 | 3.2 | 3.2 | 3.2 | 3.3 | 3 | 3 | 3.4 | 3.4 |
| 日本 | 5 | 5 | 5 | 5 | 5 | 5 | 4.9 | 4.9 |
| 韩国 | 0.1 | 0.2 | 0.2 | 0.1 | 0.1 | 0.1 | 0.1 | 0.1 |
| 马来西亚 | 0.3 | 0.3 | 0.3 | 0.3 | 0.4 | 0.4 | 0.4 | 0.4 |
| 缅甸 | 6.7 | 6.7 | 6.7 | 6.7 | 7 | 7 | 7.3 | 7.3 |
| 斯里兰卡 | 18.9 | 18.9 | 18.9 | 18.9 | 21 | 21 | 21.3 | 21.3 |
| 泰国 | 1.9 | 1.9 | 1.9 | 1.9 | 1.9 | 2 | 2.0 | 2.0 |
| 土耳其 | 7.7 | 7.7 | 7.7 | 7.7 | 10 | 10 | 7.6 | 7.6 |
| 越南 | 7 | 8 | 8 | 9.9 | 10 | 10 | 12.3 | 12.8 |
| 欧洲 | 0.2 | 0.2 | 0.2 | 0.2 | 0.1 | 0.1 | — | — |
| 俄罗斯 | 0.2 | 0.2 | 0.2 | 0.2 | 0.1 | 0.1 | 0.1 | 0.1 |
| 大洋洲 | 0.6 | 0.4 | 0.4 | 0.7 | 0.7 | 0.7 | — | — |

资料来源：联合国粮农组织数据库。

## 1－2　世界主要产茶国（地区）茶叶生产量（万 t）

| 国家（地区）＼年份 | 2000 | 2001 | 2002 | 2003 | 2004 | 2005 | 2006 | 2007 |
|---|---|---|---|---|---|---|---|---|
| 世界总计 | 295.6 | 304.4 | 314.1 | 320.3 | 334.0 | 320.0 | 366.8 | 387.1 |
| 非洲 | 41.3 | 41.4 | 46.5 | 47.6 | 49.0 | 48.0 | — | — |
| 南非 | 1.3 | 1.3 | 1.3 | 1.3 | 1.3 | 1.1 | 0.3 | 0.4 |
| 北美洲和中美洲 | 0.1 | 0.1 | 0.1 | 0.1 | 0.1 | 0.1 | — | — |
| 南美洲 | 7.2 | 7.0 | 8.3 | 8.3 | 8.0 | 8.0 | — | — |
| 阿根廷 | 0.8 | 5.0 | 0.9 | 0.9 | 6.0 | 6.0 | 7.2 | 7.2 |
| 巴西 | 5.3 | 0.9 | 6.3 | 6.3 | 0.8 | 0.8 | 1.7 | 1.8 |
| 亚洲 | 246.0 | 254.4 | 258.3 | 263.3 | 277.0 | 263.0 | — | — |
| 孟加拉国 | 4.6 | 5.2 | 5.5 | 6.0 | 6.0 | 6.0 | 5.8 | 5.9 |
| 印度 | 83.5 | 85.5 | 84.7 | 88.5 | 85.0 | 65.0 | 89.3 | 94.9 |
| 印度尼西亚 | 16.3 | 17.2 | 16.5 | 16.0 | 16.0 | 17.0 | 18.5 | 19.2 |
| 伊朗 | 5.0 | 6.9 | 5.2 | 5.2 | 5.0 | 5.0 | 5.9 | 6.0 |
| 日本 | 8.5 | 8.5 | 8.4 | 8.4 | 10.0 | 10.0 | 9.2 | 9.5 |
| 韩国 | 0.1 | 0.2 | 0.1 | 0.1 | 0.2 | 0.2 | 0.2 | 0.2 |
| 马来西亚 | 0.6 | 0.5 | 0.5 | 0.5 | 0.4 | 0.4 | 0.3 | 0.3 |
| 缅甸 | 1.9 | 1.9 | 1.9 | 1.9 | 2.0 | 3.0 | 2.7 | 2.7 |
| 斯里兰卡 | 30.6 | 29.5 | 31.0 | 31.0 | 31.0 | 31.0 | 31.1 | 30.5 |
| 泰国 | 0.6 | 0.6 | 0.6 | 0.6 | 0.6 | 0.6 | 0.6 | 0.6 |
| 土耳其 | 13.9 | 14.3 | 15.0 | 15.0 | 20.0 | 20.0 | 20.5 | 19.2 |
| 越南 | 7.0 | 8.3 | 9.0 | 9.5 | 11.0 | 11.0 | 14.2 | 15.3 |
| 欧洲 | 0.2 | 0.5 | 0.1 | 0.1 | 0.1 | 0.1 | — | — |
| 俄罗斯 | 0.2 | 0.5 | 0.1 | 0.1 | 0.1 | 0.1 | 0.1 | 0.1 |
| 大洋洲 | 0.9 | 1.0 | 0.9 | 0.9 | 0.9 | 0.9 | — | — |

资料来源：联合国粮农组织数据库。

## 1-3 世界主要产茶国（地区）茶叶出口量（t）

| 国家（地区）\年份 | 2000 | 2001 | 2002 | 2003 | 2004 | 2005 | 2006 | 2007 |
|---|---|---|---|---|---|---|---|---|
| 肯尼亚 | 217 282 | 207 244 * | 288 300 * | 293 751 | 284 309 | 347 971 | 325 066 | 374 329 |
| 中国 | 230 696 | 252 204 | 254 875 | 262 663 | 282 643 | 288 814 | 288 625 | 292 199 |
| 印度 | 200 868 | 177 603 | 181 617 | 174 246 | 174 728 | 159 121 | 181 326 | 193 459 |
| 斯里兰卡 | 287 005 | 293 524 | 290 500 | 297 003 | 298 909 | 307793 | 204 240[R] | 190 203[R] |
| 越南 | 55 600 | 67 900 | 7 7000 | 58 600 | 10 4000 | 88 000 | 105 000 | 114 000 |
| 印度尼西亚 | 105 581 | 99 797 | 100 185 | 88 176 | 98 572 | 102 294 | 95 339 | 83 659 |
| 阿根廷 | 50 000 | 58 110 | 57 643 | 59 062 | 67 819 | 68 270 | 72 056 | 75 767 |
| 马拉维 | 42 400 | 36 587 | 42 596 | 36 924 | 46 200 | 44 600 | 27 503[R] | 54 397 |
| 乌干达 | 26 388 | 18 220 | 30 379 | 8 071 | 36 856 | 36 532 | 30 584 | 44 015 |
| 坦桑尼亚 | 22 797 | 22 981 | 24 306 | 20 887 | 24 330 | 23 259 | 24 825 | 30 506 |
| 阿拉伯联合国酋长国 | 12 400 * | 17 400 * | 27 212 | 18 973 | 14 738[R] | 38717 | 27 411[R] | 27 115[R] |
| 英国 | 22 501 | 27 282 | 29 888 | 37 319 | 28 528 | 25 163 | 25 905 | 25 353 * |
| 德国 | 17 012 | 17 272 | 18 274 | 18 755 | 21 646 | 22 090 | 25 310 | 24 037 * |
| 卢旺达 | 11 814 | 17 900 | 14 658 | 15 170 | — | 16 661 | 16 849 | 20 056 |
| 荷兰 | — | 9 745 | 11 688 | 10 970 | 12 649 | 16 581 | 17 350 | 17 561 |
| 俄联邦 | — | — | — | — | — | 6 686 | 8 525 | 10 298 |
| 尼泊尔 | — | — | — | — | — | — | — | 9 697[R] |
| 比利时 | 10 859 | — | 7 766 | 7 750 | — | — | 7 002 | 8 075 |
| 美国 |  | — | — | — | — | — | — | 8 071 |
| 津巴布韦 | 16 916 | — | 18 855 | 13 355[R] | 14 968 | — | 11 532 | 6 840[R] |
| 格鲁吉亚 | 9 639 | 9 621 | 8 944 | 8 471 | 7 191 | 6 017 |  | — |
| 孟加拉国 | 11 000 * | — | — | — | 10 635[R] | 12 560 | 7 842 | — |
| 南非 | 10 111 | — | 10 922 | 7 617 * | — | — | — | — |
| 伊朗 | 21 237 | 10 004 | 8 233 | 7402 | 9 491 | 12 756 | 33 548 | — |
| 巴布亚新几内亚 | — | 8 800 | — | — | 8 100 | 6 900 | — | — |
| 布隆迪 | — | 8 706 | — | — | — | — | — | — |
| 科特迪瓦 | — | 7 682 * | — | — | — | — | — | — |
| 阿塞拜疆共和国 | — | — | — | — | 6 747 | — | — | — |

*：非正式数据

R：FAO 粮农组织估算值（Estimated data using trading partners database）

资料来源：联合国粮农组织数据库。

## 1-4 世界主要产茶国（地区）茶叶进口量（t）

| 国家（地区）＼年份 | 2000 | 2001 | 2002 | 2003 | 2004 | 2005 | 2006 | 2007 |
|---|---|---|---|---|---|---|---|---|
| 俄联邦 | 158 393 | 154 448 | 165 313 | 168 894 | 172 145 | 179 578 | 172 860 | 181 627 |
| 英国 | 155 880 | 164 016 | 164 070 | 156 636 | 156 311 | 153 417 | 161 981 | 157 280 |
| 巴基斯坦 | 111 426 | 106 822 | 99 396 | 108 147 | 115 967 | 134 610 | 127 071 | 112 136 |
| 美国 | 88 287 | 96 668 | 93 451 | 94 174 | 99 484 | 100 061 | 107 572 | 109 400 |
| 摩洛哥 | 42 149 | 37 701 | 43 782 | 44 925 | 45 670 | 50 081 | 50 607 | 55 075 |
| 德国 | 35 028 | 37 758 | 40 583 | 45 787 | 43 409 | 41 696 | 46 591 | 48 408* |
| 阿联酋 | 61 334 | 40 000* | 59 064 | 68 588 | 65 826R | 23 350 | 46 073R | 47 881R |
| 日本 | 57 966 | 60 396 | 51 807 | 47 354 | 56 234 | 51 372 | 48 123 | 47 341 |
| 荷兰 | 23 852 | 27 436 | 28 193 | 26 426 | 29 155 | 33 566 | 34 194 | 30 859 |
| 沙特阿拉伯 | 23 689 | 20 763 | 21 838 | 22 885 | 24 587 | 27 789 | 25 172 | 29 188 |
| 波兰 | 30 178 | 33 102 | 30 795 | 30 594 | 32 119 | 31 041 | 27 131 | 28 070 |
| 阿富汗 | 19 400* | 22 000* | — | 46 764R | 29 454R | — | — | 27 879R |
| 哈萨克斯坦 | 18 281 | 20 197 | 19 695 | 21 664 | 27 396 | 23 413 | 26 984 | 26 474 |
| 叙利亚 | 19 745 | 22 336 | 30 593 | 29 036 | 30 330 | 28 232R | 27 557 | 25 377 |
| 苏丹 | 17 863 | 28 963 | 29 589 | — | — | — | 19 000R | 23 082R |
| 埃及 | 71 693 | 56 403 | 78 981 | 38 318 | — | — | — | 22305 |
| 伊朗 | 18 899 | — | — | — | — | 34 267 | — | 21 458R |
| 南非 | — | — | — | 16 578 | — | 19 628 | 22 118 | 20 576 |
| 乌兹别克斯坦 | 20 280 | 25 000* | 21 601* | — | 20 729R | 25 312R | 20 920R | 20 463R |
| 智利 | — | — | — | — | 20 210 | — | 19 098 | 19 612 |
| 法国 | — | — | — | 17 726 | — | — | — | — |
| 加拿大 | 18 396 | 19 351 | 19 383 | 20 983 | 18 835 | - | — | — |
| 利比亚 | — | 21 583 | — | — | — | 19 146R | — | — |
| 乌克兰 | — | — | — | 18 285 | — | 21 655 | 22 667 | — |
| 伊拉克 | 21 000* | 33 000* | 56 406* | — | 31 510R | 34 467R | — | — |
| 印度 | — | — | 23 606* | — | 31 061 | — | 23 234 | — |
| 中国 | — | — | 18 985 | 21 400 | 21 908 | 23 566 | 2 7561 | — |

*：非正式数据

R：FAO粮农组织估算值（Estimated data using trading partners database）

资料来源：联合国粮农组织数据库。

# 附录二　中国各地区茶叶生产情况

## 2-1　中国各产茶省（区）茶园面积（万 $hm^2$）

| 省、区＼年份 | 2000 | 2001 | 2002 | 2003 | 2004 | 2005 | 2006 | 2007 | 2008 |
|---|---|---|---|---|---|---|---|---|---|
| 全国总计* | 108.90 | 114.07 | 113.42 | 120.72 | 126.23 | 135.19 | 143.13 | 161.33 | 171.96 |
| 江苏 | 1.99 | 2.07 | 2.10 | 2.27 | 2.36 | 2.39 | 2.68 | 2.86 | 3.01 |
| 浙江 | 12.89 | 13.10 | 13.48 | 14.28 | 14.79 | 15.47 | 15.87 | 16.89 | 17.41 |
| 安徽 | 10.84 | 11.19 | 11.01 | 11.31 | 11.33 | 11.76 | 11.96 | 13.57 | 12.89 |
| 福建 | 12.92 | 13.06 | 13.34 | 13.86 | 14.51 | 15.52 | 15.98 | 16.98 | 18.89 |
| 江西 | 5.01 | 3.94 | 3.57 | 3.40 | 3.43 | 3.82 | 3.93 | 4.39 | 4.42 |
| 山东 | 0.88 | 1.01 | 1.14 | 1.18 | 1.33 | 1.45 | 1.57 | 1.52 | 1.57 |
| 河南 | 2.07 | 2.10 | 2.27 | 2.46 | 2.64 | 3.31 | 3.50 | 7.01 | 5.51 |
| 湖北 | 12.10 | 15.56 | 11.52 | 11.94 | 12.63 | 13.84 | 14.64 | 16.13 | 18.44 |
| 湖南 | 7.41 | 7.41 | 7.24 | 7.40 | 7.74 | 8.01 | 7.99 | 8.62 | 8.60 |
| 广东 | 4.32 | 4.31 | 4.05 | 3.87 | 3.90 | 3.60 | 4.02 | 3.72 | 3.68 |
| 广西 | 2.61 | 2.78 | 3.00 | 4.29 | 3.40 | 3.69 | 4.13 | 4.70 | 4.68 |
| 海南 | 0.33 | 0.30 | 0.30 | 0.19 | 0.19 | 0.15 | 0.14 | 0.12 | 0.11 |
| 重庆 | 2.38 | 2.32 | 2.41 | 2.34 | 2.40 | 2.58 | 2.69 | 2.75 | 2.85 |
| 四川 | 8.28 | 8.86 | 10.27 | 12.47 | 13.98 | 15.20 | 15.91 | 16.86 | 17.77 |
| 贵州 | 4.48 | 4.71 | 4.73 | 4.81 | 5.23 | 5.97 | 6.36 | 7.18 | 10.52 |
| 云南 | 16.74 | 17.37 | 18.49 | 19.22 | 20.19 | 21.85 | 24.75 | 30.29 | 33.57 |
| 西藏 | 0.00 | 0.01 | 0.02 | 0.02 | 0.01 | 0.02 | 0.01 | 0.01 | — |
| 陕西 | 3.53 | 3.82 | 4.33 | 5.09 | 5.63 | 5.95 | 6.29 | 6.73 | 6.91 |
| 甘肃 | 0.13 | 0.15 | 0.18 | 0.33 | 0.55 | 0.63 | 0.70 | 1.00 | 1.13 |

*　台湾地区未统计在内。资料来源：《中国农业统计年鉴》。

## 2-2　中国各产茶省（区）茶叶生产量（t）

| 省、区 \ 年份 | 2000 | 2001 | 2002 | 2003 | 2004 | 2005 | 2006 | 2007 | 2008 |
|---|---|---|---|---|---|---|---|---|---|
| 全国总计* | 683 324 | 701 699 | 745 374 | 768 140 | 835 231 | 934 857 | 1 028 064 | 1 165 500 | 1 257 597 |
| 江苏 | 12 029 | 11 851 | 11 949 | 11 897 | 11 243 | 12 068 | 13 279 | 14 801 | 15 487 |
| 浙江 | 116 352 | 120 596 | 138 478 | 132 676 | 138 700 | 144 370 | 152 361 | 160 229 | 162 345 |
| 安徽 | 45 376 | 47 045 | 48 262 | 50 747 | 55 760 | 59 619 | 63 853 | 70 756 | 75 869 |
| 福建 | 125 969 | 133 928 | 143 293 | 150 223 | 164 396 | 184 826 | 200 059 | 223 933 | 247 268 |
| 江西 | 15 703 | 13 792 | 13 236 | 12 539 | 13 451 | 16 691 | 17 557 | 20 908 | 22 977 |
| 山东 | 2 254 | 2 752 | 3 579 | 4 402 | 4 956 | 6 645 | 7 958 | 9 629 | 9 866 |
| 河南 | 9 163 | 8 260 | 9 836 | 10 451 | 12 132 | 16 902 | 20 697 | 26 068 | 31 923 |
| 湖北 | 63 703 | 64 370 | 67 178 | 72 225 | 76 235 | 84 976 | 92 400 | 104 987 | 130 269 |
| 湖南 | 57 294 | 58 435 | 61 012 | 60 573 | 66 632 | 71 978 | 76 286 | 87 503 | 91 885 |
| 广东 | 42 124 | 41 516 | 42 370 | 41 390 | 40 400 | 44 465 | 47 432 | 48 949 | 48 388 |
| 广西 | 17 923 | 18 896 | 19 598 | 21 321 | 22 351 | 26 181 | 28 533 | 34 345 | 33 347 |
| 海南 | 2 239 | 1 945 | 1 359 | 1 275 | 1 338 | 950 | 1 150 | 975 | 1 011 |
| 重庆 | 14 526 | 14 142 | 14 093 | 14 320 | 16 064 | 16 545 | 17 087 | 18 853 | 24 613 |
| 四川 | 54 513 | 58 425 | 62 765 | 72 129 | 86 464 | 97 941 | 112 895 | 130 297 | 139 305 |
| 贵州 | 18 376 | 18 504 | 17 399 | 17 709 | 19 363 | 22 915 | 24 939 | 28 381 | 34 889 |
| 云南 | 79 396 | 80 724 | 83 594 | 85 929 | 95 080 | 115 880 | 138 176 | 169 866 | 171 535 |
| 西藏 | 0.75 | 1 | 6 | 8 | 1 | 3 | 2 | 1 | — |
| 陕西 | 6 126 | 6 273 | 7 003 | 7 952 | 10 239 | 11 382 | 12 827 | 14 400 | 16 025 |
| 甘肃 | 257 | 244 | 364 | 374 | 426 | 520 | 573 | 619 | 595 |

*　台湾地区未统计在内；资料来源：《中国农业统计年鉴》。

# 附录三　中国主要茶叶市场

| | |
|---|---|
| 安徽 | 合肥巢湖路茶叶市场<br>霍山茶叶批发市场<br>六安茶叶批发市场<br>黄山太平茶叶市场<br>芜湖中国茶城 |
| 北京 | 北京马连道茶叶一条街<br>北京紫玉阁茶叶批发市场<br>北京京闽茶城<br>北京亚运村茶城<br>北京茶缘茶叶批发市场<br>天福缘茶叶批发市场 |
| 重庆 | 重庆茶叶专业批发市场<br>重庆盘溪茶叶批发市场 |
| 福建 | 福州茶叶批发市场<br>福州金山茶城<br>福州西营里茶叶市场<br>福州五里亭海峡茶都<br>安溪茶叶批发场 |
| 甘肃 | 兰州茶叶批发市场<br>兰州小西湖批发市场 |
| 广东 | 广州芳村南方茶叶市场<br>广州茶叶茶具批发市场<br>广州海印茶叶市场<br>深圳东方国际茶都 |

（续）

| | |
|---|---|
| 广西 | 南宁茶叶批发市场<br>横县西南茶城<br>梧州茶城 |
| 贵州 | 贵阳贵州茶城<br>贵阳万升茶叶批发市场<br>贵阳太升茶叶批发市场<br>湄潭茶叶批发市场 |
| 河北 | 石家庄佳农茶叶市场<br>石家庄南三条金正茶叶市场<br>石家庄怀特古文化茶城 |
| 河南 | 郑州茶叶批发市场<br>洛阳茶叶市场 |
| 黑龙江 | 哈尔滨信恒国际茶城<br>哈尔滨大发茶城 |
| 湖北 | 武汉中南第一茶<br>武汉香港路茶叶批发市场<br>汉口茶叶市场 |
| 湖南 | 岳阳市湖南中国茶叶市场<br>长沙高桥茶叶市场<br>溧阳茶叶批发市场 |
| 吉林 | 长春茶叶批发市场 |
| 江苏 | 南京白云亭茶叶市场<br>南京下关茶叶市场<br>南京正大茶城<br>昆山阳光昆城茶叶街<br>溧阳茶叶批发市场 |
| 江西 | 南昌茶业批发市场<br>赣州八境文化街茶叶专业市场 |

（续）

| | |
|---|---|
| 辽宁 | 沈阳北方茶城<br>大连茶叶市场<br>大连金三角茶叶批发市场<br>大连马栏子茶叶茶具批发市场 |
| 山东 | 济南茶叶批发市场<br>临沂茶叶批发市场<br>青岛茶叶批发市场<br>潍坊茶叶批发交易市场 |
| 陕西 | 西安人和茶叶市场<br>西安西部京闽茶城<br>西安金康路茶叶街 |
| 上海 | 上海大宁国际茶城<br>上海金桥国际茶城<br>上海国际茶城<br>上海天山茶城<br>上海恒大茶叶批发市场<br>上海九星茶叶市场<br>上海满堂春茶叶市场 |
| 四川 | 成都五块石大西南茶叶批发市场<br>成都天府茶城<br>成都茶叶批发市场 |
| 天津 | 天津华北茶叶批发市场<br>天津光明茶城<br>天津珠江茶城<br>天津河西茶城<br>天津西青道茶城<br>天津新文化茶城<br>天津胜利茶城 |

（续）

| | |
|---|---|
| 云南 | 昆明云南茶叶批发交易市场<br>昆明康乐茶叶交易中心<br>昆明前卫茶叶交易市场 |
| 浙江 | 杭州解放路茶叶市场<br>杭州西湖茶叶市场<br>新昌浙东名茶市场<br>松阳浙南茶叶交易市场<br>淳安千岛湖茶叶交易市场<br>嵊州名茶市场<br>衢州开化龙顶名茶市场<br>义乌国贸名茶中心<br>丽水松阳的茶青市场 |

# 附录四　中国茶叶研究机构

| 名称 | 地址 |
|---|---|
| 中国农业科学院茶叶研究所 | 浙江省杭州市云栖路 |
| 中华全国供销合作总社杭州茶叶研究院 | 浙江省杭州市采荷路 |
| 安徽省农业科学院茶叶研究所 | 黄山市祁门县 |
| 广东省农业科学院茶叶研究所 | 清远市英德市 |
| 广西壮族自治区桂林茶叶研究所 | 广西壮族自治区桂林市 |
| 贵州省茶叶科学研究所 | 贵州省湄潭县 |
| 湖北省农业科学院果茶蚕桑研究所 | 武汉市江夏区金水闸 |
| 湖南省茶叶研究所 | 湖南省长沙市 |
| 江苏省茶叶研究所 | 江苏省无锡市滨湖区 |
| 江西省农业科学院蚕茶研究所 | 江西省南昌市 |
| 四川省农业科学院茶叶研究所 | 云南省勐海县 |
| 台湾省茶业改良场 | 台湾省桃园县杨梅镇 |
| 云南省农业科学院茶叶研究所 | 云南省勐海县 |
| 浙江大学茶叶研究所 | 浙江省杭州市凯旋路 |

# 附录五　中国茶学教育机构

## 5-1　高等农业院校茶学专业

| 学校 | 专业 | 培养层次 | 所属学院 | 地址 |
|---|---|---|---|---|
| 安徽农业大学 | 茶学 | 本、硕、博 | 茶与食品科技学院 | 安徽省合肥市 |
| 福建农林大学 | 茶学 | 本、硕、博 | 园艺学院 | 福建省福州市 |
| 河南农业大学 | 茶学 | 本、硕 | 园艺学院 | 河南省郑州市 |
| 湖南农业大学 | 茶学 | 本、硕、博 | 园艺园林学院 | 湖南省长沙市 |
| 华南农业大学 | 茶学 | 本、硕、博 | 园艺学院 | 广东省广州市 |
| 华中农业大学 | 茶学 | 本、硕、博 | 园艺林学学院 | 湖北省武汉市 |
| 南京农业大学 | 茶学 | 硕 | 园艺学院 | 江苏省南京市 |
| 青岛农业大学 | 茶学 | 本 | 园林园艺学院 | 山东省青岛市 |
| 山东农业大学 | 茶学 | 本、硕 | 园艺科学与工程学院 | 山东省泰安市 |
| 四川农业大学 | 茶学 | 本、硕 | 园艺学院 | 四川省雅安市 |
| 西北农林科技大学 | 茶学 | 硕 | 园艺学院 | 陕西省杨凌区 |
| 西南大学 | 茶学 | 本、硕、博 | 食品科学学院 | 重庆市北碚区 |
| 信阳师范学院 | 茶学 | 本 | 食品科学系 | 河南省信阳市 |
| 扬州大学 | 茶学 | 硕 | 园艺与植物保护学院 | 江苏省扬州市 |
| 云南农业大学 | 茶学 | 本、硕 | 龙润普洱茶学院 | 云南省昆明市 |
| 长江大学 | 茶学 | 本 | 园艺园林学院 | 湖北省荆州市 |
| 浙江大学 | 茶学 | 本、硕、博 | 农业与生物技术学院 | 浙江省杭州市 |
| 浙江农林大学 | 茶文化 | 本 | 茶文化学院 | 浙江省临安市 |
| 中国农业科学院茶叶研究所 | 茶学 | 硕、博 | 茶叶研究所 | 浙江省杭州市 |

## 5－2　中高等职业学校茶叶专业

| 学校 | 地址 |
| --- | --- |
| 安徽省黄山茶业学校 | 安徽省黄山市屯溪区 |
| 福建省安溪茶业职业技术学校 | 中国福建省泉州市安溪县 |
| 福建省安溪县天晟茶学院 | 福建省安溪县 |
| 福建省宁德职业技术学院 | 福建省福安市 |
| 福建省武夷学院 | 福建省武夷山市 |
| 福建省漳州天福茶职业技术学院 | 福建省漳州市漳浦县 |
| 广西省广西职业技术学院 | 广西南宁市江南区 |
| 河南省信阳农业高等专科学校 | 河南省信阳市 |
| 江苏省农林职业技术学院 | 江苏省句容市 |
| 江西省婺源茶叶学校 | 江西省婺源县 |
| 云南省热带作物职业学院 | 云南省普洱市思茅区 |
| 云南省云南林业职业技术学院 | 云南省昆明市盘龙区 |

# 附录六　中国茶叶社会团体

## 6-1　茶叶学会

| 学会名称 | 成立时间 | 挂靠单位 |
|---|---|---|
| 中国茶叶学会 | 1964 | 中国农科院茶叶研究所 |
| 浙江省茶叶学会 | 1957 | 浙江大学茶学系 |
| 云南省茶叶学会 | 1964 | 云南省茶叶进出口公司 |
| 四川省茶叶学会 | 1978 | 四川省茶叶公司 |
| 上海市茶叶学会 | 1983 | 上海市茶叶进出口公司 |
| 山西省茶叶学会 | 2009 | |
| 江西省茶叶学会 | 1963 | 江西省蚕茶研究所 |
| 江苏省茶叶学会 | 1978 | 江苏省农业厅园艺处 |
| 湖南省茶叶学会 | 1957 | 湖南农学院园艺系 |
| 湖北省茶叶学会 | 1978 | 湖北省农业科学院果茶研究所 |
| 河南省茶叶学会 | 1979 | 河南省农牧厅经济作物处 |
| 海南省茶叶学会 | 2000 | 海南省农垦总局 |
| 贵州省茶叶学会 | 1978 | 贵州省湄潭茶叶科学研究所 |
| 广西壮族自治区茶叶学会 | 1978 | 广西茶叶进出口公司 |
| 广东省茶叶学会 | 1978 | 广东省茶叶进出口公司 |
| 福建省茶叶学会 | 1956 | 福建省茶叶进出口公司 |
| 重庆市茶叶学会 | 1979 | 西南大学食品科学学院 |
| 北京市茶叶学会 | 1989 | 商业部土特产品管理局 |
| 安徽省茶叶学会 | 1956 | 安徽农学院茶业系 |

## 6-2 茶叶产业协会

| | |
|---|---|
| 中国茶叶流通协会 | 湖南省茶业协会 |
| 浙江省茶叶产业协会 | 湖北茶叶协会 |
| 云南省茶业协会 | 黑龙江省茶叶流通协会 |
| 云南普洱茶叶协会 | 河南省茶叶协会 |
| 天津市茶业协会 | 河北省茶叶协会 |
| 台湾茶协会 | 河北省茶叶流通协会 |
| 四川省茶叶行业协会 | 海南省茶叶协会 |
| 上海市茶叶行业协会 | 贵州省茶叶协会 |
| 陕西省茶业协会 | 广东省茶业协会 |
| 辽宁省茶叶行业协会 | 广东省茶业行业协会 |
| 江西省茶业协会 | 福建省茶叶协会 |
| 江西茶业联合会 | 北京市茶业协会 |
| 江苏省茶叶协会 | 安徽省茶叶行业协会 |
| 吉林省糖酒茶流通协会 | |

## 6-3 茶文化社会团体

| | |
|---|---|
| 中华茶人联谊会 | 山东省茶文化协会 |
| 中国国际茶文化研究会 | 辽宁茶文化研究会 |
| 中国茶叶博物馆 | 江西茶业联合会茶文化专业委员会 |
| 中国茶禅学会 | 江苏省茶文化学会 |
| 浙江省茶文化研究会 | 湖北武汉炎黄文化研究会 |
| 云南民族茶文化研究会 | 湖北省陆羽茶文化研究会 |
| 云南大学中国茶文化研究中心 | 黑龙江省茶文化学会 |
| 香港中国茶文化国际交流协会 | 河南省茶文化研究会 |
| 香港世界茶文化交流协会 | 河南省茶文化研究会 |
| 天津国际茶文化研究会 | 河北省茶文化学会 |
| 台湾中华普洱茶学会 | 桂林市茶文化研究会 |

（续）

| | |
|---|---|
| 台湾中华茶艺联合促进会 | 贵州省茶文化研究会 |
| 台湾中华茶文化学会 | 广东省茶文化研究院 |
| 四川省茶文化协会 | 广东茶文化研究专业委员会 |
| 陕西省茶文化研究会 | 福建省茶文化研究会 |
| 陕西省茶文化研究会 | 重庆国际茶文化研究会 |
| 山西省茶文化艺术协会 | 安徽省徽茶文化研究会 |
| 山东省茶文化协会 | |

# 附录七　中国茶叶刊物

| 刊　名 | 主办单位 | 刊　期 |
| --- | --- | --- |
| 《茶叶科学》 | 中国茶叶学会<br>中国农业科学院茶叶研究所 | 半年 |
| 《中国茶叶》 | 中国农业科学院茶叶研究所 | 双月 |
| 《茶叶文摘》 | 中国农业科学院茶叶研究所 | 半月 |
| 《中国茶叶加工》 | 中华全国供销合作总社杭州茶叶研究所<br>全国茶叶加工科技情报中心站 | 季刊 |
| 《茶叶》 | 浙江省茶叶学会 | 季刊 |
| 《茶博览》 | 中国国际茶文化研究会<br>浙江国际茶人之家基金会 | 月刊 |
| 《福建茶叶》 | 福建省茶叶学会 | 季刊 |
| 《茶叶科学技术》 | 福建省农业科学院茶叶研究所 | 季刊 |
| 《茶叶通讯》 | 湖南省茶叶学会 | 季刊 |
| 《茶业通报》 | 安徽省茶业学会 | 季刊 |
| 《广东茶业》 | 广东省茶叶学会 | 双月刊 |
| 《蚕桑茶叶通讯》 | 江西省农业科学院蚕桑茶叶研究所 | 双月刊 |
| 《茶叶机械杂志》 | 杭州市茶叶机械科学研究所 | 季刊 |
| 《茶讯》 | 台湾区制茶工业同业公会 | 月刊 |
| 《茶艺月刊》 | 台湾陆羽茶艺中心 | 月刊 |
| 《贵州茶叶》 | 贵州省茶叶学会　贵州省茶叶研究所 | 季刊 |
| 《云南茶叶》 | 云南省茶业协会 | 季刊 |
| 《广西茶叶》 | 广西茶叶学会　广西桂林茶叶研究所 | 不定期 |
| 《中华茶人》 | 中国茶叶进出口公司　中华茶人联谊会 | 季刊 |
| 《上海茶叶》 | 海市茶叶学会　上海茶叶进出口公司 | 季刊 |
| 《茶叶新闻》 | 中国农业科学院茶叶研究所<br>中国茶叶进出口公司 | 半月报 |

（续）

| 刊　名 | 主办单位 | 刊　期 |
| --- | --- | --- |
| 《茶叶信息》 | 中华全国供销合作总社杭州茶叶研究所<br>全国茶叶加工科技情报中心站 | 半月报 |
| 《茶业之声》 | 云南省茶业协会 昆明金晖名茶总汇 | 月报 |
| 《茶世界》 | 中国茶叶流通协会 | 月刊 |
| 《茶·健康天地》 | 河北省疾病预防控制中心 | 月刊 |
| 《海峡茶道》 | 海峡茶业交流协会 市场瞭望杂志社 | 月刊 |
| 《吃茶去》 | 河北省茶文化学会 | 双月刊 |
| 《国际茶讯》 | 上海子墨国际文化传播有限公司<br>协办：浙江子墨农产品服务贸易中心 | 中文月刊<br>英文季刊 |
| 《中华茶人》 | 中华茶人联谊会；中国茶叶进出口公司 | 月刊 |
| 《茶叶信息》 | 中华全国供销合作总社杭州茶叶研究院<br>全国茶叶加工科技情报中心站主办 | 半月刊 |
| 《茶叶世界》 | 中国农业科学院茶叶研究所 | 半月刊 |
| 《中外烟酒茶》 | 漓江出版社 | 月刊 |
| 《茶叶机械杂志》 | 杭州茶叶机械科学研究所 | 季刊 |
| 《中国茶业用品》 | 福建泉州市华彩传媒有限公司 | 双月刊 |

**其他报刊**

《西部开发报》茶周刊

《福建日报》茶业版

《泉州晚报》茶业版

《东南快报》泡好茶周刊

《中华合作时报》茶周刊

《饮食科学·茶文化》

《中国贸易报·茶周刊》

《中国经济时报·茶文化周刊》

《海峡都市报》茶产业周刊

# 附录八 无公害茶、绿色茶、有机茶标准

## 中华人民共和国农业行业标准

NY5244—2004

## 无公害食品 茶叶

### 1 范围

本标准规定了无公害食品茶叶的要求、试验方法、检验规则和标识。

本标准适用于无公害食品茶叶。

### 2 规范性引用文件

下列文件中的条款通过本标准的引用而成为本标准的条款。凡是注日期的引用文件，其随后所有的修改单（不包括勘误的内容）或修订版均不适用于本标准，然而，鼓励根据本标准达成协议的各方研究是否可使用这些文件的最新版本。凡是不注日期的引用文件，其最新版本适用于本标准。

GB/T 4789.3 食品卫生微生物学检验大肠菌群测定

GB/T 5009.12 食品中铅的测定

GB/T 5009.20 食品中有机磷农药残留量的测定

GB/T 5009.146 植物性食品中有机氯和拟除虫菊酯类农药多种残留的测定

GB 7718 食品标签通用标准

GB/T 8302 茶取样

GB/T 8304 茶水分测定

GB/T 8305 茶总灰分测定

GB/T 8306 茶水浸出物测定

## 3 要求

### 3.1 感官指标

3.1.1 产品应具有该茶类正常的商品外形及固有的色、香、味，无异味、无劣变。

3.1.2 产品应洁净，不得混有非茶类夹杂物。

3.1.3 不着色，不得添加任何人工合成的化学物质。

### 3.2 理化指标

应符合表1的规定。

**表1 无公害食品茶叶的理化指标**

| 项 目 | 指 标 |
| --- | --- |
| 水分（MoistuRe），% | ≤7.0（碧螺春7.5，茉莉花茶8.5，砖茶14.0） |
| 灰分（Total ash），% | ≤7.0（砖茶8.5） |
| 水浸出物（WateR extRact），% | ≥32.0（砖茶21.0） |

### 3.3 安全指标

应符合表2的规定。

**表2 无公害食品茶叶的安全指标**

| 项 目 | 指 标 |
| --- | --- |
| 铅（以Pb计），mg/kg | ≤5.0 |
| 联苯菊酯（biphenthrin），mg/kg | ≤5.0 |
| 氯氰菊酯（cypermethrin），mg/kg | ≤0.5 |
| 溴氰菊酯（deltamethrin），mg/kg | ≤5.0 |
| 乐果（dimethoate），mg/kg | ≤0.1 |
| 敌敌畏（dichlorovos），mg/kg | ≤0.1 |
| 杀螟硫磷（fenitrothion），mg/kg | ≤0.5 |
| 喹硫磷（quinalphos），mg/kg | ≤0.2 |

（续）

| 项　目 | 指　标 |
| --- | --- |
| 每100g 大肠菌群（coliform bacteria），个 | ≤300 |

注：
1. 根据《中华人民共和国农药管理条例》，剧毒和高毒农药不得在茶叶生产中使用。
2. 检验项目可以根据产品质量安全状况和监督抽检工作需要调整。

## 4　试验方法

### 4.1　感官指标检验（略）

### 4.2　理化指标检验

4.2.1　水分

按 GB/T8304 规定执行。

4.2.2　总灰分

按 GB/T8305 规定执行。

4.2.3　水浸出物

按 GB/T8306 规定执行。

### 4.3　安全指标检验

4.3.1　铅

按 GB/T5009.12 规定执行。

4.3.2　联苯菊酯、氯氰菊酯和溴氰菊酯

按 GB/T5009.146 规定执行。

4.3.3　乐果、敌敌畏、杀螟硫磷和喹硫磷

按 GB/T5009.20 规定执行。

4.3.4　大肠菌群

按 GB/T4789.3 规定执行。

## 5　检验规则

### 5.1　检验分类

5.1.1　型式检验

型式检验是对产品进行全面考核，即对本标准规定的全部要求进行检验。有下列情形之一者应进行型式检验：

a）申请无公害农产品标志；

b）有关行政主管部门提出型式检验要求；

c）前后两次抽样检验结果差异较大；

d）人为或自然因素使生产环境发生较大变化。

5.1.2　交收（出厂）检验

每批产品交收（出厂）前，生产单位应进行检验。交收（出厂）检验内容为感官和标识。检验合格并附有合格证的产品方可交收（出厂）。

**5.2　组批**

产地抽样以同期加工、同一品种、同一规格的茶叶为一个检验批次。市场抽样以同一产区、同一规格、同一生产厂家、同一销售单位的产品为一个检验批次。

**5.3　抽样方法**

按 GB/T 8302 规定执行。

**5.4　判定规则**

检验结果全部符合本标准规定要求，判该批产品为合格。型式检验或交收（出厂）检验项目如有一项或一项以上不符合本标准，判该批产品为不合格。

**6　标识**

无公害食品茶叶的包装上应有无公害农产品专用标志，具体标注方法和内容按有关规定执行。包装标签应符合按 GB7718 的规定。

# 中华人民共和国农业行业标准

NY/T288—2002

## 绿色食品　茶叶

### 1　范围

本标准规定了绿色食品茶叶的术语和定义、要求、试验方法、检验规则、标志、标签、包装、贮藏和运输要求。

本标准适用于获得许可使用绿色食品标志的茶叶产品。

### 2　规范性引用文件

下列文件中的条款通过本标准的引用而成为本标准的条款。凡是注日期的引用文件，其随后所有的修改单（不包括勘误的内容）或修订版均不适用于本标准，然而，鼓励根据本标准达成协议的各方研究是否可使用这些文件的最新版本。凡是不注日期的引用文件，其最新版本适用于本标准。

GB/T 191　包装储运图示标志

GB/T 5009.12　食品中铅的测定方法

GB/T 5009.13　食品中铜的测定方法

GB/T 5009.19　食品中六六六、滴滴涕残留量的测定方法

GB/T 5009.20　食品中有机磷农药残留量的测定方法

GB 7718　食品标签通用标准

GB/T 8302　茶　取样

GB 9679　茶叶卫生标准

GB 11680　食品包装用原纸卫生标准

GB 14876　食品中甲胺磷和乙酰甲胺磷农药残留量的测定方法

GB/T 17332　食品中有机氯和拟除虫菊酯类农药多种残留的测定

NY/T 391　绿色食品　产地环境技术条件

NY/T 393　绿色食品　农药使用准则

中华人民共和国食品卫生法

## 3　术语和定义

下列术语和定义适用于本标准。

### 3.1　绿色食品 green food

遵守可持续发展原则，按照特定生产方式生产，经专门机构认定，许可使用绿色食品标志，无污染的安全、优质、营养类食品。

[NY/T 391—2000，定义 3.1]

### 3.2　常规茶类 conventional tea kinds

普通的绿茶、红茶、青茶（乌龙茶）、黄茶、白茶、黑茶（紧压茶、砖茶）和花茶等。

## 4　要求

### 4.1　花色等级

绿色食品茶叶的分级应符合产品实际执行的常规茶类的国家标准、行业标准、地方标准或企业标准的规定。

### 4.2　基本要求

4.2.1　产品应具有各类茶叶的自然品质特征，品质应正常，无劣变，无异味。

4.2.2　产品应洁净，不得含有非茶类夹杂物。

4.2.3　不着色，不添加任何人工合成的化学物质和香味物质。

### 4.3　感官品质要求

绿色食品茶叶的感官品质应符合本级实物标准样品质特征或产品实际执行的常规茶类的国家标准、行业标准、地方标准或企业标准规定的品质要求。

### 4.4　理化品质

绿色食品茶叶的理化品质应符合产品实际执行的常规茶类的国家标准、行业标准、地方标准或企业标准的规定。

### 4.5　卫生指标

绿色食品茶叶的卫生指标必须符合表 1 的规定。

表 1　绿色食品茶叶的卫生指标

（单位：mg/kg）

| 项　目 | 指　标 | 项　目 | 指　标 |
| --- | --- | --- | --- |
| 铅（以 Pb 计） | ≤2 | 溴氰菊酯（deltamethrin） | ≤5 |
| 铜（以 Cu 计） | ≤60 | 甲胺磷（methamidophos） | ≤0.1 |
| 六六六（BHC） | ≤0.05 | 乙酰甲胺磷（acephate） | ≤0.1 |
| 滴滴涕（DDT） | ≤0.05 | 乐果（dimethoate） | ≤0.2 |
| 三氯杀螨醇（dicofol） | ≤0.1 | 敌敌畏（dichlorovos） | ≤0.1 |
| 氰戊菊酯（fenvalerate） | ≤0.1 | 杀螟硫磷（fenltrothion） | ≤0.1 |
| 联苯菊酯（biphenthrin） | ≤0.2 | 喹硫磷（quintozene） | ≤0.2 |
| 氯氰菊酯（cypermethrin） | ≤0.5 | | |

注：其他农药施用方式及其限量符合 NY/T 393 的规定。

### 4.6　净含量允差

定量包装规格由企业自定。单件定量包装茶叶的净含量负偏差见表 2。

表 2　净含量负偏差

| 含量 | 负偏差 | |
| --- | --- | --- |
| | 净含量的百分比（%） | g |
| 5g～50g | 9 | — |
| 50g～100g | — | 4.5 |
| 100g～200g | 4.5 | — |
| 200g～300g | — | 9 |
| 300g～500g | 3 | — |
| 500g～1kg | — | 15 |
| 1kg～10kg | 1.5 | — |
| 10kg～15kg | — | 150 |
| 15kg～25kg | 1.0 | — |

## 5　试验方法

### 5.1　取样

按 GB/T 8302 规定执行。

### 5.2　感官检验

5.2.1　茶叶等级品质的评定，需对照实物标准样，以感官检验为主，即根据检验人员正常的视觉、嗅觉、味觉、触觉，评定茶叶品质。

5.2.2　采用干湿兼评、外形与内质并重的评茶方法。

5.2.3　感官品质评定采用五档制，即高、稍高、相当、稍低、较低。

### 5.3　卫生指标的检测

5.3.1　铅的检测，按 GB/T 5009.12 规定执行。

5.3.2　铜的检测，按 GB/T 5009.13 规定执行。

5.3.3　六六六、滴滴涕检测，按 GB/T 5009.19 规定执行。

5.3.4　二氯杀螨醇、氰戊菊酯、联苯菊酯、氯氰菊酯和溴氰菊酯检测，按 GB/T 17332 规定执行。

5.3.5　甲胺磷、乙酰甲胺磷检测，按 GB 14876 规定执行。

5.3.6　乐果、敌敌畏、杀螟硫磷和喹硫磷检测，按 GB/T 5009.20 规定执行。

### 5.4　净含量检测

净含量检测，用感量为 1g 的秤称取去除包装的产品，与产品标示值对照进行。

### 5.5　包装标签检测

包装标签检测，按 GB 7718 规定执行。

## 6　检验规则

### 6.1　组批规则

产品均应按批（唛）为单位，同批（唛）茶叶花色、等级或茶号、堆次、包装、单位重量应相同。

### 6.2　交收（出厂）检验

6.2.1　每批产品交收（出厂）前，生产单位应进行检验，检验合格并附有合格证的产品方可交收（出厂）。

6.2.2 交收（出厂）检验内容为感官品质、水分、粉末、净含量和包装标签。

6.2.3 总灰分和卫生指标为交收（出厂）抽检项目。

**6.3 型式检验**

6.3.1 型式检验是对产品质量进行全面考核，有下列情况之一者应对产品质量进行型式检验。

a）申请绿色食品标志和年度抽查检验；

b）前后两次抽样检验差异较大；

c）因人为或自然因素使生产环境发生较大变化；

d）国家质量监督机构或主管部门提出型式检验要求。

6.3.2 型式检验即对本标准的全部要求进行检验。

**6.4 判定规则**

6.4.1 检验结果全部符合本标准规定技术要求的产品，则判该批产品为合格。

6.4.2 凡不符合 4.2 条规定和卫生指标有一项不符合技术要求的产品，均判为不合格产品，则判该批产品为不合格。

6.4.3 交收检验时，按 6.2.2 条规定的检验项目，其中有一项不符合技术要求的产品，均判为不合格产品，则判该批产品为不合格。

6.4.4 型式检验时，技术要求规定的各项检验项目中如有一项不符合技术要求的产品，均判为不合格产品，则判该批产品为不合格。

**6.5 复检**

对检验结果产生异议时，应对留存样进行复检，或在同批（唛）产品中重新按 GB/T 8302 规定加倍取样，对不合格的项目进行复检，以复检结果为准。

## 7 标志、标签

**7.1 标志**

7.1.1 绿色食品标志（包括图案和文字）只能在绿色食品认

证组织颁发的绿色食品证书所限定范围的茶叶产品上使用。标志要醒目、整齐、规范、清晰、持久。

7.1.2　绿色食品标志在产品包装上的使用方法按有关规定执行。

**7.2　标签**

绿色食品茶叶的包装标签应按 GB 7718 规定执行。

## 8　包装、贮藏、运输

**8.1　包装**

8.1.1　包装材料应干燥、清洁、无异气味，不影响茶叶品质。

8.1.2　包装要牢固、防潮、整洁、能保护茶叶品质，便于装卸、仓储和运输。

8.1.3　包装用纸应符合 GB 11680 规定。包装储运图示标志应符合 GB/T 191 规定。

**8.2　贮藏**

8.2.1　严格遵守《中华人民共和国食品卫生法》中关于食品贮藏的规定。严禁绿色食品茶叶与有毒、有害、有异味、易污染的物品接触。

8.2.2　绿色食品茶叶应贮于清洁、干燥、阴凉、无异气味的茶叶仓库中，仓库周围应无异气污染。

**8.3　运输**

8.3.1　运输工具应清洁卫生，干燥，无异味。严禁与有毒、有害、有异味、易污染的物品混装、混运。

8.3.2　运输包装应符合绿色食品茶叶的包装规定，牢固、整洁、防潮。

8.3.3　运输时应稳固、防潮、防雨、防曝晒。装卸时应轻装轻卸，防止碰撞。

# 中华人民共和国农业行业标准

NY 5196—2002

## 有 机 茶

### 1 范围

本标准规定了有机茶的术语和定义、要求、试验方法、检验规则、标志、标签、包装、贮藏、运输和销售的要求。

本标准适用于有机茶。

### 2 规范性引用文件

下列文件中的条款通过本标准的引用而成为本标准的条款。凡是注日期的引用文件，其随后所有的修改单（不包括勘误的内容）或修订版均不适用于本标准，然而，鼓励根据本标准达成协议的各方研究是否可使用这些文件的最新版本。凡是不注日期的引用文件，其最新版本适用于本标准。

GB/T 191　包装储运图示标志

GB/T 5009.12　食品中铅的测定方法

GB/T 5009.13　食品中铜的测定方法

GB/T 5009.19　食品中六六六、滴滴涕残留量的测定方法

GB/T 5009.20　食品中有机磷农药残留量的测定方法

GB 7718　食品标签通用标准

GB/T 8302　茶　取样

GB 11680　食品包装用原纸卫生标准

GB/T 17332　食品中有机氯和拟除虫菊酯类农药多种残留的测定

### 3 术语和定义

下列术语和定义适用于本标准。

有机茶　organic tea

在原料生产过程中遵循自然规律和生态学原理，采取有益于生

态和环境的可持续发展的农业技术，不使用合成的农药、肥料及生长调节剂等物质，在加工过程中不使用合成的食品添加剂的茶叶及相关产品。

## 4　要求

### 4.1　基本要求

4.1.1　产品具有各类茶叶的自然品质特征，品质纯正，无劣变、无异味。

4.1.2　产品应洁净，且在包装、贮藏、运输和销售过程中不受污染。

4.1.3　不着色，不添加人工合成的化学物质和香味物质。

### 4.2　感官品质

各类有机茶的感官品质应符合本类本级实物标准样品质特征或产品实际执行的相应常规产品的国家标准、行业标准、地方标准或企业标准规定的品质要求。

### 4.3　理化品质

各类有机茶的理化品质应符合产品实际执行的相应常规产品的国家标准、行业标准、地方标准或企业标准的规定。

### 4.4　卫生指标

各类有机茶的卫生指标必须符合表1规定。

**表1　有机茶的卫生指标**

| 项　目 | 指标/（mg/kg） | 备　注 |
|---|---|---|
| 铅（以Pb计） | ≤2 | 紧压茶≤5 |
| 铜（以Cu计） | ≤30 | |
| 六六六（BHC） | <LOD[a] | |
| 滴滴涕（DDT） | <LOD[a] | |
| 三氯杀螨醇（dicofol） | <LOD[a] | |
| 氰戊菊酯（fenvalerate） | <LOD[a] | |
| 联苯菊酯（biphenthrin） | <LOD[a] | |
| 氯氰菊酯（cypermethrin） | <LOD[a] | |
| 溴氰菊酯（deltamethrin） | <LOD[a] | |

（续）

| 项　目 | 指标/（mg/kg） | 备　注 |
|---|---|---|
| 甲胺磷（methamidophos） | <LOD[a] | |
| 乙酰甲胺磷（acephate） | <LOD[a] | |
| 乐果（dimethoate） | <LOD[a] | |
| 敌敌畏（dichlorovos） | <LOD[a] | |
| 杀螟硫磷（fenitrothion） | <LOD[a] | |
| 喹硫磷（quinalphos） | <LOD[a] | |
| 其他化学农药 | <LOD[a] | 视需要检测 |

a 为指定方法检出限。

## 4.5　包装净含量允差

定量包装规格由企业自定。单件定量包装有机茶的净含量负偏差见表2。

**表2　净含量负偏差**

| 净　含　量 | 负　偏　差 | |
|---|---|---|
| | 占净含量的百分比/% | 质量/g |
| 5g～10g | 9 | — |
| 50g～100g | — | 4.4 |
| 100g～200g | 4.5 | — |
| 200g～300g | — | 9 |
| 300g～500g | 3 | — |
| 501g～1000g | — | 15 |
| 1kg～10kg | 1.5 | — |
| 10kg～15kg | — | 150 |
| 15kg～25kg | 1.0 | — |

## 5 试验方法

### 5.1 取样

按 GB/T 8302 规定执行。

### 5.2 卫生指标的检测

5.2.1 铅的检测按 GB/T 5009.12 规定执行。

5.2.2 铜的检测按 GB/T 5009.13 规定执行。

5.2.3 六六六、滴滴涕检测按 GB/T 5009.19 规定执行。

5.2.4 三氯杀螨醇、氰戊菊酯、联苯菊酯、氯氰菊酯和溴氰菊酯检测按 GB/T 17332 规定执行。

5.2.5 乐果、敌敌畏、杀螟硫磷、喹硫磷和甲胺磷、乙酰甲胺磷检测按 GB/T 5009.20 规定执行。

### 5.3 净含量检测

用感量为 1g 的秤称取去除包装的产品，与产品标示值对照进行。

### 5.4 包装标签检验

按 GB 7718 规定执行。

## 6 检验规则

### 6.1 组批规则

产品均应按批（唛）为单位，同批（唛）有机茶的品质规格和包装应一致。

### 6.2 交收（出厂）检验

6.2.1 每批产品交收（出厂）前，生产单位应进行检验，检验合格并附有合格证的产品方可交收（出厂）。

6.2.2 交收（出厂）检验内容为感官品质、水分、粉末、净含量和包装标签。

6.2.3 卫生指标为交收（出厂）定期抽检项目。

6.2.4 总灰分、水浸出物、粗纤维为交收（出厂）抽检项目。

### 6.3 型式检验

6.3.1 型式检验是对产品质量进行全面考核，有下列情形之一者，应对产品质量进行型式检验：

a）因人为或自然因素使生产环境发生较大变化。

b）国家质量监督机构或主管部门提出型式检验要求。

6.3.2　型式检验即对本标准规定的全部要求进行检验。

**6.4　检验结果判定**

6.4.1　凡劣变、污染、有异气味茶叶，均判为不合格产品。

6.4.2　卫生指标检验不合格，不得作为有机茶。

6.4.3　交收检验时，按6.2.3规定的检验项目进行检验，其中有一项检验不合格，不得作为有机茶。

6.4.4　型式检验时，技术要求规定的各项检验，其中有一项不符合技术要求的产品，不得作为有机茶。

**6.5　复验**

对检验结果产生异议时，应对留存样进行复检，或在同批（唛）产品中重新按GB/T 8302规定加倍取样，对不合格的项目进行复检，以复检结果为准。

**6.6　跟踪检查**

建立种植开始到贸易全过程各个环节的文档资料及质量跟踪记录系统，供发现质量问题时进行跟踪检查。

## 7　标志、标签

**7.1　标志**

7.1.1　有机茶标志要醒目、整齐、规范、清晰、持久。

7.1.2　产品出厂按顺序编制唛号。唛号刷于外包装。唛号纸加注件数净重，贴于箱盖或置于包装袋中。

**7.2　标签**

有机茶产品的包装标签必须按照GB 7718规定执行。

## 8　包装、贮藏、运输

**8.1　包装**

8.1.1　有机茶避免过度包装。

8.1.2　包装必须符合牢固、整洁、防潮、美观的要求，能保护茶叶品质，便于装卸、仓贮和运输。

8.1.3　同批次（唛）茶叶的包装样式、箱种、尺寸大小、包装材料、净质量必须一致。

8.1.4　包装材料

8.1.4.1　包装（含大小包装）材料必须是食品级包装材料，主要有：纸板、聚乙烯（PE）、铝箔复合膜、马口铁茶听、白板纸、内衬纸及捆扎材料等。

8.1.4.2　包装材料应具有防潮、阻氧等保鲜性能，无异味，必须符合食品卫生要求，不受杀菌剂、防腐剂、熏蒸剂、杀虫剂等物品的污染，并不得含有荧光染料等污染物。

8.1.4.3　包装材料的生产及包装物的存放必须遵循不污染环境的原则。宜选用容易降解或再生的材料。禁用聚氯乙烯（PVC）、混有氯氟碳化合物（CFC）的膨化聚苯乙烯等作包装材料。

8.1.4.4　包装用纸必须符合 GB 11680 规定。

8.1.4.5　对包装废弃物应及时清理、分类，进行无害化处理。

**8.2　贮藏**

8.2.1　禁止有机茶与人工合成物质接触，严禁有机茶与有毒、有害、有异味、易污染的物品接触。

8.2.2　有机茶与常规茶叶必须分开贮藏，提倡设有机茶专用仓库。仓库必须清洁、防潮、避光和无异味，周围环境清洁卫生，远离污染源。

8.2.3　用生石灰及其他防潮材料除湿时，要避免茶叶与生石灰等除湿材料直接接触，并定期更换。宜采用低温、充氮或真空贮藏。

8.2.4　入库的有机茶标志和批次号系统要清楚、醒目、持久。严禁标签、唛号与货物不符的茶叶进入仓库。不同批号、日期的产品要分别存放。建立齐全的仓库管理档案，详细记载出入仓库的有机茶批号、数量和时间。

8.2.5　保持仓库的清洁卫生，搞好防鼠、防虫、防霉工作。禁止吸烟和吐谈，严禁使用化学合成的杀虫剂、灭鼠剂及防腐剂。

**8.3　运输**

8.3.1　运输工具必须清洁卫生，干燥，无异味。严禁与有毒、有害、有异味、易污染的物品混装、混运。

8.3.2 装运前必须进行有机茶的质量检查，在标签、批号和货物三者符合的情况下才能运输。

8.3.3 包装储运图示标志必须符合 GB 191 规定。

## 9 销售

**9.1** 有机茶进货、销售、账务、消毒及工具要有专人负责。严禁有机茶与常规茶拼合作有机茶销售。

**9.2** 销售点应远离厕所、垃圾场和产生有毒、有害化学物质的场所，室内建筑材料及器具必须无毒、无异气味。室内必须卫生清洁，并配有有机茶的贮藏、防潮、防蝇和防尘设施，禁止吸烟和随地吐痰。

**9.3** 直接盛装有机茶的容器必须严格消毒，彻底清洗干净，并保持干燥整洁。

**9.4** 销售人员应持健康合格证上岗，保持销售场地、柜台、服装、周围环境的清洁卫生。销售人员应了解有机茶的基本知识。

**9.5** 销售单位要把好进货关，供货单位应提交有机茶证书附件并提供有机茶交易证明，以及相应的其他法律或证明文件。严格按有机茶质量标准检查，检查内容包括茶叶品质、规格、批号和卫生状况等。拒绝接受证货不符或质量不符合标准的有机茶产品。

**9.6** 销售人员对所出售的茶叶应随时检查，一旦发现变质、过期等不符合标准的茶叶应立即停止销售。有异议时，应对留存样进行复验，或在同批（唛）产品中重新按 GB/T 8302 规定加倍取样，对有异议的项目进行复验，以复验结果为准。如意见仍不一致，可以封存茶样，委托上级部门或法定检验检测机构进行仲裁。

# 附录九　茶叶市场预测方法——回归分析预测法

**1. 一元线性回归方程的建立程序和应用的具体步骤**

一元回归分析预测法是以一个已知变量代入回归方程来估测另一个因变量（预测目标）的定量预测方法。一元回归又分为一元线性回归和一元非线性回归两类。这两类回归方程用于预测的程序是基本相同的，只是在求参数时略有差异。

（1）分析影响预测目标的因素，选择自变量　根据企业经营决策和经营计划确定预测目标以后，根据经济理论和实践经验及占有大量有关数据资料的基础上，找出影响预测目标的各种因素及其影响方向和大小，并选择最重要的影响因素作为自变量。

（2）选择回归模型，建立回归方程　选择回归模型，一般采用散点图法，即在坐标图纸上，以自变量为横坐标，因变量为纵坐标，组成一系列数对，并在坐标图相应位置画上点，然后直观判断图象属于哪种模型。也可以用差分法或差商法等来选择回归模型。

（3）利用回归方程，进行定量预测　回归方程建立以后，根据方程计算出理论值，并根据理论值和实际值的偏差，计算出回归标准误差，然后再计算出预测区间。

（4）检验预测结果并做出评价　对预测结果的可靠性检验有两个内容。一是对自变量与因变量相关的密切程度，以及自变量的变化能否解释因变量的变化进行统计检验；二是与其他方法所得的预测结果进行对比分析，并通过行家的经验判断，对预测结果是否切合实际做出评价。

常用的统计检验方法有相关系数检验和 $t$ 检验。

例如：根据 1989—2004 年的统计资料（附表 9－1），验证我国茶叶内销量是和人口数量密切相关的。

建立一元回归方程的步骤如下：

第一步，画散点图，选择模型。设我国茶叶内销量为因变量 $Y$，人口数为自变量 $X$，在坐标图上标出各数对（附图 9-1）。

从附图 9-1 可以看出，人口总数与茶叶内销量基本成线性关系。根据相关系数公式：

**附表 9-1　我国人口和茶叶内销量统计**（单位：万 t，亿人）

| 年份 | 1989 | 1990 | 1991 | 1992 | 1993 | 1994 | 1995 | 1996 |
|---|---|---|---|---|---|---|---|---|
| 内销量 | 33.0 | 34.5 | 35.7 | 38.4 | 39.9 | 40.9 | 42.2 | 42.4 |
| 人口 | 11.27 | 11.43 | 11.58 | 11.72 | 11.85 | 11.99 | 12.11 | 12.24 |
| 年份 | 1997 | 1998 | 1999 | 2000 | 2001 | 2002 | 2003 | 2004 |
| 内销量 | 41.1 | 44.8 | 47.6 | 45.6 | 45.2 | 49.3 | 50.8 | 55.5 |
| 人口 | 12.36 | 12.48 | 12.59 | 12.66 | 12.76 | 12.85 | 12.92 | 13.00 |

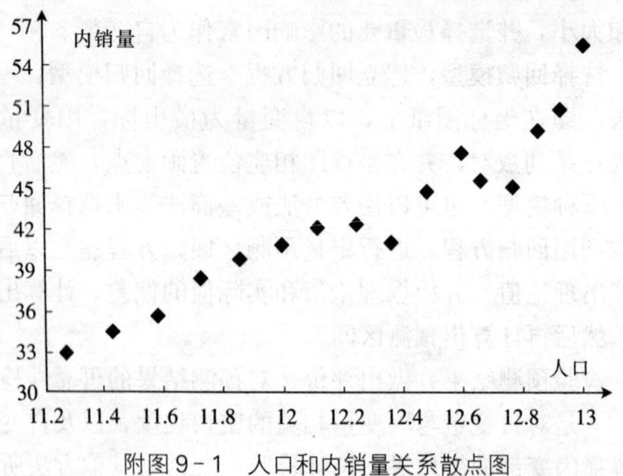


附图 9-1　人口和内销量关系散点图

$$\gamma = \frac{\sum_{i=1}^{n}(X_i - \overline{X})(Y_i - \overline{Y})}{\sqrt{\sum (X_i - \overline{X})^2 \sum (Y_i - \overline{Y})^2}} \tag{1.1}$$

得到相关系数 $\gamma = 0.9551$。结果表明：两者呈高度线性相关。

第二步，计算参数，建立回归模型。

一元线性回归模型为：$\hat{Y}=a+bX$ (1.2)

式中 $a$、$b$ 为参数，X 为自变量，$\hat{Y}$ 为因变量。参数求解公式为：

$$a=\frac{1}{n}\sum_{i=1}^{n}Y_i-b\frac{1}{n}\sum_{i=1}^{n}X_i \quad (1.3)$$

$$b=\frac{\sum_{i=1}^{n}X_iY_i-\frac{1}{n}(\sum_{i=1}^{n}X_i)(\sum_{i=1}^{n}Y_i)}{\sum_{i=1}^{n}X_i^2-\frac{1}{n}(\sum_{i=1}^{n}X_i)^2} \quad (1.4)$$

式中 $n$ 为样本数。

按照参数公式要求，列出一元线性回归方程参数计算表（附表 9-2）并计算出 $a$、$b$ 值。

**附表 9-2 一元线性回归方程参数计算表**（单位：万 t，亿人）

| 年份 | 内销量 ($Y_i$) | 人口 ($X_i$) | $X_iY_i$ | $Y_i^2$ | $X_i^2$ | 估计值 ($\hat{Y}_i$) | $(Y_i-\hat{Y}_i)^2$ |
|---|---|---|---|---|---|---|---|
| 1989 | 33.0 | 11.27 | 371.91 | 1 089.00 | 127.01 | 32.8 | 0.06 |
| 1990 | 34.5 | 11.43 | 394.34 | 1 190.25 | 130.64 | 34.4 | 0.00 |
| 1991 | 35.7 | 11.58 | 413.41 | 1 274.49 | 134.10 | 36.0 | 0.10 |
| 1992 | 38.4 | 11.72 | 450.05 | 1 474.56 | 137.36 | 37.5 | 0.84 |
| 1993 | 39.9 | 11.85 | 472.82 | 1 592.01 | 140.42 | 38.9 | 1.10 |
| 1994 | 40.9 | 11.99 | 490.39 | 1 672.81 | 143.76 | 40.3 | 0.33 |
| 1995 | 42.2 | 12.11 | 511.04 | 1 780.84 | 146.65 | 41.6 | 0.38 |
| 1996 | 42.4 | 12.24 | 518.98 | 1 797.76 | 149.82 | 43.0 | 0.31 |
| 1997 | 41.1 | 12.36 | 508.00 | 1 689.21 | 152.77 | 44.2 | 9.72 |
| 1998 | 44.8 | 12.48 | 559.10 | 2 007.04 | 155.75 | 45.5 | 0.46 |
| 1999 | 47.6 | 12.59 | 599.28 | 2 265.76 | 158.51 | 46.6 | 0.93 |
| 2000 | 45.6 | 12.66 | 577.30 | 2 079.36 | 160.28 | 47.4 | 3.14 |
| 2001 | 45.2 | 12.76 | 576.75 | 2 043.04 | 162.82 | 48.4 | 10.40 |

（续）

| 年份 | 内销量 ($Y_i$) | 人口 ($X_i$) | $X_iY_i$ | $Y_i^2$ | $X_i^2$ | 估计值 ($\hat{Y}_i$) | $(Y_i-\hat{Y}_i)^2$ |
|---|---|---|---|---|---|---|---|
| 2002 | 49.3 | 12.85 | 633.51 | 2 430.49 | 165.12 | 49.4 | 0.01 |
| 2003 | 50.8 | 12.92 | 656.34 | 2 580.64 | 166.93 | 50.1 | 0.48 |
| 2004 | 55.5 | 13.00 | 721.50 | 3 080.25 | 169.00 | 51.0 | 20.70 |
| $\Sigma$ | 686.9 | 195.81 | 8 454.70 | 3 0047.51 | 2 400.94 | 686.96 | 48.95 |

$$b=\frac{8\,454.70-\frac{1}{16}\times 195.81\times 686.9}{2\,400.94-\frac{1}{16}\times 195.81^2}=10.52$$

$$a=\frac{1}{16}\times 686.9-10.52\times\frac{1}{16}\times 195.81=-85.81$$

得到一元线性回归方程为：

$$\hat{Y}=-85.81+10.52X$$

第三步，对回归系数进行检验。一般采用 $t$ 测验。公式为：

$$t=b/S_b \tag{1.5}$$

式中 $b$ 为回归系数，$S_b$ 为回归系数 $b$ 的标准差，其计算公式为：

$$S_b=S_e/\sqrt{\sum_{i=1}^{n}(X_i-\overline{X})^2} \tag{1.6}$$

式中 $S_e$ 是回归标准误差，其计算公式为：

$$S_e=\sqrt{\frac{\sum_{i=1}^{n}(Y_i-\hat{Y}_i)^2}{n-2}} \tag{1.7}$$

本例中，$S_e=\sqrt{\frac{48.95}{16-2}}=1.87$，$S_b=\frac{1.87}{2.14}=0.873\,8$，$t=\frac{10.52}{0.873\,8}=12.04$。

$df$=16−2=14，查表得 $t_{0.01}$（14）=2.977。

显然 $t$=12.04≫$t_{0.01}$（14）=2.977，可知回归系数极显著。

方程可以用于预测。

第四步，利用回归方程进行预测。假如到 2005 年，我国人口达到 13.1 亿，则茶叶零售量将达到：$\hat{Y}_{2005}=-85.81+10.52\times 13.1=52.00$ (万 t)。

其 95%的置信区间为：$52\pm 1.96\times 1.87=52\pm 3.67$；即在 48.33 到 55.67 万 t 的范围内。

式中 1.96 为可靠程度为 95%的概率度。

**2. 可化为线性的非线性回归**

在实际经济活动中，经济变量的关系是复杂的，直接表现为线性关系的情况并不多见。例如，著名的恩格尔曲线（Engle Curve）表现为幂函数曲线形式，宏观经济学中的菲利普斯曲线（Pillips Curve）表现为双曲线形式等。但是他们中的大部分又可以通过一些简单的数学处理，使之化为数学上的线性关系，从而可以运用线性回归的方法建立模型。

例如，已知收入主要决定着消费水平与结构，即 C=F（Y）。则以 1985—2004 年农村及城镇居民年消费与收入的相关资料（附表 9－3），探究茶叶消费收入间的关系。

首先，确定自变量和因变量，建立模型。

引入需求的收入弹性（Income Elasticity Of Demand），即一种商品的需求量对消费者收入变动的反应程度，是需求量变动百分比与收入变动百分比之比。如果用 $e_m$ 表示需求的收入弹性系数，用 $I$ 和 $\Delta I$ 分别表示收入和收入的变动量，$Q$ 和 $\Delta Q$ 表示需求量与需求量的变动量，则需求的收入弹性公式为：

$$e_m=\frac{\text{需求量变动的百分率}}{\text{收入变动的百分率}}=\frac{\frac{\Delta Q}{Q}}{\frac{\Delta I}{I}}=\frac{\Delta Q}{\Delta I}\cdot\frac{I}{Q} \quad (2.1)$$

本题中，自变量 $X$ 为收入 $I$，因变量 $Y$ 为需求 $Q$。

$$\frac{d(\ln y)}{d(\ln x)}=\frac{d(\ln y)}{dy}\cdot\frac{dy}{dx}\cdot\frac{dy}{d(\ln x)}=\frac{1}{y}\cdot\frac{dy}{dx}\cdot x=\frac{dy}{dx}\cdot\frac{x}{y} \quad (2.2)$$

根据上述计算公式，建立以下模型：

$$\ln(Y_i)=\alpha+\beta\ln(X_i)+e \qquad (2.3)$$

其中，$Y_i$ 为 $i$ 期需求量（年人均茶叶消费量），$X_i$ 为 $i$ 期收入，$e$ 为随机项，根据弹性计算公式，模型中的系数 $\beta$ 就是收入弹性系数 $e_m$（模型中未考虑消费价格的影响）。

**附表 9-3　影响我国农村及城镇居民茶叶消费相关因子之时间序列数据**

| 年份 | 农村居民人均茶叶年消费量 $M_{1t}$（kg） | 城镇居民人均茶叶年消费量 $M_{2t}$（kg） | 收购价格数 $Z_t$ | 农村居民茶叶年人均消费价值指数 $ZM_{1t}$ | 城镇居民茶叶年人均消费价值指数 $ZM_{2t}$ | 农村居民家庭人均纯收入 $X_{1t}$（元） | 城镇居民家庭人均可支配收入 $X_{2t}$（元） |
|---|---|---|---|---|---|---|---|
| 1985 | 0.24 | 0.40 | 153.40 | 36.82 | 62.10 | 397.6 | 739.1 |
| 1986 | 0.27 | 0.26 | 175.40 | 47.36 | 46.11 | 423.8 | 899.6 |
| 1987 | 0.29 | 0.35 | 197.50 | 57.28 | 69.21 | 462.6 | 1 002.0 |
| 1988 | 0.26 | 0.46 | 258.10 | 67.11 | 119.64 | 544.9 | 1 181.4 |
| 1989 | 0.26 | 0.39 | 239.00 | 62.14 | 92.29 | 601.5 | 1 375.7 |
| 1990 | 0.27 | 0.39 | 229.70 | 62.02 | 89.33 | 686.3 | 1 510.2 |
| 1991 | 0.25 | 0.47 | 258.80 | 64.70 | 120.39 | 708.6 | 1 700.6 |
| 1992 | 0.24 | 0.56 | 287.80 | 69.07 | 161.28 | 784.0 | 2 026.6 |
| 1993 | 0.24 | 0.58 | 337.60 | 81.02 | 197.20 | 921.6 | 2 577.4 |
| 1994 | 0.33 | 0.37 | 329.20 | 108.64 | 121.45 | 1 221.0 | 3 496.2 |
| 1995 | 0.29 | 0.49 | 396.40 | 114.96 | 194.69 | 1 577.7 | 4 283.0 |
| 1996 | 0.26 | 0.54 | 405.10 | 105.33 | 219.88 | 1 926.1 | 4 838.9 |
| 1997 | 0.30 | 0.40 | 368.20 | 110.46 | 147.81 | 2 090.1 | 5 160.3 |
| 1998 | 0.27 | 0.54 | 368.20 | 99.41 | 197.95 | 2 162.0 | 5 425.1 |
| 1999 | 0.38 | 0.38 | 357.20 | 135.74 | 134.36 | 2 210.3 | 5 854.0 |
| 2000 | 0.31 | 0.45 | 358.30 | 111.07 | 160.01 | 2 253.4 | 6 280.0 |
| 2001 | 0.36 | 0.18 | 426.30* | 153.47 | 146.85 | 2 366.4 | 6 860.0 |
| 2002 | 0.35 | 0.44 | 441.80 | 154.63 | 192.57 | 2 475.6 | 7 703.0 |
| 2003 | 0.36 | 0.44 | 457.30 | 164.63 | 202.07 | 2 622.2 | 8 472.0 |
| 2004 | 0.37 | 0.51 | 472.90 | 174.97 | 239.48 | 2 936.0 | 9 422.0 |

注：2001—2004 的茶叶收购价格是根据往年的数据及模型估计得到。

城镇居民的人均年茶叶消费量的估计模型为：$M_{2t}=$（内销

量$-M_{1t}\times$农村人口）/城镇人口。

然后，按模型进行回归。统计软件运行结果如附表 9-4。

最后，分析结果。农村居民茶叶消费的基本需求弹性拟合结果优于城镇居民，城镇居民收入之影响系数（即弹性）不显著。

**附表 9-4　我国居民茶叶消费收入弹性模型之拟合结果**

| 项目 | 农村居民 | | 城镇居民 | |
|---|---|---|---|---|
| 表达式 | $\ln(Y_{1i})=\alpha+\beta\ln(X_{1i})+e$ | | $\ln(Y_{2i})=\alpha+\beta\ln(X_{2i})+e$ | |
| 回归结果 | $\ln(Y_{1i})=-2.3963+0.1642\ln(X_{1i})$ | | $\ln(Y_{2i})=-1.4558+0.0763\ln(X_{2i})$ | |
| T 值 | 4.4751** | −9.18** | −3.405** | 1.438 1 |
| P 值 | 0.000 3 | 0.000 0 | 0.003 2 | 0.167 6 |
| $R^2$ | 0.526 6 | | 0.103 1 | |
| Adjusted-$R^2$ | 0.5003 | | 0.053 2 | |
| D·W 值 | 1.695 4 | | 1.891 0 | |

从需求弹性的绝对值来比较，农村居民茶叶消费的基本收入需求弹性 $e_{1m}=0.1642$，城镇居民茶叶消费的基本收入需求弹性 $e_{2m}=0.0763$。这说明，城镇和乡村居民现期收入每增加 1%，城镇居民茶叶消费增加 0.076 3%，而农村居民消费增加 0.164 2%。$e_{1m}$和 $e_{2m}$的绝对值小于 1，表明对茶叶消费而言，收入缺乏弹性，即茶叶消费量变动的幅度小于收入变化的幅度。另外，农村居民与城镇居民的收入弹性相比较：农村居民的茶叶消费收入弹性大于城镇居民，这表明如果农村居民和城镇居民的可支配收入分别增加相同的比例，则人均茶叶消费量之增幅，将是农村大于城镇。因此，随着中央领导对“三农”问题的关注，农村居民收入的不断增加，农村的茶叶消费需求将出现相对较快的增长。

**3. 多元线性回归模型的预测**

（1）多元线性回归模型　多元线性回归模型的一般形式为：

$$Y=\beta_0+\beta_1X_1+\beta_2X_2+\cdots+\beta_kX_k+\mu \qquad (3.1)$$

其中，$k$ 为解释变量的数目，$\beta_j(j=1,2,\cdots k)$ 称为回归系数 (Regression Coefficient)。

同一元回归分析一样，式 10－28 也被称为总体回归函数的随机表达式。它的非随机表达式为：

$$E(Y \mid X_1, X_2, \cdots X_k) = \beta_0 + \beta_1 X_1 + \beta_2 X_2 + \cdots + \beta_k X_k \quad (3.2)$$

可见，多元回归分析是以多个解释变量的给定值为条件的回归分析，式 9－12 表示各解释变量 $X$ 值给定时 $Y$ 的平均响应。$\beta_j$ 也被称为偏回归系数（Partial Regression Coefficient），表示在其他解释变量保持不变的情况下，$X_j$ 每变化一个单位时，$Y$ 的均值 $E(Y)$ 的变化。

如果给出一组观测值｛（$X_{i1}$，$X_{i2}$，…，$X_{ik}$，$Y_i$）：$i=1$，2，…，$n$｝，则总体回归函数还可以写成：

$$Y_i = \beta_0 + \beta_1 X_{i1} + \beta_2 X_{i2} + \cdots + \beta_k X_{ik} + \mu_i \quad (i=1, 2, \cdots, n) \quad (3.3)$$

与一元回归分析相仿，在给出一个总体中的样本时，估计样本回归函数，并让它近似代表未知的总体回归函数。样本回归函数可表示为：

$$\hat{Y} = \hat{\beta}_0 + \hat{\beta}_1 X_1 + \hat{\beta}_2 X_2 + \cdots + \hat{\beta}_k X_k \quad (3.4)$$

其随机表达式为：$Y = \hat{\beta}_0 + \hat{\beta}_1 X_1 + \hat{\beta}_2 X_2 + \cdots + \hat{\beta}_k X_k + e$ (3.5)

其中，e 称为残差或残余项（Residual），可看成是总体回归函数中随机干扰项 $\mu$ 的近似代替。

（2）多元线性回归模型的统计检验　拟合优度检验：

$$R^2 = \frac{ESS}{TSS} = 1 - \frac{RSS}{TSS} \quad (3.6)$$

其中，ESS 为回归平方和，反映了总离差平方和中可由样本回归线解释的部分，越大表明样本回归线与样本观测值的拟合程度越高。总离差平方和 TSS 可分解为回归平方与 ESS 与残差平方和 RSS 的和。可见，$R^2$ 越接近 1，拟合优度越高。

调整的可决系数（Adjusted coefficient of determination）：

· ·

$$R^2 = 1 - \frac{RSS/(n-k-1)}{TSS/(n-1)} \quad (3.7)$$

其中，$n-k-1$ 为残差平方和的自由度，$n-1$ 为总离差平方和的自由度。显然，如果增加的解释变量没有解释能力，则对残差平方和 RSS 的减小没有多大帮助，但增加了待估参数的个数，从而使 $\bar{R}^2$ 有较大幅度的下降。

$F$ 检验：
$$F = \frac{ESS/k}{RSS/(n-k-1)} \quad (3.8)$$

根据样本求出 $F$ 统计量的数值后，可通过 $F > F_\alpha(k, n-k-1)$ 或 $F \leqslant F_\alpha(k, n-k-1)$ 来拒绝（或接受）原假设 $H_0$，以判断原方程总体上的线性关系是否显著成立。

$t$ 检验：以 $c_{jj}$ 表示矩阵 $(X'X)^{-1}$ 主对角线上的第 $j$ 个元素，于是参数估计量 $\hat{\beta}_j$ 服从正态分布

$$\hat{\beta}_j \sim N(\beta_j, \sigma^2 c_{jj}) \quad (3.9)$$

由此，可构造 $t$ 统计量：

$$t = \frac{\hat{\beta}_j - \beta_j}{S_{\hat{\beta}_j}} = \frac{\hat{\beta}_j - \beta_j}{\sqrt{c_{jj}\dfrac{e'e}{n-k-1}}} \sim t(n-k-1) \quad (3.10)$$

给定一个显著性水平 α，得到临界值 $t_{\frac{\alpha}{2}}(n-k-1)$，于是可根据 $|t| > t_{\frac{\alpha}{2}}(n-k-1)$ 或 $|t| \leqslant t_{\frac{\alpha}{2}}(n-k-1)$ 来拒绝（或接受）原假设 $H_0$，以判断对应的解释变量是否包含在模型中。

在一元线性回归中，$F$ 检验与 $t$ 检验是一致的。

(3) 多元线性回归模型的应用　在上例中，我们只考虑了收入单方面对需求的影响；而在实际生活中，居民的茶叶消费除了收入的影响，还受价格的影响。

需求价格弹性，是指一种商品需求量对其价格变动的反应程度。其弹性系数等于需求量变动百分比除以价格变动百分比，它反映了商品需求量对其价格变动反应的灵敏程度。即

$$\text{需求的价格弹性} = \frac{\text{需求量变动百分比}}{\text{价格变动的百分比}} \quad (3.11)$$

同理可建立模型

$$\ln(Y_j) = \alpha + \beta\ln(X_j) + e \qquad (3.12)$$

其中，$Y_j$ 为 $j$ 期需求量（年人均茶叶消费量），$X_j$ 为 $j$ 期价格，$\beta$ 为需求弹性，$e$ 为随机项。（模型中未考虑消费者收入对消费量的影响）。

因此，建立同时考虑我国居民实际消费水平（$X_i$）和茶叶价格（$X_j$）因素与人均茶叶消费量（$Y_i$）之关系，拟合模型

$$Y_{ij} = \alpha X_i^{\beta} X_j^{r} e^{\mu ij} \qquad (3.13)$$

$$\ln(Y_{ij}) = \alpha + \beta\ln(X_i) + \gamma\ln(X_j) + e \qquad (3.14)$$

同样，按模型进行回归。根据统计软件运行的结果（附表 9-5），得出结论。

**附表 9-5　收入、价格与茶叶消费量之两元回归模型之拟合结果**

| 项目 | 农村居民 | | | 城镇居民 | | |
|---|---|---|---|---|---|---|
| 表达式 | $\ln(Y_{1ij}) = \alpha + \beta\ln(X_{1i}) + \gamma\ln(X_{1ij}) + e$ | | | $\ln(Y_{2ij}) = \alpha + \beta\ln(X_{2i}) + \gamma\ln(X_{2j}) + e$ | | |
| 回归结果 | $\ln(Y_{1ij}) = -1.7695 + 0.272\ln(X_{1i}) - 0.2423\ln(X_{1j})$ | | | $\ln(Y_{2ij}) = -4.4678 - 0.352\ln(X_{2i}) + 1.1232\ln(X_{2j})$ | | |
| T 值 | −2.65 * | 2.43 * | −1.019 6 | −3.796 2 ** | −2.128 5 * | 2.694 6 * |
| P 值 | 0.016 8 | 0.026 5 | 0.322 2 | 0.001 4 | 0.048 2 | 0.015 3 |
| $R^2$ | | 0.553 9 | | | 0.371 5 | |
| Adjusted $-R^2$ | | 0.501 4 | | | 0.297 6 | |
| D·W 值 | | 1.687 9 | | | 2.233 8 | |
| F 值 | | 10.555 | | | 5.024 3 | |
| Prob（F-statistic） | | 0.001 | | | 0.019 3 | |

由附表 9-5 中的回归模型至少给出了这样的信息：对农村居民而言，茶叶消费量主要受收入水平制约，而很少受茶叶质量档次影响（因 ln（$X_{1j}$）未能通过显著性检验，$X_j$ 此处代表茶类产品质量档次，而非市场价格变动）；对城市居民则正好相反，茶叶消费量较少受收入水平制约（因为 ln（$X_{2i}$）负值），说明目前的茶叶消费是在其收入水平可承受范围内，而主要受茶叶质量档次影响，且产品档次越高，消费量越大。另外，茶叶的消费具有季节性，消费在不同季节购买茶叶需求弹性可能会有所不同。